5

Mathematik real

Nordrhein-Westfalen

Herausgegeben von
Reinhold Koullen †

Erarbeitet von
Wolfgang Hecht
Barbara Hoppert
Reinhold Koullen †
Jeannine Kreuz
Hans-Helmut Paffen
Günther Reufsteck
Christine Sprehe
Rainer Zillgens

unter Mitarbeit
der Verlagsredaktion

Cornelsen

Teile dieses Unterrichtswerkes basieren auf Inhalten bereits erschienener Lehrwerke.
Diese wurden herausgegeben von Reinhold Koullen † und Udo Wennekers sowie erarbeitet von:
Helga Berkemeier, Ilona Gabriel, Wolfgang Hecht, Ines Knospe, Reinhold Koullen †, Doris Ostrow, Hans-Helmut Paffen, Jutta Schaefer, Gabriele Schenk, Hermann Schneider, Willi Schmitz, Ingeborg Schönthaler, Wolfgang Stindl, Herbert Strohmayer, Martina Verhoeven, Udo Wennekers, Ralf Wimmers

Redaktion: Markus Holm, Kerstin Kälberer

Illustration: Roland Beier

Grafik: Christian Böhning, Ulrich Sengebusch †

Umschlaggestaltung und Layoutkonzept:
Syberg | Kirstin Eichenberg und Torsten Symank

Layout und technische Umsetzung:
CMS – Cross Media Solutions GmbH

Begleitmaterialien zum Lehrwerk

für Schülerinnen und Schüler		**für Lehrerinnen und Lehrer**	
Arbeitsheft	978-3-06-006664-3	Lösungsheft	978-3-06-006662-9
Arbeitsheft mit CD-ROM	978-3-06-006663-6	Handreichungen	978-3-06-006659-9
		Lehrerfassung	978-3-06-004790-1

www.cornelsen.de

Unter der folgenden Adresse befinden sich multimediale Zusatzangebote für die Arbeit mit dem Schülerbuch:
www.cornelsen.de/mathematik-real
Die Buchkennung ist: **MRA006658**

Druck: Mohn Media Mohndruck, Gütersloh

1. Auflage, 8. Druck 2019
ISBN 978-3-06-006658-2 (Schülerbuch)
ISBN 978-3-06-041041-5 (Schülerbuch als E-Book)

1. Auflage, 5. Druck 2018
ISBN 978-3-06-004790-1 (Lehrerfassung)
ISBN 978-3-06-042640-9 (Lehrerfassung als E-Book)

PEFC
PEFC/04-31-1033

PEFC zertifiziert
Dieses Produkt stammt aus nachhaltig bewirtschafteten Wäldern und kontrollierten Quellen.
www.pefc.de

Inhalt

5 Daten

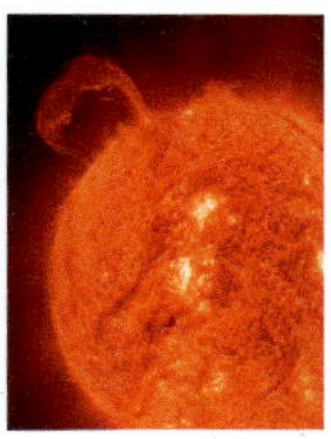

31 Die natürlichen Zahlen

55 Grundbegriffe der Geometrie

79 Natürliche Zahlen addieren und subtrahieren

101 Größen

129 Natürliche Zahlen multiplizieren und dividieren

151 Flächen

179 Bruchteile

197 Anhang

Daten

Was weißt du schon über deine neue Klasse und deine neuen Mitschülerinnen und Mitschüler? Was möchtest du gerne erfahren? In diesem Kapitel lernst du Daten zu sammeln, auszuwerten und übersichtlich darzustellen.

Noch fit?

Einstieg

1 Halbieren und verdoppeln
Ergänze die Tabelle im Heft.

die Hälfte				
Zahl	440	3 000	1 080	1 410
das Doppelte				

Aufstieg

1 Halbieren und verdoppeln
Ergänze die Tabelle im Heft.

die Hälfte		2 222	1 700	
Zahl				
das Doppelte	300			7 600

Einstieg

2 Zahlen ordnen
Ordne die folgenden Zahlen der Größe nach:

627 637 87 97 13 5 628

Aufstieg

2 Zahlen ordnen
Ordne die folgenden Zahlen der Größe nach:

673 376 3 706 7 063 763 3 607 7 603

3 Werte aus Tabellen ablesen
a) Wie viele Goldmedaillen hatte Russland?
b) Welches Land hatte die meisten Silbermedaillen?
c) Welches Land hatte die meisten Medaillen?

Olympische Spiele 2008 Gesamtwertung			
	China	Russland	USA
Gold	51	23	36
Silber	21	21	38
Bronze	28	38	36

4 Schulwege vergleichen
Einige Kinder einer Klasse haben aufgeschrieben, wie lange sie zur Schule gehen:

Jonas und Kevin	10 Minuten
Dorothee, Maria und Hasan	3 Minuten
Christina und David	5 Minuten
Max	15 Minuten
Luise und Mark	1 Minute

Einstieg

a) Wie lange läuft Kevin zur Schule?
b) Wie viele Kinder laufen fünf Minuten bis zur Schule?
c) Wer läuft drei Minuten bis zur Schule?
d) Wer läuft am längsten zur Schule?
e) Wer läuft weniger lange zur Schule als Hasan?

Aufstieg

a) Wie viele Kinder laufen mehr als fünf Minuten zur Schule?
b) Welche Kinder benötigen weniger Zeit für den Schulweg als Christina?
c) Dauert Jonas Schulweg am längsten?
d) Dauert der Schulweg von Max dreimal so lang wie der von Maria?

Einstieg

5 Berechne im Kopf
Schreibe Aufgabe und Ergebnis ins Heft.

a) $5 \cdot 5$ b) $6 \cdot 20$ c) $27 - 12$
d) $88 + 22$ e) $48 : 8$ f) $49 : 7$

Aufstieg

5 Berechne im Kopf
Schreibe Aufgabe und Ergebnis ins Heft.

a) $9 \cdot 8$ b) $25 \cdot 5$ c) $393 - 12$
d) $275 + 123$ e) $120 : 4$ f) $99 : 9$

Lösungen ab Seite 197

Umfragen planen, Daten sammeln

Entdecken

1 Du bist nun auf der neuen Schule in deiner neuen Klasse. Viele neue Kinder sind in deiner Klasse. Sicherlich kennst du noch nicht alle gut.

a) Was möchtest du gerne über sie erfahren? Notiere dir einige Fragen.

b) Entwickelt nun alle gemeinsam (oder in Partnerarbeit) einen Fragebogen. Der Fragebogen rechts kann euch dabei helfen.

c) Führt die Befragung in eurer Klasse durch.

d) Wählt eine der Fragen eures Fragebogens aus und beschreibt die Umfrageergebnisse zu dieser Frage.

Persönliche Daten

Vorname ____________________

Geschlecht (bitte ankreuzen) ☐ Junge ☐ Mädchen

Alter ____________________

Größe ____________________

Schuhgröße ____________________

Anzahl der Geschwister ____________________

Lieblingsfach ____________________

Traumberuf ____________________

Haustier ____________________

Wie lange brauchst du für den Weg zur Schule? ____________

Wie kommst du meistens zur Schule? (bitte ankreuzen)

☐ zu Fuß ☐ Fahrrad ☐ Bus

☐ Straßenbahn ☐ Zug ☐ Auto

2 Die Tabelle zeigt die Altersverteilung in der Klasse 5 d.

a) Wie viele Kinder sind zehn Jahre alt?

b) Wie viele Schülerinnen und Schüler hat die Klasse?

c) Welche Informationen kannst du aus der Tabelle noch ablesen?

d) Welchen Sinn hat das Anlegen einer Strichliste?

e) Legt eine eigene Tabelle für das Alter in eurer Klasse an.

Alter	Strichliste	Häufigkeit
9	|||| |||	8
10	|||| |||| ||	12
11	|||| |	6
12	|	1
		27

3 Lea möchte wissen, ob sie im Vergleich zu ihren Mitschülerinnen und Mitschülern einen kurzen oder langen Schulweg hat. Die Zeiten, welche die Schülerinnen und Schüler angegeben haben, findest du rechts in der Randspalte.

a) Vergleiche die Zeiten miteinander. Erstelle eine Tabelle, mit der du Leas Frage beantworten kannst.

b) Was würdest du Lea antworten? Begründe.

c) Finde noch andere Möglichkeiten, eine zu Leas Frage passende Tabelle zu erstellen.

ZU AUFGABE 3

Zeit für den Schulweg in Minuten:

Lea:	30
Steffen:	10
Niklas:	20
Peter:	15
Nadine:	60
Henning:	15
Jamie:	15
Gina:	30
Chantal:	30
Frauke:	10
Michelle:	45

Verstehen

Tina und Kai lesen gerne. Sie möchten wissen, ob ihre Mitschülerinnen und Mitschüler ebenfalls gerne lesen und was sie lesen.

Um Daten erheben zu können, benötigt man einen **Fragebogen**.
Die meisten Fragebogen erfassen auch das Alter und das Geschlecht.
Es gibt unterschiedliche Möglichkeiten, in einem Fragebogen Antworten einzutragen:
- bei manchen Fragen kann man nur einmal ankreuzen,
- einige Fragen erlauben auch mehrere Kreuze pro Frage,
- bei manchen Fragen soll man in Stichpunkten antworten und
- manchmal werden ganze Sätze erwartet.

Fragebogen

Alter: ____ Jahre Geschlecht: m ☐ w ☐

Liest du gerne? ja ☐ nein ☐

Was liest du? (Mehrfachnennungen möglich)
Bücher ☐ Comics ☐ Zeitschriften ☐
Zeitung ☐ Texte im Internet ☐ Sonstiges ☐

Dein Lieblingsbuch: ____________________

Ungefähre Anzahl der gelesenen Bücher: ______

Was ist der Grund dafür, dass du gerne/nicht gerne liest?

____

____

Die Ergebnisse der Umfragen oder Beobachtungen nennt man **Daten**.
Deshalb spricht man bei Umfragen auch oft von **Datenerhebungen**.

Zum Auswerten einer Umfrage werden alle Ergebnisse zusammengetragen.
Diese erste Übersicht heißt **Urliste**.

Beispiel

Was liest du?
Bücher; Comics; Comics; Zeitschriften; Bücher; Comics; Comics; Sonstiges ...

Ungefähre Anzahl gelesener Bücher:
15; 3; 25; 34; 30; 10; 10; 35; 50; 8; 70; 250; 12; 28; 10; 20; 4; 15; 50; 7; 0; 20

SCHON GEWUSST?
Man bündelt immer fünf Striche 𝍸 zu einem Päckchen, um schneller abzählen zu können.

Tina und Kai haben das Umfrageergebnis zur Frage „Liest du gerne?“ übersichtlich ausgewertet. Sie haben eine Strichliste mit einer **Häufigkeitstabelle** angelegt.

Liest du gerne?	Strichliste	Häufigkeit
ja	𝍸 𝍸 |||	13
nein	𝍸 ||||	9

Merke Zum einfachen Zählen der Ergebnisse hilft eine **Strichliste**.
Die Anzahl der Striche gibt die **Häufigkeit** an, mit der eine Antwort gegeben wurde.

Auch zur ungefähren Anzahl gelesener Bücher haben sie eine Strichliste mit einer Häufigkeitstabelle erstellt.

gelesene Bücher	Strichliste	Häufigkeit
0 bis 19	𝍸 𝍸		11
20 bis 39	𝍸 ||	7
40 bis 59	||	2
60 oder mehr	||	2

Üben und anwenden

1 In der Klasse 5 a ergab die Wahl zum Klassensprecher folgende Strichliste.

Name	Strichliste	Häufigkeit
Marcel	𝍸 |	
Luca	||	
Jeannine	𝍸 |||	
Laura	𝍸	
Rainer	𝍸 ||	

a) Übertrage die Tabelle in dein Heft und ergänze die Häufigkeiten.
b) Wer wurde zum Klassensprecher gewählt?

1 In der Klasse 5 d haben 28 Schülerinnen und Schüler ihren Klassensprecher gewählt.

Name	Strichliste
Rana	𝍸 𝍸
Anna	|||
Leon	
Achmed	𝍸 |

a) Übertrage die Tabelle in dein Heft und ergänze die Häufigkeiten.
b) Wie viele Stimmen hat Leon erhalten?
c) Wer ist neuer Klassensprecher?

2 Werte die Smileys aus: Erstelle eine Tabelle mit Strichlisten und Häufigkeiten.

Smiley	Strichliste	Häufigkeit
🙂		
😐		
🙁		

🙂🙁🙂😐😐 😐🙁🙂😐🙂 😐😐😐🙁😐 🙁🙁😐🙂🙂
🙁😐🙂😐🙂 😐😐🙂🙂😐 🙁🙂🙁😐🙁 🙁🙁🙂🙁🙁
😐😐🙁🙂🙂 🙁🙁🙁🙂🙂 😐🙂😐🙂🙂 🙁😐🙁😐🙂

3 Übertrage und ergänze die Tabelle.

Hobbys	Strichliste	Häufigkeit
Fußball	𝍸 𝍸 |||	
Lesen	𝍸 𝍸	
Computer	||||	
Tanzen		11
Reiten		2

3 Übertrage und ergänze die Tabelle.

Lieblingsessen	Strichliste	Häufigkeit
Pizza	𝍸 𝍸 𝍸	
Spaghetti		7
Müsli		3
Schnitzel		8
Pommes frites	𝍸 𝍸 ||||	

4 Würfle 20-mal.
Übertrage und ergänze die Strichliste.

⚀	⚁	⚂	⚃	⚄	⚅

4 Würfle mit zwei Würfeln 20-mal.
a) Welche Augensummen sind möglich?
b) Erstelle eine Strichliste.
c) Gib auch die Häufigkeiten der einzelnen Ergebnisse an.

5 Wirf 20-mal zwei Würfel gleichzeitig und berechne jeweils die Augensumme.
Wie häufig ist die Augensumme
a) gleich 3, b) gleich 7, c) gleich 10?
Erstelle eine Häufigkeitstabelle mit Strichlisten und Häufigkeiten.

5 Wirf 20-mal zwei Würfel gleichzeitig und berechne jeweils die Augensumme.
Wie oft ist die Augensumme
a) kleiner als 7, b) größer oder gleich 10,
c) ungleich 12, d) eine gerade Zahl?
Erstelle eine Häufigkeitstabelle.

6 Plant zu zweit eine eigene Umfrage.
a) Entwickelt einen eigenen Fragebogen zum Thema Hobbys. Überlegt, wie die Antworten aussehen könnten. Stellt die Fragen so, dass ihr sie später gut auswerten könnt.
b) Befragt eure Mitschüler.
c) Fasst zu jeder Frage die Antworten in einer Urliste zusammen.
d) Wertet die Ergebnisse mit Häufigkeitstabellen aus und präsentiert sie in der Klasse.

ZUM WEITERARBEITEN
Die Klassensprecher werden meist zu Beginn des Schuljahres und zum Halbjahr gewählt. Wie ist die Wahl in eurer Klasse ausgefallen?

7 Die Kinder der 5 a wurden nach ihrem Alter und ihrem Hobby gefragt.

a) Ergänze die Häufigkeitstabelle im Heft.

Geschlecht	Strichliste	Häufigkeit
Mädchen		
Jungen		

b) Erstelle auch zu den Eigenschaften *Alter*, *Hobby* und *Haarfarbe* jeweils eine Häufigkeitstabelle.

c) Erstelle jeweils eine Häufigkeitstabelle zu den *Hobbys der Mädchen* und zu den *Hobbys der Elfjährigen*.

d) Was könntest du noch auswerten? Erstelle eine Häufigkeitstabelle.

8 Karsten hat die Lieblingsfarben seiner Mitschülerinnen und Mitschüler erfragt. Verbessere seine Fehler.

Lieblingsfarbe	Strichliste	Häufigkeit
Blau	𝍸 |	6
Rot	𝍸 |||	7
Gelb	||||	4
Grün	𝍸	
	|||	3

8 Lea hat 27 Kinder zu ihrer Größe befragt.

Größe in cm	Strichliste	Häufigkeit
140–143	𝍸 ||	7
144–147	𝍸 ||	7
146–151	𝍸 𝍸 ||	12
152–155	|||	3

a) Finde die zwei Fehler, die sie gemacht hat.

b) Kannst du erklären, wie die beiden Fehler zusammenhängen?

9 Umfrage „Liest du gerne?“: Bisher wurden fünf Kinder befragt. Dies sind ihre Antworten.

9 Umfrage „Liest du gerne?“: Bisher wurden fünf Kinder befragt. Dies sind ihre Antworten.

Alter	m/w	Liest du gern?	Anzahl gelesener Bücher	Was liest du?
11	m	ja	30	Bücher, Comics
10	w	ja	22	Zeitung, Bücher
11	m	nein	6	–
12	m	ja	16	Bücher
10	w	nein	9	Comics

Fertige eine Strichliste zu folgenden Fragen an. Gib auch jeweils die Häufigkeiten an.

a) Wie viele Kinder sind wie alt?

b) Wie viele Kinder lesen gern?

c) Wie viele Jungen wurden befragt?

d) Was lesen die Kinder am liebsten?

Fertige eine Strichliste zu folgenden Themen an. Gib auch jeweils die Häufigkeiten an.

a) Kinder, die mehr als zehn Bücher gelesen haben

b) Elfjährige, die nicht gerne lesen

c) Mädchen, die gerne lesen

Daten vergleichen

Entdecken

1

Bestimmt den Größenunterschied zwischen dem größten und dem kleinsten Kind in eurer Klasse. Wie könnt ihr geschickt vorgehen?
Beschreibt eure Arbeitsschritte und notiert die Zwischenergebnisse.

2 Schreibe alle Bundesländer Deutschlands auf und ordne sie.

a) Ordne sie nach der Größe ihrer Fläche. Schätze anhand der Karte.
b) Ordne sie nach der Einwohnerzahl. Atlas und Lexikon helfen dir weiter.
c) Ordne sie nach der Anzahl ihrer benachbarten Bundesländer.
d) Ordne sie nach der Anzahl der benachbarten Staaten.
e) Nach welchem Kriterium könntest du sie ordnen, damit Schleswig-Holstein an der Spitze steht?
f) Denke dir selbst ein Kriterium zum Ordnen der Bundesländer aus und lasse sie von einer Partnerin oder einem Partner ordnen.

3 Bei den Bundesjugendspielen wird beim Ballwurf dreimal geworfen. Nur der beste Wurf wird gewertet.

Anni	28 m	32 m	31 m
Jonas	36 m	35 m	38 m
Jenny	31 m	29 m	30 m
Halil	30 m	32 m	34 m

a) Wie weit war Jennys weitester Wurf?
b) Betrachte nur die gewerteten Würfe:
Wer hat am weitesten geworfen, wer am kürzesten?
c) Bei wem ist der Unterschied zwischen *bestem* und *schlechtestem* Wurf am größten? Wie groß ist der Unterschied?

4 Die Grafik zeigt das wöchentliche Taschengeld der Kinder aus der Theater AG.
Arbeitet zu zweit: Beschreibt in einem oder zwei Sätzen, wie viel Taschengeld die Kinder bekommen. Nennt nicht die Beträge der einzelnen Kinder, sondern überlegt euch, welche Werte besonders erwähnenswert sind.

Verstehen

Viele Wissenschaftler glauben aufgrund ihrer Wetterbeobachtungen, dass sich unser Klima langsam verändert.

Die Wetterkarte zeigt die Temperaturen eines Sommertages.
Die höchste Temperatur erreichte München mit 37 °C.
Die niedrigste Temperatur wurde in Hamburg mit 23 °C gemessen.

Man spricht auch vom Maximum und vom Minimum.
Maximum: München 37 °C
Minimum: Hamburg 23 °C

SCHON GEWUSST?
Wenn die Temperaturen auf der Erde steigen, kann das z. B. dazu führen, dass Inseln untergehen, in manchen Ländern die Ernten ausbleiben und viele Tiere aussterben.

Merke Der größte Wert einer Datenmenge heißt **Maximum**. Der kleinste Wert heißt **Minimum**.

In der folgenden Tabelle sind die Temperaturen der Größe nach sortiert.
Der Unterschied zwischen der höchsten und der niedrigsten Temperatur beträgt 14 °C.
Man sagt: Die **Spannweite** beträgt 14 °C.

Stadt	Hamburg	Essen	Frankfurt	Köln	Dresden	München
Temperatur	23 °C	25 °C	29 °C	30 °C	32 °C	37 °C

Minimum **Spannweite: 37 °C – 23 °C = 14 °C** **Maximum**

HINWEIS
Maximum, Minimum und Spannweite sind ***Kenngrößen*** *von Daten.*

Merke Der Unterschied zwischen Maximum und Minimum heißt **Spannweite**.

Üben und anwenden

1 In einem Handyladen werden Handys zu verschiedenen Preisen angeboten.
a) Ordne die Preise der Höhe nach.
b) Gib das Maximum und das Minimum an.
c) Bestimme die Spannweite.

55 € 122 € 245 € 312 €
78 € 147 € 77 € 33 €

1 Einige Fünftklässler haben Geschichten geschrieben. Ihr Lehrer hat die Wörter gezählt. Die Angaben stehen in der Randspalte.
a) Ordne nach der Anzahl der Wörter.
b) Gib das Maximum und das Minimum an.
c) Bestimme die Spannweite.
d) Zwei Tage später gibt Sara ihre Geschichte mit 512 Wörtern ab. Ändern sich Minimum, Maximum und Spannweite? Begründe.

ZU AUFGABE 1
Lea: 356 Wörter
Dilay: 809 W.
Kirsten: 256 W.
Emre: 1 016 W.
Moritz: 536 W.
Klara: 415 W.
Matteo: 125 W.
Anne: 1 106 W.

2 Ordne den „gelben“ Begriffen die richtigen Inhalte zu. Begründe deine Entscheidung.

- Minimum
- Spannweite
- Maximum

- Laura hat mit Abstand die kleinsten Füße.
- Der Größenunterschied zwischen dem größten und dem kleinsten Schüler in der Klasse beträgt 32 cm.
- Maximilian ist der Älteste in der Klasse.

3 Temperaturen in Europa

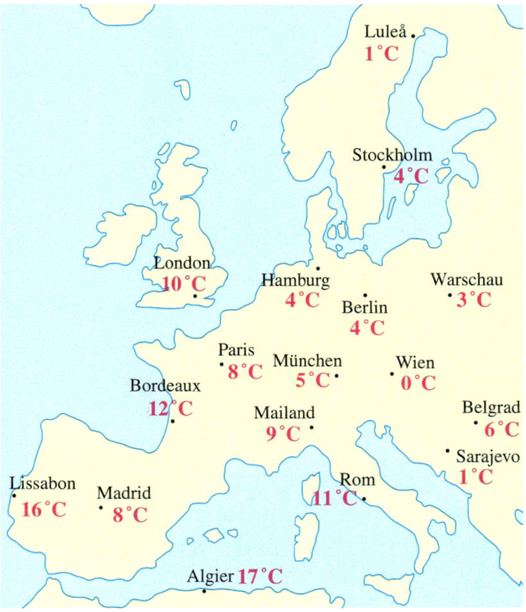

a) Bestimme das Maximum und das Minimum der Temperaturen.
b) In welchem Land wurde das Maximum bzw. das Minimum gemessen?
c) Gib die Spannweite der Temperaturen an.

3 An einem Tag im März wurden in europäischen Großstädten die hier zusammengestellten Temperaturen gemessen.

Amsterdam	7 °C	Las Palmas	21 °C
Athen	14 °C	London	12 °C
Berlin	6 °C	Madrid	18 °C
Istanbul	13 °C	Köln	8 °C
Brüssel	7 °C	Palma	18 °C
Dresden	3 °C	München	6 °C
Düsseldorf	7 °C	Paris	11 °C
Frankfurt	6 °C	Rom	15 °C
Hamburg	1 °C	Rostock	4 °C
Kopenhagen	3 °C	Zürich	7 °C

a) Bestimme das Maximum und das Minimum der Temperaturen.
b) Berechne die Spannweite der Temperaturen in Europa.
c) Berechne die Spannweite der Temperaturen in den deutschen Städten.

4 Bei einer Umfrage unter Kindern in einem Jugendheim sind folgende Angaben gemacht worden:

a) Gib Minimum und Maximum des Gewichts an.
b) Wie groß ist die Spannweite bei der Größe?
c) Denke dir weitere Aufgaben zu der Tabelle aus und löse sie.
Benutze dabei die Fachbegriffe.

	Alter (in Jahren)	Größe (in cm)	Gewicht (in kg)
Nadine	10	137	58
Eva	10	145	42
Max	11	138	38
Helena	10	129	36
Freddy	12	163	70
Klaus	10	146	41
Sara	11	155	49
David	10	154	61

5 Arbeitet zu zweit oder in Gruppen.

a) Erkundet mithilfe eines Fragebogens das Alter, die Schuhgröße und die Dauer des Schulwegs eurer Mitschülerinnen und Mitschüler.
b) Bestimmt für die drei erfragten Angaben jeweils Maximum, Minimum und Spannweite.
c) Lässt sich auch für die Lieblingsfarbe Maximum und Minimum bestimmen? Begründet.

6 Temperaturvorhersage über vier Tage

Berlin Wochentag	Do	Fr	Sa	So
Maximum der Temperatur in °C	17	15	22	24
Minimum der Temperatur in °C	2	6	4	12

a) Bestimme für jeden Wochentag die Spannweite der Temperatur in Berlin.
b) Bestimme für jeden Wochentag die Spannweite der Temperatur in Köln.
c) In welcher Stadt werden größere Temperaturschwankungen erwartet?

6 Temperaturvorhersage über vier Tage

Köln Wochentag	Do	Fr	Sa	So
Maximum der Temperatur in °C	22	20	19	15
Minimum der Temperatur in °C	16	14	15	13

a) Bestimme für Köln und für Berlin jeweils Maximum, Minimum und Spannweite der Temperatur über den gesamten Zeitraum.
b) Gib für den gesamten Zeitraum das Maximum und das Minimum der Tageshöchsttemperatur von Berlin an.

7 Quartettspiele sind eine Fundgrube für verschiedene Daten.
a) Beschreibe die Spielregeln. Verwende dabei die Begriffe Maximum und Minimum.
b) Betrachte die Werte für *Einwohnerzahl* und für *Verschuldung pro Kopf*. Bestimme jeweils Maximum, Minimum und Spannweite.
c) Untersuche ein von dir gewähltes Quartett nach seinen maximalen und minimalen Werten. Erstelle eine Tabelle und präsentiere dein Quartett in der Klasse.

ZU AUFGABE 7

www 014-1
Unter diesem Webcode kann man Quartettspiele herunterladen.

8 Die Klasse 5 a vergleicht ihre Schuhgrößen. Das Maximum ist die Schuhgröße 39 von Hassan, das Minimum die Größe 32 von Clara.
a) Bestimme die Spannweite.
b) Welche Schuhgröße könnten die anderen Kinder haben? Denke dir fünf passende Werte aus.

8 Ein Elektrogeschäft verkauft sechs verschiedene MP3-Player. Der teuerste kostet 180 €, die Spannweite aller Preise beträgt 112 €.
a) Was kostet der günstigste MP3-Player?
b) Wie viel könnten die fünf anderen MP3-Player kosten? Denke dir passende Preise aus.

9 Steckbriefe deutscher Formel-1-Fahrer: Bestimme zu verschiedenen Daten das Maximum, das Minimum und die Spannweite. Zu welcher Angabe kann man dies nicht bestimmen?

Sebastian Vettel

Geburtsdatum: 03.07.1987
Geburtsort: Heppenheim
Größe: 1,74 m
Gewicht: 64 kg

Nico Hülkenberg

Geburtsdatum: 19.08.1987
Geburtsort: Emmerich
Größe: 1,84 m
Gewicht: 74 kg

Michael Schumacher

Geburtsdatum: 03.01.1969
Geburtsort: Kerpen
Größe: 1,74 m
Gewicht: 74 kg

Adrian Sutil

Geburtsdatum: 11.01.1983
Geburtsort: Starnberg
Größe: 1,83 m
Gewicht: 75 kg

Timo Glock

Geburtsdatum: 10.03.1982
Geburtsort: Lindenfels
Größe: 1,69 m
Gewicht: 64 kg

Nico Rosberg

Geburtsdatum: 27.06.1985
Geburtsort: Wiesbaden
Größe: 1,78 m
Gewicht: 69 kg

Daten in Diagrammen darstellen

Entdecken

1 Die Abbildungen zeigen verschiedene Arten von Diagrammen.

① **Die höchsten Berge der Kontinente**

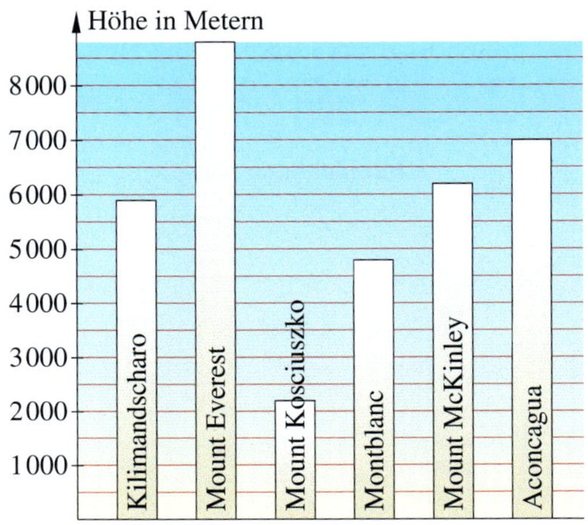

③ **Getränkeverbrauch in einem Lehrerzimmer**

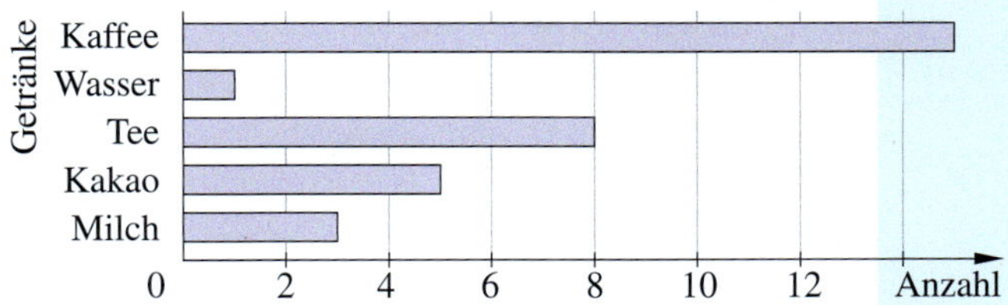

④ **Temperaturen an einem Märztag**

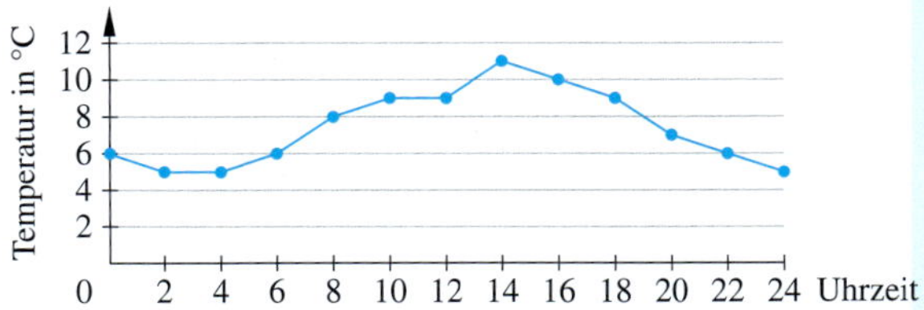

② **Wasserverbrauch einer Schule pro Woche**

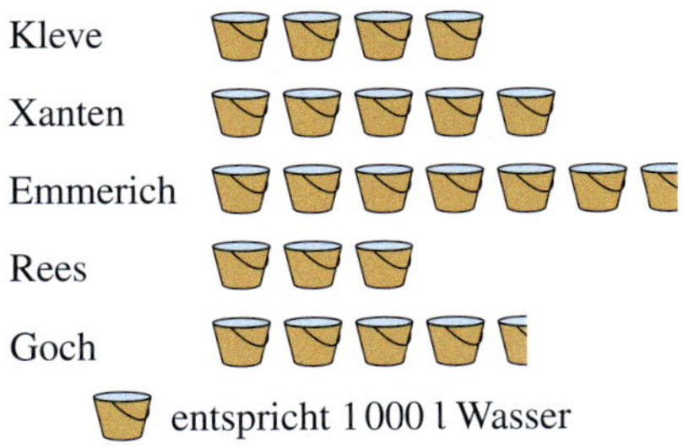

⑤ **Schulweg der Klasse 5 b**

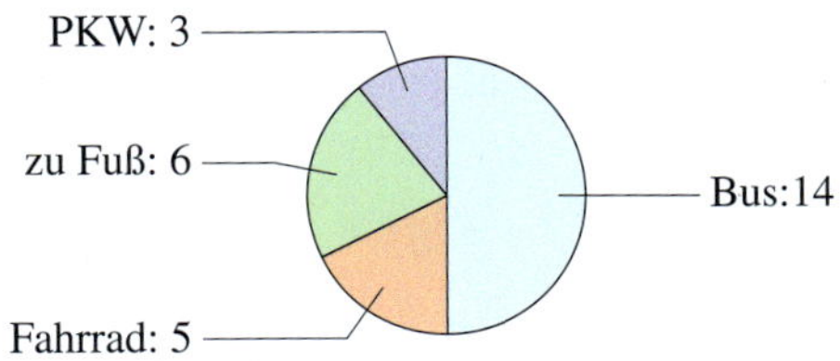

a) Suche dir ein Diagramm aus und erläutere, welche Informationen du ablesen kannst.
b) Beschreibe den Aufbau eines Diagramms. Worin unterscheiden sich die Diagramme?
c) Warum werden Daten in Diagrammen dargestellt? Was ist der Vorteil?

2 Diagramme werden oft fehlerhaft gezeichnet. Finde die Fehler!
a) Überlege zunächst alleine und notiere, welche Fehler du gefunden hast.
b) Tausche deine Ergebnisse mit einem Lernpartner aus. Haltet euer gemeinsames Ergebnis fest.
c) Vergleicht eure Ergebnisse mit den übrigen Schülerinnen und Schülern der Klasse. Überlegt zusammen: Worauf muss man beim Erstellen von Diagrammen achten?
d) Suche dir ein fehlerhaftes Diagramm aus und verbessere es, indem du es korrekt in dein Heft überträgst.

①

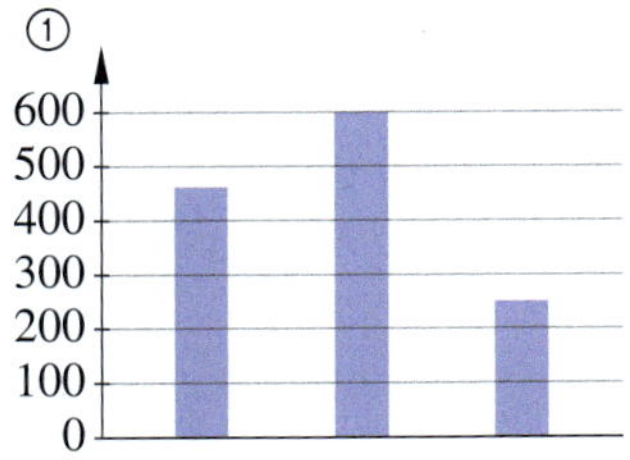

②

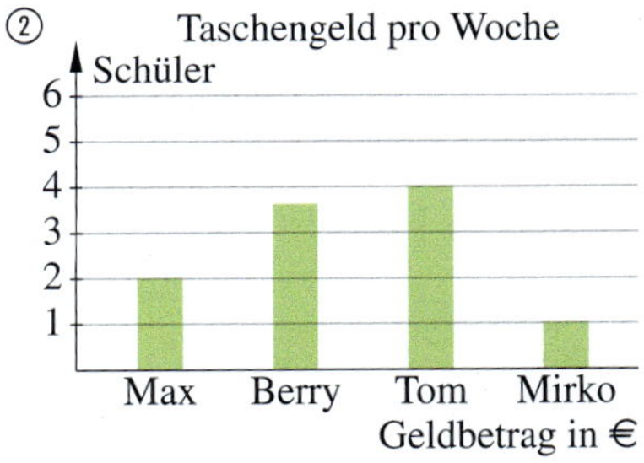

③

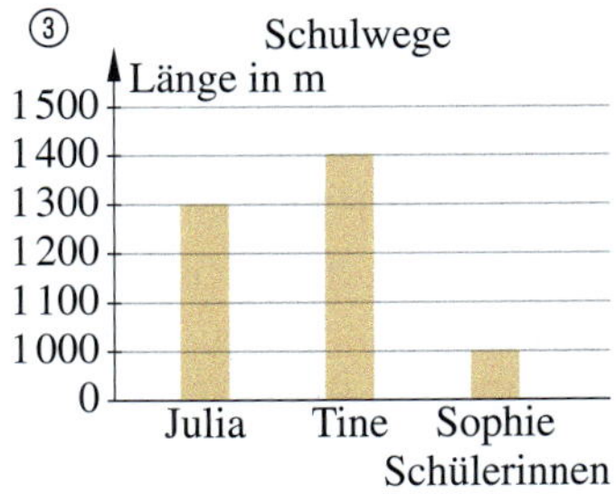

Verstehen

Leon, Niklas und Vanessa möchten gerne ihre Umfrageergebnisse aus der Tabelle zum Thema Fußball vorstellen.
Um ihre Ergebnisse interessanter und anschaulicher zu gestalten, stellen sie ihre Umfrageergebnisse in Diagrammen dar.

Fußball finde ich ...	Strichliste	Häufigkeit (Anzahl)
„cool“	卌 卌 |||	13
„egal“	卌 |||	8
„blöd“	||||	4

Leon hat sich für ein Säulendiagramm, Vanessa für ein Balkendiagramm und Niklas für ein Figurendiagramm entschieden.

HINWEIS
Mit Diagrammen werden nicht nur die Ergebnisse von Umfragen veranschaulicht, sondern auch viele andere Werte, z. B.:
- *Einwohnerzahlen von Städten,*
- *Ergebnisse bei Wahlen,*
- *Höhe von Gebäuden.*

Im **Säulendiagramm** stehen an der unteren (waagerechten) Achse die möglichen Antworten.
An der nach oben gezeichneten (senkrechten) Achse sind für die Anzahl der Antworten mögliche Häufigkeiten eingetragen.
An der Höhe der Säulen kann man die Anzahl (Häufigkeit) der einzelnen Antworten ablesen.

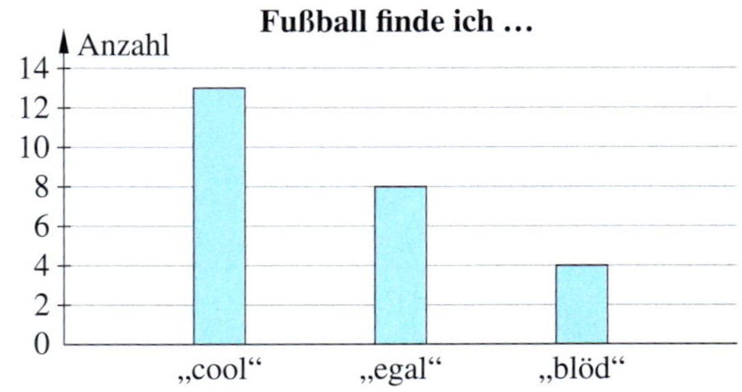

Ein **Balkendiagramm** sieht wie ein quer gelegtes Säulendiagramm aus.
Auch hier kann die Anzahl der Antworten an der Länge des Balkens abgelesen werden.

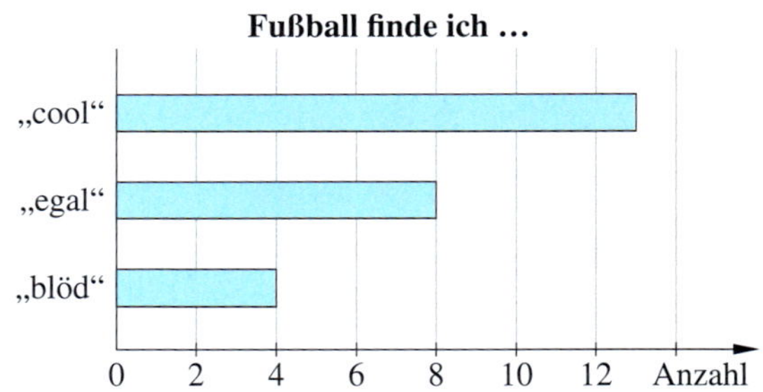

Mit einem **Figurendiagramm** lassen sich Zahlenangaben interessant darstellen.
Es werden passende kleine Symbole hintereinander gezeichnet.
Jedes Symbol steht für eine festgelegte Anzahl oder Größe.

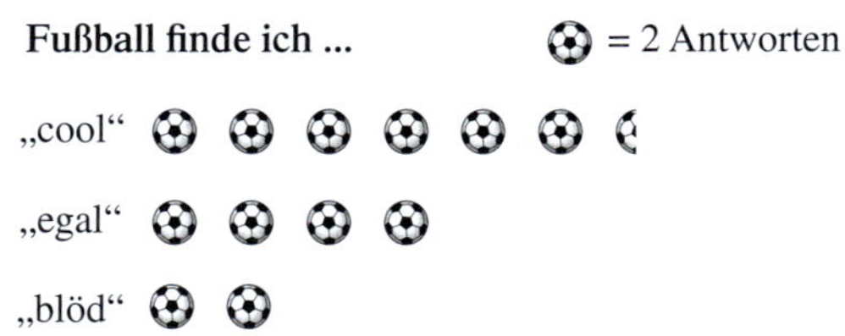

Merke Wichtige Arten von Diagrammen sind **Säulendiagramm**, **Balkendiagramm** und **Figurendiagramm**. Bei diesen Diagrammen kann man die Werte mit der größten und der kleinsten Häufigkeit sofort erkennen.

BEACHTE
Bei dem Diagramm kann man die Werte nicht exakt ablesen. Es reichen ungefähre Angaben, z. B.: „egal“: ca. 550.

Bei Umfragen werden oft mehr als tausend Menschen befragt.
Damit das Diagramm nicht zu groß wird, werden die Häufigkeiten dann in größeren Schritten an die Achse geschrieben.
Das Säulendiagramm zu einer großen Umfrage zum Thema Fußball könnte so aussehen.

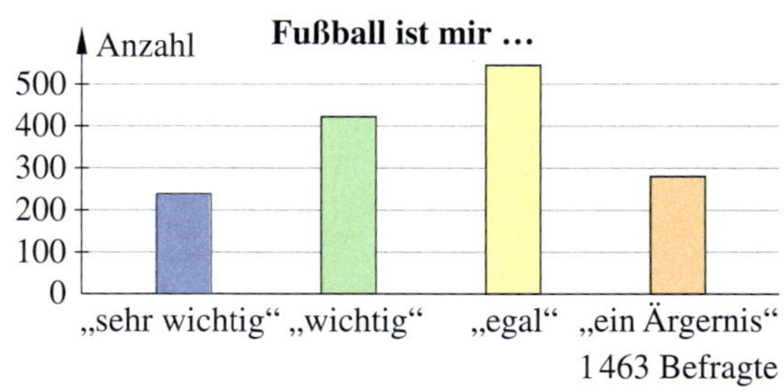

Üben und anwenden

1 Notiere, wie viele Nachkommen die einzelnen Tierarten haben.
Gib außerdem das Minimum, das Maximum und die Spannweite an.

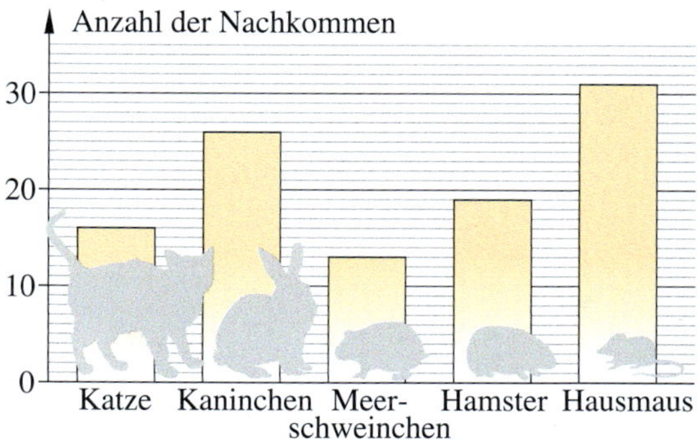

1 Notiere die Höchstgeschwindigkeiten der einzelnen Tiere. Gib außerdem Minimum, Maximum und Spannweite an.

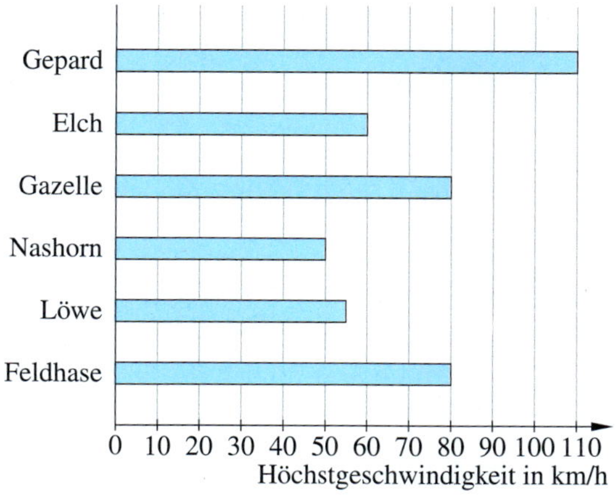

2 Kira und Luca haben eine Stunde lang Fahrzeuge gezählt und ein Figurendiagramm gezeichnet.
Jedes Symbol steht für 20 gezählte Fahrzeuge.

a) Bestimme für jede Fahrzeugart, wie viele Fahrzeuge sie ungefähr gezählt haben.
b) Wie viele Fahrzeuge waren es insgesamt?

2 Die im Jahr 2010 meist angebauten Forstpflanzen in Deutschlands Baumschulen waren:

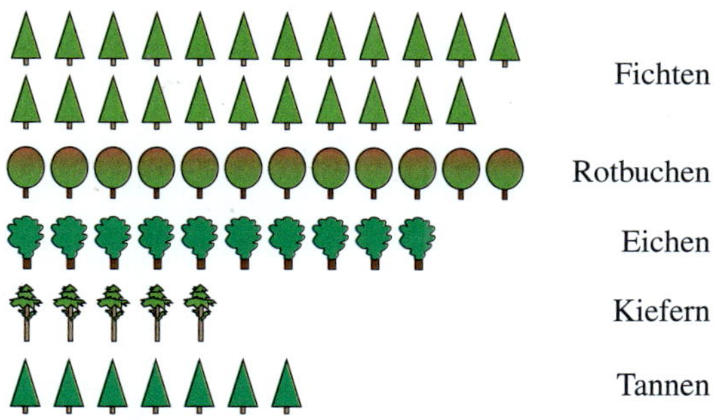

Ein Baum bedeutet 10 Millionen Bäume.

Bestimme für jede Baumart, wie viele Bäume ungefähr angepflanzt wurden.

3 Richtig oder falsch? Begründe jeweils.
a) Igel werden etwa sieben Jahre alt.
b) Füchse werden etwa doppelt so alt wie Kaninchen.
c) Der Hirsch ist das gefährlichste Tier von allen.
d) Wildschweine werden etwa dreimal so alt wie Kaninchen.
e) Der Igel ist das kleinste Tier mit der kürzesten Lebenserwartung.

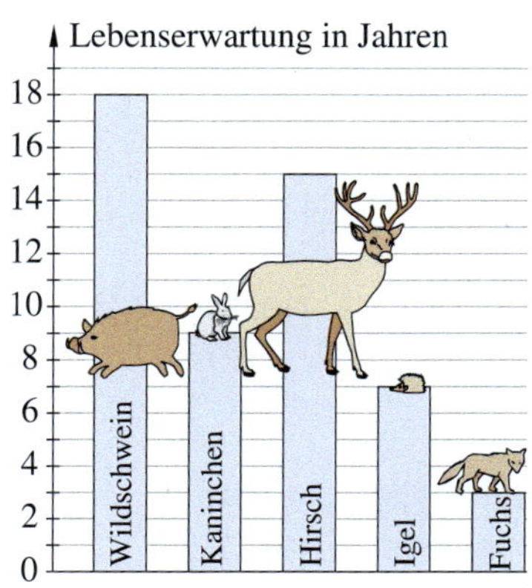

3 Antworte mithilfe der Abbildung:
a) Wie alt werden Igel im Durchschnitt?
b) Welches Tier hat die kürzeste Lebenserwartung?
c) Wie alt wird ein Wildschwein etwa?
d) Vergleiche Fuchs und Igel.
e) Bestimme die Spannweite der Lebenserwartungen der Tiere.
f) Ergänze den Satz: Wildschweine leben etwa ▒-mal so lang wie Füchse.

NACHGEDACHT
Betrachte das Figurendiagramm auf der gegenüberliegenden Seite. Jonas meint: „6 Kinder finden Fußball ‚cool' und 1 Kind findet's ‚halbcool'." Was meinst du dazu?

SCHON GEWUSST?
Natürlich wird nicht jedes Wildschwein genau 18 Jahre alt. Manche sterben früher, andere werden viel älter. Die Lebenserwartung gibt an, wie alt die Tiere im Durchschnitt werden.

Methode: Diagramme zeichnen

Jenny will das Alter ihrer Mitschülerinnen und Mitschüler mit einem **Säulendiagramm** darstellen. Zuerst hat sie eine Häufigkeitstabelle erstellt.

Alter der Schüler	Strichliste	Häufigkeit (Anzahl)
9	𝍸 |||	8
10	𝍸 𝍸 ||	12
11	𝍸		6
12			1

HINWEIS
Materialliste:
– kariertes Papier
– Lineal oder Geodreieck
– Bleistift
– evtl. Buntstifte

Jenny stellt sich folgende Fragen:

1. Wie hoch wird das Diagramm? Welches ist die größte Anzahl (Häufigkeit), die ich im Diagramm darstellen muss?

   Die größte Anzahl ist 12, da 12 Schülerinnen und Schüler zehn Jahre alt sind.

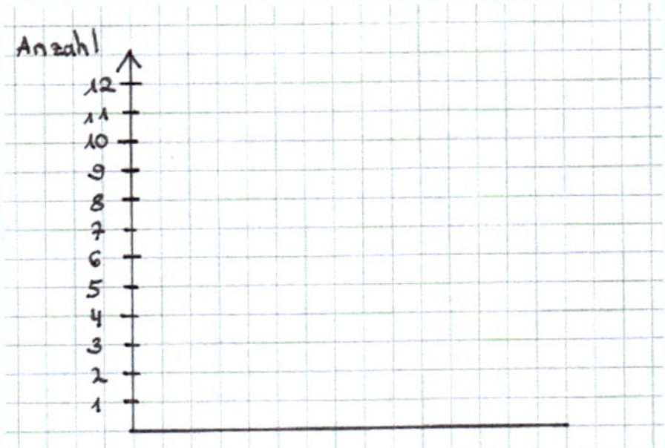

2. Was soll ich an die Hochachse schreiben?

   Ich beschrifte die Hochachse mit „Anzahl" und trage die Werte 1 bis 12 ein.

3. Wie breit wird mein Diagramm?

   Es gibt vier Säulen, jede zeichne ich zwei Kästchen breit, zwischen ihnen lasse ich ein Kästchen Platz.

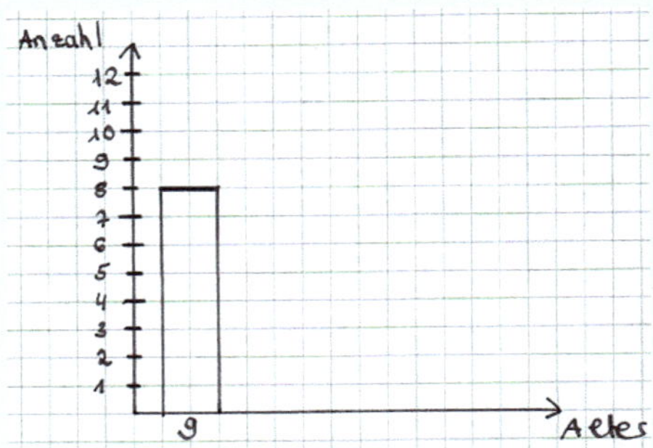

4. Was schreibe ich an die Rechtsachse?

   Ich beschrifte die Rechtsachse mit „Alter".

BEACHTE
Werden sehr viele Personen befragt, muss man sehr große Werte darstellen. Dann schreibt man die Anzahlen in größeren Schritten an die Achse. Die Schritte müssen an einer Achse immer gleich groß sein, z. B.: 0, 50, 100, 150, …

5. Wie hoch muss ich die erste Säule zeichnen?

   Ich zeichne die erste Säule 8 Kästchen hoch. Für jede Angabe zeichne ich eine weitere Säule.

6. Welche Überschrift passt zu meinem Diagramm?

   Meine Überschrift lautet: „Alter der Klasse".

Beim Zeichnen eines **Balkendiagramms** geht man auf gleiche Weise vor.
Der einzige Unterschied: Man vertauscht die Hochachse und die Rechtsachse.

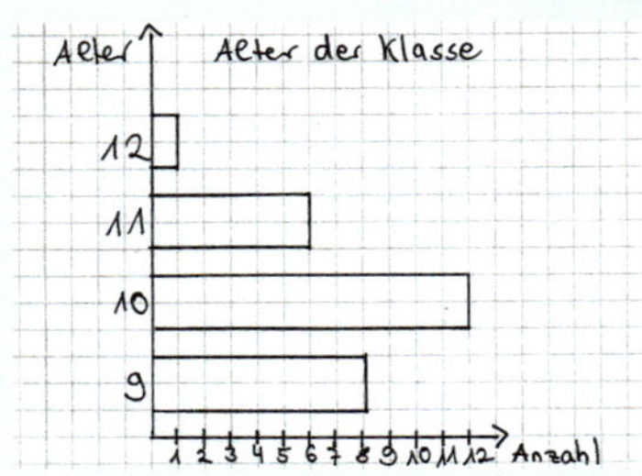

Beim Zeichnen eines **Figurendiagramms** schreibt man an den linken Rand die beobachteten Werte. Im Beispiel sind das „9 Jahre", „10 Jahre" …
Dann muss man festlegen, für welche Anzahl das gewählte Symbol stehen soll.

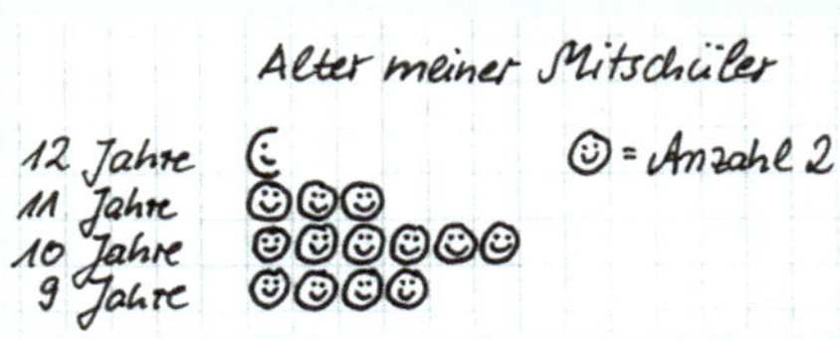

4 Vervollständige das Säulendiagramm im Heft.

Lieblingsfach	Anzahl der Stimmen
Mathematik	7
Sport	8
Deutsch	5
Sonstiges	6

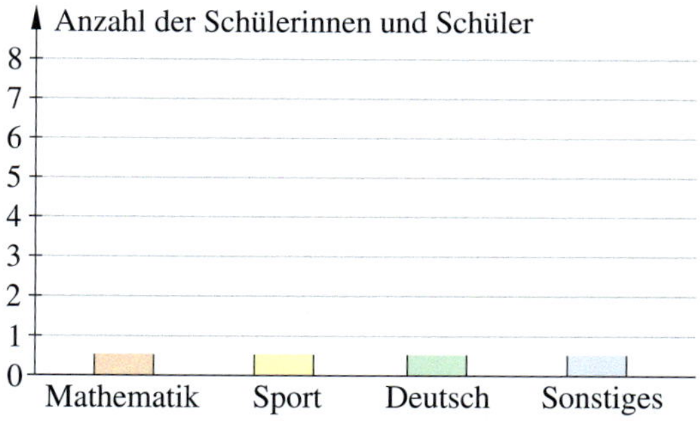

4 Zeichne jeweils ein Säulendiagramm.

a) Lieblingsfarben der Kunst-AG

Lieblingsfarbe	Anzahl der Stimmen
Blau	3
Rot	2
Grün	7
Violett	5
Gelb	0

b) Lieblingsfarben aller Kinder der fünften Klassen

Lieblingsfarbe	Anzahl der Stimmen
Blau	21
Rot	15
Grün	12
Violett	18
Gelb	5

5 Mehrere Schüler üben sich im Dauerlauf auf einem Sportplatz.

Anzahl Runden	Häufigkeit
5	4
6	7
7	8
8	3

a) Übertrage die Daten in ein Säulendiagramm und beschrifte es.

b) Nele hat das Diagramm anders gezeichnet: Die Säulen sind bei ihr 5, 6, 7 und 8 Kästchen hoch. Unter die Säulen hat sie *4*, *7*, *8* und *3* geschrieben. Erkläre ihr Vorgehen. Ist es falsch? Begründe.

6 Bei diesen Diagrammen wurden Fehler gemacht. Benenne und erkläre sie.

a)

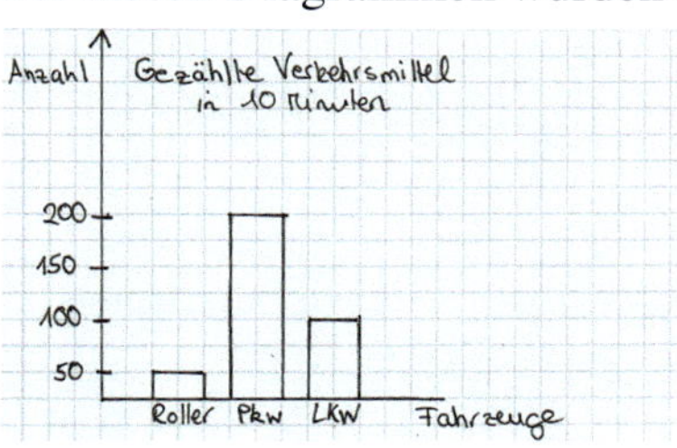

b)

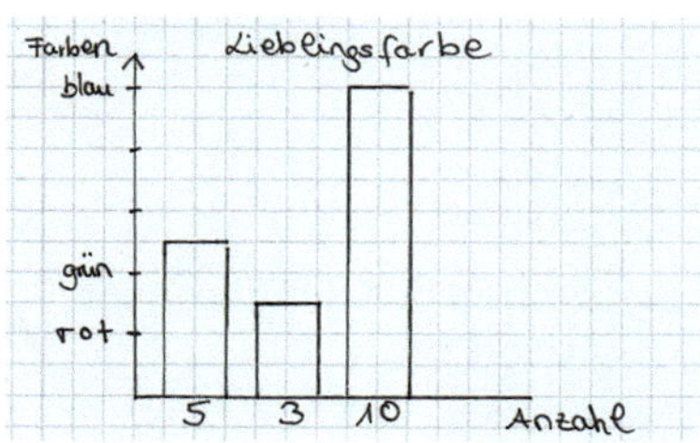

c)

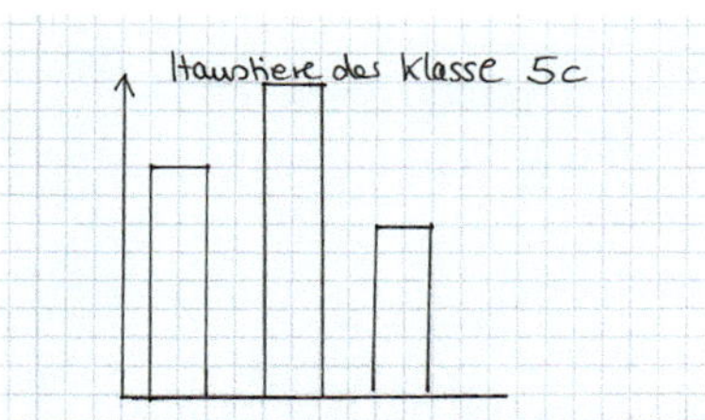

d) Teilnehmer an einem Mathe-Wettbewerb

7 Welche Schuhgröße haben eure Mitschülerinnen und Mitschüler?
Arbeitet zu zweit: Haltet die Antworten in einer Strichliste fest. Stellt euer Ergebnis mit einem Balkendiagramm dar.

7 Wie viele Geschwister haben eure Mitschülerinnen und Mitschüler?
Arbeitet zu zweit: Erstellt eine Häufigkeitstabelle und präsentiert euer Ergebnis mit einem Balkendiagramm.

8 Vier Kinder haben gezählt, wie viele Paar Schuhe sie besitzen:
Jana: 6 Paar Schuhe
Silas: 2 Paar Schuhe
Toni: 5 Paar Schuhe
Maja: 4 Paar Schuhe
Zeichne ein passendes Säulendiagramm.

8 Die Schüleranzahl von vier fünften Klassen wurde verglichen:
Klasse 5a: 27 Kinder
Klasse 5b: 30 Kinder
Klasse 5c: 22 Kinder
Klasse 5d: 25 Kinder
Zeichne ein passendes Säulendiagramm.

ZUM WEITERARBEITEN
Probiere, die Aufgaben 8, 9 und 11 auch mit dem Computer zu lösen. Verwende ein geeignetes Diagramm deiner Wahl. Hilfe findest du auf der gegenüberliegenden Seite.

9 1 200 Personen wurden zu ihrem Lieblingsfernsehsender befragt.
a) Ergänze die Tabelle in deinem Heft. Nutze dazu das Balkendiagramm.
b) Übertrage das Diagramm in dein Heft. Zeichne die fehlenden Balken möglichst genau ein.

Lieblings-fernsehsender	Anzahl
Das Erste	300
ZDF	
RTL	
SAT.1	210
7	

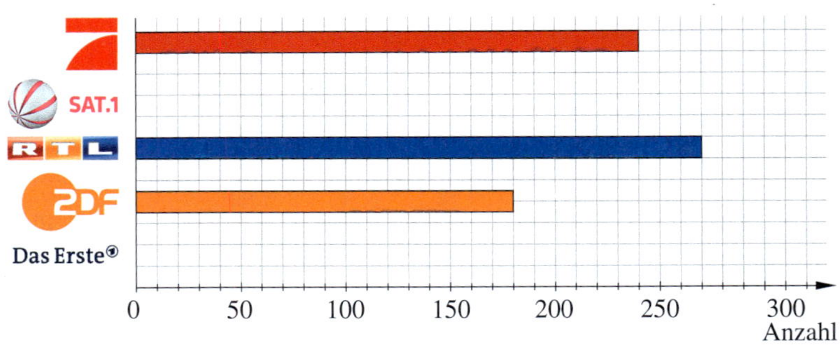

10 Lieblingseissorten der Schülerinnen und Schüler der Klasse 5 c

Eissorte	Vanille	Schokolade	Erdbeere	Haselnuss	Amarena	Zitrone
Häufigkeit	7	8	4	5	3	1

Erstelle ein Figurendiagramm.
Zeichne für je einen Schüler ein Eis:

10 Lieblingseissorten der Schülerinnen und Schüler der Klasse 5 c
Erstelle ein Figurendiagramm.
Zeichne für je zwei Schüler ein Eis:

11 Arbeitet zu zweit oder in einer Gruppe: Überlegt euch ein Thema, das euch interessiert. Plant eine Umfrage und führt sie durch. Erstellt dazu eine Strichliste.
Stellt eure Ergebnisse in einer Häufigkeitstabelle und mit einem Figurendiagramm dar.

ZUM WEITERARBEITEN
Sammle Diagramme aus Zeitungen und Zeitschriften und klebe sie in dein Heft. Schreibe dazu, ob es ein Figuren-, ein Balken- oder ein Säulendiagramm ist. Findest du auch andere Arten von Diagrammen?

Methode: Diagramme mit dem Computer erstellen

Diagramme lassen sich auch mit dem Computer erstellen.
Dazu wird ein Tabellenkalkulationsprogramm benötigt, z. B. „Excel“.

1 Zuerst müssen die Ausgangsdaten in eine Excel-Tabelle übertragen werden.

Ausgangstabelle:

Gebäude	Höhe in m
Berliner Fernsehturm	368
Eiffelturm	325
Taipei 101	508
Empire State Building	443

Tabelle in Excel:

	A	B
1	Gebäude	Höhe in m
2	Berliner Fernsehturm	368
3	Eiffelturm	325
4	Taipei 101	508
5	Empire State Building	443

2 Markiere alle Daten in der Excel-Tabelle: Halte die linke Maustaste gedrückt und ziehe den Mauszeiger von A1 bis B5; die Tabelle wird dabei bläulich.
Nun klicke oben in der Menüleiste auf „**Einfügen**“.
Dann wähle den Diagrammtyp, z. B. **Säulendiagramm** oder **Balkendiagramm**.

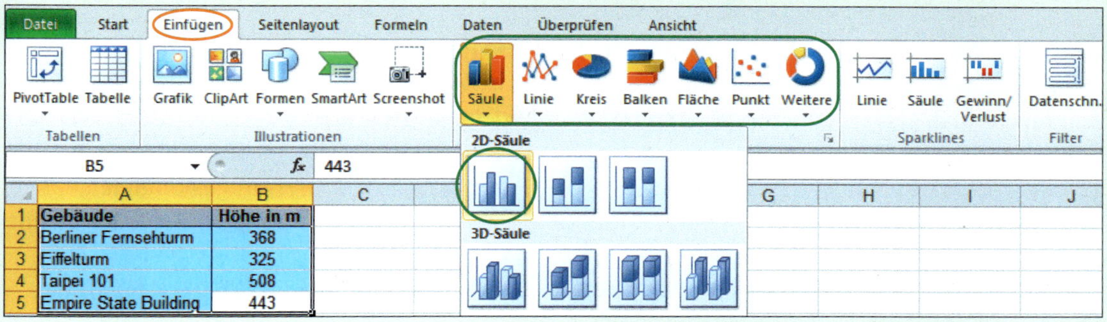

3 Sobald du einen Diagrammtyp ausgewählt hast, wird das Diagramm angezeigt.

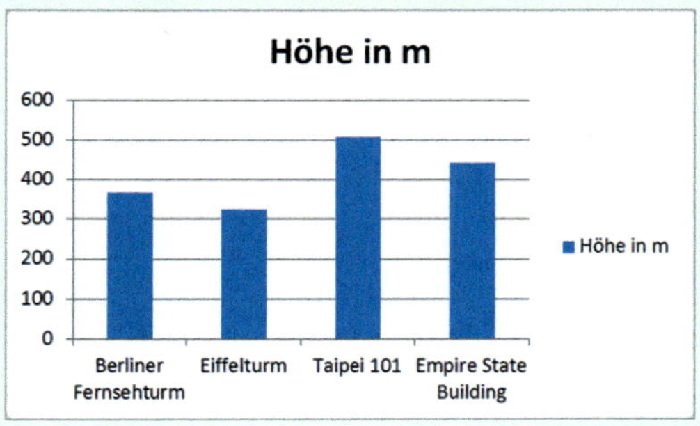

Klicke auf den Diagrammtitel und schreibe eine passende Überschrift hinein.

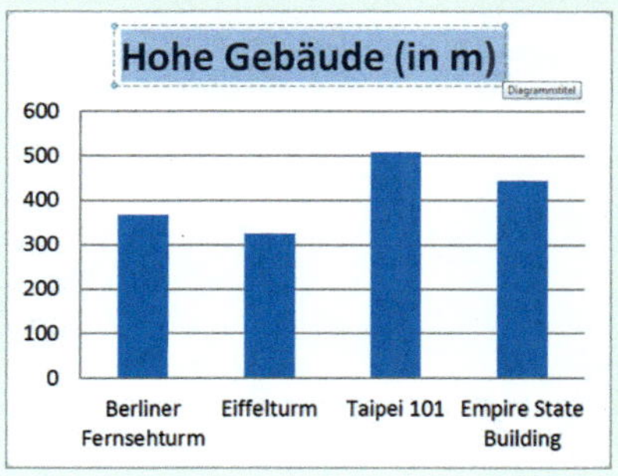

4 Du kannst das Diagramm weiter bearbeiten.
Du kannst z. B. ein **verfeinertes Diagrammlayout mit Achsenbeschriftung** auswählen.
Probiere weitere Gestaltungsmöglichkeiten über die **drei Menübänder von „Diagrammtools“**.

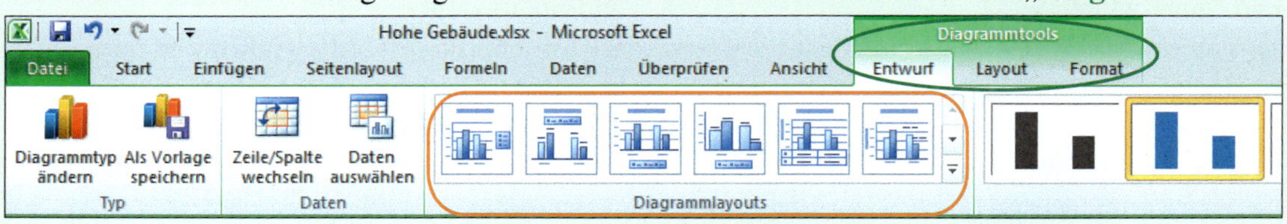

ZUR INFORMATION

021-1

Auf dieser Seite wird das Vorgehen beim Programm „Microsoft Excel 2010“ beschrieben. Es gibt auch andere, z. T. kostenlose Tabellenkalkulationsprogramme. Das Vorgehen beim Erstellen von Diagrammen ist sehr ähnlich, probiere es aus! Unter dem Webcode 021-1 findest du eine Linkliste zu diesen Programmen und eine Methoden-Seite zum Vorgehen bei älteren Excel-Versionen.

HINWEIS

021-2

Unter diesem Webcode findest du das vorbereitete Tabellenkalkulations-Dokument „Hohe Gebäude“, mit dem du alle auf dieser Seite gezeigten Schritte nachvollziehen kannst.

Klar so weit?

→ Seite 8

Umfragen planen, Daten sammeln

1 Ergebnis der Klassensprecherwahl:

Name	Strichliste
Jennifer	|||
Marcel	𝍸 𝍸
Dilek	𝍸 |||
Christine	||
Mesut	||||

a) Wer bekam wie viele Stimmen?
b) Wer wurde Klassensprecher?
Wer hatte die zweitmeisten Stimmen?
c) Am Wahltag fehlten zwei Schüler.
Wie viele Kinder sind in der Klasse?

2 Carlos stand von 7 Uhr bis 8 Uhr vor seiner Schule und hat gezählt, welche Automarken an seiner Schule vorbeifahren. Seine Ergebnisse:
12 Opel, 22 VW, 7 Mercedes, 15 Ford, 19 Renault und 9 Mazda.
Wie sah seine Strichliste dazu aus?

1 Wohin beim nächsten Klassenausflug?

Ziel	Strichliste
Zoo	𝍸
Erlebnispark	𝍸 ||||
Schwimmbad	𝍸 𝍸 |
Ausstellung	|
Eisbahn	||

a) Mit welcher Häufigkeit wurde für die einzelnen Ziele abgestimmt?
b) Wohin wird der Ausflug gehen?
c) Am Abstimmungstag fehlten zwei Schüler. Hätte ein anderes Ziel herauskommen können, wenn sie da gewesen wären?

2 Du sollst deine Klasse rund um das Thema Haustiere befragen. Welche Informationen findest du wichtig?
a) Erstelle einen geeigneten Fragebogen mit mindestens vier Fragestellungen.
b) Zu einer Frage hatte die Klasse 5 a folgende Ergebnisse:
5 Hunde; 7 Katzen; 5 Vögel; 8 Hamster; 12 Fische; 3 Sonstige
Wie sah die Strichliste dazu aus?

→ Seite 12

Daten vergleichen

3 Bestimme jeweils Minimum, Maximum und Spannweite.
a) 12; 6; 15; 3; 19; 17; 11
b) 34 kg; 52 kg; 12 kg; 26 kg; 33 kg; 15 kg; 21 kg
c) 13 min; 56 min; 8 min; 24 min; 1 h 28 min; 60 min

3 Bestimme jeweils Minimum, Maximum und Spannweite.
a) 13; 56; 8; 24; 88; 9; 176; 542
b) 37 €; 73,50 €; 3 €; 12,30 €; 26 €; 62 €; 49,99 €
c) 18 cm; 77 cm; 3 cm; 50 cm; 21 cm; 1 m; 81 cm

4 Die Karte zeigt die Höchsttemperaturen für einige Städte an einem Oktobertag.

a) Erstelle eine Tabelle mit den Städtenamen und den zugehörigen Temperaturwerten.

b) Welcher Temperaturwert ist das Maximum? In welcher Stadt wurde es gemessen?

c) Welche Temperatur ist das Minimum und wo wurde es gemessen?

d) Gib die Spannweite der Temperaturen an.

e) Ben sagt: „Wenn auch die Temperatur von Lissabon abgebildet wäre, dann würde die Spannweite 17 °C betragen."
Wie warm war es in Lissabon?

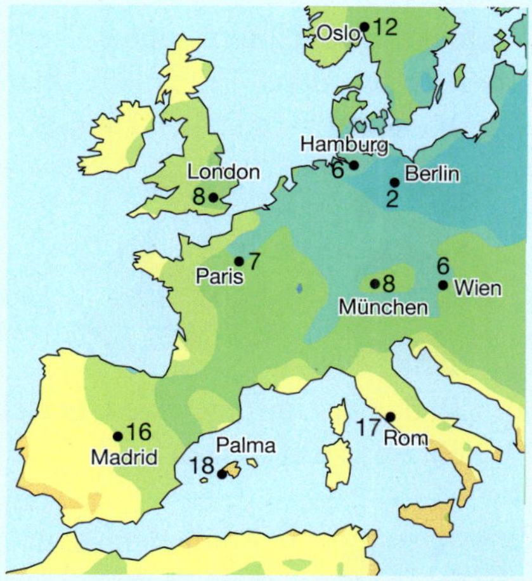

Daten in Diagrammen darstellen

→ Seiten 16, 18

5 Beschreibe den Inhalt des Diagramms in deinen Worten.

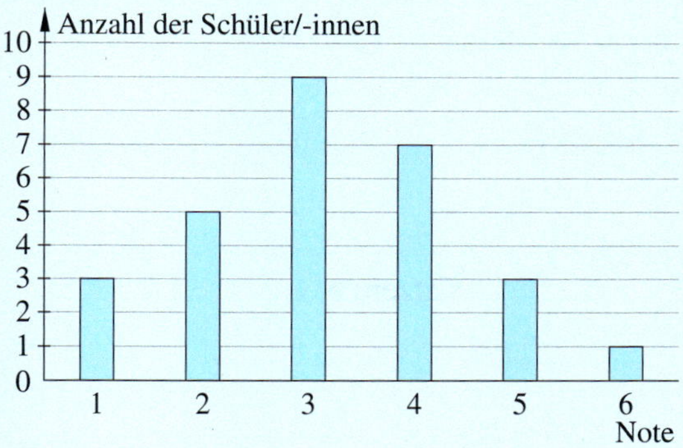

5 Beschreibe den Inhalt des Diagramms in deinen Worten.

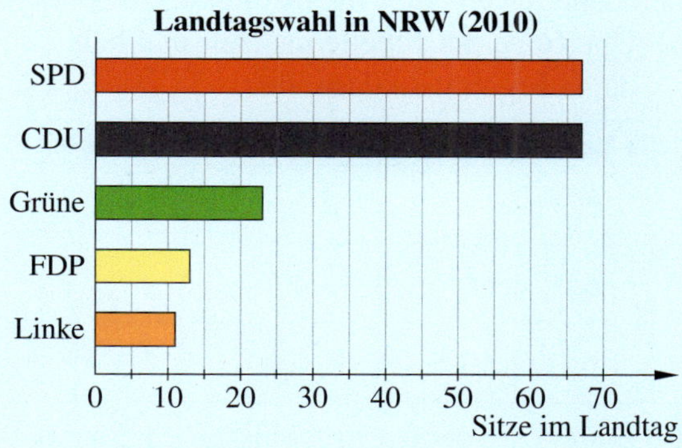

6 Marijke hat in einem Biologiebuch Angaben zur Lebenserwartung von Tieren gefunden. Erstelle zu den Daten ein Diagramm deiner Wahl.

Hund:	14 Jahre
Kaninchen:	9 Jahre
Kanarienvogel:	8 Jahre
Meerschweinchen:	6 Jahre
Hamster:	3 Jahre

6 Einige Vögel verbringen den Winter im warmen Süden. Dabei legen sie viele km zurück. Erstelle ein Diagramm deiner Wahl.

Vögel	Strecke in km
Storch	10 000
Kuckuck	9 000
Seeschwalbe	20 000
Kranich	7 000
Singdrossel	5 000
Star	2 000

Vermischte Übungen

1 Denke dir ein interessantes Thema für eine Umfrage aus, deren Ergebnisse du mit folgenden Bildzeichen darstellen kannst.

a) Gib deiner Umfrage eine Überschrift.
b) Schreibe zwei Fragen auf.

1 Denke dir ein interessantes Thema für eine Umfrage aus, deren Ergebnisse du mit folgenden Bildzeichen darstellen kannst.

a) Gib deiner Umfrage eine Überschrift.
b) Schreibe zwei Fragen auf.

2 Finde heraus, wie viele Serien, Tierfilme und Wettervorhersagen heute auf deinem Lieblingssender zu sehen sind.

2 Wähle zwei Fernsehsender.
Vergleiche die Häufigkeit von Serien, Talkshows und Nachrichten, die diese Sender in einer Woche ausstrahlen.

NACHGEDACHT
Überlegt zu mehreren: Entdeckt ihr bei euren Diagrammen eine Ähnlichkeit? Findet ihr den Grund dafür?

3 Würfle 20-mal mit zwei Würfeln und berechne jeweils die Augensumme.
a) Übertrage die Tabelle ins Heft und halte deine Ergebnisse darin fest.

die Augensumme ist	Strichliste	Häufigkeit
2, 3 oder 4		
6, 7 oder 8		
10, 11 oder 12		

b) Erstelle zu deinen Ergebnissen ein Säulendiagramm.

3 Würfle 20-mal mit zwei Würfeln.
Bilde jeweils die Differenz (die größere Zahl minus der kleineren Zahl).
a) Ergänze die Tabelle im Heft.

die Differenz ist	Strichliste	Häufigkeit
0		
1		
2		
3		
4		
5		

b) Erstelle ein Säulendiagramm.

4 Die Längen verschiedener Flüsse (in km)

Richtig oder falsch?
Korrigiere falsche Aussagen.
a) Die Donau ist kürzer als der Rhein.
b) Der Nil ist etwa 6-mal so lang wie die Elbe.
c) Die Wolga ist mehr als 4 000 km lang.
d) Das Minimum dieser Flusslängen beträgt fast 7 000 km.

4 Die Längen verschiedener Flüsse (in km)

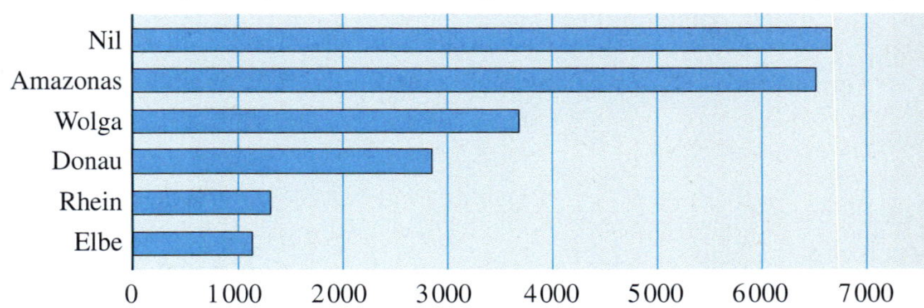

a) Wie lang etwa ist die Wolga?
b) Wie lang etwa ist der Rhein?
c) Welcher Fluss ist knapp 3 000 km lang?
d) Um etwa wie viel Kilometer ist der Amazonas länger als die Wolga?
e) Wie groß ist die Spannweite der gezeigten Flusslängen ungefähr?

5 Betrachte die Diagramme. Erfinde jeweils eine Situation, die zu dem Diagramm passt. Schreibe sie in deinen Worten auf.

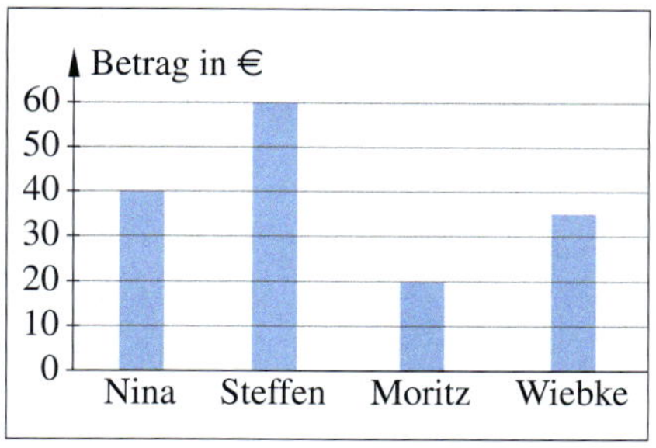

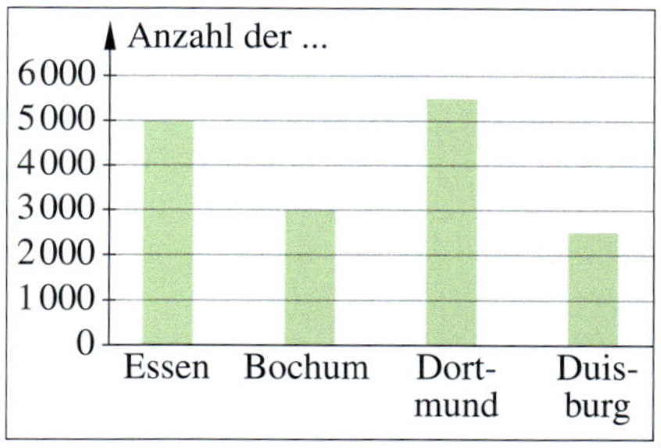

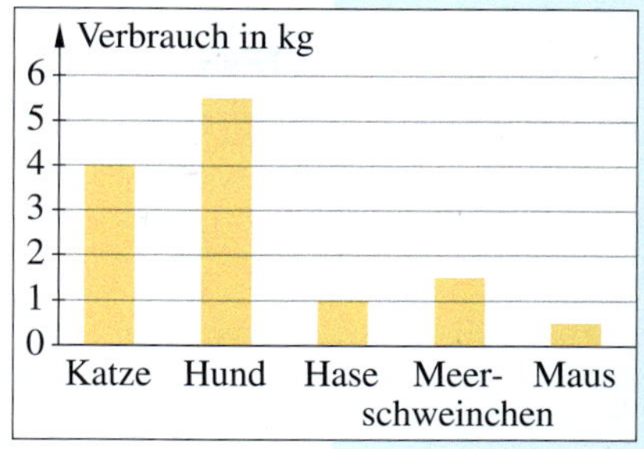

6 Merle beobachtet die Straße.
Es kommen 5 Opel, 7 VW, 5 Renault, 1 Mazda und 3 Mercedes vorbei.

a) Erstelle eine Tabelle mit den Angaben.
b) Zeichne ein Säulendiagramm.

6 Georg beobachtet die Straße.
Es kommen vorbei: 12 Opel, 30 VW, 8 Mercedes, 10 Ford, 6 Mazda und 2 Toyota.
Zeichne ein Säulendiagramm. Überlege zuerst, wie du die Hochachse geschickt einteilst.

ZUM KNOBELN
156 BMW fahren vorbei. Wie hoch wäre die Säule in deinem Diagramm?

7 Wachstum der Weltbevölkerung

a) Beschreibe mit Worten, was das Säulendiagramm zeigt. Beachte die Einteilung auf der Zeitachse.
b) Etwa wie viele Menschen lebten 1970 auf der Erde?
c) Um wie viel nahm die Weltbevölkerung von 1970 bis 1980 zu?
d) Was schätzt du:
Wie viele Menschen werden im Jahr 2030 auf der Erde leben?

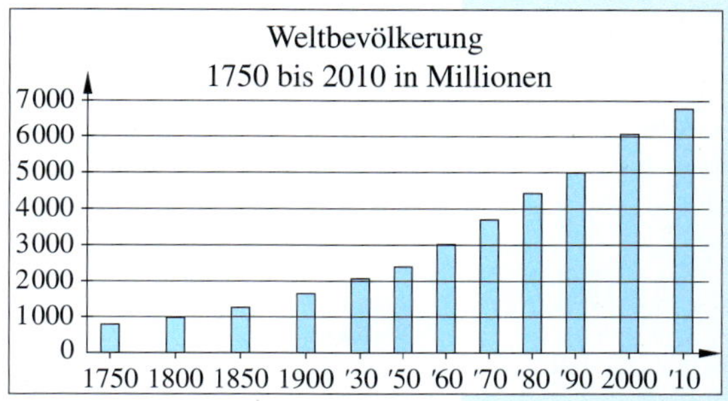

8 Beim Sportfest gab es folgende Ergebnisse:

	Max	Svenja	Lea	Mark	Yasmin	Marek	Jennifer
Seilspringen (Sprünge)	32	28	46	37	52	39	33
Sprünge auf einem Bein	9	30	21	8	19	11	24
Liegestütze	15	6	5	12	8	18	11

a) Notiere zu jedem Wettbewerb den Maximalwert, den Minimalwert und die Kinder, die diese Werte erreicht haben.
b) Wie groß ist bei den einzelnen Sportarten der Unterschied zwischen dem besten und dem schlechtesten Ergebnis? Schreibe es mit dem entsprechenden Fachbegriff auf.
c) Wähle eine der Sportarten aus und zeichne ein passendes Balkendiagramm. Überlege, bei welcher Sportart das am leichtesten ist.

ZUM WEITERARBEITEN
Berechne den Gesamtsieger: Bei jeder Sportart bekommt der Erste 7 Punkte, der Zweite 6 Punkte usw.

9 In den Jahren 2009, 2010 und 2011 wurden jeweils 16-Jährige über ihr monatliches Taschengeld befragt.

a) Welche Daten kannst du dem Diagramm entnehmen? Schreibe sie in eine Tabelle.
b) „Das Taschengeld ist von 2010 bis 2011 auf fast das Doppelte angestiegen.“ Stimmt diese Aussage? Begründe.
c) Beschreibe, was an der Zeichnung verändert werden müsste, damit das Diagramm korrekt ist.

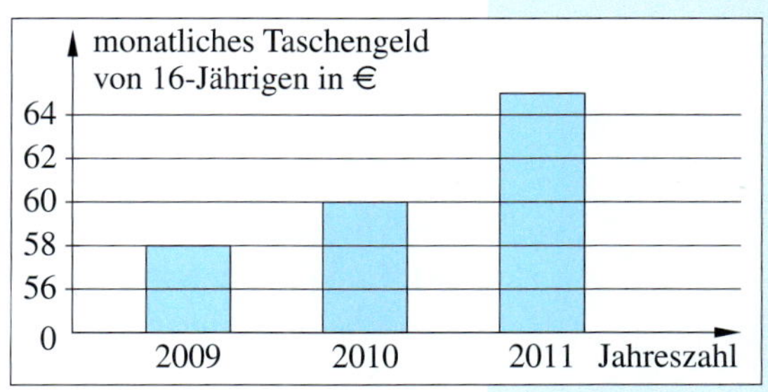

10 Befragungen von Kindern in Nordrhein-Westfalen

a) Im Bild siehst du die Ergebnisse einer Befragung von Kindern zum Thema „Frühstück“.
① Beschreibe das Diagramm mit deinen eigenen Worten.
② Wie viele Kinder wurden befragt?
③ In welche Gruppe gehörst du?
④ Was meinst du: Warum wurden die Kinder nach ihrem Frühstück gefragt?

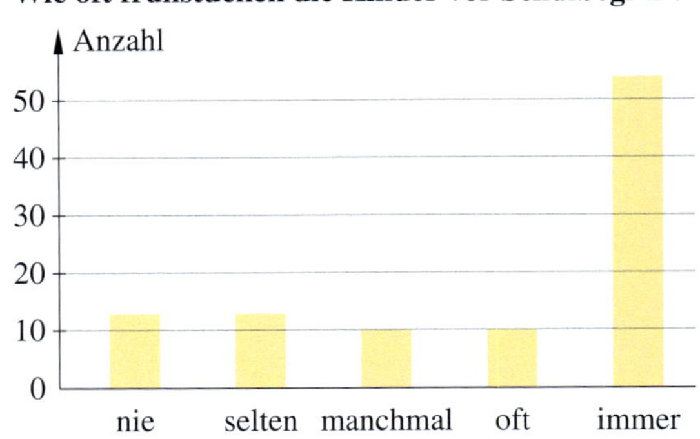

b) Bei einer anderen Befragung zum Thema „Insgesamt fühle ich mich wohl in meiner Haut“ antworteten von 100 befragten Kindern 2 Kinder mit „stimmt nicht“, 6 sagten „stimmt wenig“, 19 antworteten „stimmt teils/teils“, 29 sagten „stimmt ziemlich“ und 44 antworteten „stimmt völlig“. Erstelle zu dem Text ein Säulendiagramm.

BEACHTE
Bei der Darstellung von sehr großen Zahlen in einem Diagramm muss man manchmal einen bestimmten Bereich von Zahlen auslassen. Dies kennzeichnet man auf der Achse z. B. so:

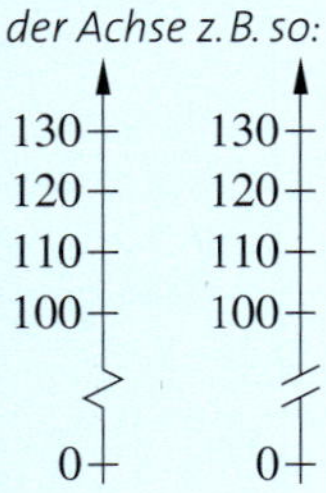

11 Geburten in Nordrhein-Westfalen

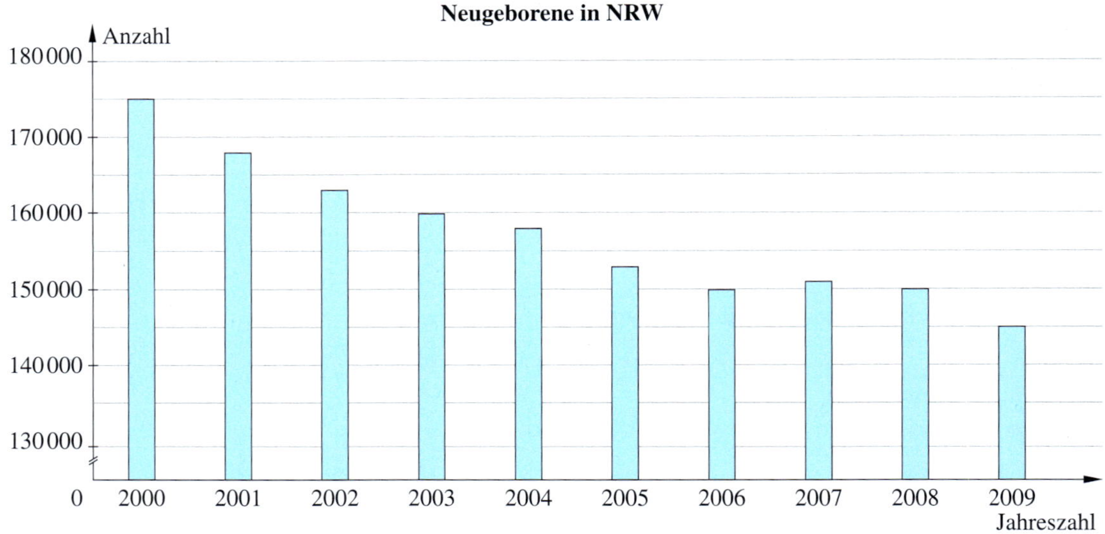

a) Beschreibe das Diagramm mit eigenen Worten.
b) Gibt das Diagramm die Geburtenentwicklung richtig wieder?
c) Lies die Werte für die Jahre 2000, 2005 und 2009 möglichst genau ab.
d) Schätze die Geburtenzahl in Nordrhein-Westfalen im Jahr 2010.
e) Vergleiche deinen geschätzten Wert mit dem tatsächlichen Wert. Beachte dazu den Webcode in der Randspalte.

ZU AUFGABE 11
www 026-1
Unter diesem Webcode findest du einen Link, der dich zur aktuellen Geburtsstatistik für Nordrhein-Westfalen führt.

12 Bundesländer in Deutschland

In Nordrhein-Westfalen leben rund 18 Mio. Einwohner, in Baden-Württemberg rund 10,5 Mio., in Bayern 12 Mio., in Hessen 6 Mio., in Rheinland-Pfalz etwa 4 Mio. und in Sachsen rund 4,5 Mio.

a) Erstelle ein Säulendiagramm. Welche Einteilung wählst du für die Anzahl?
b) Erstelle ein Figurendiagramm. Wie viele Einwohner entsprechen einem Symbol? Begründe deine Wahl.

Zusammenfassung

Umfragen planen, Daten sammeln

→ Seite 8

Um Daten erheben zu können, benötigt man einen **Fragebogen**. Bei manchen Fragen kann man nur ankreuzen, manchmal sind mehrere Kreuze pro Frage erlaubt, bei anderen Fragen wird in Stichpunkten oder mit einer Zahl geantwortet.

Liest du gerne? Ja ☐ Nein ☐
Was liest du? (Mehrfachnennungen möglich)
Bücher ☐ Comics ☐ Zeitschriften ☐
Zeitung ☐ Texte im Internet ☐ Sonstiges ☐
Dein Lieblingsbuch: ____________________
Ungefähre Anzahl der gelesenen Bücher: ______

Für eine erste Übersicht stellt man die Daten in einer so genannten **Urliste** zusammen.

Was liest du? Bücher; Comics; Comics; Zeitschriften; Bücher; Comics; Comics; Sonstiges; …

Zur Auswertung der abzählbaren Angaben wird eine **Strichliste** mit **Häufigkeitstabelle** angelegt.

Liest du gerne?	Strichliste	Häufigkeit
ja	卌 卌 |||	13
nein	卌 ||||	9

Daten vergleichen

→ Seite 12

Bei einer Datenmenge nennt man den größten Wert das **Maximum**. Der kleinste Wert heißt **Minimum**.

Die **Spannweite** kennzeichnet den Unterschied zwischen dem Maximum und dem Minimum.

Der älteste befragte Schüler ist 12 Jahre alt (Maximum), der jüngste ist 7 (Minimum).

Maximum:	12 Jahre
Minimum:	− 7 Jahre
Spannweite:	5 Jahre

Daten in Diagrammen darstellen

→ Seite 16, 18

Bei einem **Säulendiagramm** liest man an der Höhe der Säulen ab, um welche Anzahl es geht.

Die Hochachse muss in in gleich große Abschnitte eingeteilt werden.

Ein **Balkendiagramm** sieht wie ein quer gelegtes Säulendiagramm aus (nicht abgebildet).

Kläre die folgenden Fragen, bevor du ein Säulendiagramm zeichnest:
1. Wie hoch wird die höchste Säule?
2. Wie breit soll das Diagramm werden?
3. Wie beschrifte ich die beiden Achsen?
4. Welche Überschrift bekommt das Diagramm?

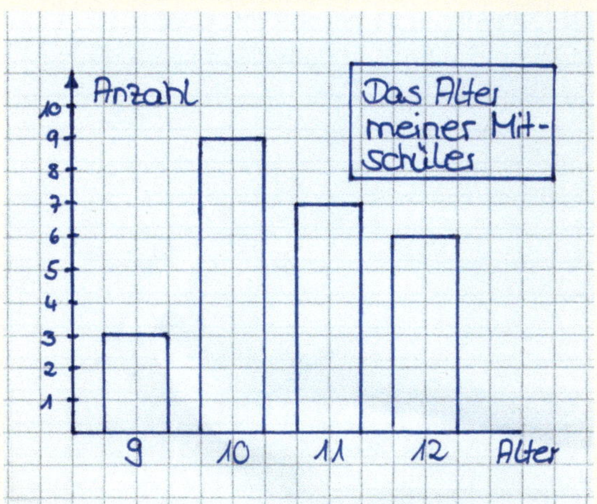

Bei einem **Figurendiagramm** steht jedes Zeichen für eine festgelegte Anzahl oder Größe.

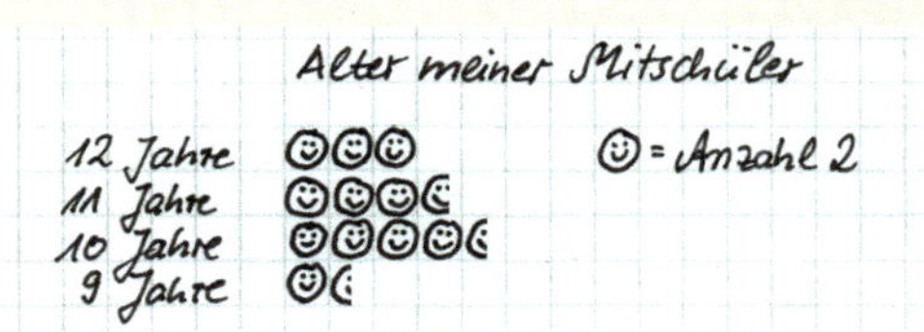

Methode: Lerne selbstständig für eine Klassenarbeit

Blättere einmal um, dann siehst du die ***Teste-dich!***-Seite zu diesem Kapitel. Solch einen Test gibt es am Ende jedes Kapitels. Mit ihm kannst du dich auf eine Klassenarbeit vorbereiten. Zu jeder ***Teste-dich!***-Seite gibt es eine Checkliste, wie du sie unten siehst.

Dabei kann die Checkliste dir helfen:

Bekomme einen Überblick.

Worum ging es im Mathe-Unterricht der letzten Wochen?
Bekomme einen Überblick über das gesamte Kapitel.

Schätze dich selbst ein.

Was kannst du schon gut?
Was noch nicht?
Sei ehrlich zu dir selbst. Denn je genauer du das weißt, desto leichter geht das Lernen.

Schließe Lücken.

Was genau musst du noch einmal nachlesen und üben?
Finde heraus, auf welcher Seite es im Buch steht.

So kannst du mit

Aufgabennummer und Kompetenz
Vorn steht die Aufgabennummer von der ***Teste-dich!***-Seite.
Die zweite Spalte beschreibt, welche mathematische Fähigkeit (Kompetenz) du beim Lösen der Aufgabe einsetzt.

Schätze dich selbst ein
Hier schätzt du ein, wie gut du diese Aufgabe konntest:

☺ Ich konnte die ganze Aufgabe lösen.
😐 Ich konnte die Aufgabe teilweise lösen.
☹ Ich konnte die Aufgabe nicht lösen.

Setze für jede Aufgabe nur ein Kreuz.

Checkliste zu

Nr.	mathematische Fähigkeit (Kompetenz)	☺	😐	☹
1	Ich kann einen Fragebogen entwerfen.		x	
2	Ich kann eine Häufigkeitstabelle mit Strichlisten und Häufigkeiten erstellen.	x		
3	Ich kann Informationen aus einer Tabelle ablesen. Ich kann Minimum, Maximum und Spannweite bestimmen.		x	
4	Ich kann drei verschiedene Arten von Diagrammen nennen.	x		
5	Ich kann Informationen aus einem Diagramm ablesen.			x
6	Ich kann ein Säulendiagramm zeichnen.			x

So kannst du dich selbstständig auf eine Klassenarbeit vorbereiten:

1 Bearbeite die Seite ***Teste dich!***

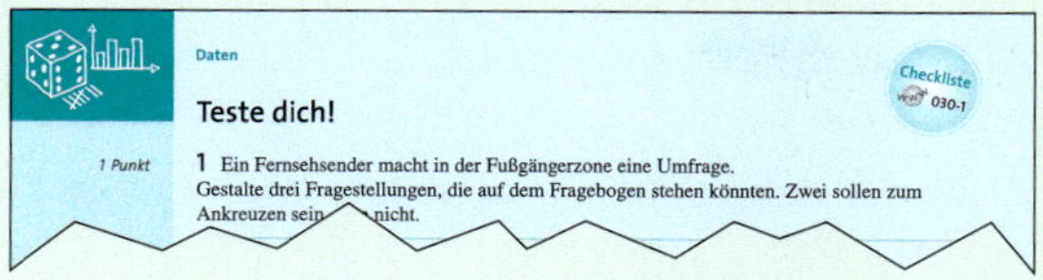

Daten

Teste dich!

1 Punkt **1** Ein Fernsehsender macht in der Fußgängerzone eine Umfrage. Gestalte drei Fragestellungen, die auf dem Fragebogen stehen könnten. Zwei sollen zum Ankreuzen sein … nicht.

2 Überprüfe deine Ergebnisse mit den Lösungen im Anhang.

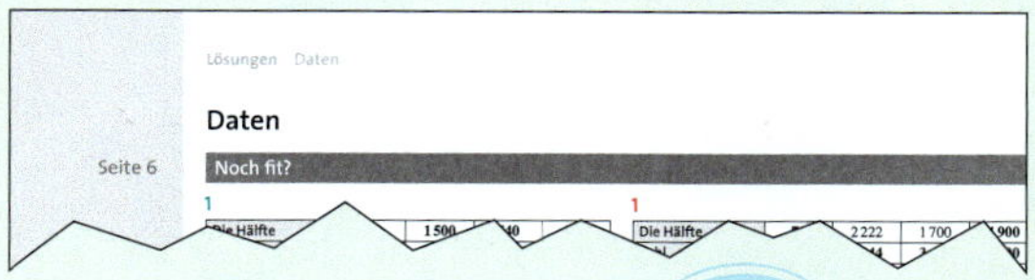

Lösungen Daten

Seite 6 Daten

Noch fit?

1 … Die Hälfte … 1500 … 1 … Die Hälfte … 2222 … 1700 … 900

3 Drucke die Checkliste aus: Rufe zuerst die Internetseite zum Buch auf und gib den Webcode ein, der oben auf der ***Teste-dich!***-Seite steht. Hier rufst du die Checkliste auf und druckst sie aus.

4 Fülle die Checkliste aus. Sie hilft dir zu erkennen, welche Themen du gut kannst und bei welchen Themen du noch etwas lernen musst.

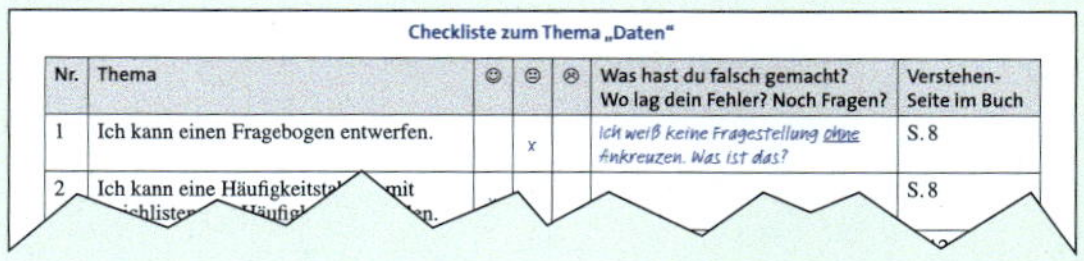

Checkliste zum Thema „Daten"

Nr.	Thema	☺	😐	☹	Was hast du falsch gemacht? Wo lag dein Fehler? Noch Fragen?	Verstehen-Seite im Buch
1	Ich kann einen Fragebogen entwerfen.		x		*Ich weiß keine Fragestellung ohne Ankreuzen. Was ist das?*	S. 8
2	Ich kann eine Häufigkeitstabelle mit …					S. 8

5 Werte deine Checkliste aus. Wie es geht, wird unten beschrieben.

der Checkliste arbeiten

ema „Daten"

Was hast du falsch gemacht? Wo lag dein Fehler? Noch Fragen?	Verstehen-Seite im Buch
Ich weiß keine Fragestellung ohne Ankreuzen. Was ist das?	S. 8
	S. 8
Ich bin mit den Zeilen durcheinander gekommen. Nächstes Mal: Gründlicher machen! Genauer lesen!	S. 12
	S. 16
Habe die Einteilung nicht gesehen. Nächstes Mal: Genau hingucken!	S. 16
Was ist der Unterschied zwischen Säulen- und Balkendiagramm??? Wie kriege ich große Werte in mein Diagramm rein?	S. 18

Noch Fragen?

Hast du einen Fehler gemacht?
Hast du etwas noch nicht verstanden?
Notiere hier deine Fragen zu diesem Thema oder zu der Aufgabe.

Auswertung deiner Checkliste

Hast du ein Kreuz bei 😐 oder ☹?
Hier steht die Seitenzahl der ***Verstehen***-Seite, auf der du das Thema nachlesen kannst.

Lies gründlich die passende ***Verstehen***-Seite.

Löse auch einige Aufgaben auf den folgenden ***Üben-und-anwenden***-Seiten, die genau zu dem Thema passen.

TIPP

Beobachte dich beim Lernen:
- *Bei welchen Aufgaben stößt du auf Schwierigkeiten?*
- *Was hat dir schon einmal dabei geholfen, eine schwierige Aufgabe zu verstehen?*
- *Sammle die Checklisten in deinem Hefter. Hast du dich im Laufe der Zeit verbessert?*

Checkliste
www 030-1

Teste dich!

1 Punkt

1 Ein Fernsehsender macht in der Fußgängerzone eine Umfrage.
Gestalte drei Fragestellungen, die auf dem Fragebogen stehen könnten. Zwei sollen zum Ankreuzen sein, eine nicht.

1 Punkt

2 In der deutschen Sprache kommen einige Buchstaben häufiger vor als andere.

Wie häufig kommen die Buchstaben a, e, f, n und z in dem folgenden Sprichwort von Albert Einstein vor? Fertige eine Tabelle mit Strichlisten und Häufigkeiten an.
„Mathematik ist die einzige perfekte Methode, sich selber an der Nase herumzuführen."

6 Punkte

3 Brötchenbestellung für das Schulcafé:

Brötchensorte	Mo	Di	Mi	Do	Fr
Körnerbrötchen	20	20	30	20	20
Weizenbrötchen	50	40	50	50	40
Schokobrötchen	60	60	60	60	60
Mohnbrötchen	20	15	20	15	15

a) Wie viele Mohnbrötchen werden montags bestellt?
b) Wie viele Brötchen werden montags insgesamt bestellt?
c) Wie viele Körnerbrötchen werden pro Woche bestellt?
d) Welche Sorte verkauft sich am besten?
e) Welche Sorte verkauft sich am schlechtesten?
f) Gib von den Bestellzahlen für Freitag das Maximum, das Minimum und die Spannweite an.

1 Punkt

4 Nenne drei verschiedene Diagrammarten.

2 Punkte

5 Ein Sportverein hat seine Mitgliederzahlen in einem Säulendiagramm dargestellt.
a) Wie viele Mitglieder hat jede der drei Sportabteilungen des Vereins?
b) Wie viele Mitglieder hat der Verein insgesamt?

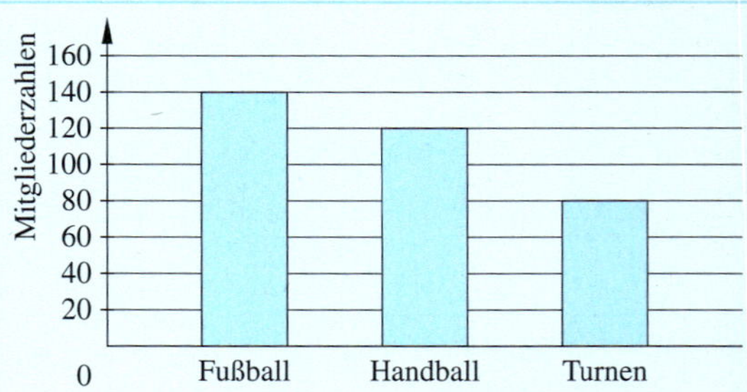

2 Punkte

6 So schwer etwa werden folgende Tiere:
Schäferhund: 40 kg   Reh: 30 kg   Hauskatze: 10 kg   Puma: 60 kg
a) Zeichne ein Säulendiagramm. Zeichne für je 10 kg eine 1 cm hohe Säule.
b) Gibt es Tiere, die du in deinem Säulendiagramm nicht gut darstellen könntest? Begründe.

Gold: 12–13 Punkte, Silber: 10–11 Punkte, Bronze: 8–9 Punkte

Lösungen ab Seite 197

Die natürlichen Zahlen

Die Sonne ist ein gewaltiger Himmelskörper von etwa einer Million vierhunderttausend Kilometer Durchmesser. In ihrem Inneren herrschen Temperaturen bis zu fünfzehn Millionen Grad Celsius, an der Oberfläche immer noch sechstausend Grad Celsius. Immer wieder kommt es zu gewaltigen Gasausbrüchen, die wie helle Fackeln aufleuchten.

1 400 000
15 000 000
6 000

Noch fit?

Einstieg

1 Vorgänger und Nachfolger
a) Welche Zahl ist der Vorgänger von 754?
b) Welche Zahl ist der Nachfolger von 1 099?

2 Schrittweise zählen
Zähle von 7 500 weiter in …
a) Hunderter-Schritten bis 9 500.
b) Tausender-Schritten bis 20 500.
c) Fünfziger-Schritten bis 8 200.
d) Fünfhunderter-Schritten bis 24 500.

3
Verdopple immer weiter, bis du über 1 000 kommst.
Notiere die Zahlen folgendermaßen:

Beispiel für die Startzahl 10: *10, 20, 40, 80, 160, 320, 640, 1280*

a) Startzahl 30
b) Startzahl 55
c) Startzahl 70
d) Startzahl 2

4 Zahlenreihen ergänzen
Ergänze die fehlenden Zahlen im Heft.
a) 1, 2, 3, 4, 5, 6, … , 8, 9, 10
b) 35, 36, 37, … , 39
c) 100, 101, … , 103, 104, 105, … , 109, 110
d) 2, 4, 6, … , 12

5 Zahlenstrahl
Welche Zahlen sind hier markiert?

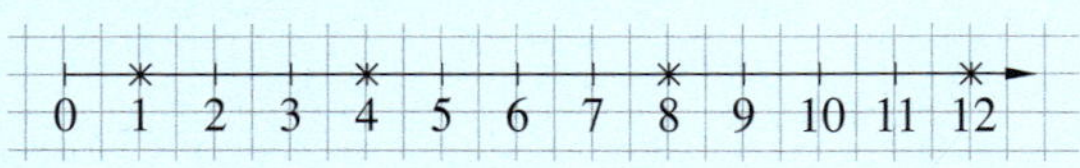

6 Zahlen ordnen
Ordne die Zahlen der Größe nach. Beginne mit der kleinsten Zahl.
a) 44, 102, 12, 300, 99, 199, 201, 78
b) 465, 333, 387, 3 333, 378, 456

7 Große Zahlen
Schreibe passende Paare ins Heft.

dreihundertachtzig	2 000 000
siebenhunderttausend	50 000
zwei Millionen	380
sechstausendfünfhundert	700 000
fünfzigtausend	6 500

8 Anzahlen schätzen
a) Wie viele T-Shirts hast du?
b) Wie viele Türen hat eure Schule ungefähr?

Aufstieg

1 Vorgänger und Nachfolger
a) Wie lautet der Vorgänger von 37 615?
b) Wie lautet der Nachfolger von 49 099?

2 Schrittweise zählen
Zähle von 97 500 weiter in …
a) Hunderter-Schritten bis 100 000.
b) Tausender-Schritten bis 106 500.
c) Fünfziger-Schritten bis 99 000.
d) Fünfhunderter-Schritten bis 102 000.

4 Zahlenreihen ergänzen
Ergänze die fehlenden Zahlen im Heft.
a) 111, 113, … , 127, 129
b) 34, 36, … , 52
c) 3 254, … , 3 257, … , 3 261, 3 262
d) 520, 530, … , 600

5 Zahlenstrahl
Welche Zahlen sind hier markiert?

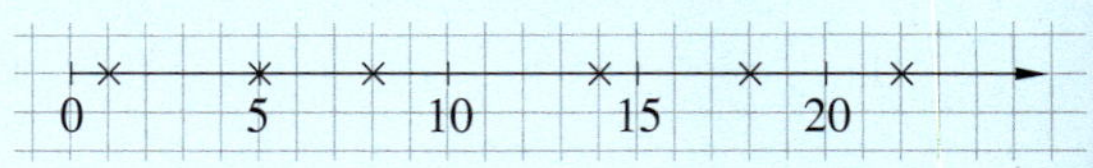

7 Große Zahlen
Schreibe passende Paare ins Heft.

dreitausendachthundert	4 080 000
fünfhundertzwanzigtausend	23 000
vier Millionen achtzigtausend	3 800
sechzigtausendachthundert	520 000
dreiundzwanzigtausend	60 800

8 Anzahlen schätzen
a) Wie viele Fenster hat eure Schule ungefähr?
b) Wie viele Gummibärchen isst du pro Jahr?

Lösungen ab Seite 197

Natürliche Zahlen ordnen und vergleichen

Entdecken

1 Zahlen kommen in verschiedenen Zusammenhängen vor.

a) Die „29“ auf dem Abreißkalender steht für den 29. Tag des Monats.
Welche anderen Zahlen in den Beispielen werden zur Nummerierung verwendet?

b) Es gibt in den Beispielen auch Zahlen, die nicht zur Nummerierung verwendet werden. Welche sind das und wofür werden sie verwendet? Ordnet die Zahlen nach verschiedenen Gesichtspunkten.

c) Ergänzt in der Klasse die gefundenen Gesichtspunkte um jeweils drei weitere Beispiele.

2 Aus dem Kreuzworträtselheft

a) Setze die Zeichenfolgen im Heft fort.

① ✲✲●●●✲✲●●●✲✲●●●…

② ○●■■○●■■○●■■○●■■○…

③ ⊙⊙⊙□□○⊙⊙⊙□□○…

④ ▲▼□▲▼□□▲▼□□□▲▼□□□□▲▼…

b) Setze die Zahlenfolgen im Heft fort.

① 2, 4, 6, 8, 10, 12 …

② 36, 33, 30, 27, 24, 21 …

③ 11, 16, 21, 26, 31, 36, 41 …

④ 1, 2, 4, 8, 16, 32, 64 …

c) Erfinde eigene Zahlenfolgen.
Beschreibe deine Zahlenfolgen mit Worten im Heft.

d) Arbeitet zu zweit.
Einer schreibt den Anfang einer Zahlenfolge auf, der andere setzt die Folge fort.
Tauscht dann eure Rollen.

3 Schreibe die gesuchten Zahlen auf.

a) alle geraden Zahlen zwischen 20 und 40

b) alle ungeraden Zahlen zwischen 56 und 79

c) die Anzahl der natürlichen Zahlen von 13 bis 46

ZUM WEITERARBEITEN
Welche Hausnummern haben die Nachbarhäuser in deiner Straße? Ist etwas Auffälliges festzustellen?

Verstehen

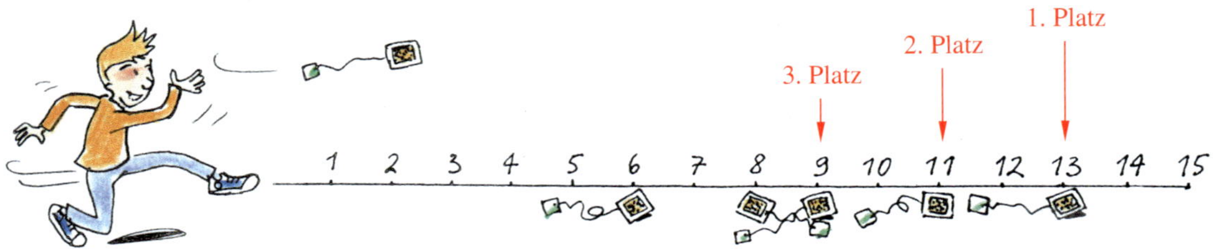

Auf einer Geburtstagsparty wird ein Spiel gespielt. Es heißt Teebeutel-Weitwurf.
Der Rekord liegt bei 13 Metern.
Der erste Platz gewinnt zwei Eintrittskarten für das Kino.

ERINNERE DICH
*Die Zahlen 1, 3, 5, 7, ... nennt man **ungerade Zahlen**.*
*Die Zahlen 2, 4, 6, 8, ... nennt man **gerade Zahlen**.*

Überall im Alltag kommen Zahlen vor.

Zahlen werden auf verschiedene Weise benutzt. Man kann …

– Anzahlen angeben:	6 Kinder haben beim Teebeutel-Weitwurf mitgespielt.
– Reihenfolgen angeben:	Den 1. Platz erreicht das Kind mit dem weitesten Wurf.
– gemessene Werte angeben:	Die weiteste Länge beträgt 13 m.

Merke Die **Menge der natürlichen Zahlen** wird mit $\mathbb{N}$ bezeichnet.
$\mathbb{N} = \{0; 1; 2; 3; 4; \ldots\}$

ERINNERE DICH
Beim Größer-Kleiner-Zeichen zeigt der Pfeil immer auf die kleinere Zahl:
34 < 58 (34 ist kleiner als 58)
70 > 60 (70 ist größer als 60)
In die große Öffnung passt mehr, daher steht dort die größere Zahl.

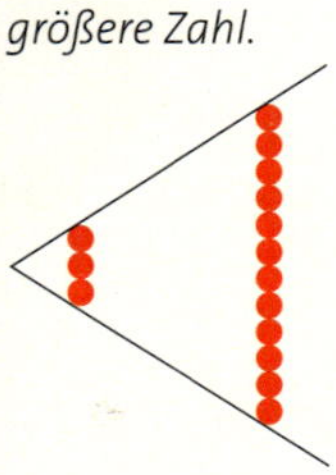

Die Zahl 0 ist die kleinste natürliche Zahl.

Die natürlichen Zahlen können an einem **Zahlenstrahl** übersichtlich dargestellt werden.

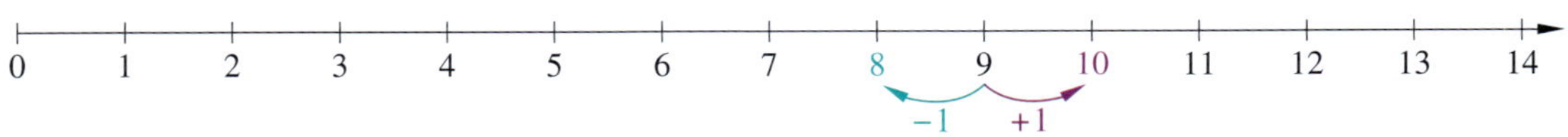

Der Vorgänger von 9 ist 8, da 8 direkt links von 9 steht.

Der Nachfolger von 9 ist 10, da 10 direkt rechts von 9 steht.

Beispiel
Am Zahlenstrahl kann man die Weiten beim Teebeutel-Weitwurf vergleichen.
Die größere Zahl steht immer rechts von der kleineren Zahl.

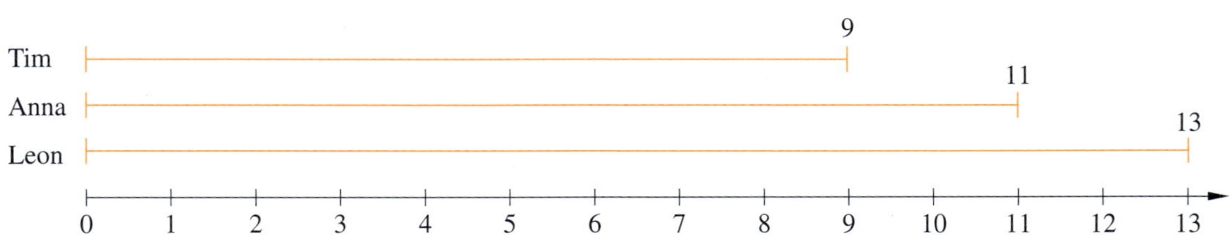

9 liegt auf dem Zahlenstrahl **links von** 11
9 ist **kleiner als** 11
9 < 11

13 liegt auf dem Zahlstrahl **rechts von** 11
13 ist **größer als** 11
13 > 11

Leon gewinnt. Er hat den Teebeutel mit 13 m am weitesten geworfen.

Üben und anwenden

1 Wo begegnen dir zu Hause Zahlen? Vergleicht eure „Fundorte“ für Zahlen.

1 Sammle Beispiele mit Zahlen aus der Tageszeitung. Lege eine Liste an.

2 Im Restaurant:

Gast: *„Guten Tag, ich möchte einen Tisch für den 19. Februar reservieren.“*
Kellner: *„Für wie viele Personen?“*
Gast: *„Wir sind elf Leute.“*
Kellner: *„Kein Problem. Ich reserviere Ihnen einen Tisch für drei Stunden.“*
Gast: *„Vielen Dank.“*

Welche Zahlen hat der Gast, welche Zahlen hat der Kellner verwendet?

2 In der Bäckerei:

„Hallo, ich hätte gern 10 Brötchen.“
„Das macht 2,30 €.“
„Dazu möchte ich noch ein halbes Brot.“
„Dieses Brot wiegt 500 g.“

Welche Zahlen hat der Kunde, welche hat die Verkäuferin verwendet?

3 Welche Zahlen passen zu folgenden Angaben?

a) Dauer einer Unterrichtsstunde
b) Inhalt eines Wassereimers
c) Spielzeit beim Fußball
d) Anzahl der Tage im Jahr
e) Breite der Tafel
f) dein Alter
g) Anzahl deiner Geschwister

3 Ergänze die Wörter zu sinnvollen Sätzen mit Zahlenangaben. **Beispiel**
Die Höhe des Eiffelturms beträgt ca. 300 m.

a) Die Höhe …
b) Der Preis …
c) Die Spielzeit …
d) Die Länge …
e) Der Abstand …
f) Der Inhalt …

4 Schreibe die nächstkleinere und die nächstgrößere Zahl auf.

a) 24 b) 56 c) 167
d) 2992 e) 15 332 f) 1 001

4 Schreibe die nächstkleinere und die nächstgrößere Zahl auf.

a) 57 757 b) 33 333 c) 47 011
d) 68 982 e) 3 600 f) 108 982 002

5 Ergänze die Tabelle im Heft.

	Vorgänger	Zahl	Nachfolger
a)		100	
b)		999	
c)			500
d)			618
e)	729		
f)	123		

5 Ergänze die Tabelle im Heft.

	Vorgänger	Zahl	Nachfolger
a)		0	
b)	899 999		
c)			10 000 000
d)		7 000	
e)	1 Mio.		
f)			10 101

6 Welche Zahlen sind hier markiert?

a) 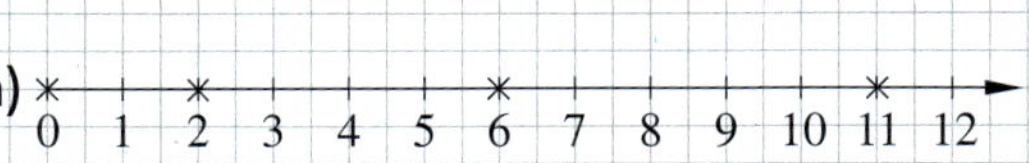

b) 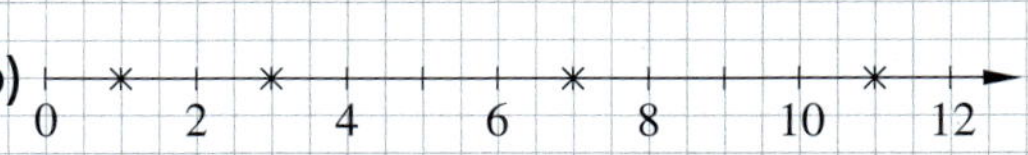

c) 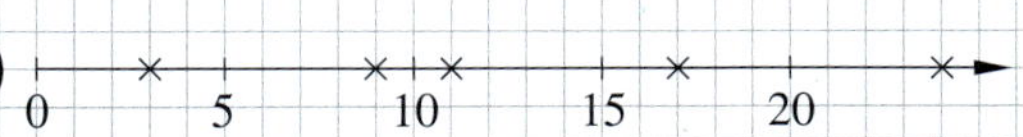

d) 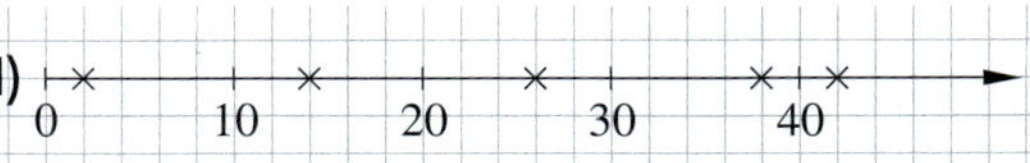

ZUM KNOBELN
Anja ist jünger als Bettina, aber älter als Caro. David ist jünger als Bettina und jünger als Caro. Ordne die vier Kinder dem Alter nach.

7 Zeichne den Zahlenstrahl in dein Heft. Markiere alle geraden Zahlen durch ein Kreuzchen.

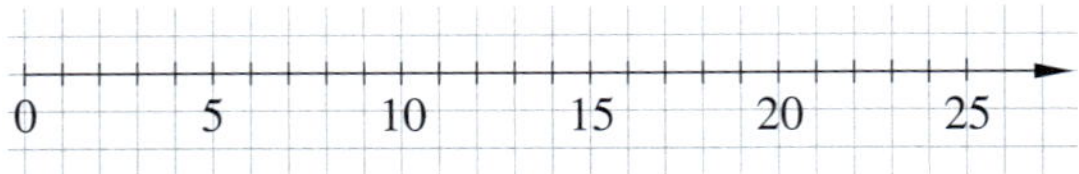

7 Für welche Zahlen stehen die Buchstaben?

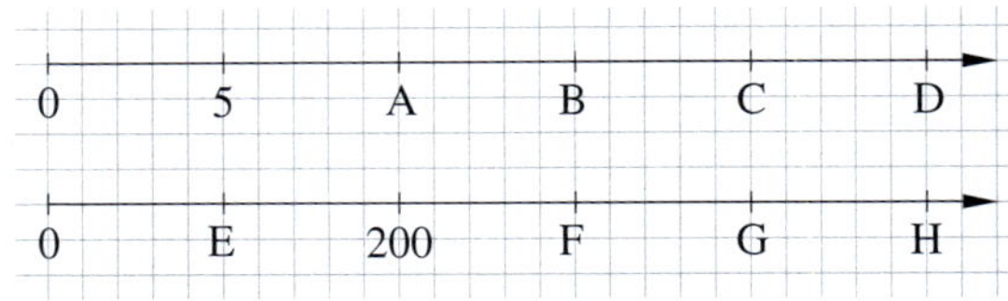

8 Zeichne den Zahlenstrahl in dein Heft. Markiere die Zahlen durch ein Kreuzchen.

3, 9, 11, 6, 14, 19, 12, 17, 23, 21

8 Zeichne einen geeigneten Zahlenstrahl in dein Heft.
Markiere die folgenden Zahlen durch ein Kreuzchen:
4, 7, 2, 15, 22, 17, 13, 5, 10, 0

9 Welche Zahlen sind auf dem Ausschnitt des Zahlenstrahls gekennzeichnet?

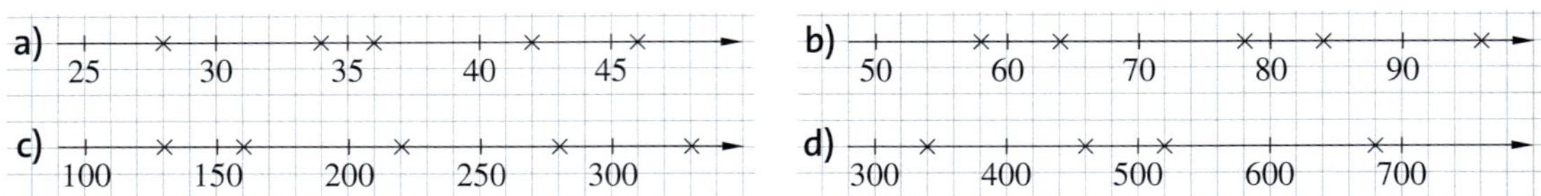

10 Zeichne jeweils einen Zahlenstrahl und markiere die Lage der Zahlen.

a) 4, 6, 11, 12, 15, 17
b) 5, 20, 25, 40, 45, 55
c) 20, 40, 50, 80, 85, 100
d) 7, 21, 42, 49, 77, 84
e) 13, 6, 27, 18, 35
f) 29, 27, 25, 23, 21

HINWEIS

036-1

Unter dem Webcode gibt es weitere Übungen zu den Themen Zahlenstrahl und Ordnen von Zahlen.

11 Zeichne einen 10 cm langen Ausschnitt eines Zahlenstrahls.

① Beginne bei 180 und höre bei 280 auf.
② Markiere die Lage der Zahlen 240, 270, 235, 195, 210, 275 und 185.
③ Schreibe dann die Zahlen geordnet auf.

11 Zeichne einen 12 cm langen Ausschnitt eines Zahlenstrahls von 236 bis 284 in dein Heft.
Markiere die Lage der Zahlen 270, 254, 240, 260, 275, 248 und 281.
Schreibe dann die Zahlen geordnet auf.

12 Felix trainiert Weitwurf.

a) Vergleiche und verwende dabei die Begriffe „ist kleiner als" bzw. „ist größer als".
b) Ordne die Weiten der Größe nach: Beginne mit der kleinsten Weite und verwende das Symbol „<".

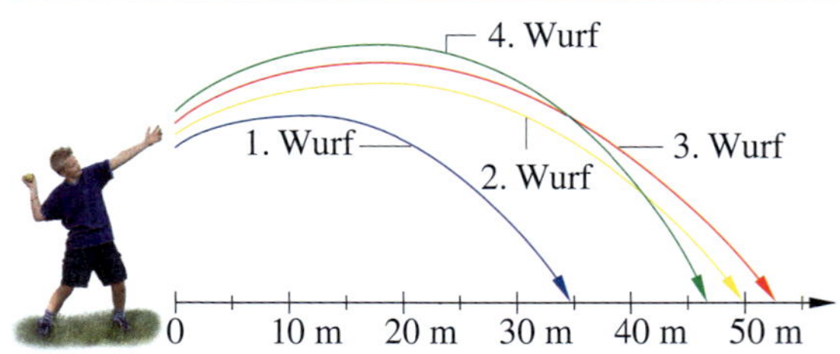

ZUM KNOBELN

Tim und Simon sammeln Fußball-Bilder. Tim hat 20 Bilder mehr als Simon. Zusammen haben sie 110 Bilder. Wie viele hat jeder?

13 Setze im Heft zwischen die Zahlen das passende Zeichen (>, < oder =).

a) 13 ▢ 18
b) 876 ▢ 678
c) 4872 ▢ 8742
d) 75 199 ▢ 75 909
e) 87 699 ▢ 87 788
f) 17 876 ▢ 17 911

13 Setze im Heft zwischen die Zahlen das passende Zeichen (>, < oder =).

a) 1013 ▢ 1103
b) 8706 ▢ 67 085
c) 9354 ▢ 9465
d) 30 934 ▢ 39 043
e) 99 999 ▢ 89 999
f) 120 213 ▢ 102 215

14 Ordne die Zahlen der Größe nach. Beginne mit der kleinsten Zahl.

Beispiel *3 < 5 < 10 < 16*

7079 8000 8009 7999 7908 7889

14 Ordne die Zahlen der Größe nach.

17 324 17 234 17 243 17 423 41 723 71 432 41 327 710 423

Große natürliche Zahlen im Dezimalsystem

Entdecken

1 Es gibt auch sehr große Zahlen.

a) Kannst du alle Zahlen in der Randspalte lesen? Beginne unten. Wie weit kommst du?

b) Ist die Abbildung ein Zahlenstrahl? Was fällt dir auf?

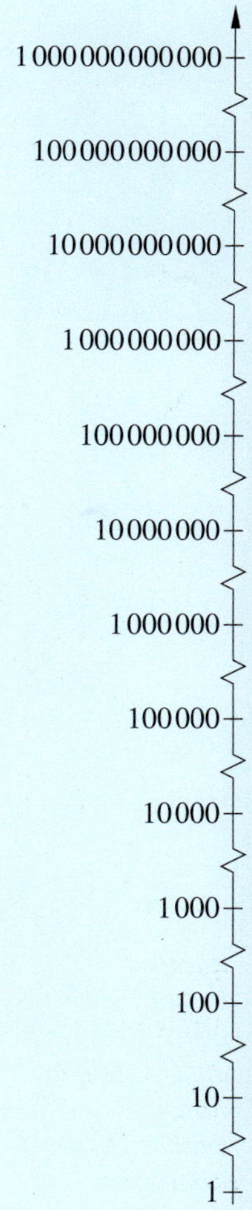

2 Arbeitet in der Klasse zusammen.

① Notiert auf insgesamt fünf DIN-A4-Blättern jeweils eine beliebige Ziffer.
Fünf Schülerinnen und Schüler nehmen jeweils ein Blatt in die Hand und stellen sich so auf, dass die größte Zahl gebildet wird. Lest diese Zahl vor.
Stellt euch dann so auf, dass die kleinste Zahl gebildet wird. Lest auch diese Zahl vor.

② Notiert nun auf einem zusätzlichen Blatt Papier eine weitere beliebige Ziffer. Eine Schülerin oder ein Schüler nimmt das Blatt in die Hand und stellt sich mit den anderen auf. Bildet wieder die größte und die kleinste Zahl und lest sie vor. Gibt es eine Veränderung zu vorher?

③ Notiert jetzt auf fünf neuen DIN-A4-Blättern jeweils eine der Ziffern 1, 5, 3, 0, 0.
Stellt euch zu fünft auf und bildet die kleinste und die größte mögliche Zahl.
Könnte man die Nullen auch einfach weglassen?

3 Lies folgenden Zeitungsartikel:

Das Buch „Harry Potter und die Heiligtümer des Todes“ ist Teil sieben der Reihe um den Zauberlehrling Harry Potter.
Das 736 Seiten dicke Buch verbrauchte bei einer Startauflage von 3 Millionen Exemplaren etwa 88 Quadratkilometer Papier, das entspricht einer Fläche von über zwölftausend Fußballfeldern.
Insgesamt wurden in Deutschland bisher über 25 Millionen Harry-Potter-Bücher verkauft, weltweit sind es mehr als 325 Millionen Exemplare.“

a) Schreibe alle Zahlenangaben in Ziffern auf, zum Beispiel: 7; …

b) Schreibe dann die Zahlen so untereinander, dass Einer über Einer steht, Zehner über Zehner und so weiter.

ZUM WEITERARBEITEN
Sammelt in Vierergruppen Zeitungsartikel, in denen große Zahlen vorkommen. Fertigt ein Plakat mit allen von euch gefundenen Zahlen an.

4 Arbeitet zu zweit. Diktiert euch abwechselnd die folgenden Zahlen, achtet darauf, die Zahlen richtig zu lesen: 1 583, 1 969, 10 100, 15 800, 20 020, 30 003, 100 520, 1 380 500, 2 400 050, 212 012 012, 8 050 808 005, 9 030 712 003.
Vergleicht dann das Notierte mit dem Buch. Welche Zahlen sind schwieriger zu lesen als andere und warum?

Verstehen

Die Sonne ist etwa einhundertfünfzig Millionen Kilometer von der Erde entfernt. Sie hat einen Durchmesser von einer Million vierhunderttausend Kilometern.

Zur Beschreibung unseres Sonnensystems braucht man sehr große Zahlen. Für die Zahlen null bis neun gibt es jeweils ein eigenes Zahlzeichen (Ziffer). Aber auch große Zahlen werden mit den Ziffern 0, 1, 2, …, 9 dargestellt.

Beispiel

432 ist eine Zahl mit drei Stellen.

H	Z	E
4	3	2

Ziffernwert	Stellenwert	
2	2 hat den Wert 2 Einer, also	2
3	3 hat den Wert 3 Zehner, also	30
4	4 hat den Wert 4 Hunderter, also	400

Merke Jede Ziffer einer Zahl hat einen bestimmten **Stellenwert**.
Der Stellenwert hängt von der Stellung innerhalb der Zahl ab.

HINWEIS
Es gibt Stellenwertsysteme mit anderen Stufenzahlen.
Beispiel: Bei den Dualzahlen sind die Stufenzahlen 1, 2, 4, 8, 16, …

An jeder Stelle können die Ziffern 0 bis 9 stehen. Bei 10 wird eine neue Stufe erreicht, es erfolgt ein Übertrag in die nächste Stelle.

·10 ·10 ·10 ·10

1 E → 10 E = 1 Z → 10 Z = 1 H → 10 H = 1 T → 10 T = 1 ZT …

1 10 100 1 000 10 000

Merke Die Zahlen 1, 10, 100, 1 000, 10 000, … nennt man **Stufenzahlen**. Durch Multiplikation mit **10** kommt man von einer Stufenzahl zur nächsten, daher ist unser Stellenwertsystem ein **Zehnersystem**. Es wird auch **Dezimalsystem** genannt.

Im Stellenwertsystem kann jede natürliche Zahl dargestellt werden:

·10 ·10 ·10 ·10 ·10 ·10 ·10 ·10 ·10 ·10 ·10 ·10 ·10 ·10

HBio.	ZBio.	Bio.	HMrd.	ZMrd.	Mrd.	HMio.	ZMio.	Mio.	HT	ZT	T	H	Z	E
											3	0	6	1
		5	1	2	3	4	5	6	7	8	9	0	1	2
					5	9	0	0	0	0	0	0	0	0
Billionen			Milliarden			Millionen			Tausender			Einer		

3 T 0 H 6 Z 1 E = 3 · 1 000 + 0 · 100 + 6 · 10 + 1 · 1 = 3 061 dreitausendeinundsechzig

Lies:					
	5 Billionen	123 Milliarden	465 Millionen	789 Tausend	12
		5 Milliarden	900 Millionen		

Üben und anwenden

1 Arbeitet zu zweit.
Einer liest die Zahl vor, der andere schreibt auf, was er gehört hat (ohne die Zahl zu sehen).

1 879
36 100
111 520
2 444 050
123 123 123
999 990 990

Vergleicht dann das Notierte mit dem Buch.
Tauscht auch eure Rollen.

1 Arbeitet zu zweit.
Einer diktiert dem anderen die folgenden Zahlen.
Achtet darauf, die Zahlen richtig zu lesen.

10 100
32 123
700 710
4 960 500
3 050 304 005
909 030 107 003

Vergleicht dann das Notierte mit dem Buch.
Tauscht auch eure Rollen.

NACHGEDACHT
Auf Formularen wie z. B. Quittungen werden die Euro-Beträge auch in Zahlwörtern angegeben. Kannst du dir den Grund dafür denken?

2 Wie viele Nullen haben die Zahlen?
a) dreihundert
b) fünfzehntausend
c) zwei Milliarden
d) sechzig Millionen
e) sieben Billionen
f) vierhundertachtzig Milliarden

2 Wie viele Nullen haben die Zahlen?
a) hundertundeins
b) fünfzehntausend
c) elf Milliarden
d) zwölf Millionen
e) drei Billionen
f) neunzig Milliarden dreihundertzehn

3 Ordne die Zahlwörter den Zahlen zu.
① 7 003 400 400
② 300 000 500 120
③ 41 010 500
④ 7 300 440 000

a) dreihundert Milliarden fünfhunderttausend einhundertzwanzig
b) sieben Milliarden dreihundert Millionen vierhundertvierzigtausend
c) einundvierzig Millionen zehntausend fünfhundert
d) sieben Milliarden drei Millionen vierhunderttausendvierhundert

3 Ordne die Zahlwörter den Zahlen zu.
① 90 003 700 000
② 90 037 000 000
③ 900 003 007 000
④ 900 300 700 000

a) neunhundert Milliarden drei Millionen siebentausend
b) neunhundert Milliarden dreihundert Millionen siebenhunderttausend
c) neunzig Milliarden drei Millionen siebenhunderttausend
d) neunzig Milliarden siebenunddreißig Millionen

4 Zeichne die Stellenwerttafel in dein Heft. Trage entsprechend ein und lies die Zahl.

ZMio.	Mio.	HT	ZT	T	H	Z	E
				2	3	4	8
Millionen		Tausender			Einer		

Beispiel
$2 \cdot 1000 + 3 \cdot 100 + 4 \cdot 10 + 8 \cdot 1$
zweitausenddreihundertachtundvierzig

a) $3 \cdot 1000 + 4 \cdot 100 + 6 \cdot 10 + 9 \cdot 1$
b) $5 \cdot 1000 + 0 \cdot 100 + 3 \cdot 10 + 0 \cdot 1$
c) $3 \cdot 1000 + 6 \cdot 100 + 0 \cdot 10 + 3 \cdot 1$
d) $6 \cdot 1000 + 0 \cdot 100 + 4 \cdot 10 + 0 \cdot 1$
e) $5 \cdot 10000 + 9 \cdot 1000 + 2 \cdot 10$
f) $4 \cdot 10000000 + 1 \cdot 100000 + 5 \cdot 1$
g) $4 \cdot 1000000 + 1 \cdot 10000 + 2 \cdot 1000 + 2 \cdot 10$
h) $7 \cdot 10000000 + 7 \cdot 1$

HINWEIS
www 039-1
Unter dem Webcode findest du eine leere Stellenwerttafel zum Ausdrucken.

5 Zeichne eine Stellenwerttafel in dein Heft und trage die Zahlen ein.

a) 240 Millionen b) 189 Tausend
c) 66 Milliarden d) 33 Millionen
e) 909 Milliarden f) 7 Billionen

5 Zeichne eine Stellenwerttafel in dein Heft und trage die Zahlen ein.

a) 240 Mrd. 512 b) 189 Tausend 11
c) 66 Mio. 80 d) 3 Mrd. 3 Mio.
e) 900 Mrd. 1 Mio. f) 7 Bio. 7 Mrd.

6 Zeichne die Stellenwerttafel in dein Heft und trage die Zahlen ein.

H Mrd.	Z Mrd.	Mrd.	H Mio.	Z Mio.	Mio.	HT	ZT	T	H	Z	E

a) sieben Millionen dreihundertvierundfünfzig
b) 52 829 278
c) zwölf Millionen vierhundertsiebenundfünfzigtausendeins
d) 2 325 426 272
e) sieben Milliarden dreihundertfünftausendsiebenhundertdrei

6 Zeichne eine Stellenwerttafel in dein Heft und trage die Zahlen ein.

a) sechsundsiebzig Billionen
b) neunundzwanzig Millionen achtundneunzigtausendneunhundertvier
c) 520 002 333
d) vierundzwanzig Billionen neunhundertsiebenundreißigtausendvier
e) 5 620 562 820 900
f) fünfundzwanzig Milliarden hundertsiebenundvierzig Millionen dreihundertsechsund neunzigtausendvierhundertfünfundzwanzig

7

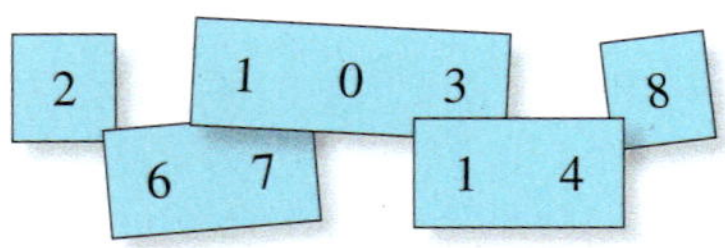

Lege mit den Kärtchen eine Zahl, die …

a) möglichst groß ist.
b) neunstellig und möglichst klein ist.
c) sechsstellig und möglichst klein ist.
d) sechsstellig und kleiner als 200 000 ist.

7

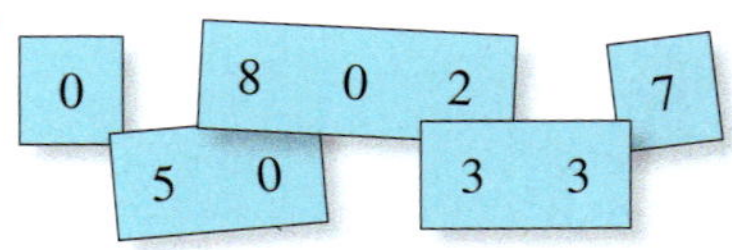

Lege mit den Kärtchen eine Zahl, die …

a) möglichst groß ist.
b) neunstellig und möglichst klein ist.
c) sechsstellig und möglichst klein ist.
d) möglichst groß und kleiner als 500 000 ist.

BEISPIEL
7E + 2H + 3Z = 237

8 Ordne nach Stufenzahlen und gib das Ergebnis an.

a) $8 \cdot 10 + 3 \cdot 100 + 4 \cdot 1 + 5 \cdot 1000$
b) $7 \cdot 1 + 4 \cdot 1000 + 3 \cdot 100 + 5 \cdot 10$
c) $6 \cdot 10 + 0 \cdot 100 + 6 \cdot 1000 + 9 \cdot 1$
d) $0 \cdot 10 + 2 \cdot 1000 + 0 \cdot 100 + 1 \cdot 1$
e) 7 T + 4 H + 0 HT + 2 Mio. + 0 Z + 3 E + 8 ZT

8 Ordne und gib das Ergebnis an.

a) $2 \cdot 1 + 0 \cdot 100 + 6 \cdot 1000 + 5 \cdot 10 + 9 \cdot 10000$
b) $3 \cdot 10 + 5 \cdot 10000 + 7 \cdot 1000000 + 2 \cdot 1 + 3 \cdot 1000 + 8 \cdot 100000 + 1 \cdot 100$
c) $8 \cdot 100000 + 4 \cdot 1 + 0 \cdot 10000 + 6 \cdot 100 + 2 \cdot 10 + 1 \cdot 1000$
d) 4 Mio. + 3 T + 7 HMio. + 9 ZT + 1 E + 0 Z

9 Setze im Heft zwischen die Zahlen das Zeichen >, < oder =.

a) 1 113 482 ▢ 1 113 842 b) 1 101 100 ▢ 1 100 111
c) 210 201 202 120 ▢ 210 201 200 120 d) 5 575 567 667 657 ▢ 5 575 567 676 657
e) 8 484 455 544 584 ▢ 8 484 454 588 845 f) 9 209 299 209 299 ▢ 9 209 209 299 299

RÜCKBLICK
Bestimme die Spannweite der Zahlen 79, 45, 51, 32, 77 und 47.

10 Lies die markierten Zahlen ab.

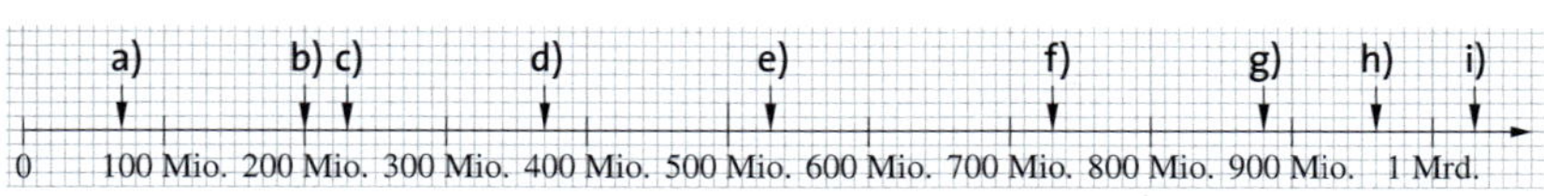

Thema: Die römischen Zahlen

Gründung Roms	753 v. Chr.	DCCLIII v. Chr.
Cäsar lebte	100 – 44 v. Chr.	C–XLIV v. Chr.
Schlacht im Teutoburger Wald	9 n. Chr.	IX n. Chr.

Zur Zeit der Römer wurden Zahlen ganz anders als heute geschrieben. Die **römischen Zahlzeichen** benutzte man bis zum Mittelalter. Noch heute findet man sie in alten Häuserinschriften. Erst zu Beginn des 15. Jahrhunderts rechnete man mit den heutigen arabischen Zahlen.

Die römischen Zahlen werden aus folgenden Zahlzeichen gebildet:

	Hauptzeichen				Zwischenzeichen		
römische Zahlzeichen	I	X	C	M	V	L	D
arabische Zahl	1	10	100	1 000	5	50	500

NACHGEDACHT
Wo begegnen dir römische Zahlzeichen in deiner Umgebung?

Im römischen Zahlzeichensystem werden die nebeneinander geschriebenen Zahlzeichen nach bestimmten Regeln addiert und subtrahiert.

1. Jedes Hauptzeichen darf höchstens dreimal hintereinander verwendet werden.
   Beispiel III für 3; XXX für 30
2. Steht ein kleineres Hauptzeichen vor einem größeren, wird der Wert des kleineren subtrahiert.
   Beispiel IX für 9; XL für 40
3. Jedes Zwischenzeichen darf höchstens einmal vorkommen.
   Beispiel XVI für 16; LVIII für 58; MDC für 1 600

1 Notiere im Heft die römischen Zahlzeichen für die Zahlen von 1 bis 25.
a) Welche Zahl ist größer, IX oder XI? Erkläre, warum das so ist.
b) Ist das römische Zahlsystem auch ein Stellenwertsystem wie das Dezimalsystem?

2 Der Text auf dem Denkmal heißt übersetzt: „Hingestellt durch die dankbare römische Bürgerschaft im Jahre MDCCXI. Der Sockel wurde wieder aufgebaut im Jahre MDCCCXXXI.“ Wie lauten die Zahlen auf dem Denkmal im Dezimalsystem?

3 Schreibe die römischen Zahlen im Dezimalsystem und umgekehrt.

a) XXIII	b) MCI	c) MCCXXIV	d) CCXXXII	e) MDLIV
f) 51	g) 96	h) 249	i) 962	j) 1999

4 Löse das Rätsel.

5 Kannst du römisch rechnen?

a) XV + VI = ■

b) III + C = ■

c) LVI + CLX = ■

6 Schreibe dein Geburtsdatum und das heutige Datum mit römischen Zahlzeichen.

7 Lege ein Streichholz um und die Aufgabe wird richtig.

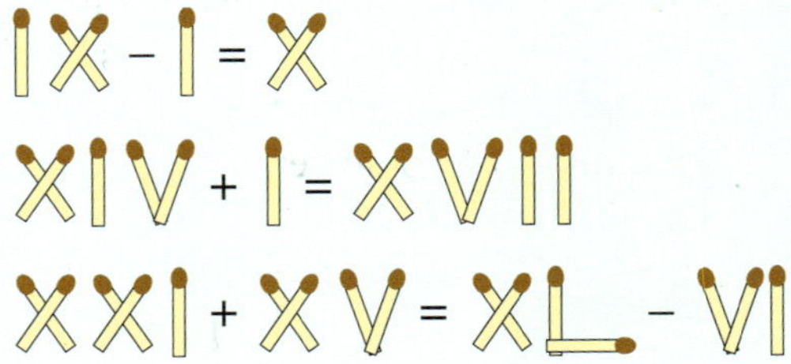

8 Auf Zifferblättern von Uhren mit römischen Zahlzeichen ist fast immer ein Zeichen falsch. Finde das Zahlzeichen und nenne die Regel, die verletzt wird.

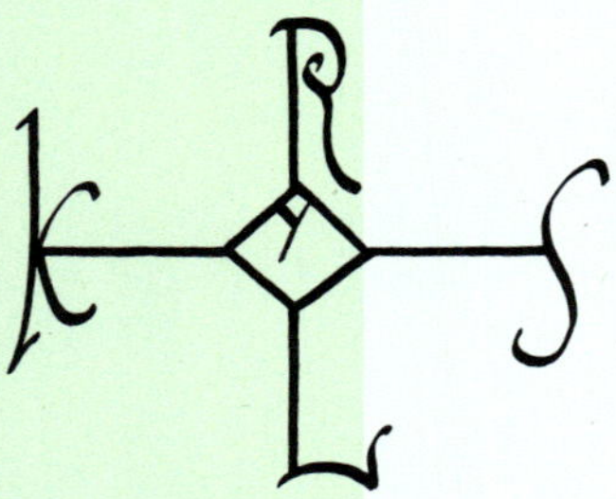

9 Kaiser Karl in Aachen

Das ist das Signum oder die Unterschrift Kaiser Karls.
Der Frankenkönig Karl wurde im Jahr DCCXLII geboren.
Er ließ in Aachen seine Pfalz (befestigte Wohnstatt) bauen. Zu dieser Pfalz gehörte eine Pfalzkapelle. Daraus entstand der heutige Dom. Im Jahr DCCCV war das Oktogon (achteckiges Kernstück des Doms) vollendet. Die anderen Teile des Doms wurden in den angegebenen Jahren fertiggestellt (siehe Abbildung).

Im Jahr DCCC wurde Karl zum Kaiser gekrönt.
Schon zu seinen Lebzeiten wurde er „Karl der Große“ genannt. Karl der Große starb DCCCXIV.

Im Jahr MDCLVI vernichtete ein verheerender Brand fast die ganze Stadt Aachen.
Die Pfalz wurde dabei zerstört, der Dom blieb jedoch unversehrt.

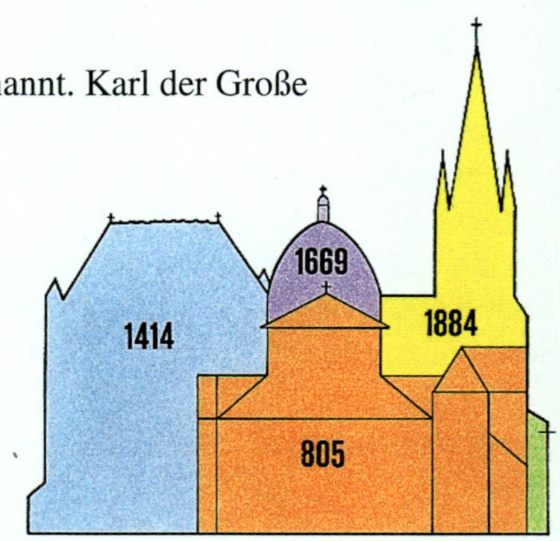

a) Übertrage die römischen Zahlen des Textes in unsere Zahlzeichen.

b) Betrachte das Bild rechts: Schreibe die Jahre der Fertigstellung als römische Zahlzeichen.

Zahlen schätzen und runden

Entdecken

1 Das Foto zeigt die Gardeeinheit der britischen Armee. Sie begleitet oft wichtige Militärparaden oder die englische Königsfamilie.

a) Beschreibe, wie die Soldaten sich aufgestellt haben.
b) Überlegt gemeinsam, wie man die Anzahl der Soldaten möglichst genau abschätzen kann.
c) Zähle die Soldaten, die auf dem Foto zu sehen sind, und vergleiche mit eurem Schätzwert.

2 Auf dem Foto ist die Plastik „Der moderne Buchdruck“ zu sehen. Die 17 gestapelten Bücher tragen auf dem Rücken die Namen deutscher Autorinnen und Autoren.

a) Kann es sein, dass der Bücherstapel 10 m hoch ist?
Woran erkennst du das?
b) Wie groß ist der Bücherstapel ungefähr in Wirklichkeit?
c) Kann man die Höhe anderer Gegenstände auf dem Bild auf dieselbe Art messen?

ZUR INFORMATION
Die Plastik „Der moderne Buchdruck“ erinnert an die Erfindung des Buchdruckes von Johannes Gutenberg um 1450.

3 Um die Stimmung im Stadion zu beschreiben, dröhnt es aus den Lautsprechern:

① „Fast 64 000 Zuschauer warten gespannt auf den Anpfiff.“
② „63 714 Zuschauer können sich vor Begeisterung kaum noch auf ihren Plätzen halten.“
③ „Über 60 000 Zuschauer jubeln den Fußballern zu.“

Welche Ansage ist sinnvoll?

Verstehen

Wie viele Zuschauer sind auf dem Foto ungefähr zu sehen?
Die genaue Anzahl der Zuschauer kennt man nicht. Man hat nur das Foto.
Das Abzählen ist auch schwierig, weil die Menschen ungeordnet zusammenstehen.
Eine Möglichkeit, die Anzahl zu bestimmen, ist das **Schätzen**.

Beispiel
Die Rastermethode
1. Man unterteilt das Bild in gleich große Felder.
2. Man zählt die Zuschauer in einem Feld: 5
3. Man zählt die Anzahl der Felder: 15
4. Man rechnet: $15 \cdot 5 = 75$
   Es sind etwa 75 Zuschauer.

SCHON GEWUSST?
Ein Raster ist ein Gitter aus Hilfslinien, z. B. zur gleichmäßigen Einteilung eines Bildes.

Merke Beim **systematischen Schätzen** versucht man, durch Überlegungen dem genauen Ergebnis möglichst nahe zu kommen. Dabei kann beispielsweise die **Rastermethode** helfen.

Insgesamt wurden 63 714 Eintrittskarten für das Fußballspiel verkauft. Mithilfe der verkauften Tickets kann man die genaue Anzahl der Fußballfans in einem Stadion feststellen. Manchmal ist es aber sinnvoll, nicht die genaue Anzahl anzugeben, sondern mit gerundeten Werten zu arbeiten.

Markiere die Rundungsstelle, hier wird auf Tausender gerundet.

ZT	T	H	Z	E
6	3	7	1	4

Prüfe die Rundungsziffer (Ziffer der nachfolgenden Stelle). Ihr Wert gibt an, wie gerundet wird.
Die Ziffer ist größer als 4.

ZT	T	H	Z	E
6	3	7	1	4

Es wird aufgerundet:
3 T werden um 1 T erhöht.
Alle Ziffern rechts von der Rundungsstelle werden durch Nullen ersetzt.

ZT	T	H	Z	E
6	4	0	0	0

63 714 ≈ 64 000 (*sprich*: 63 714 ist gerundet gleich 64 000)
In der Zeitung des nächsten Tages steht: Beim gestrigen Spiel waren ungefähr 64 000 Fans.

Merke Beim **Runden von Zahlen** müssen bestimmte Regeln beachtet werden:

1. Zuerst muss die **Rundungsstelle** festgelegt werden, auf die gerundet wird, z. B. auf Tausender oder auf Hunderter.
2. Dann betrachtet man die **Rundungsziffer**, sie steht rechts von der Rundungsstelle:
   Ist die Rundungsziffer eine **0; 1; 2; 3 oder 4,** dann wird **abgerundet**.
   Ist die Rundungsziffer eine **5; 6; 7; 8 oder 9,** dann wird **aufgerundet**.
3. Alle Stellen rechts von der Rundungsziffer werden durch Nullen ersetzt.

Beim Runden verwenden wir das Zeichen „≈“ (sprich: „ist gerundet gleich“).

BEISPIEL
13 462 wird gerundet auf
– Zehner: 13 460
– Hunderter: 13 500
– Tausender: 13 000

Üben und anwenden

1 Schätze die Anzahl der Schokolinsen.

1 Schätze die Anzahl der Regenschirme.

2 Wie viele Erdbeeren sind zu sehen?

2 Wie viele Bienen haben sich hier versammelt?

TIPP
Zeichne auf eine Folie ein Raster und lege es über das Bild.

3 Schätze die Anzahl der Reißzwecken.

3 Wie viele Zwecken liegen auf dem Rücken?

HINWEIS
www 045-1
Unter dem Webcode 045-1 gibt es ein Arbeitsblatt zum Schätzen großer Zahlen.

4 Beschreibe, wie man die Anzahl von Blumen auf einem Bild mit vielen Sonnenblumen bestimmen kann.

4 Beschreibe, wie man die Anzahl von Blumen in einem Sonnenblumenfeld bestimmen kann.

NACHGEDACHT
Wurde hier richtig gerundet?
1347 ≈ 1400
1999 ≈ 1000
2349 ≈ 2300
Erkläre die Fehler und korrigiere sie.

5 Runde die Zahlen …
a) auf Zehner: 712; 536; 1 089; 8 753
b) auf Hunderter: 3456; 9 624; 64 384, 9 999

6 Runde die Zahlen auf Tausender.
a) 16 255 b) 78 643
c) 550 787 d) 1 245 001

7 Runde im Heft und vergleiche die gerundeten Zahlen.

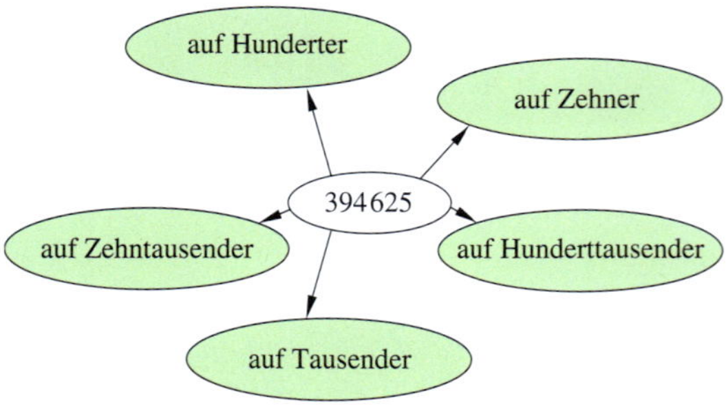

8 Ergänze im Heft mit deinen Angaben. Verwende genaue oder gerundete Zahlen.
a) Mein Schulweg ist ▢ km lang.
b) Ich wurde am ▢ geboren.
c) Mein Heimatort hat ▢ Einwohner.
d) Meine Postleitzahl lautet ▢.

9 Jede Zahl links wurde auf Zehner gerundet und dann ins rechte Feld geschrieben. Schreibe passende Paare ins Heft.

Linkes Feld: 84, 99, 1 111, 13, 64, 1 009

Rechtes Feld: 80, 60, 1 010, 100, 10, 1 110

5 Runde jeweils auf Zehner und auf Hunderter.
a) 66 713 b) 177 345 c) 127 272
d) 98 456 e) 11 191 f) 999 999

6 Runde die Zahlen auf Zehntausender und Hunderttausender.
a) 16 255 b) 78 643 c) 999 888 110

7 Runde im Heft und vergleiche die gerundeten Zahlen.

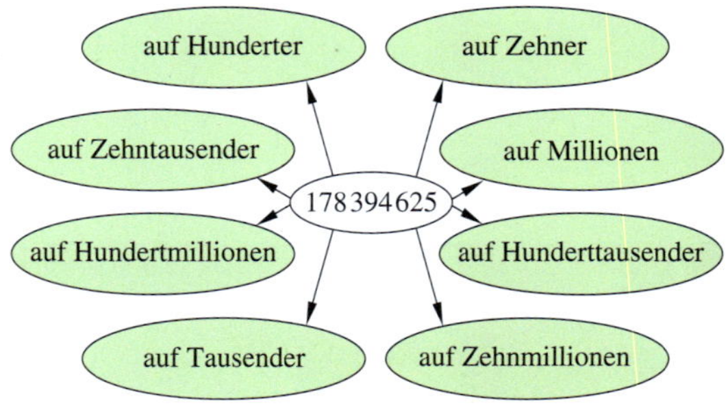

8 Gib drei Beispiele an, bei denen es nicht sinnvoll ist zu runden.
Denke dir drei weitere Beispiele aus, bei denen es sinnvoll oder sogar notwendig ist zu runden. An welcher Stelle rundet man dann am besten?

9 Die Zahlen im linken Kasten wurden auf die Zahlen im rechten Kasten gerundet. Schreibe passende Paare ins Heft. Beschreibe deinen Lösungsweg, indem du jeweils angibst, auf welche Stelle gerundet wurde.

Linker Kasten: 2 011, 2 069, 2 075, 2 407, 2 073, 1 988

Rechter Kasten: 2 000, 2 100, 2 070

10 Betrachte die gerundeten Zahlen.
Welche Zahlen ergeben gerundet die unten aufgeführten Zahlen?
Gib jeweils die kleinstmögliche und größtmögliche Zahl an.

340 920 1 010 680 5 450 10 000

11 Arbeitet zu zweit.
Erstellt ein Lernplakat zum Thema Runden. Präsentiert euer Plakat in der Klasse.
Sucht z. B. in der Zeitung nach gerundeten Zahlen.

Methode: Schätzen mit Professor Fermi

SCHON GEWUSST?
Der Physiker Enrico Fermi wurde 1901 in Rom geboren und starb 1954 in Chicago. Er bekam den Nobelpreis für Physik.

Professor Fermi stellte seinen Studentinnen und Studenten gern Fragen, die sie nicht genau beantworten konnten. Er fand besonders die Art und Weise interessant, in der sie sich einer Antwort näherten.

Beispiel Wie viele Nadeln hat ein Weihnachtsbaum?

① **Suche nach geeigneten Hilfsfragen**
Wie groß ist der Baum? Wie viele Kränze von Ästen hat der Baum? Wie viele Äste hat jeder Kranz? Wie viele Astabschnitte hat jeder Ast?

② **Abschätzen der benötigten Werte und berechnen**
Der Baum hat 6 Kränze. Jeder Kranz besitzt 6 Äste. Jeder Ast hat etwa 30 Astabschnitte. Jeder Astabschnitt hat ca. 100 Nadeln.
Also: $6 \cdot 6 \cdot 30 \cdot 100 = 108\,000$ Nadeln

③ **Auf Glaubhaftigkeit prüfen**
Kann das sein? Welche Annahmen könnten falsch gewesen sein?
Wie wirkt sich eine Veränderung der Schätzungen auf das Ergebnis aus?

1 Auf dem Foto siehst du die Plastik „Der moderne Fußballschuh".
Wie hoch sind diese Riesenschuhe?

2 Wie viele Schokolinsen sind ungefähr in diesem Glas?
Beschreibe, wie du vorgehst, um die Frage zu beantworten.

3 Bestimme die Höhe des Zeitungsstapels.

4 Arbeitet zu zweit.
a) Wie viele Tische gibt es in deiner Schule?
b) Wie viele Haare hast du auf dem Kopf?
c) Wie viele Weihnachtsbäume werden in diesem Jahr in Deutschland aufgestellt?
d) Wie viele Bäume stehen in Deutschland?
e) Wie alt sind alle Deutschen zusammen?
f) Beantwortet eigene Fermi-Aufgaben.

Klar so weit?

→ Seite 34

Natürliche Zahlen ordnen und vergleichen

1 Zähle in Zweierschritten vorwärts und schreibe die Zahlen ins Heft.

a) von 20 bis 36 b) von 204 bis 226
c) von 2005 bis 2019 d) von 992 bis 1018

2 Welche Zahlen sind hier markiert?

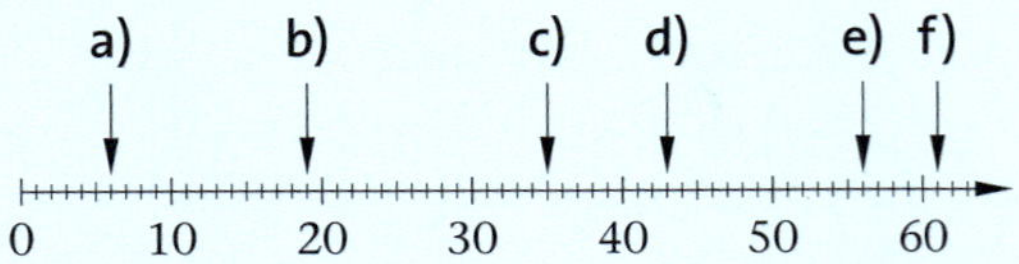

3 Zeichne jeweils einen Zahlenstrahl und markiere die Lage der Zahlen.

a) 13; 7; 2; 17; 11; 5
b) 50; 125; 75; 200; 375
c) 1000; 800; 500; 200; 900

4 Übertrage ins Heft und setze die richtigen Zeichen ein (=, > oder <).

a) 19 ■ 11 b) 20 ■ 20
c) 850 ■ 805 d) 50001 ■ 500100

5 Verwende die Zahlen 345, 543, 453, 454 und 544.

a) Wie heißt die kleinste Zahl?
b) Ordne die Zahlen von der kleinsten bis zur größten.
c) Gib zu jeder Zahl den Vorgänger und den Nachfolger an.

1 Zähle in Siebenerschritten vorwärts und schreibe die Zahlen ins Heft.

a) von 20 bis 55 b) von 203 bis 245
c) von 1970 bis 2026 d) von 992 bis 1027

2 Welche Zahlen sind hier markiert?

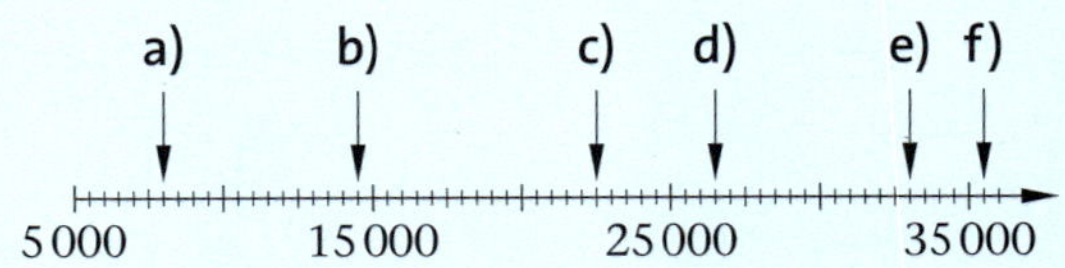

3 Zeichne je einen Zahlenstrahl-Ausschnitt und markiere die Lage der Zahlen.

a) 17; 35; 23; 29; 25; 31
b) 75; 82; 87; 77; 92
c) 1320; 1305; 1355; 1340; 1330

4 Übertrage ins Heft und setze die richtigen Zeichen ein (=, > oder <).

a) 89 ■ 98 b) 755 ■ 7500
c) 990 ■ 989 d) 100000 ■ 110000

5 Verwende die Zahlen 3420, 3240, 3241, 3402, 3412 und 3421.

a) Ordne die Zahlen von der kleinsten bis zur größten.
b) Gib zu jeder Zahl den Vorgänger, den Nachfolger und den Nachfolger des Nachfolgers an.

→ Seite 38

Große natürliche Zahlen im Dezimalsystem

6 Schreibe die Zahlen mit Ziffern.

a) dreißigtausend
b) fünfundfünfzigtausendfünfhundert
c) zehn Millionen
d) einhundertfünftausendfünfhundert
e) vierhundertzweitausend

7 Schreibe die Zahlen in Wörtern.

a) 27
b) 341
c) 809378

6 Schreibe die Zahlen mit Ziffern.

a) elf Millionen fünfhundertfünfzigtausend-dreihundertfünf
b) zweiundzwanzig Milliarden vierhundert-vier Millionen fünfhundertfünftausend
c) acht Millionen elftausendvierzehn

7 Schreibe die Zahlen in Wörtern.

a) 1055
b) 269333
c) 789628001

8 Übertrage die Zahlen aus der Stellenwerttafel wie im Beispiel in dein Heft.
Beispiel 50 100 380 200 = 50 Mrd. + 100 Mio. + 380 T + 200 E

Milliarden			Millionen			Tausender			Einer		
							1	0	5	8	0
						6	1	6	0	3	3
				7	0	9	6	0	1	0	0
		2	5	0	0	4	5	0	9	9	1

Milliarden			Millionen			Tausender			Einer		
							7	7	3	2	0
					3	4	3	1	0	0	2
			7	0	1	4	4	0	0	8	0
9	9	9	0	0	0	6	6	6	0	0	9

9 Trage die Zahlen in eine Stellenwerttafel ein. Wie viele Nullen haben die Zahlen?
a) dreihundert b) eintausend
c) zwanzigtausend d) fünf Millionen

9 Trage die Zahlen in eine Stellenwerttafel ein. Wie viele Nullen haben die Zahlen?
a) zweihundertsechstausendvier
b) fünf Milliarden einundfünfzigtausend

Zahlen schätzen und runden

→ Seite 44

10 Berge im Schwarzwald

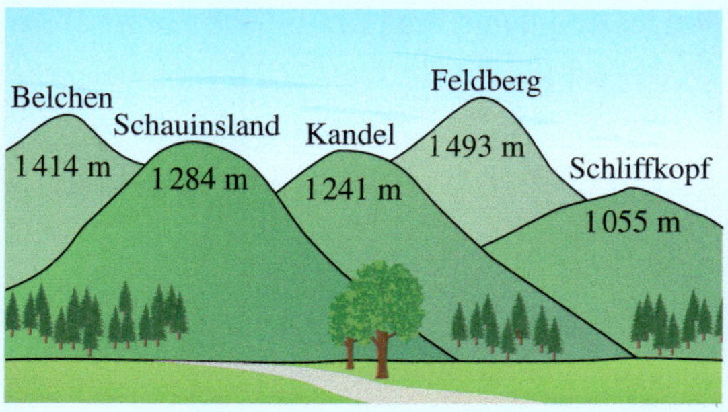

a) Trage die Höhen der Berge in eine Stellenwerttafel ein.
b) Runde die Höhen an der Zehnerstelle.
c) Runde an der Hunderterstelle.

10 Flugentfernungen ab Frankfurt/Main

Moskau	2 022 km
Athen	1 808 km
Rio	9 564 km
Kairo	2 919 km
Tel Aviv	2 953 km
Las Palmas	3 181 km
New York	6 188 km
Tokio	13 095 km

a) Trage die Flugentfernungen in eine Stellenwerttafel ein.
b) Runde an der Zehnerstelle.
c) Runde an der Hunderterstelle.

11 Viele bunte Schokolinsen
a) In wie viele Felder ist das Bild eingeteilt?
b) Schätze mithilfe der Rastermethode, wie viele Schokolinsen auf dem Bild zu sehen sind.

12 Kannst du gut schätzen?
a) Wie alt können Elefanten ungefähr werden?
25 Jahre | 100 Jahre | 60 Jahre
b) Wie schwer ist ein Auto ungefähr?
300 kg | 500 kg | 1 100 kg
c) Wie hoch ist der Eiffelturm ungefähr?
300 m | 800 m | 2 km

12 Kannst du gut schätzen?
a) Wie weit ist es ungefähr von Hamburg nach München?
160 km | 610 km | 6 100 km
b) Wie weit ist es ungefähr von Düsseldorf nach Istanbul?
500 km | 2 000 km | 5 000 km

Vermischte Übungen

1 Welche Zahlen sind hier markiert?

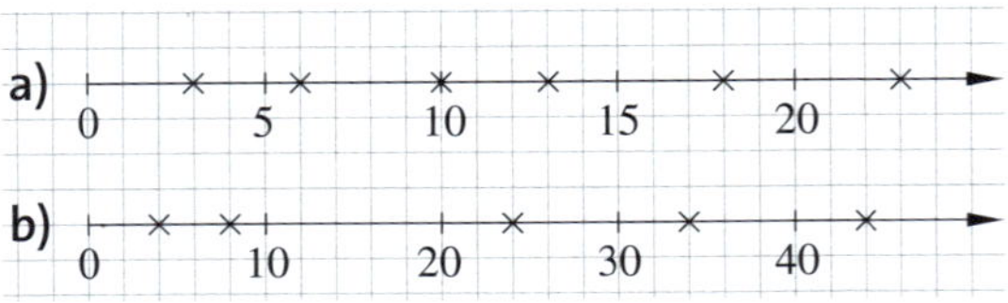

2 Schreibe die Zahlen nur mit Ziffern.
a) dreihundertvierundzwanzig
b) 17 Millionen
c) 20 Milliarden
d) zwanzigtausendundzwanzig
e) acht Milliarden achttausend

3 Ordne die Zahlen der Größe nach.
a) 3 500; 3 005; 5 030; 3 050; 5 003
b) 45 465; 65 445; 46 554; 45 564

4 Übertrage und ergänze die Tabelle im Heft.

Vorgänger	Zahl	Nachfolger
	18	
	1 800	
	1 800 000	

5 Schreibe die kleinste dreistellige natürliche Zahl und die größte sechsstellige Zahl auf.

6 Setze im Heft zwischen die Zahlen das richtige Zeichen (>, <, =).
a) 2 134 ▢ 1 234 b) 20 008 ▢ 8 002
c) 4 596 ▢ 4 569 d) 99 199 ▢ 91 999
e) 90 099 ▢ 99 099 f) 91 298 ▢ 91 298

7 Wie viele Sonnenblumen sind hier ungefähr abgebildet?

NACHGEDACHT
Hat jede natürliche Zahl einen Vorgänger?

RÜCKBLICK
Was ist beim Zeichnen eines Säulendiagramms zu beachten? Beschreibe, wie du vorgehst.

1 Welche Zahlen sind hier markiert?

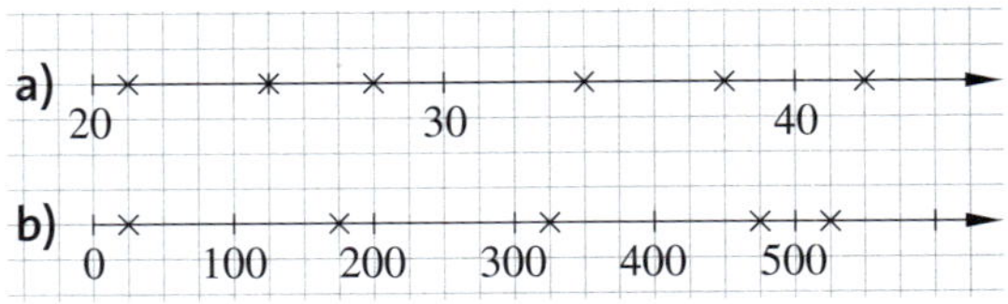

2 Schreibe die Zahlen nur mit Ziffern.
a) 3 Mrd. + 10 Mio. + 781
b) 999 Milliarden
c) eine halbe Million
d) einundzwanzigtausendeinundzwanzig
e) 861 Milliarden 111 Tausend 9

3 Ordne die Zahlen der Größe nach.
a) 77 177; 717 777; 771 777; 1 117 111
b) 785 612; 875 612; 786 512; 786 125

4 Übertrage und ergänze die Tabelle im Heft.

Vorgänger	Zahl	Nachfolger
		601
999 999 999		
	0	

5 Schreibe die kleinste natürliche Zahl und die größte natürliche Zahl auf.

6 Setze im Heft zwischen die Zahlen das richtige Zeichen (>, <, =).
a) 10 010 ▢ 10 100 b) 90 909 ▢ 90 899
c) 8 710 543 ▢ 8 710 443
d) 1 117 876 ▢ 1 127 876

7 Wie viele Vögel sind hier ungefähr abgebildet?

8 Arbeitet in Kleingruppen.
Wie viele Blumen sind auf dieser Sommerwiese ungefähr zu sehen? Schreibt eure Überlegungen und den Lösungsweg auf. Präsentiert eure Ergebnisse in der Klasse.

9 Zwei Zahlen auf den Segeln in der Randspalte wurden auf 3 060 gerundet. Welche Zahlen sind gemeint?

10 Schreibe den Satz ab und runde – falls möglich – an einer sinnvollen Stelle.
a) Der Elefant im Zoo wiegt 3 149 kg.
b) Ben hat 39 Punkte in der Klassenarbeit erreicht.
c) Lisa hat Schuhgröße 35.
d) Tokio ist 8 924 km von Berlin entfernt.

11 Runde auf volle Euro.

9 Wie viele verschiedene Zahlen erhält man, wenn man die Zahlen auf den Segeln auf Zehner rundet?

10 Schreibe den Satz ab und runde – falls möglich – an einer sinnvollen Stelle.
a) Die Kontonummer lautet 114 084 645.
b) Die Lichtgeschwindigkeit beträgt 299 792 Kilometer in der Sekunde.
c) Für die Wüstenexpedition reichen die Wasservorräte für 117 Tage.

11 Gib die kleinste (größte) Zahl an, die auf die gegebenen Zahlen gerundet werden kann.
a) auf Zehner gerundet:
20; 370; 5 020
b) auf Hunderter gerundet:
400; 3 300; 467 000
c) auf Tausender gerundet:
35 000; 346 000; 2 999 000
d) auf Hunderttausender gerundet
800 000; 15 000 000; 4 Mrd.

12 Runde die Längen der Flüsse auf Tausender.
Stelle die gerundeten Flusslängen in einem Säulendiagramm dar.

Rhein (u. a. Deutschland) 1 320 km

Mississippi (Nordamerika) 4 074 km

Nil (Afrika) 6 671 km

Jangtsekiang (Asien) 6 276 km

Wolga (Europa) 3 688 km

Amazonas (Südamerika) 6 437 km

13 Lies den Zeitungsartikel.
Trage die Zahlen in eine Stellenwerttafel ein.

Im Berliner Naturkundemuseum steht das größte montierte Saurierskelett der Welt. Bis 2007 wurden die wertvollen Dinosaurierskelette und Räume für rund 18 Millionen Euro restauriert. Mit etwa 30 Millionen Ausstellungsstücken gehört das Haus zu den fünf größten Naturkundemuseen der Welt. Herzstück der neuen Dauerausstellung ist das rund 150 Millionen Jahre alte Brachiosaurus-Skelett.

13 Lies den Zeitungsartikel.
Trage die Zahlen in eine Stellenwerttafel ein.

Der Pariser Eiffelturm ist das Wahrzeichen Frankreichs. Er wurde von 1887 bis 1889 anlässlich des hundertjährigen Jubiläums der französischen Revolution erbaut. Der 10 000 Tonnen schwere Turm ist 300 Meter (mit Antenne 324 m) hoch. Vierzig Jahre lang war er das höchste Gebäude der Welt. Dann übernahm das Chrysler Building mit 322 Metern Höhe diesen Rekord. Jedes Jahr besuchen ihn mehr als sechs Millionen Touristen. Im Jahre 2002 feierte man den zweihundertmillionsten Besucher.

14 Schreibe die Zahlen mit Ziffern.
Unsere Sonne ist einhundertneunundvierzig Millionen sechshunderttausend Kilometer von der Erde entfernt. Die Sonne ist etwa dreihundertdreißigtausend Mal so schwer wie die Erde. Die Sonne ist etwa vierzehn Millionen achthunderttausend Grad Celsius heiß.

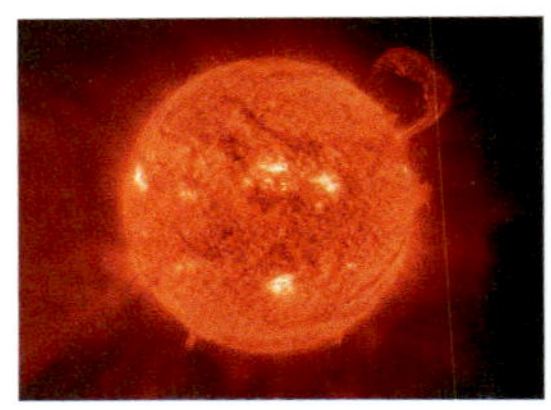

ZU AUFGABE 15
Gib Maximum, Minimum und Spannweite der Höhen an.

15 Stelle die Höhen der Bauwerke in einem Säulendiagramm dar.
Runde die Höhen und zeichne 1 cm für je 100 m Höhe.

Empire-State-Building (New York)	380 m
Eiffelturm (Paris)	324 m
Stuttgarter Fernsehturm	212 m
Ulmer Münster	161 m
Olympiaturm (München)	290 m

15 Runde die Höhen der Berge jeweils auf Hunderter.
Stelle die Höhen in einem passenden Säulendiagramm dar.

Großglockner (Österreich)	3 797 m
Langenberg (Deutschland)	843 m
Olymp (Griechenland)	2 917 m
Zugspitze (Deutschland)	2 962 m
Snowdon (Großbritannien)	1 085 m
Schneekoppe (Deutschland)	1 602 m
Montblanc (Frankreich)	4 807 m
Ätna (Italien)	3 350 m
Brocken (Deutschland)	1 141 m
Vesuv (Italien)	1 277 m
Fischberg (Deutschland)	133 m

Zusammenfassung

Natürliche Zahlen ordnen und vergleichen

→ Seite 34

Die Menge der **natürlichen Zahlen** wird mit ℕ bezeichnet.
Die kleinste natürliche Zahl ist die Null, eine größte natürliche Zahl gibt es nicht.

$\mathbb{N} = \{0; 1; 2; 3; 4; \dots\}$

An einem **Zahlenstrahl** kann man Zahlen übersichtlich darstellen.
Am Zahlenstrahl kann man Zahlen gut miteinander vergleichen, die kleinere Zahl steht immer links von der größeren Zahl.

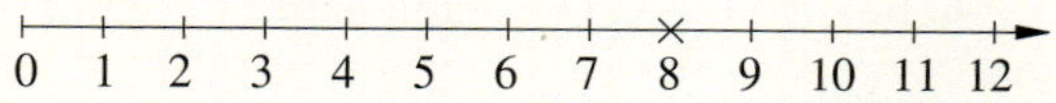

$8 < 10$, denn 8 steht links von 10.

Der **Vorgänger** steht direkt links neben der Zahl, der **Nachfolger** direkt rechts daneben.

4 ist der Vorgänger von 5.
6 ist der Nachfolger von 5.

Große natürliche Zahlen im Dezimalsystem

→ Seite 38

Unser Stellenwertsystem heißt **Dezimalsystem** oder **Zehner**system, weil immer beim Zehnfachen einer Stelle eine neue Stelle hinzukommt.

HMrd.	ZMrd.	Mrd.	HMio.	ZMio.	Mio	HT	ZT	T	H	Z	E
		2	5	5	4	6	8	0	4	0	0
4	1	2	0	3	0	1	0	0	0	8	0
Milliarden			Millionen			Tausender			Einer		

Die **Zahlen** werden mit den Ziffern 0, 1, 2, 3, 4, 5, 6, 7, 8 und 9 oder durch Zahlwörter wie eins, zwei, drei, … zehn, elf, zwölf, … dargestellt.

Der **Wert einer Zahl** ist abhängig von der Stellung der Ziffern innerhalb der Zahl.

Zahlen schätzen und runden

→ Seite 44

Beim systematischen **Schätzen** versucht man, durch Anhaltspunkte und Überlegungen dem genauen
Ergebnis möglichst nahe zu kommen, z. B. mit der Rastermethode.

Sonnenblumen in einem Feld: 12
Anzahl der Felder: 6
Anzahl der Blumen: etwa $6 \cdot 12 = 72$

Regeln beim **Runden** von **Zahlen**:
1. Rundungsstelle festlegen
2. Rundungsziffer prüfen:
- bei **0; 1; 2; 3 oder 4** wird **abgerundet**: die Rundungsstelle bleibt gleich.
- bei **5; 6; 7; 8 oder 9** wird **aufgerundet**: die Rundungsstelle wird um eins erhöht.
3. Alle Stellen rechts von der Rundungsziffer werden mit Nullen aufgefüllt.

ZT	T	H	Z	E
6	3	7	1	4

auf Tausender gerundet:
$63\,714 \approx 64\,000$
$63\,455 \approx 63\,000$

Checkliste
www 054-1

Teste dich!

6 Punkte

1 Notiere im Heft die markierten Zahlen.

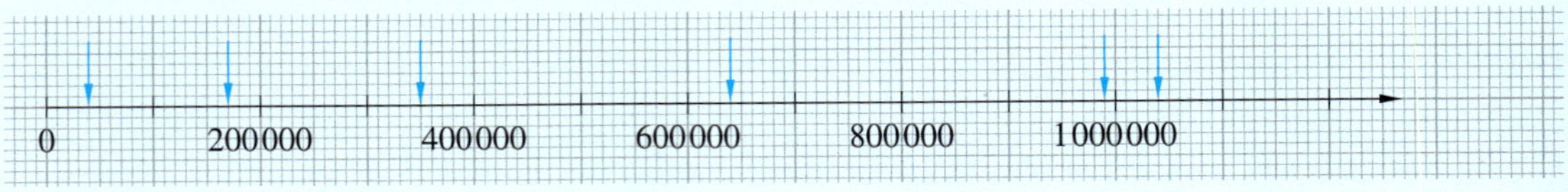

6 Punkte

2 Zeichne jeweils einen Zahlenstrahl und markiere dort die angegebenen Zahlen.

a) 5; 7; 12; 13; 16; 19
b) 5; 15; 25; 40; 35; 55
c) 10; 40; 45; 80; 70; 100
d) 33; 5; 110; 91; 98; 16
e) 205; 220; 225; 240; 245; 255
f) 2220; 2430; 1970; 1810; 1835; 2080

7 Punkte

3 Schreibe die Zahlen mit Ziffern.

a) neuntausendzweihundert
b) dreihundertzwölf Millionen
c) zweihundertfünfundsiebzigtausendfünfhundertzwei
d) achtundzwanzig Millionen dreihundertzweiundzwanzigtausend
e) zwanzig Milliarden sechshunderttausend
f) fünf Billionen dreihundertzwanzig Millionen
g) einhundertdreiundzwanzigtausendvierhundertfünfundsechzig

3 Punkte

4 Schreibe die Zahlen aus der Stellenwerttafel mit Worten.

HBio.	ZBio.	Bio.	HMrd.	ZMrd.	Mrd.	HMio.	ZMio.	Mio.	HT	ZT	T	H	Z	E
											3	6	0	1
	5	5	1	5	3	0	0	0	0	0	0	0	1	2
					2	0	0	9	0	8	0	0	0	0

Billionen	Milliarden	Millionen	Tausender	Einer

6 Punkte

5 Trage die Zahlen in eine Stellenwerttafel ein.

a) 13067
b) 2 Mio. 620 Tausend
c) 1 Mrd. 1 Mio. einhunderttausend
d) 127000345
e) 60 Bio. 60 Mrd. 60 Mio. 60
f) 5 Bio. fünfhunderttausendeins

3 Punkte

6 Nenne den Stellenwert der unterstrichenen Ziffer.

a) 6<u>5</u>4279
b) 70084621 (unterstrichen: 70084<u>4</u>… siehe Original: 7008<u>4</u>621)
c) 3<u>1</u>195704

3 Punkte

7 Runde die folgenden Zahlen auf Zehner, auf Tausender und auf Hunderttausender.

a) 123456
b) 3000999
c) 111999111

6 Punkte

8 Nenne Vorgänger und Nachfolger der angegebenen Zahlen.

a) 666999
b) 101010
c) 10000
d) 5 Bio. 5 Mrd. 999
e) 99999000000
f) 0

6 Punkte

9 Welche der beiden Zahlen ist die größere?

a) 101101 oder 101010
b) 246357789 oder 2463577899
c) 246357 oder 2463577
d) 32325467865 oder 32235467865
e) 123789670000 oder 123789760000
f) 178157698999 oder 178157789999

Gold: 44–46 Punkte, Silber: 36–43 Punkte, Bronze: 28–35 Punkte

Lösungen ab Seite 197

Grundbegriffe der Geometrie

Brücken verbinden Stadtteile, Länder, Kontinente. Brückenkonstruktionen weisen eine erstaunliche Vielfalt auf. Schaut man sich Brücken aber genauer an, dann kann man viele Gemeinsamkeiten entdecken, z. B. Stahlträger, die zueinander parallel verlaufen und die senkrecht auf der Fahrbahn stehen. Aber was ist denn auf diesem Bild mit der Brücke passiert?

Noch fit?

Einstieg

1 Ablesen vom Lineal

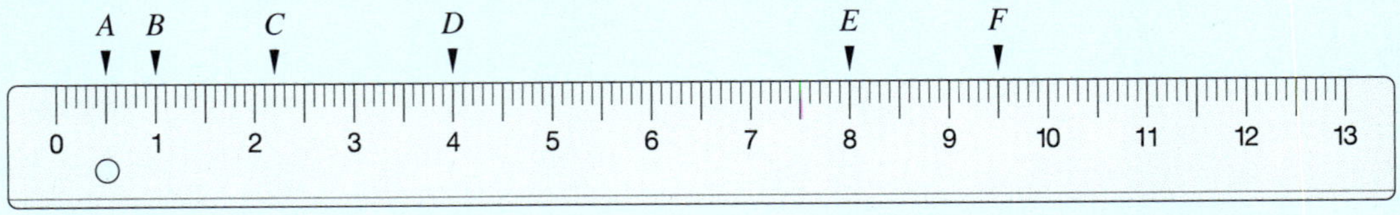

Wie lang ist eine gerade Linie …

a) von 0 bis *B*? b) von 0 bis *D*?
c) von 0 bis *F*? d) von 0 bis *C*?

2 Mit dem Lineal zeichnen

Zeichne eine gerade Linie, die …

a) 6 cm lang ist. b) 10 cm lang ist.

Aufstieg

1 Ablesen vom Lineal

Wie lang ist eine gerade Linie …

a) von 0 bis *A*? b) von *B* bis *C*?
c) von 0 bis *E*? d) von *B* bis *F*?

2 Mit dem Lineal zeichnen

Zeichne eine gerade Linie, die …

a) 12,8 cm lang ist. b) 25 mm lang ist.

3 Ähnliche Figuren zuordnen

Welche Bilder gehören zusammen? Begründe deine Auswahl.

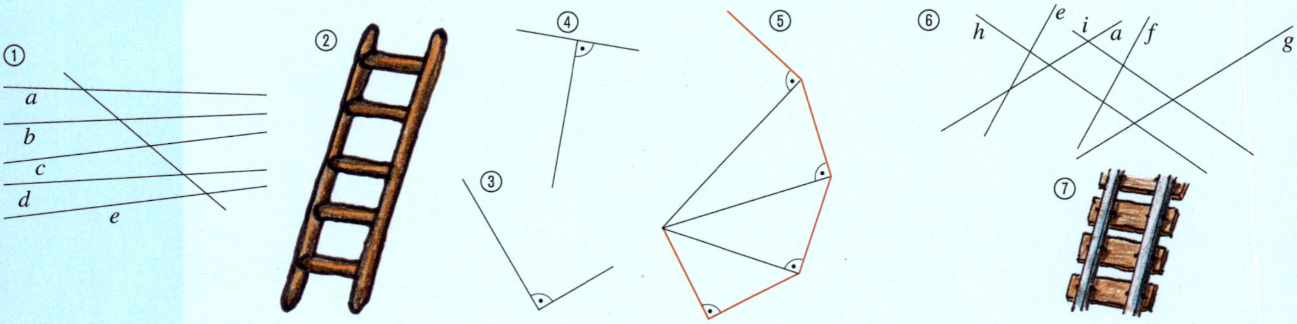

Einstieg

4 Beispiele für Formen

Zeichne jeweils ein Beispiel.

a) Dreieck
b) Quadrat
c) Kreis

5 Figuren abzeichnen

Zeichne ordentlich mithilfe eines Lineals.

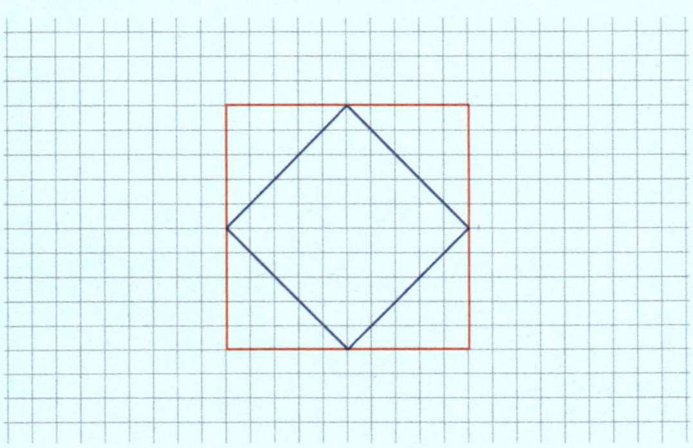

Aufstieg

4 Beispiele für Formen

Zeichne jeweils ein Beispiel.

a) Fünfeck
b) Rechteck
c) Sechseck

5 Figuren abzeichnen

Zeichne ordentlich mithilfe eines Lineals.

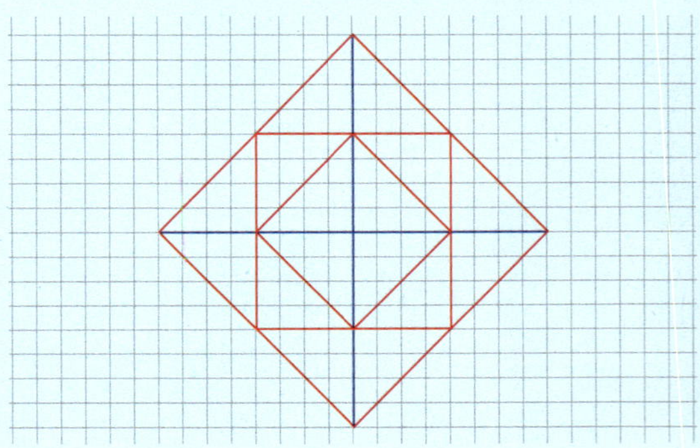

Lösungen ab Seite 197

Das Koordinatensystem

Entdecken

1 Stadtplan von Manhattan
Dies ist ein Ausschnitt des Stadtplans von Manhattan. Manhattan ist ein Stadtteil von New York.
In diesem Stadtteil verlaufen die Straßen in jeweils gleichen Abständen.
In Ost-West-Richtung verlaufen die Streets (abgekürzt mit St.) und in Nord-Süd-Richtung die Avenues.
Der Trump Tower liegt an der Kreuzung von Fifth Avenue und 57th Street.
Nenne deinem Sitznachbarn oder deiner Sitznachbarin die Lage von drei anderen Bauwerken.

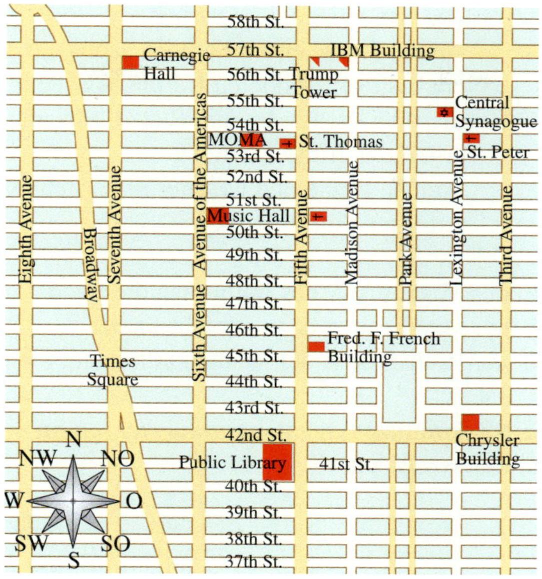

SCHON GEWUSST?
Street (sprich: striet) ist das englische Wort für Straße, avenue (sprich: ävenju) heißt übersetzt Allee.

2 Das Bild zeigt ein Hydrantenschild, wie ihr es auch in eurem Ort findet.
Was ist ein Hydrant? Was bedeutet H 100? Was bedeuten die anderen Zahlen?
Wie findet man von diesem Schild aus den Wasseranschluss?
Besprecht diese Fragen im Team. Antworten bekommt ihr z. B. auch beim Wasserwerk eures Ortes.

3 Jan hat dieses Dreieck in sein Heft gezeichnet.
Er will es an Sina „telegrafieren“, ohne dass diese das Dreieck sieht.
Wie kann Jan das erreichen?
Überlegt zu zweit einen möglichen Weg.

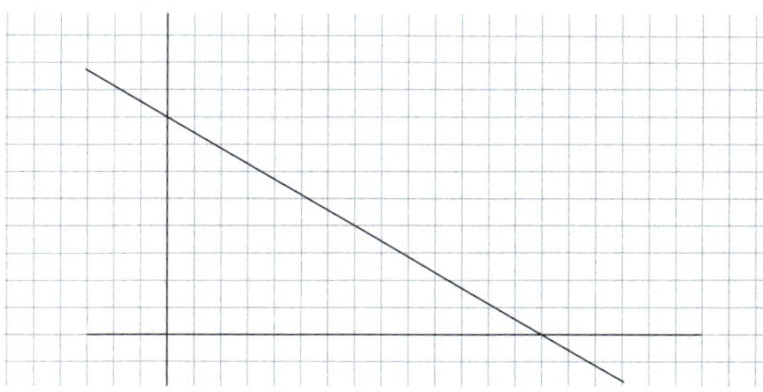

4 In einer sternenklaren Nacht kann man an unserem Himmel diese Sternbilder sehen.
Zeichne sie in dein Mathematikheft. Vergleiche dein Ergebnis mit einer Mitschülerin oder einem Mitschüler und präsentiert eure beste Zeichnung der Klasse.
Einigt Euch, womit (z. B. Folie, Plakat, Tafel) ihr Euer Ergebnis zeigen wollt.

Verstehen

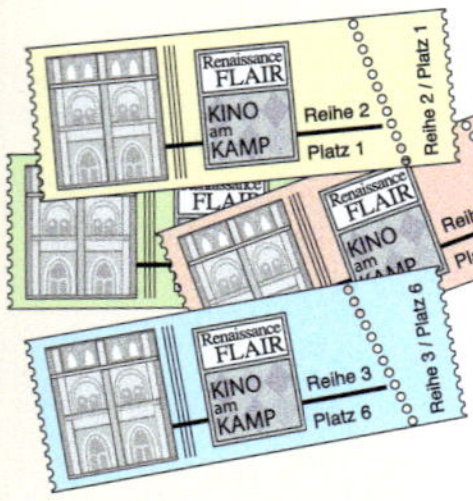

Die Kinovorstellung ist fast ausverkauft. An der Kasse erhält Familie Sachs nur noch die abgebildeten Karten. Auf dem Sitzplan suchen sie ihre Plätze. Melanie erhält die grüne Eintrittskarte.
Welche Reihe und welcher Platz stehen auf ihrer Eintrittskarte?

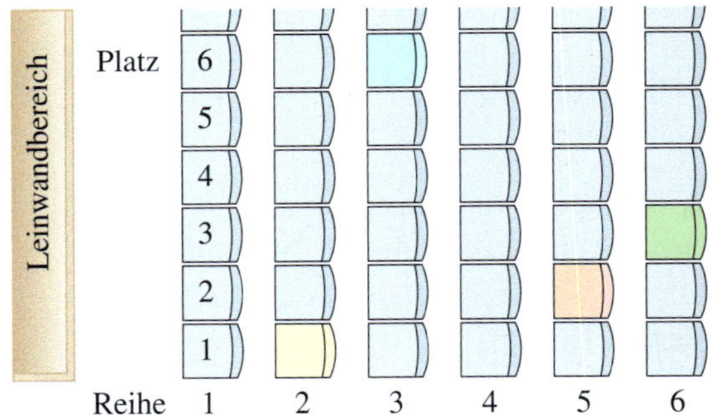

In der Mathematik bestimmt man die Lage von Punkten ähnlich wie die Sitzplätze in einem Kino. Man benutzt dazu ein Gitternetz.
In der Fachsprache der Mathematik nennt man das Gitternetz **Koordinatensystem**.

Ein Koordinatensystem hat zwei Achsen. In dem Koordinatensystem können Punkte eindeutig markiert werden.

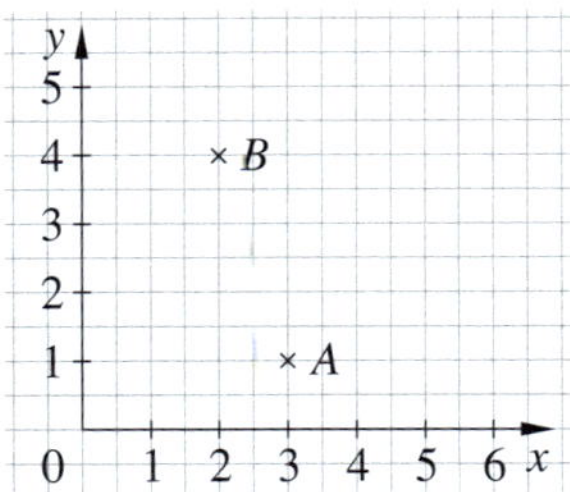

Merke Die Achsen beginnen im gemeinsamen Anfangspunkt, dem **Nullpunkt** des Koordinatensystems.

Die ***x*-Achse** zeigt nach rechts, die ***y*-Achse** zeigt nach oben.

Die Lage von jedem Punkt ist durch zwei Zahlen bestimmt. Diese beiden Zahlen heißen **Koordinaten**.

BEACHTE
x kommt vor y.

Merke

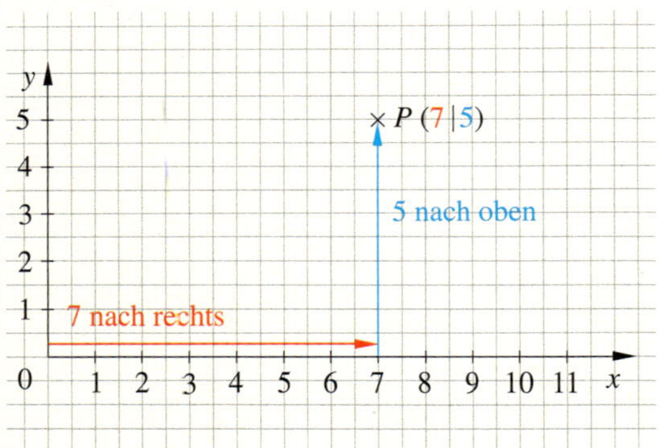

So bestimmt man die Lage des Punkts P:
Gehe vom gemeinsamen Anfangspunkt der beiden Achsen
7 Einheiten nach rechts
in Richtung der x-Achse,
5 Einheiten nach oben
in Richtung der y-Achse,
Der Punkt P hat die Koordinaten $(7|5)$.
Kurz: $P(7|5)$

x-Koordinate y-Koordinate

Beispiel

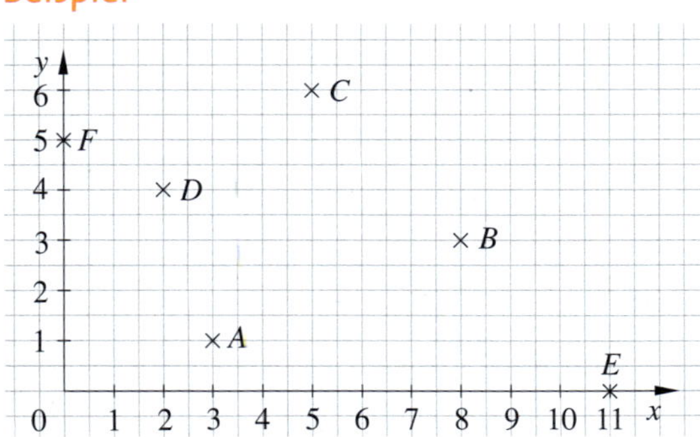

Die Koordinaten der Punkte im Koordinatensystem lauten:
$A(3|1)$, $B(8|3)$, $C(5|6)$, $D(2|4)$

Punkt E liegt auf der x-Achse. Er hat die Koordinaten $E(11|0)$.
Punkt F liegt auf der y-Achse. Er hat die Koordinaten $F(0|5)$.
Der Nullpunkt hat die Koordinaten $(0|0)$.

Üben und anwenden

1 Welcher Punkt hat diese Koordinaten?

a) (5|6) b) (2|3) c) (3|2)
d) (0|6) e) (9|0) f) (7|2)

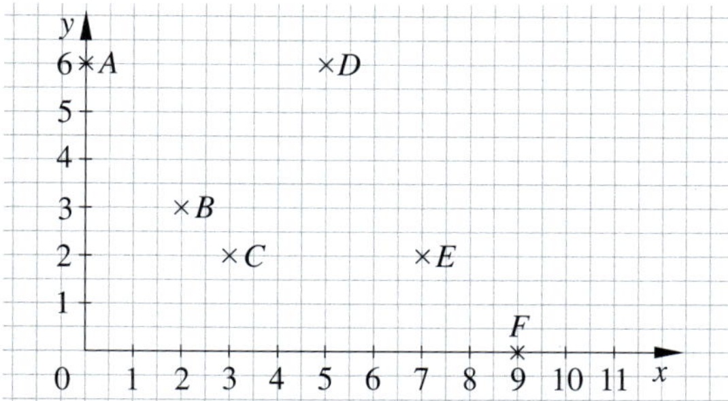

1 Gib die Koordinaten der Punkte an.

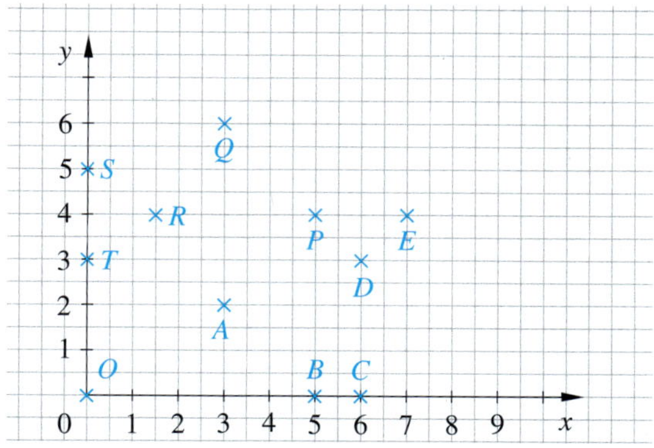

2 Benenne die Eckpunkte der Hausfront mit einem großen Buchstaben und gib die Koordinaten der Punkte an.

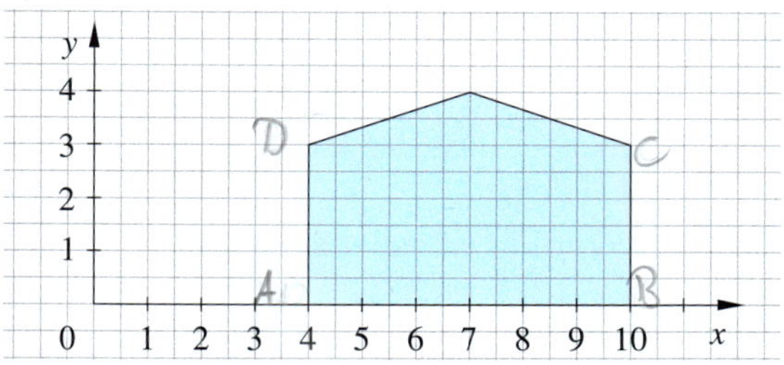

2 Zeichne ein passendes Koordinatensystem in dein Heft.

a) Trage die folgenden Punkte ein.
A(2|3) *B*(5|1) *C*(8|7)
D(2,5|3) *E*(1|1) *F*(6|4)
G(0|9) *H*(7,5|0) *I*(1|5)
J(4|8) *K*(2|3,5) *L*(1,5|6,5)

b) Trage zusätzlich den Punkt *Z*(10|5) ein. Welche Koordinaten hat der Punkt *M*, der genau in der Mitte zwischen *A* und *Z* liegt?

3 Vervollständige im Heft zu einem Stern und gib die Koordinaten aller Punkte an.

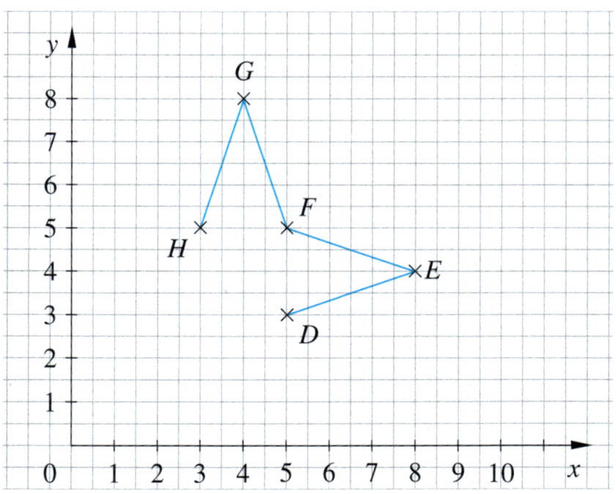

3 Übertrage den „halben" Tannenbaum in ein Koordinatensystem und vervollständige den Baum. Gib die Koordinaten der neuen Zweigspitzen an.

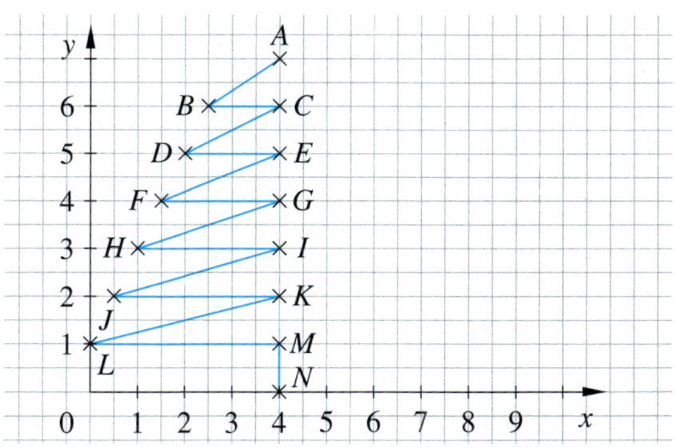

4 Zeichne ein passendes Koordinatensystem in dein Heft.
Zeichne aus den folgenden Punkten ein Segelboot.
Boot: (6|0); (12|0); (15|2); (3|2)
Mast: (7|2); (7|10)
Segel: (7|9); (7|2); (13|3)

4 Verbinde die Punkte in der angegebenen Reihenfolge. Welches Bild ergibt sich?

a) *A*(2|1); *B*(2|6); *C*(4|9); *D*(6|6); *E*(6|1)
Reihenfolge: *ABCDBEADE*

b) *A*(3|1); *B*(5|1); *C*(1|3); *D*(7|3); *E*(1|5); *F*(7|5); *G*(3|7); *H*(5|7)
Reihenfolge: *AGDCHBEFA*

ANREGUNG
Denkt euch selbst Figuren wie in Aufgabe 4 aus. Tauscht anschließend die Koordinaten aus und versucht herauszufinden, welche Figuren gemeint waren.

5 Beim Zeichnen des Koordinatensystems wurden Fehler gemacht. Sprecht zu zweit über die Fehler und berichtigt sie.

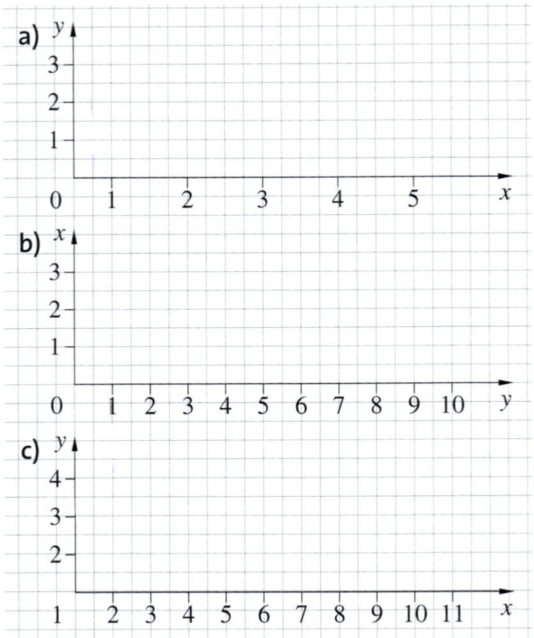

6 Zeichne ein Koordinatensystem und übertrage den Stern in dein Heft.

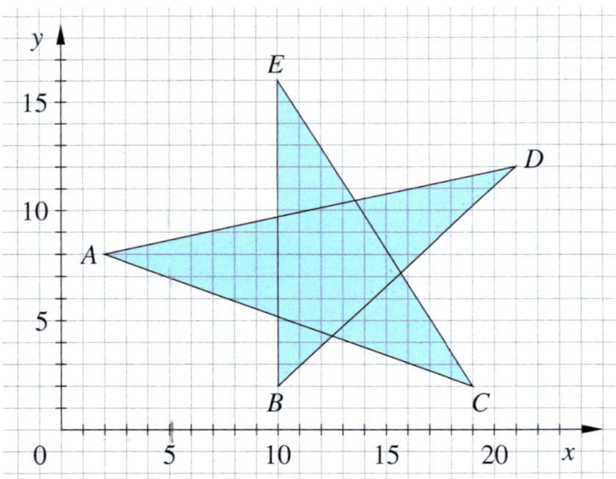

7 Zeichne das Muster in ein Koordinatensystem. Schreibe an die markierten Punkte die zugehörigen Koordinaten.
Was fällt dir auf? Diskutiert zu zweit.

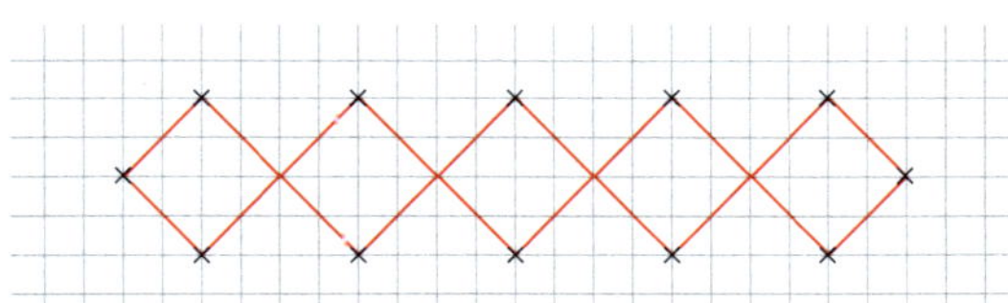

NACHGEDACHT
Vergleiche einen Zahlenstrahl und ein Koordinatensystem.
Nenne Gemeinsamkeiten und Unterschiede.

5 Wenn du die Maus vergrößern willst, musst du alle Seiten zweimal (dreimal, …) so lang zeichnen. Vervollständige die vergrößerte Maus im Heft.

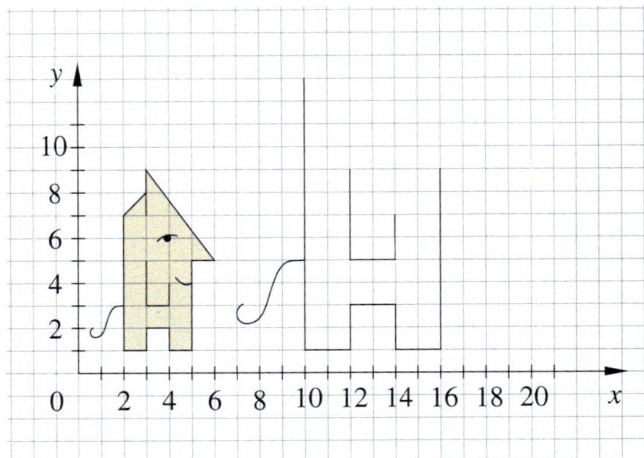

6 Zeichne ein Koordinatensystem und übertrage das Dreieck.
Das Dreieck soll dann noch einmal gezeichnet werden, aber so, dass der Punkt *A* die Koordinaten (11|4) hat.
Welche Koordinaten haben dann die Punkte *B* und *C*?

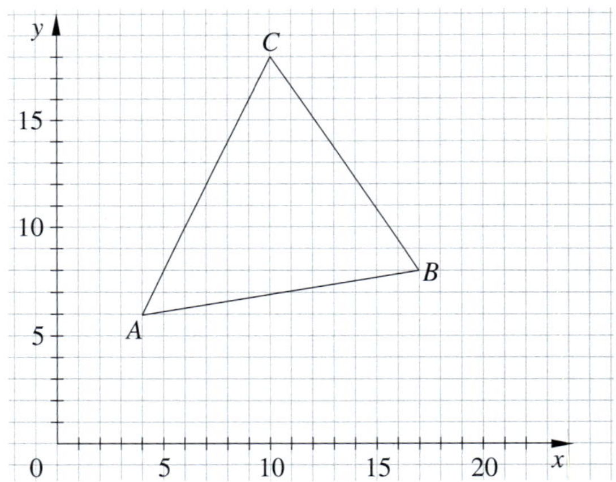

7 Erstelle ein Bandornament:
Übertrage das Koordinatensystem und das Viereck in dein Heft. Ergänze das Viereck zu einem Muster wie in der Zeichnung zu Aufgabe 7.
Beschreibe dein Vorgehen mit Fachbegriffen.

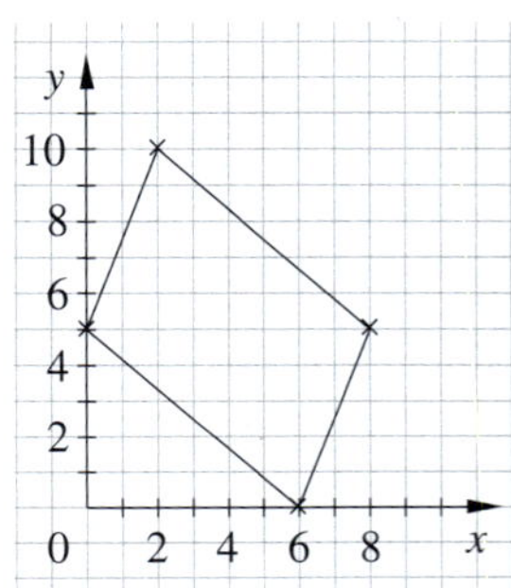

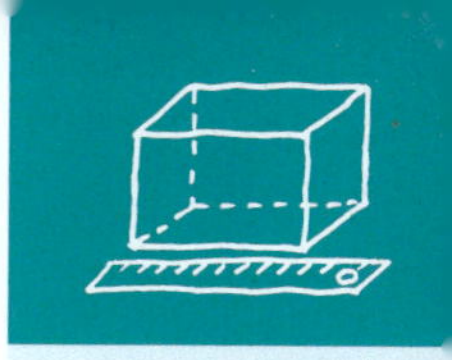

Gerade Linien

Entdecken

1 Versuche, nur mit einem Bleistift eine möglichst gerade Linie ins Heft zu zeichnen.
Ist die Linie wirklich gerade?
Welche Hilfsmittel fallen dir ein, um eine gerade Linie zu zeichnen?

2 Beschreibe, was du auf dem rechts abgebildeten Foto siehst.
Warum spannt der Pflasterer eine Schnur?

3 Nimm ein Blatt Papier und falte es zweimal, wie es in der Bildfolge unten dargestellt ist.

a) Beschreibe die Lage der beiden Faltlinien zueinander (Bild 4).

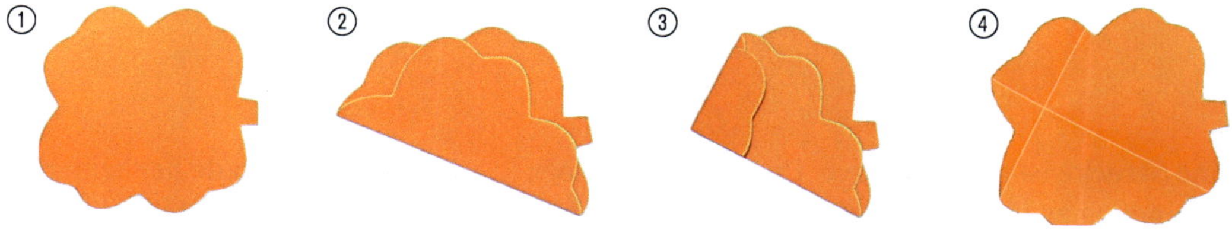

b) Falte das Blatt wieder zusammen und noch einmal, so wie in Bild 3.
Beschreibe die Lage der 2. und 3. Faltlinie zueinander.

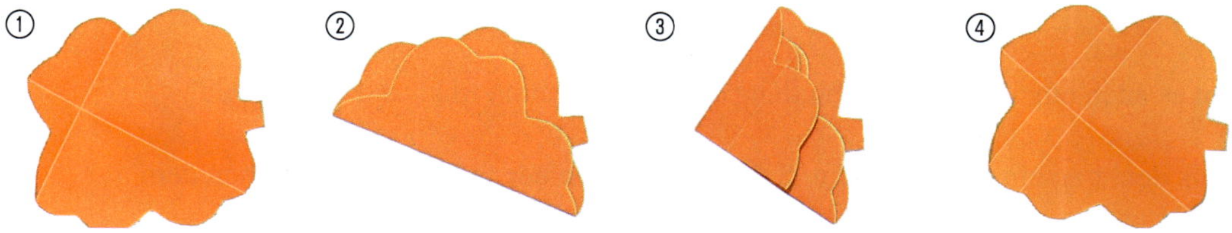

4 Solche Winkel findet ihr sehr häufig im Alltag.

a) Kontrolliert und entscheidet, ob das Geodreieck auch auf der linken Seite der Fensterleiste passt.
b) Beschreibt die Lage der roten Linien des Geodreiecks zueinander.
c) Nennt weitere Beispiele für die Lage dieser beiden roten Linien.
d) Sucht in eurem Klassenraum Linien, die der Lage im Bild entsprechen.
Ihr könnt ein Geodreieck oder den selbst hergestellten Faltwinkel aus Aufgabe 3 zu Hilfe nehmen.

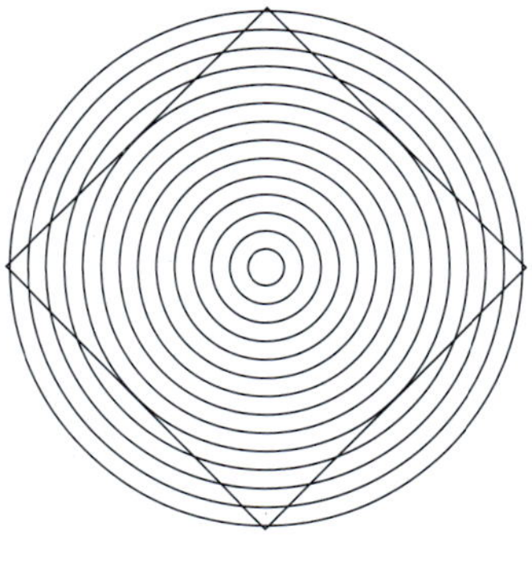

5 Sind die Seiten des Vierecks gerade Linien?
Was meinen deine Mitschülerinnen und Mitschüler?
Sucht Hilfsmittel, um die Frage zu klären.

Verstehen

Nadine faltet aus einem Blatt Papier ein Boot. Dabei entstehen Faltkanten. Wird das Blatt wieder aufgeklappt, sind gerade Linien zu erkennen.

Gerade Linien kann man mit einem Lineal oder Geodreieck auf Papier zeichnen. Nadine zeichnet zunächst zwei Punkte A und B in ihr Heft.

Nadine zeichnet eine gerade Linie zwischen A und B.

Nadine zeichnet über einen Punkt, z. B. Punkt B, hinaus.

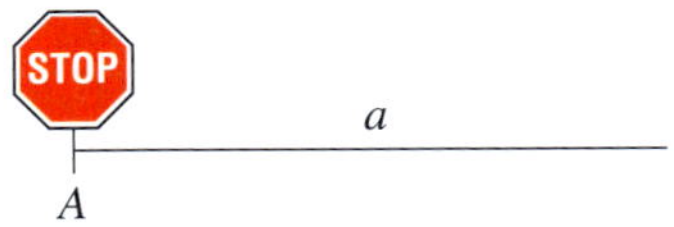

Nadine zeichnet über die Punkte A und B hinaus.

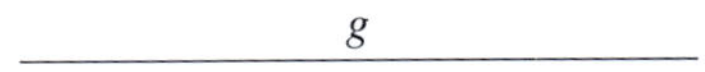

Merke

Eine **Strecke** ist die kürzeste Verbindung zwischen zwei Punkten. Sie hat einen Anfangspunkt und einen Endpunkt.

Ein **Strahl** hat einen Anfangspunkt, aber keinen Endpunkt.

Eine **Gerade** hat keinen Anfangspunkt und keinen Endpunkt.

Gibt es auch eine kürzeste Verbindung zwischen einem Punkt und einer Linie?

Louis denkt an ein Fußballfeld und zeichnet verschiedene Strecken zwischen dem Elf-Meter-Punkt E und der Torlinie t.

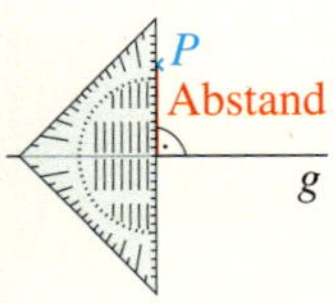

Die Strecke $\overline{EC}$ ist die kürzeste Verbindung vom Punkt E zur Torlinie t. Die Länge der Strecke $\overline{EC}$ nennt man den **Abstand** des Punkts E zur Linie t.
$\overline{EC}$ und t bilden einen rechten Winkel, sie stehen **senkrecht** aufeinander.

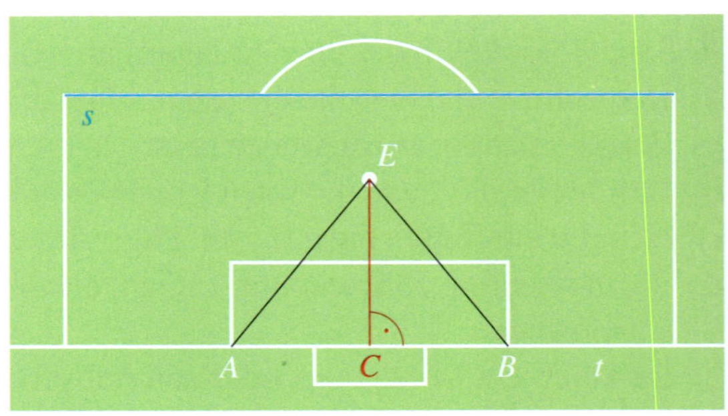

Die Torlinie t hat zur Linie s einen gleich bleibenden Abstand, s und t sind **parallel** zueinander.

HINWEIS
Eine Linie, die senkrecht zu einer anderen steht, nennt man auch ***Senkrechte****. Rechte Winkel werden mit ⊾ gekennzeichnet.*

Merke Geraden g und h, die einen rechten Winkel bilden, sind **senkrecht zueinander**, kurz: $g \perp h$.

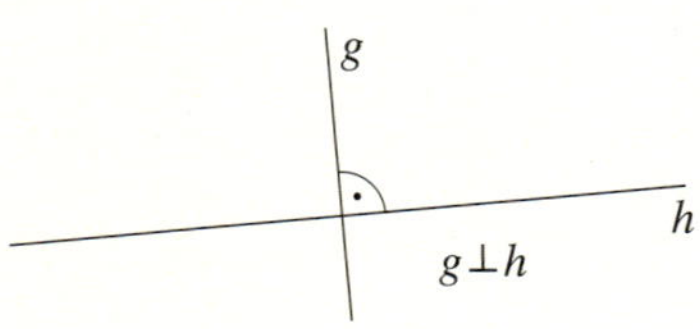

Merke Geraden k und l, deren Abstand zueinander überall gleich bleibt, sind **parallel zueinander**, kurz: $k \parallel l$.

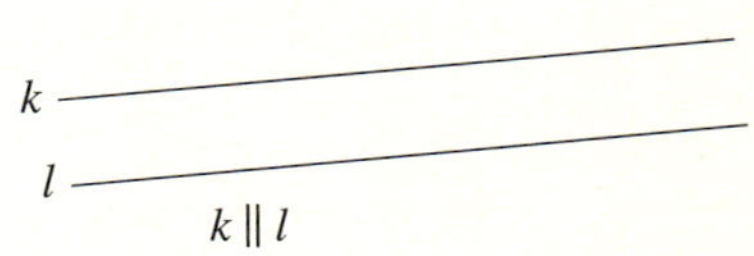

Üben und anwenden

1 Verschiedene Linien

a) Entscheide und begründe, welche Linien gerade Linien sind.

b) Entscheide und begründe, welche Linien Strecken, Strahlen oder Geraden sind.

c) Stelle deinem Sitznachbarn oder deiner Sitznachbarin eine ähnliche Aufgabe.

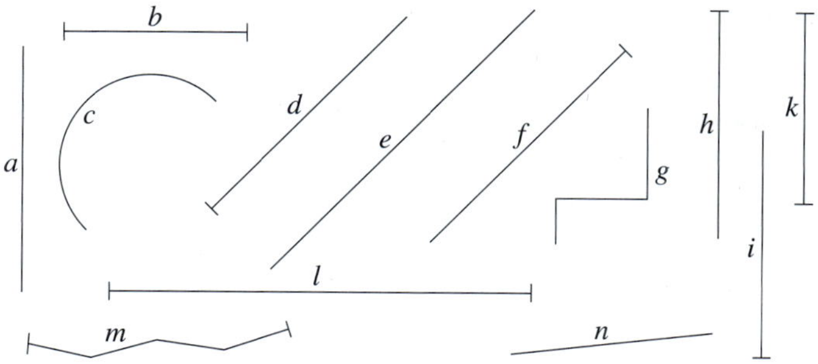

2 Schreibe alle Strecken auf, die du in der Figur siehst.

Beispiel
$\overline{AB}$; $\overline{AC}$; …

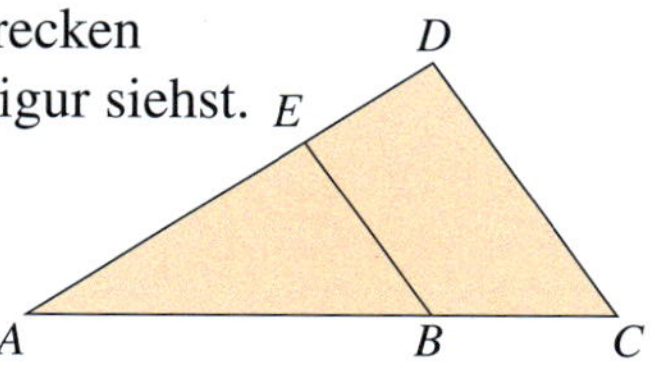

2 Wie viele Strecken und Geraden sind abgebildet?

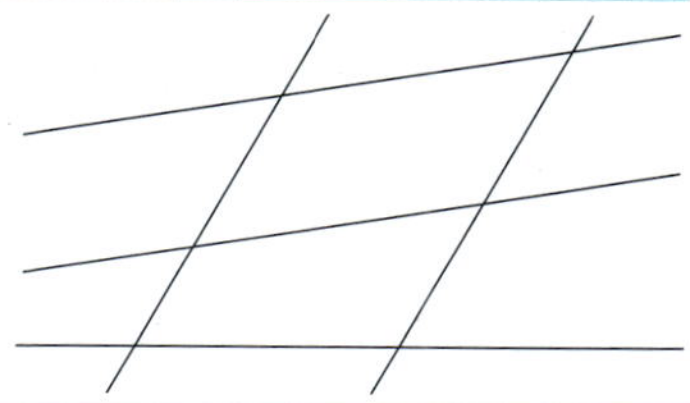

3 Wie viele Zuspielstrecken vom Standpunkt A aus gibt es? Übertrage in dein Heft und zeichne die Strecken ein.

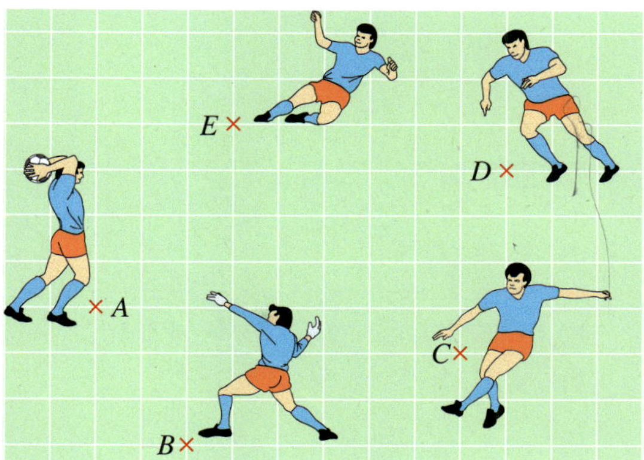

3 Übertrage die Punkte ins Heft. Zeichne zwischen ihnen alle möglichen Strecken ein.

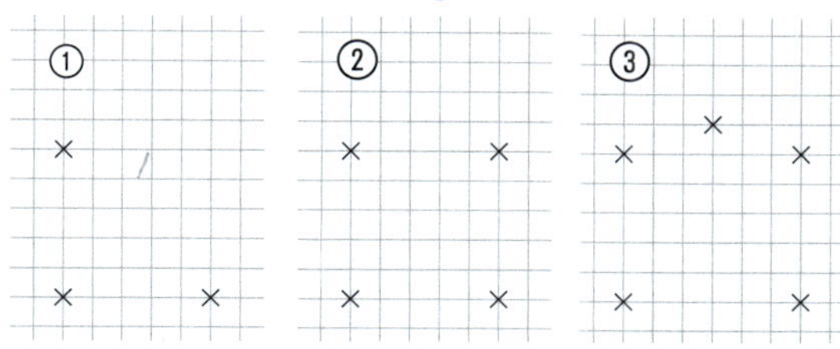

a) Wie viele Strecken sind es jeweils?

b) Wie viele Strecken sind es, wenn du sechs oder sieben Punkte hast?

c) Wie viele Strecken wären es bei zehn (20) Punkten?
Löse, ohne zu zeichnen.

4 Miss jeweils den Abstand des Punkts von der Geraden g.

a)

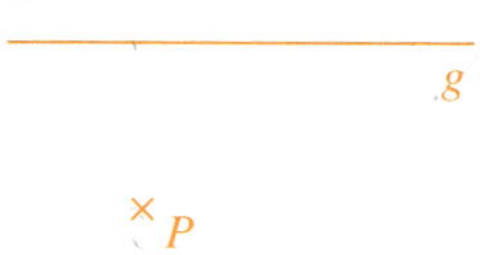

b)

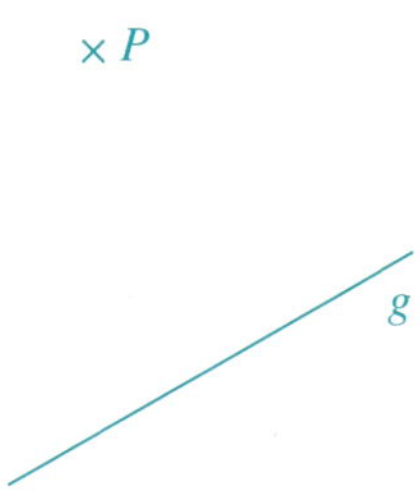

c)

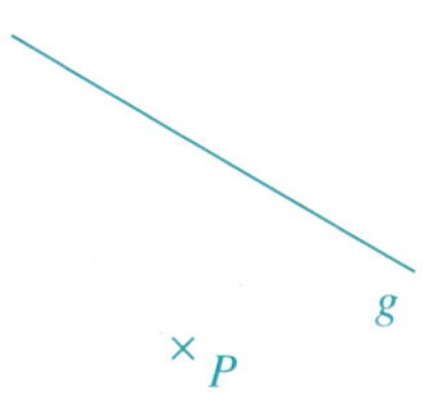

d)

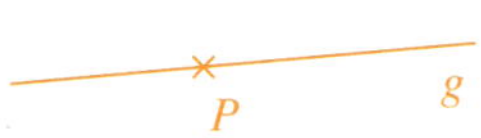

4 Welchen Abstand haben die Punkte von der Geraden?

Punkt	A	B	C	D	E
Abstand von g					

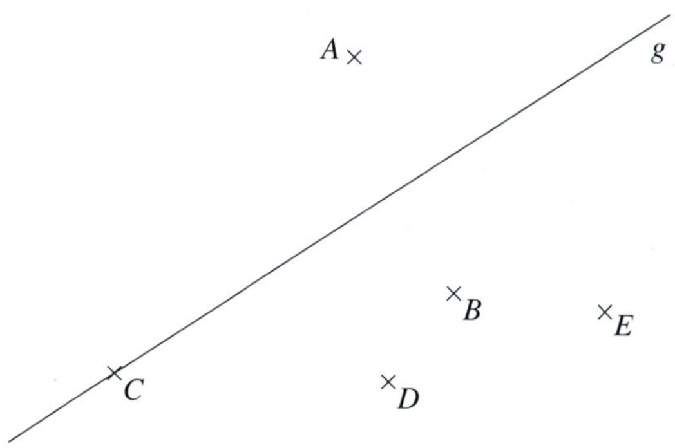

RÜCKBLICK
Beschreibe an einem Beispiel, wie man beim Runden von natürlichen Zahlen vorgeht.

Methode: Parallele Linien erkennen und zeichnen

Durch Anlegen des Geodreiecks kannst du überprüfen, ob zwei Geraden parallel zueinander sind.
Die Geraden a und b sind parallel zueinander und haben einen Abstand von 3 cm.

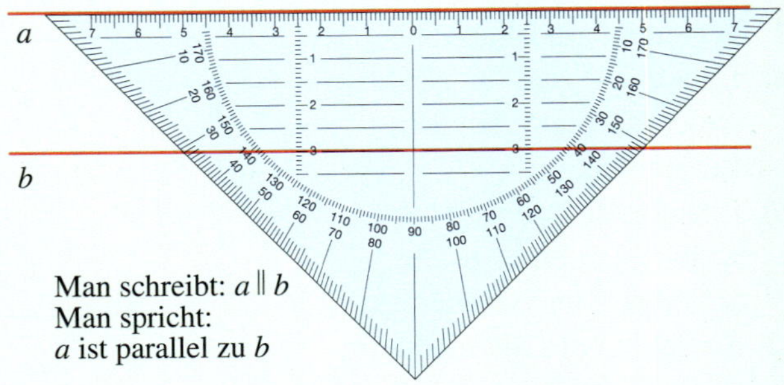

Mit deinem Geodreieck kannst du auch selbst Parallelen zeichnen.
Hier wird eine Parallele zur Geraden g im Abstand von 1,5 cm gezeichnet.

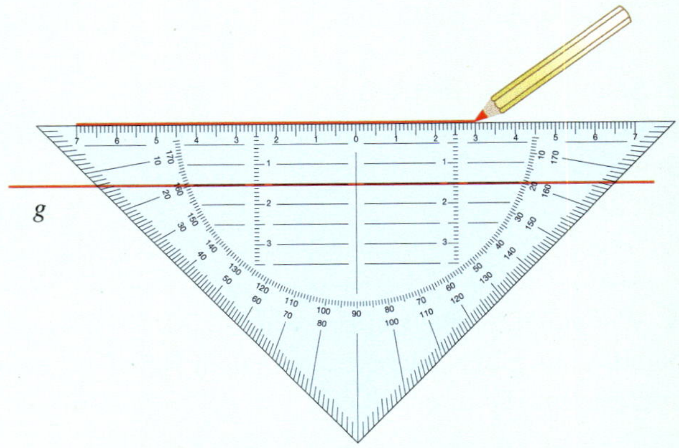

Bei diesem Beispiel wird eine Parallele zur Geraden f gezeichnet, die durch den Punkt P geht.

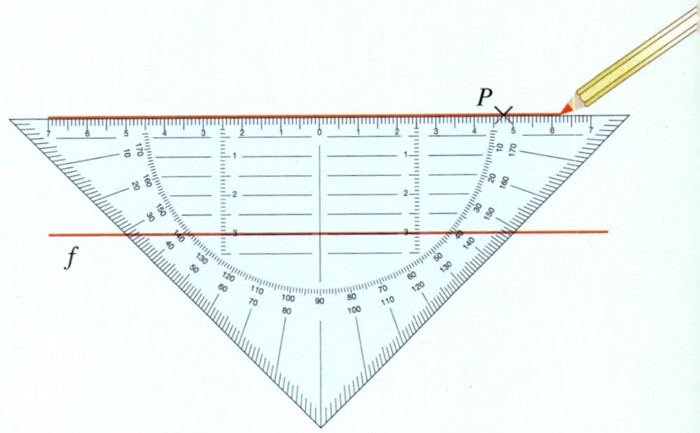

TIPP
Beachte beim Zeichnen Folgendes:

① *Geodreieck vollständig auflegen*
② *Geodreieck festhalten, sodass es nicht verrutscht*
③ *sauber an der Messkante entlang zeichnen*

1 Überprüfe, ob die Geraden f, g, h und i zueinander parallel sind.

2 Übertrage ins Heft und zeichne Parallelen zu g und h durch die markierten Punkte.

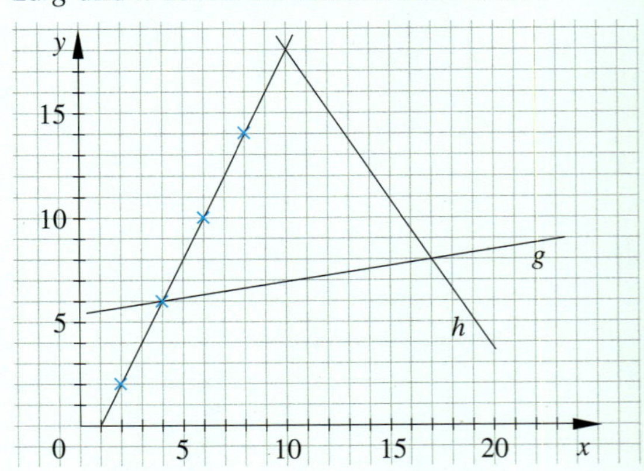

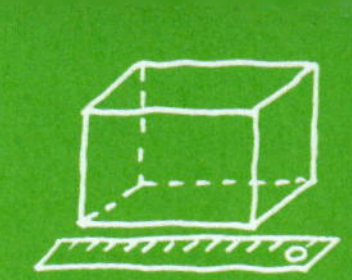

Methode: Senkrechte Linien erkennen und zeichnen

Du kannst durch Anlegen des Geodreiecks ebenfalls überprüfen, ob zwei Geraden senkrecht zueinander stehen. Die Geraden *a* und *b* stehen hier senkrecht aufeinander.

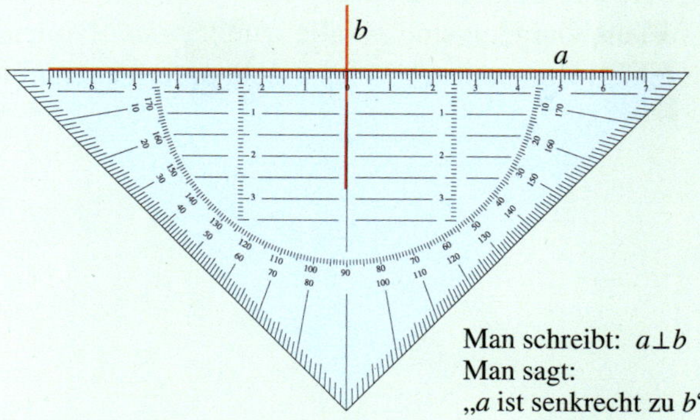

Man schreibt: $a \perp b$
Man sagt:
„*a* ist senkrecht zu *b*“

Mit deinem Geodreieck kannst du auch selbst eine Senkrechte zeichnen. Bei diesem Beispiel liegt der Punkt *P* auf der Geraden *g*.
Es wird eine Gerade durch *P* gezeichnet, die senkrecht zu *g* ist.

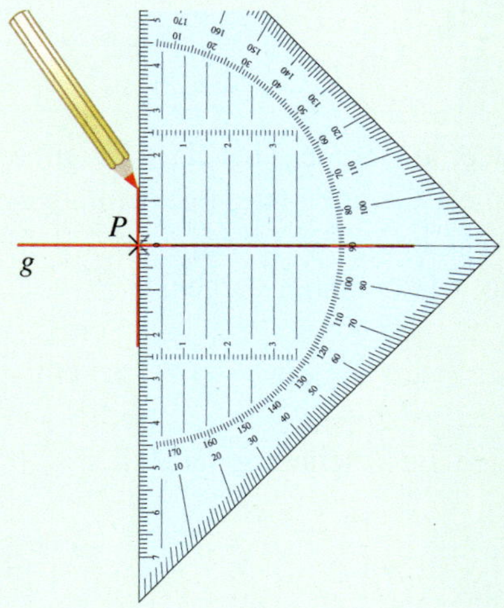

Hier liegt der Punkt *P* nicht auf der Geraden *g*. Auch hier wird durch *P* eine Gerade gezeichnet, die senkrecht zu *g* ist.

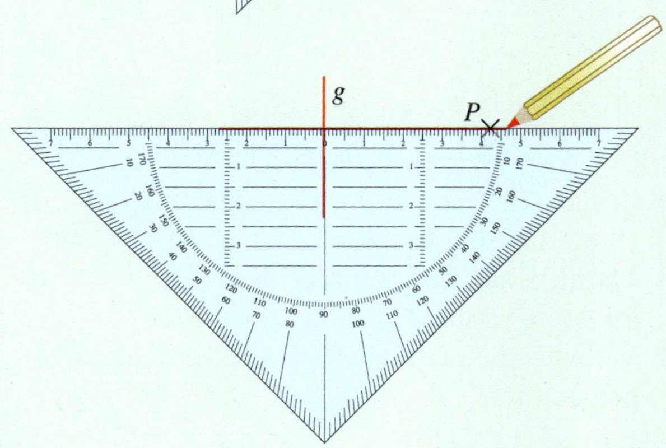

TIPP
Beachte beim Zeichnen Folgendes:
① *Geodreieck vollständig auflegen*
② *Geodreieck festhalten, sodass es nicht verrutscht*
③ *sauber an der Messkante entlang zeichnen*

1 Überprüfe mit dem Geodreieck, welche Linien zueinander senkrecht stehen.

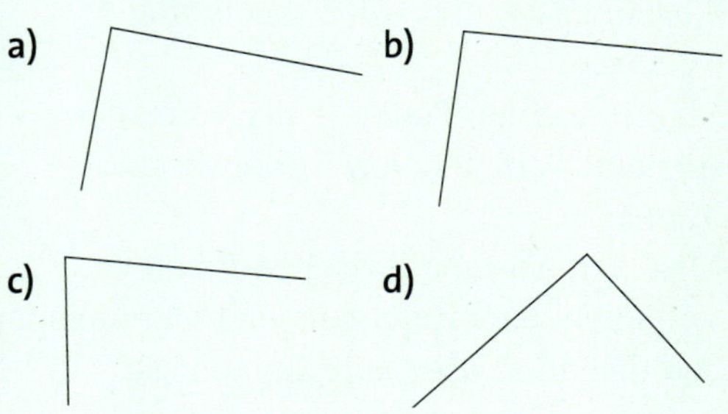

2 Übertrage ins Heft. Zeichne zu *g* senkrechte Geraden durch die Punkte *A*, *B*, *C* und *D*.

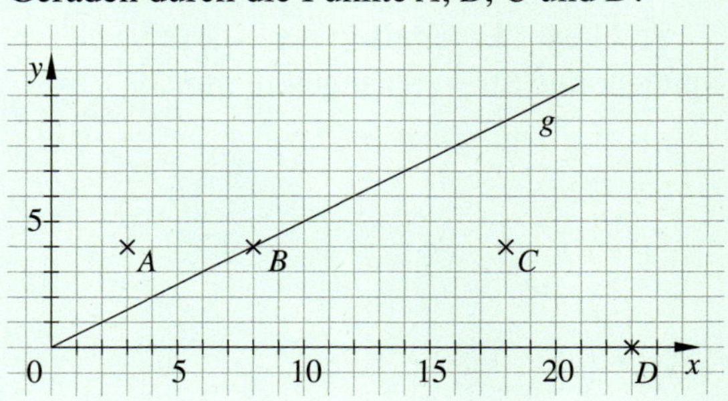

5 Überprüfe mit dem Geodreieck.

a) Welche Geraden sind parallel zueinander? Notiere die Ergebnisse in der Form $f_1 \parallel \square$.

b) Welche Geraden stehen senkrecht aufeinander? Notiere die Ergebnisse in der Form $h_1 \perp \square$.

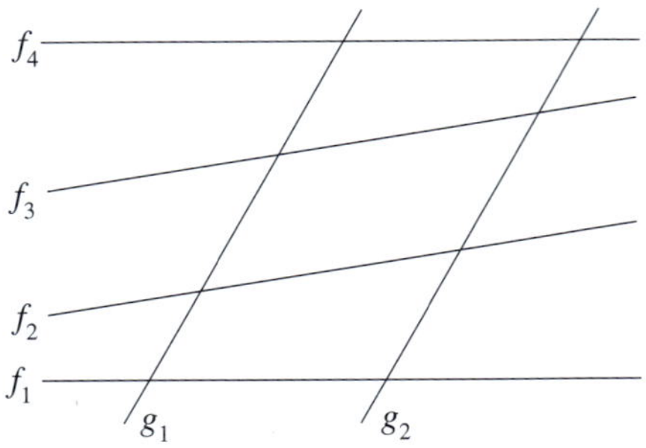

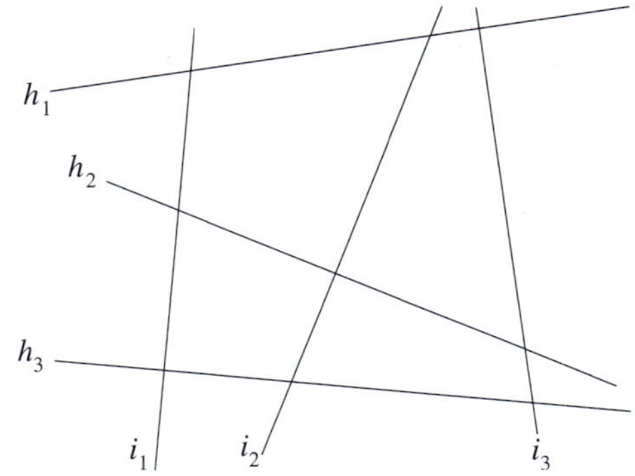

6 Zeichne eine Gerade g ins Heft. Zeichne sechs parallele Geraden zu g mit dem angegebenen Abstand.
Beschreibe, wie du dabei vorgehst.

a) 2 cm	b) 5 cm	c) 1 cm
d) 2,5 cm	e) 3,5 cm	f) 4,1 cm

7 Übertrage die Zeichnung ins Heft.

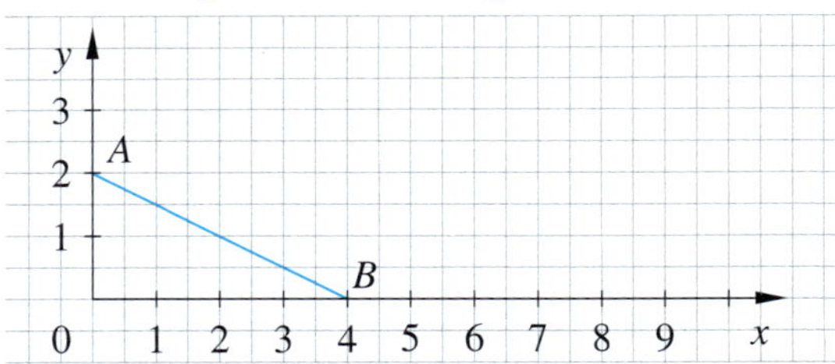

a) Zeichne in A und in B jeweils die Senkrechte zur Strecke $\overline{AB}$.

b) Markiere auf jeder Senkrechten einen Punkt im Abstand von 2,5 cm zu $\overline{AB}$.

c) Verbinde die markierten Punkte durch eine gerade Linie.

8 Hier sind drei Vierecke dargestellt.

a) Überlegt zu zweit, wie viele Strecken ihr messen könnt.
Stellt euer Ergebnis in der Klasse vor.

b) Gebt alle Streckenlängen in mm an.

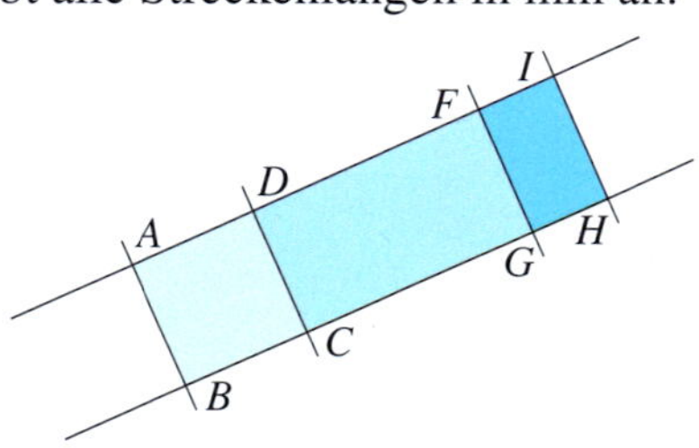

6 Zeichne eine Gerade g ins Heft.

a) Zeichne die Punkte A bis D im jeweils angegebenen Abstand zu g:
A (3 cm); B (4 cm); C (2,5 cm); D (2,3 cm)

b) Zeichne durch die Punkte A, B, C und D jeweils die Parallele zu g.

7 Zeichne ein Koordinatensystem.

a) Markiere die Punkte $P(1|1{,}5)$ und $Q(4|0{,}5)$ und zeichne durch P und Q die Gerade.

b) Geht die Gerade durch die Punkte $(0|2)$ und $(5|0)$?

c) Zeichne in den Punkten P und Q jeweils die Senkrechte zu $\overline{PQ}$.

d) Markiere auf jeder Senkrechten einen Punkt im Abstand von 1,5 cm zu $\overline{PQ}$.

e) Zeichne die Gerade durch die markierten Punkte. In welchen Punkten trifft die Gerade auf die Achsen des Koordinatensystems? Gib ihre Koordinaten an.

8 Zeichne zwei zueinander senkrechte Geraden a und b.

a) Markiere einen Punkt P, der von a den Abstand 3 cm und von b den Abstand 4 cm hat.

b) Markiere einen Punkt Q, der von a den Abstand 4 cm und von b den Abstand 3 cm hat.

c) Miss den Abstand zwischen P und Q.

d) Vergleicht eure Zeichnungen untereinander und diskutiert über eure Ergebnisse.

RÜCKBLICK
Runde die Zahlen …

a) … auf Zehner: 67; 105; 94; 3

b) … auf Tausender: 17 499; 1901; 4000; 999

Achsensymmetrische Figuren

Entdecken

1 Arbeitet zu zweit. Beschreibt, was euch in den drei Bildern auffällt.
Was unterscheidet sie? Was haben sie gemeinsam?

①

②

③

2 Klaus Heie schreibt seinen Namen in Druckbuchstaben auf sein Heft. Er hat einen Spiegel dabei und experimentiert damit.

a) Beschreibe, was dir in der Abbildung auffällt.
b) Mache das gleiche Experiment mit deinem eignen Vornamen und Nachnamen.
c) Gibt es Buchstaben, die sich im Spiegel einfacher lesen lassen als andere? Woran liegt das?

3 Auch ohne einen Spiegel lassen sich Spiegelbilder herstellen.
Falte ein Blatt Papier in der Mitte. Zeichne die halbe Figur auf eine Papierhälfte. Achte darauf, dass die Figur an der Faltlinie beginnt und endet.

a) Stich mit einer Stecknadel an jeder Ecke durch das gefaltete Papier.
Beschreibe, wie du weiter vorgehst.
b) Schneide entlang der Linie der halben Figur.
Worauf musst du achten, damit das Ergebnis exakt wird?
Präsentiere das Ergebnis in der Klasse.

4 Für den Schulgarten hat sich die Klasse 5 a etwas besonderes ausgedacht. Sie will ein kreisförmiges Beet anlegen.

a) Schreibt zu zweit auf, wie man dabei vorgehen kann. Ihr könnt die verschiedenen Vorschläge auf dem Schulhof ausprobieren.
b) Sammelt unterschiedliche Vorschläge in der Klasse.
Ist das Ergebnis immer ein Kreis?

Verstehen

Auf dem Weg zur Schule begegnen Jannis viele verschiedene Verkehrszeichen, z. B. das Schild „Achtung Fahrbahnverengung“.

Ihm fällt auf, dass das Zeichen durch eine Gerade g in zwei gleichartige Hälften geteilt werden kann.
Stellt man einen Spiegel auf die Gerade g, so ergänzt das Spiegelbild die eine Hälfte des Verkehrszeichens.

Die **Spiegelgerade g** wird auch **Spiegelachse** oder **Symmetrieachse** genannt.

HINWEIS
Neben der Achsensymmetrie gibt es weitere Symmetrie-Arten. Darüber wirst du später mehr erfahren.

Merke Eine Figur mit mindestens einer **Spiegelachse** nennt man **achsensymmetrisch**.

Beispiel 1

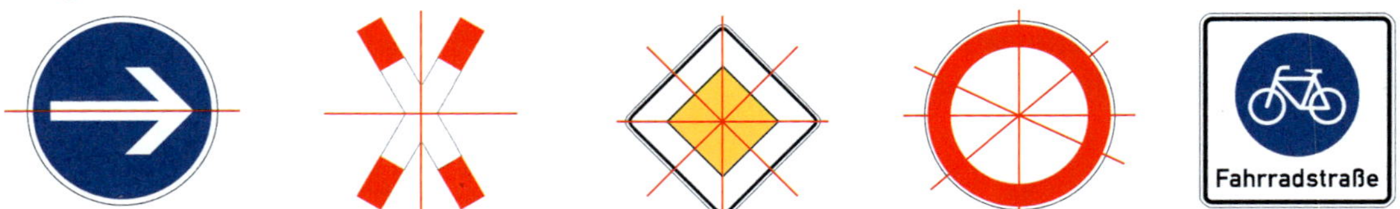

1 Symmetrieachse | 2 Symmetrieachsen | 4 Symmetrieachsen | beliebig viele Symmetrieachsen | keine Symmetrieachse

Bei einer Achsenspiegelung gibt es zu jedem **Originalpunkt A** auf der einen Seite der Symmetrieachse einen **Bildpunkt A'** (sprich: A Strich) auf der anderen Seite der Achse.

HINWEIS
Manchmal hilft es, Kästchen zu zählen, immer hilft das Geodreieck.

Merke Eine **Achsenspiegelung** hat folgende Eigenschaften:
– Originalpunkt und Bildpunkt haben denselben Abstand zur Spiegelachse.
– Liegt ein Originalpunkt genau auf der Spiegelachse, dann ist dieser gleichzeitig auch Bildpunkt.
– Die Verbindungsstrecke von Originalpunkt und Bildpunkt steht senkrecht auf der Spiegelachse.

Beispiel 2

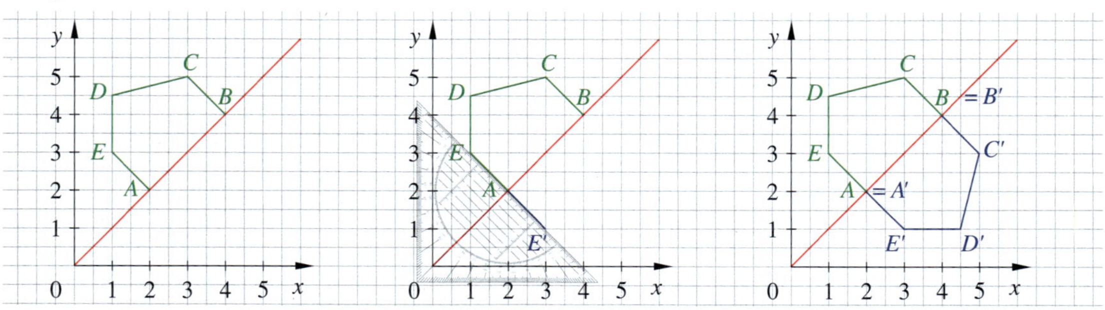

Üben und anwenden

1 Entscheide, ob die Figur achsensymmetrisch ist. Zeichne sie ab und schneide sie aus. Trage mögliche Symmetrieachsen ein und überprüfe durch Falten an der Symmetrieachse.

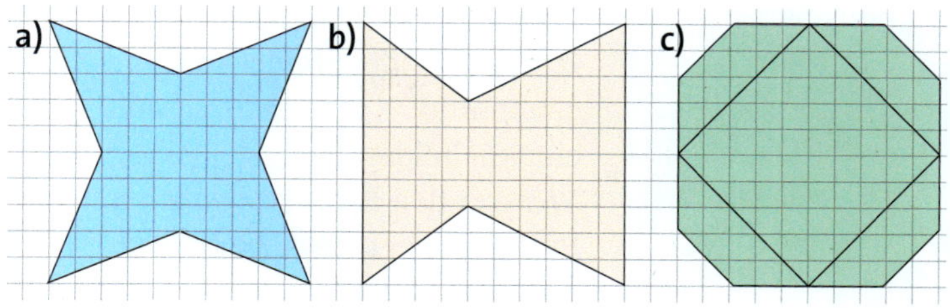

2 Welche Verkehrsschilder sind achsensymmetrisch? Bestimme für jede Figur alle Symmetrieachsen.

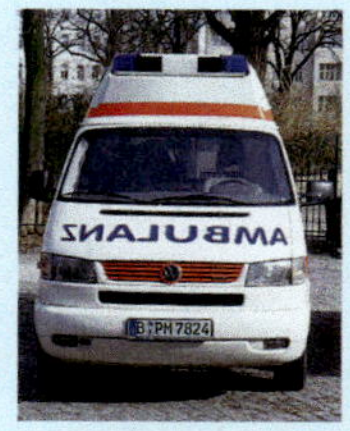

NACHGEDACHT
Kannst du dir die Beschriftung des Rettungswagens erklären?

3 Übertrage die Figuren, die eine Symmetrieachse haben, ins Heft. Zeichne alle Symmetrieachsen ein.

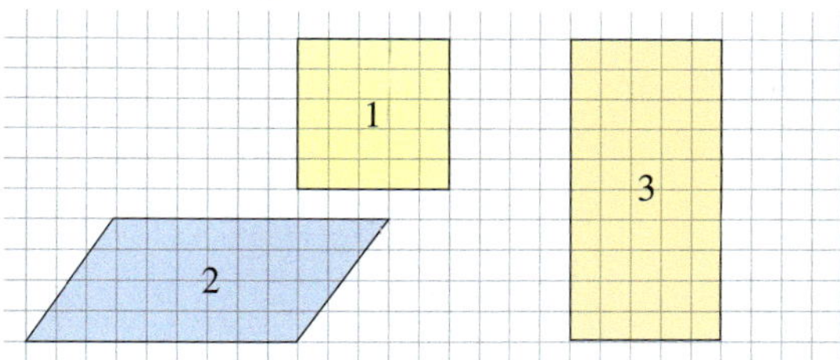

3 Übertrage die Figuren, die eine Symmetrieachse haben, ins Heft. Zeichne alle Symmetrieachsen ein.

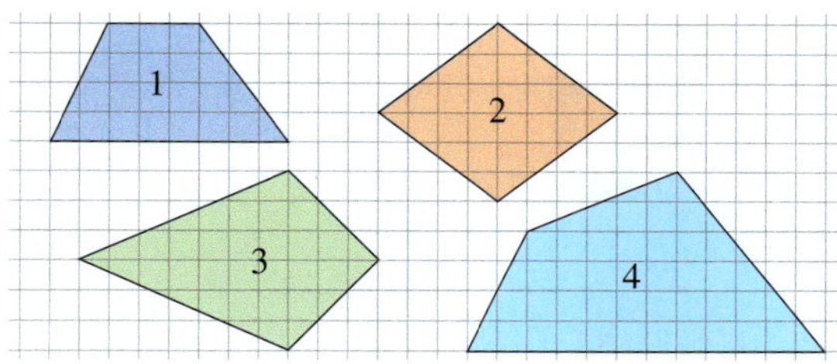

4 Ergänze die Figur zu einem achsensymmetrischen Haus.

a) Übertrage das halbe Haus ins Heft und benenne die Eckpunkte der Figur mit A bis D.
b) Gib nach der Spiegelung an der Geraden g die Koordinaten aller Punkte an.
c) Ergänze eine Tür: Zeichne die Punkte $S(6{,}5|0)$ und $T(6{,}5|1)$ ein und spiegele sie an g. Verbinde S, T, T' und S'. Welche Koordinaten haben T' und S'?

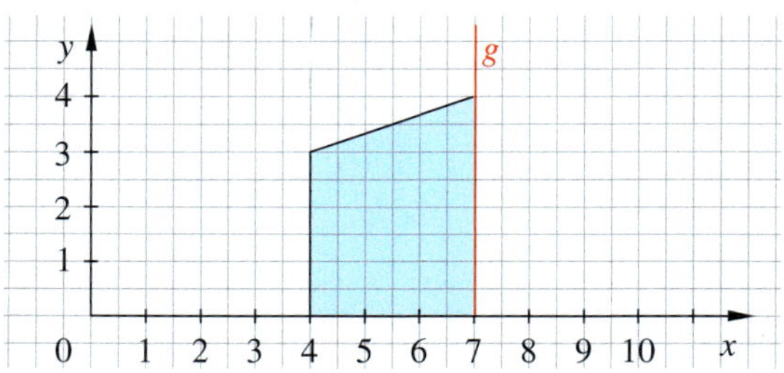

4 Ergänze die Figur zu einem achsensymmetrischen Stern.

a) Übertrage die Zeichnung in dein Heft und lege die Symmetrieachse durch die Punkte I und D.
b) Welche Koordinaten haben die vier fehlenden Punkte?

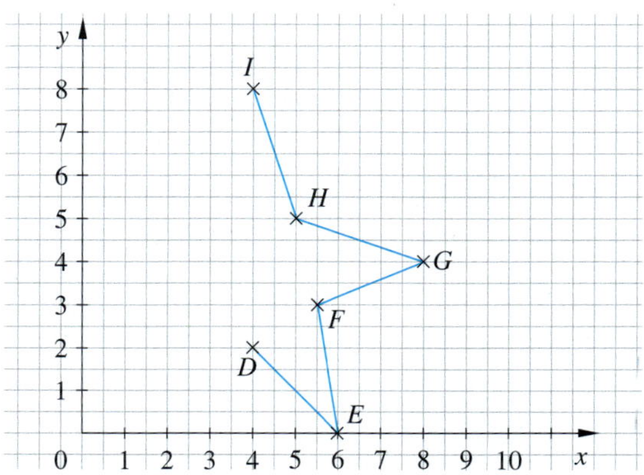

Methode: Kreise erkennen und zeichnen

Der Platzwart markiert den Mittelkreis des Fußballfeldes mithilfe von einem Pflock, einer Schnur und einem Kreidewagen.
Wenn er den Kreidewagen so um den Pflock bewegt, dass die Schnur gespannt bleibt, entsteht ein Kreis.
Im Heft werden Kreise mit einem Zirkel gezeichnet.

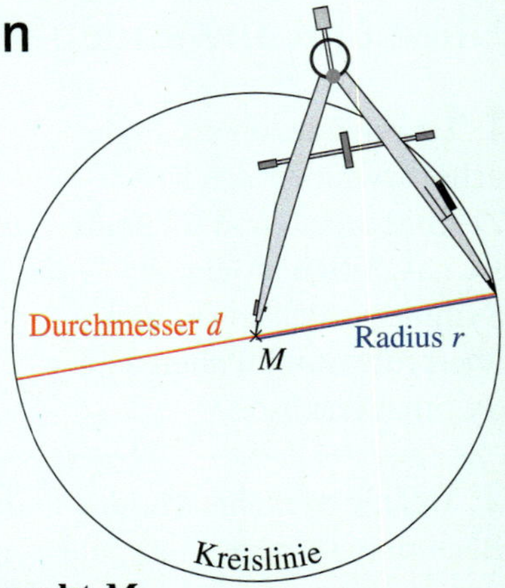

NACHGEDACHT
Nenne verschiedene Hilfsmittel, mit denen man Kreise zeichnen kann.

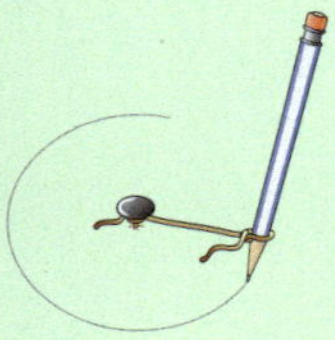

Alle Punkte eines Kreises sind gleich weit entfernt vom **Mittelpunkt *M***.
Der **Durchmesser *d*** ist doppelt so lang wie der **Radius *r***.

So arbeitest du mit dem Zirkel:

① Markiere den Mittelpunkt *M* im Heft.

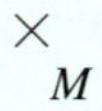

② Stelle am Zirkel den Radius ein.
Ein Lineal hilft dabei.

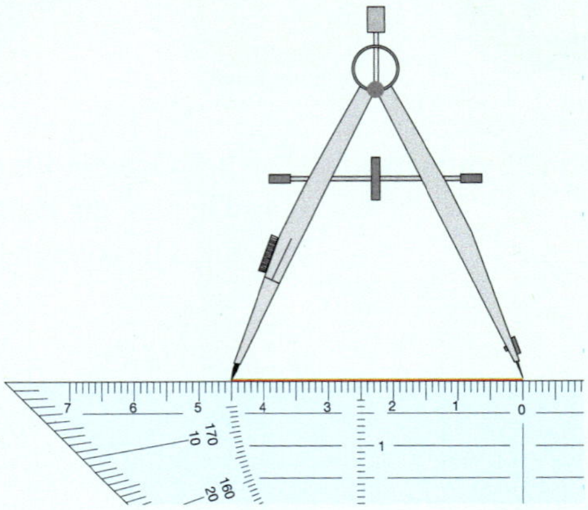

③ Stich im Mittelpunkt *M* die Metallspitze des Zirkels ein.
Zeichne die Kreislinie, indem du den Zirkel am Zirkelgriff drehst.
Achte darauf, dass du den Zirkel aufrecht hältst.

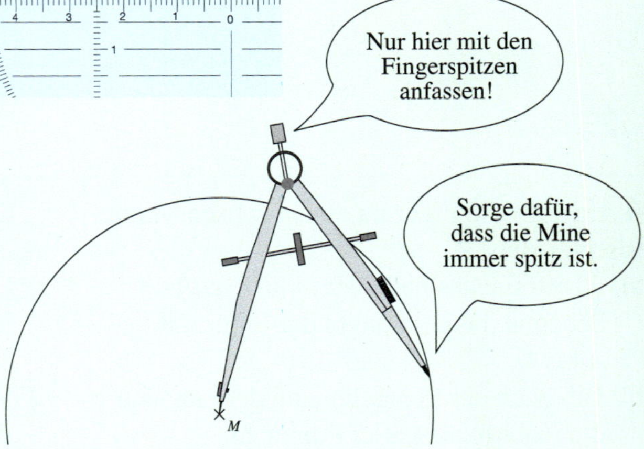

1 Zeichne die Figuren ins Heft. Beschreibe, wie du dabei vorgehst.

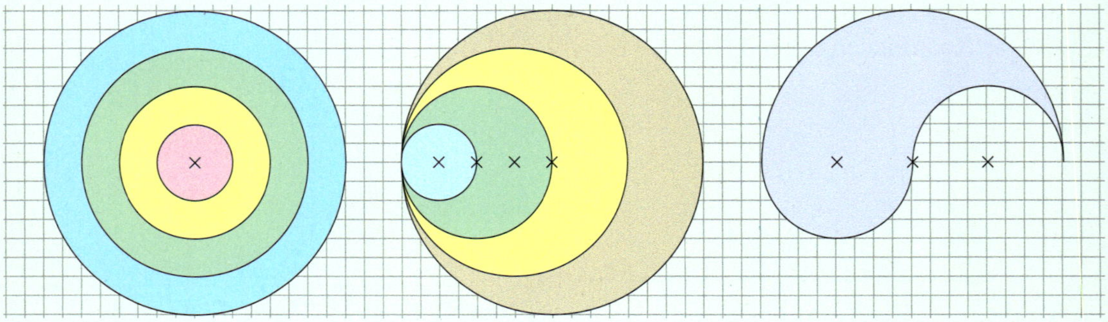

5 Zeichne die Kreise ins Heft. Gib jeweils den Durchmesser an.

a) $r = 3\,\text{cm}$ b) $r = 4\,\text{cm}$
c) $r = 5{,}5\,\text{cm}$ d) $r = 1\,\text{cm}$
e) $r = 20\,\text{mm}$ f) $r = 2{,}7\,\text{cm}$

5 Zeichne sechs Kreise in dein Heft mit den folgenden Bedingungen:

a) Zwei Kreise haben denselben Radius.
b) Zwei Kreise haben denselben Mittelpunkt.
c) Zwei Kreise schneiden sich.

6 Zeichne ein Koordinatensystem mit 16 Einheiten auf der x-Achse und 10 Einheiten auf der y-Achse ins Heft (1 Einheit = 1 cm).

a) Miss den Radius in der Randspalte.
b) Zeichne um die Punkte $A(3|7)$, $B(5|3)$, $C(7|7)$, $D(9|3)$ und $E(11|7)$ jeweils den Kreis mit dem gemessenen Radius.

6 Zeichne ein Koordinatensystem.

a) Trage den Mittelpunkt $M(7|8)$ und den Punkt $P(13|8)$ in das Koordinatensystem ein. Zeichne um M den Kreis, der durch P verläuft.
b) Nenne die Koordinaten von drei weiteren Punkten, die auf dem Kreis liegen.

ZU AUFGABE 6

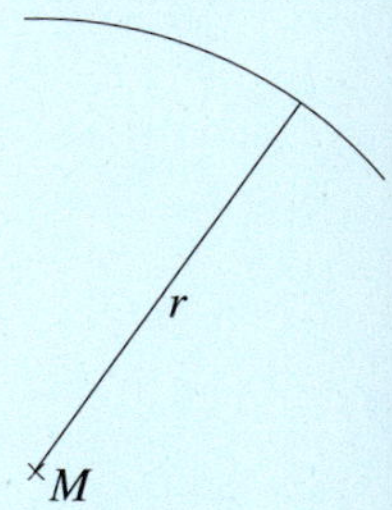

7 Zeichne die Figur ins Heft. Beginne mit dem Quadrat, dessen Seiten jeweils 10 Kästchen lang sind.

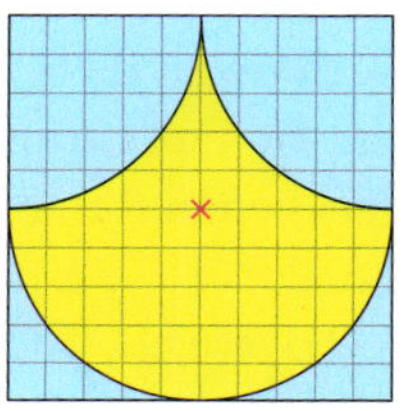

7 Zeichne die Figur ins Heft. Beginne mit dem Quadrat, dessen Seiten jeweils 10 Kästchen lang sind.

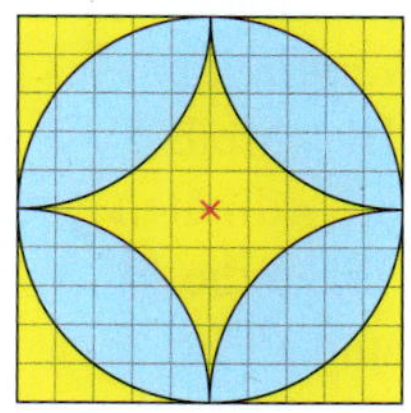

8 Ergänze im Heft jeweils zu einer achsensymmetrischen Figur. Beschreibe dein Vorgehen.

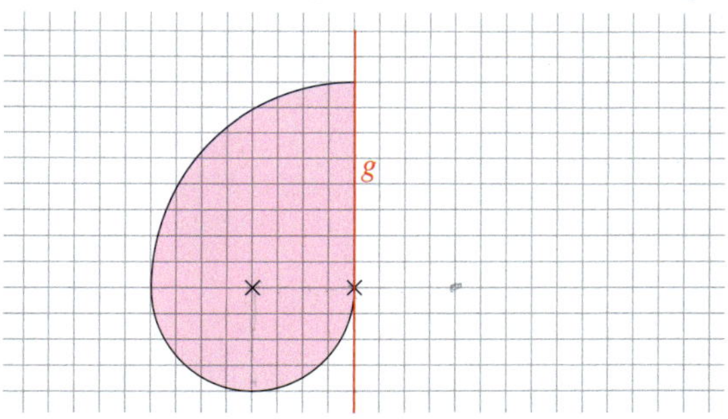

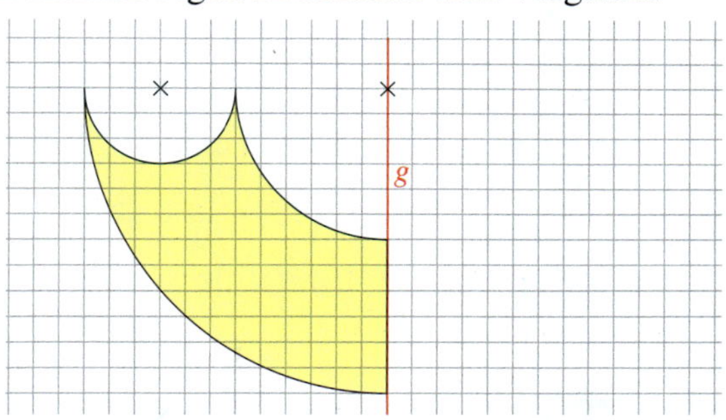

9 Miss jeweils Radius und Durchmesser.

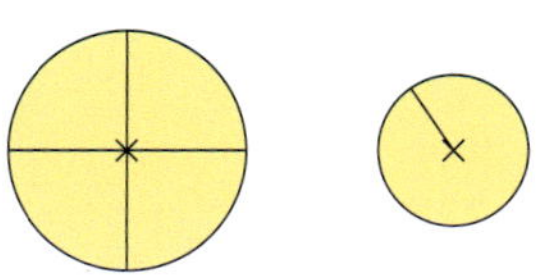

9 Zeichne die Strecke $\overline{MA} = 3\,\text{cm}$ in dein Heft. Zeichne den Kreis um den Punkt M, der durch den Punkt A geht.
Wie groß ist der Durchmesser des Kreises? Begründe.

10 Eine Ziege ist an einen Pflock in der Mitte eines quadratischen Gartens angebunden. Die Leine ist gerade so lang, dass die Ziege …

a) den Garten nicht verlassen kann. Zeichne und färbe die Flächen, welche die Ziege nicht erreichen kann, blau ein.
b) die gesamte Rasenfläche erreichen kann. Zeichne und färbe die Flächen, welche die Ziege in den Nachbargärten abgrasen kann, gelb ein.

Klar so weit?

→ Seite 58

Das Koordinatensystem

1 Gib die fehlenden Koordinaten im Heft an.

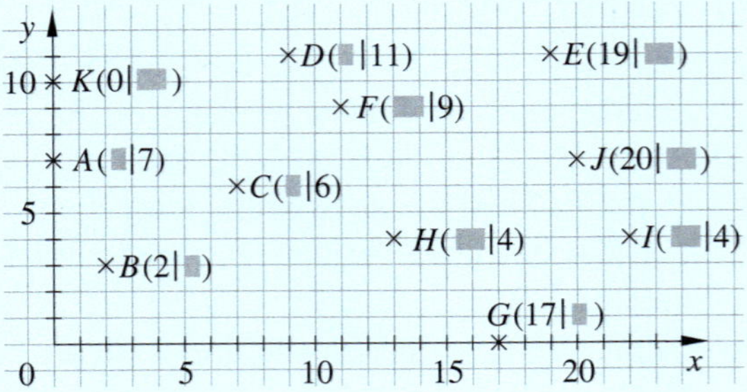

1 Gib jeweils die Koordinaten der Punkte an.

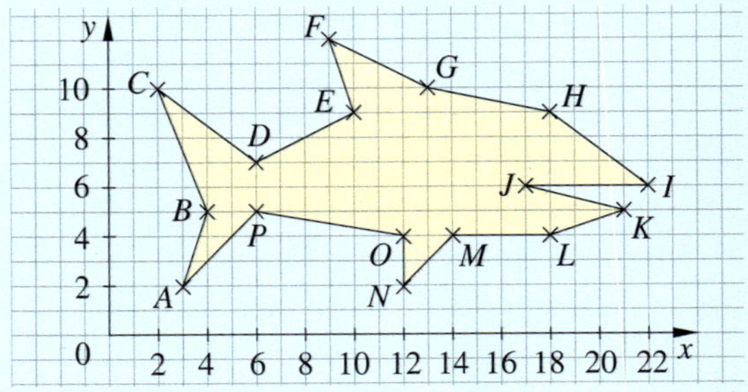

2 Zeichne ein Koordinatensystem mit x- und y-Werten von 0 bis 6.

a) Beschreibe, wie man den Punkt $P(1|1)$ ins Koordinatensystem einträgt.

b) Trage die Punkte $Q(2|2)$, $R(3|3)$, $S(4|4)$ und $T(5|5)$ ein.
Was fällt dir auf?

2 Zeichne ein Koordinatensystem mit x- und y-Werten von 0 bis 10.
Trage die Punkte ein und verbinde sie in der angegebenen Reihenfolge.
$A(2|0)$, $B(4|0)$, $C(0|2)$, $D(2|2)$, $E(4|2)$, $F(6|2)$, $G(3|7)$
Reihenfolge: *ADCGFEBA*

3 Übertrage die Punkte in jeweils ein Koordinatensystem und verbinde sie. Verschiebe jeden Punkt zwei Einheiten nach rechts und zwei Einheiten nach unten. Erhältst du dieselbe Figur?

a) $A(6|3)$; $B(6|5)$; $C(2|3)$

b) $A(1|6)$; $B(3|2)$; $C(5|6)$; $D(3|4)$

3 Übertrage die Punkte ins Heft und verbinde sie. Verschiebe jeden Punkt fünf Einheiten nach rechts und zwei Einheiten nach oben. Erhältst du dieselbe Figur?

a) $A(1|6)$; $B(3|2)$; $C(5|6)$; $D(3|4)$

b) $E(3|1)$; $F(6|1)$; $G(8|3)$; $H(6|5)$; $I(3|5)$; $J(1|3)$

→ Seite 62

Gerade Linien

4 Übertrage das Muster ins Heft.
Markiere je zwei zueinander …

a) parallele Linien (rot).

b) senkrechte Linien (⊾).

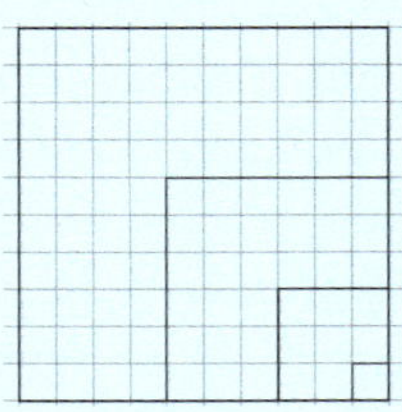

4 Zeichne das Muster vergrößert ins Heft.
Markiere je zwei zueinander …

a) parallele Linien (rot).

b) senkrechte Linien (⊾).

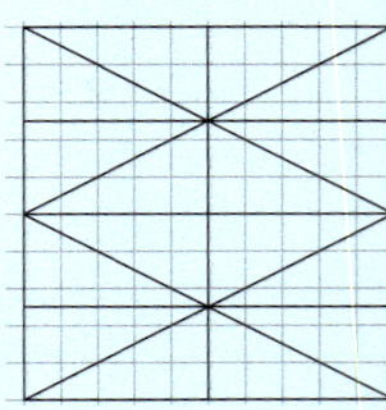

5 Bestimme den Abstand der Parallelen g und h.

a)

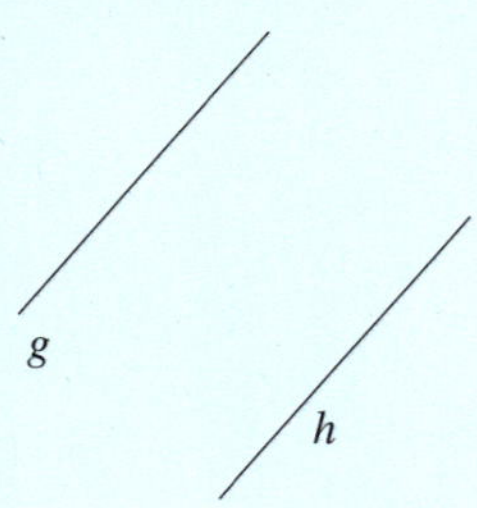

b)

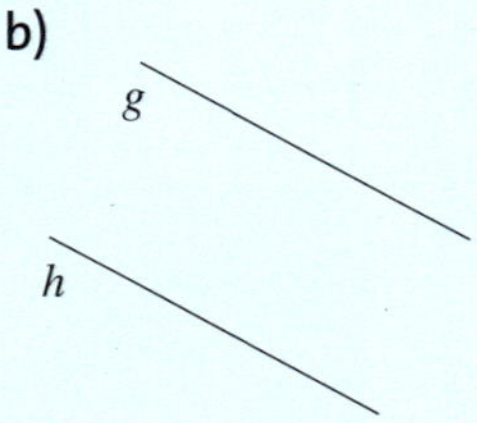

c)

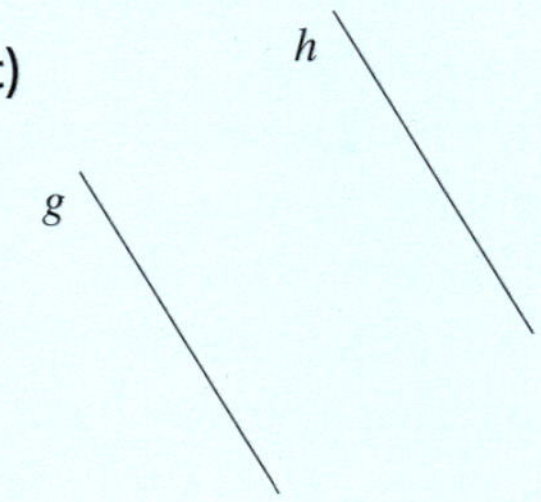

d)

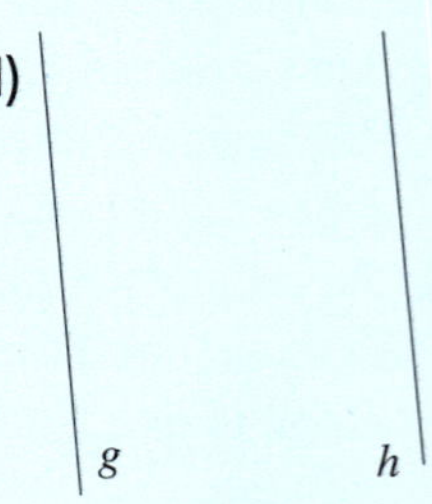

6 Zeichne zwei Geraden g und h in dein Heft. Zeichne zu jeder Geraden drei Parallelen.

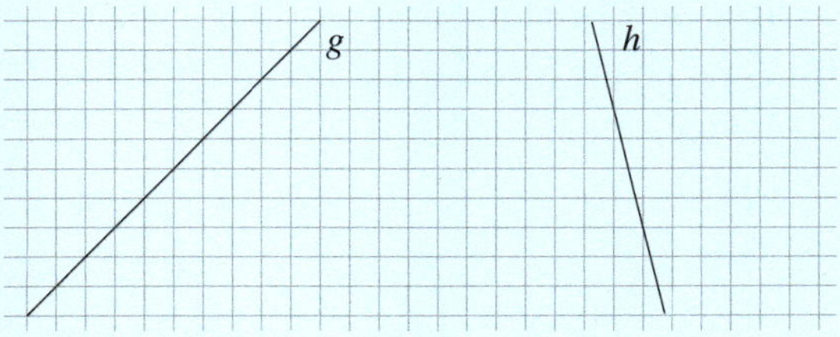

6 Übertrage die Zeichnung ins Heft. Zeichne zu jeder Geraden eine Parallele durch den Punkt P.

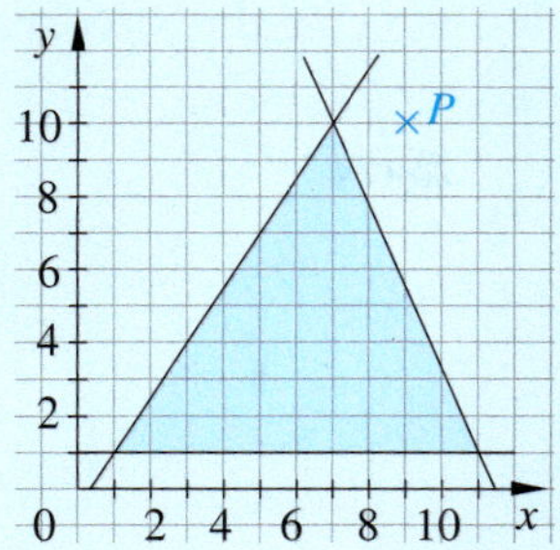

7 Übertrage das Dreieck ins Heft.
Zeichne jeweils den Abstand eines Eckpunkts zur gegenüberliegenden Seite ein. Gib die Längen der drei Abstände an.

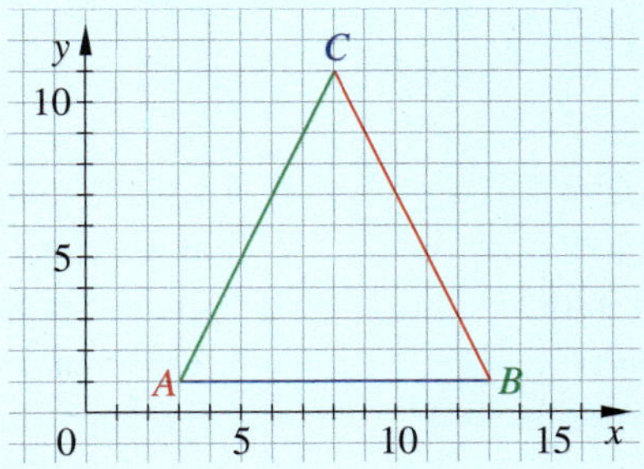

7 Übertrage die Zeichnung ins Heft.
Zeichne zur Strecke $\overline{AC}$ drei Parallelen im angegebenen Abstand.

g_1	g_2	g_3
3 cm	25 mm	13 mm

Achsensymmetrische Figuren

→ Seite 68

8 Übertrage die Figuren ins Heft und ergänze sie zu achsensymmetrischen Figuren.

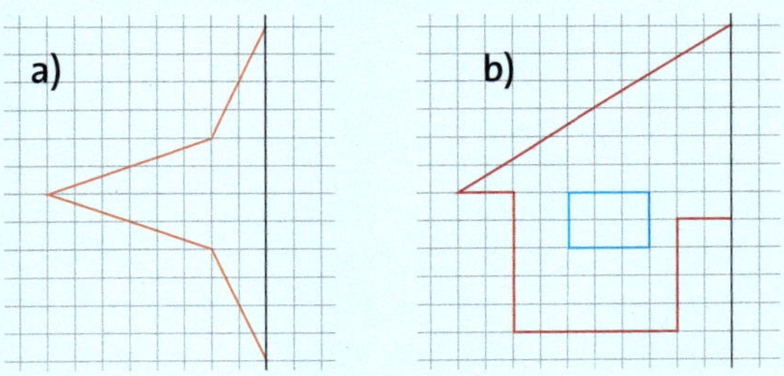

8 Übertrage die Figuren ins Heft und ergänze sie zu achsensymmetrischen Figuren.

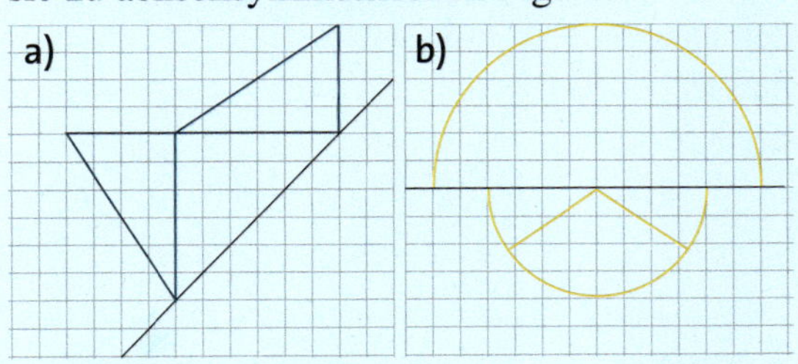

9 Die angegebenen Punkte sind die Eckpunkte einer Figur.
Verwende die Gerade durch D und E als Symmetrieachse und ergänze zu einer achsensymmetrischen Figur.
Gib die Anzahl der Eckpunkte an.

a) $A(1|2)$, $B(5|3)$, $C(3|6)$, $D(7|4)$, $E(7|8)$
b) $A(3|3)$, $B(8|1)$, $C(6|8)$, $D(5|1)$, $E(5|9)$

9 Zeichne eine Figur mit den folgenden Eckpunkten. Ergänze sie zu einer achsensymmetrischen Figur durch Spiegelung an der Geraden durch E und F.

a) $A(7|1)$, $B(9|4)$, $C(6|6)$, $D(3|3)$, $E(3|7)$, $F(10|7)$
b) $A(10|2)$, $B(12|4)$, $C(10|8)$, $D(8|4)$, $E(6|1)$, $F(6|7)$

10 Spiegele die Figur an der Spiegelachse.

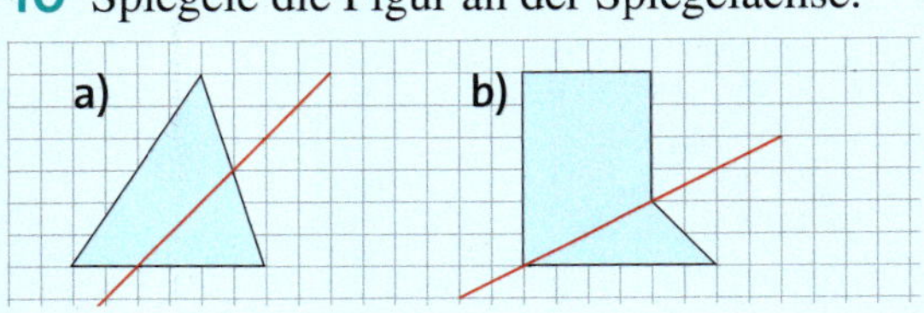

10 Spiegele die Figur an der Spiegelachse.

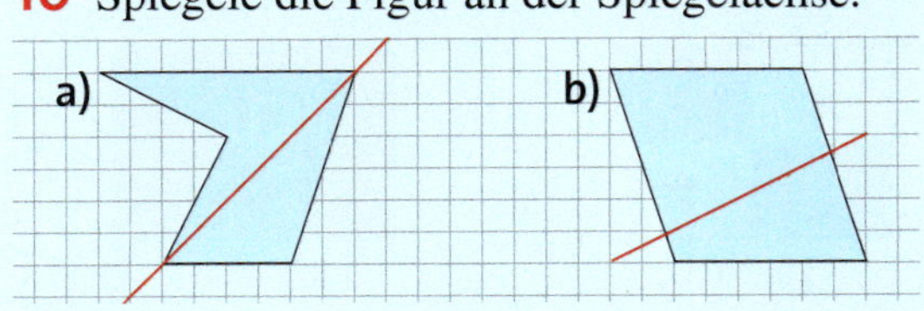

Vermischte Übungen

1 Betrachte die Strecken.

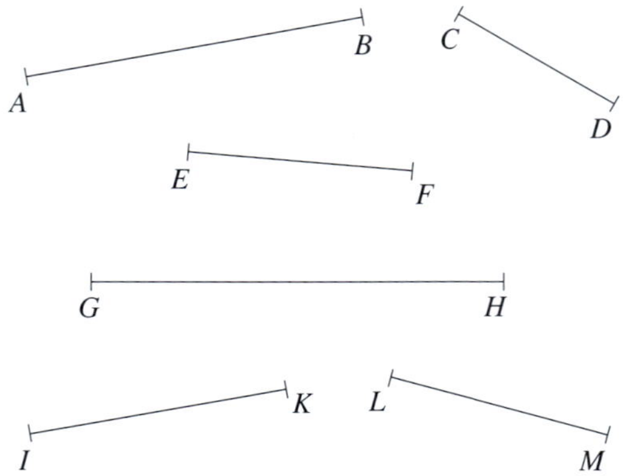

a) Welches ist die kürzeste Strecke?
b) Welches ist die längste Strecke?
c) Welche Strecken sind gleich lang?

1 Übertrage die Strecken ins Heft.
a) Miss die Länge jeder Strecke. Gib das Ergebnis in Millimeter an.
b) Zeichne die Strecke $\overline{AE}$ ein und gib ihre Länge an.

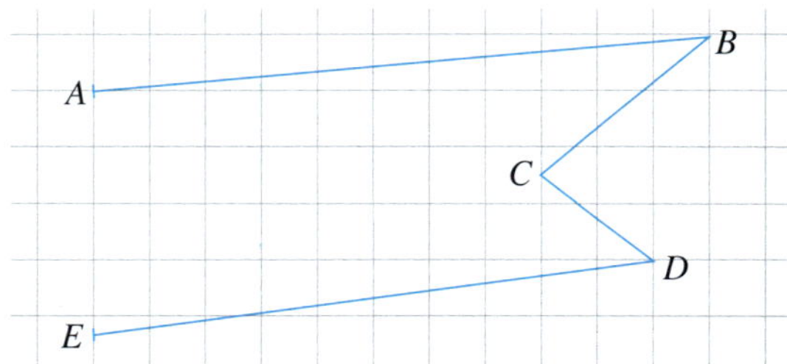

c) Ergänze eine 3 cm lange Strecke, die parallel zu $\overline{CD}$ ist.
d) Zeichne eine Senkrechte auf $\overline{AB}$.

2 Miss die Länge der Radien um den Mittelpunkt M. Gib den Radius jeweils in Millimeter an. Berechne auch den Durchmesser der Kreise.

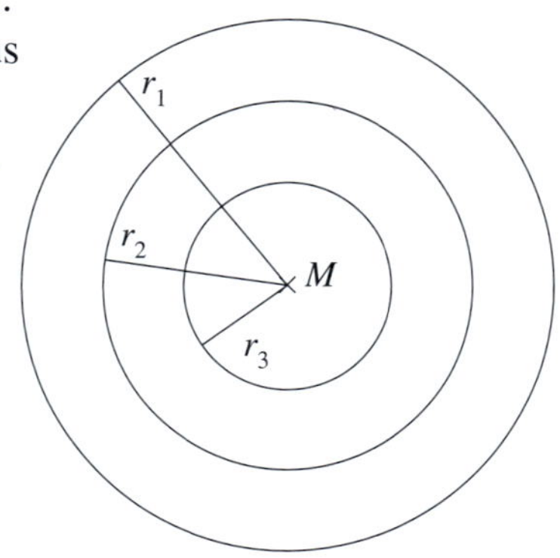

ZUM WEITERARBEITEN
Miss den Durchmesser aller Cent- und Euro-Münzen. Sortiere die Durchmesser von klein nach groß. Was fällt dir auf?

2 Übertrage das Koordinatensystem mit den Punkten ins Heft. Zeichne um den Punkt M je einen Kreis durch die Punkte P, Q und R.

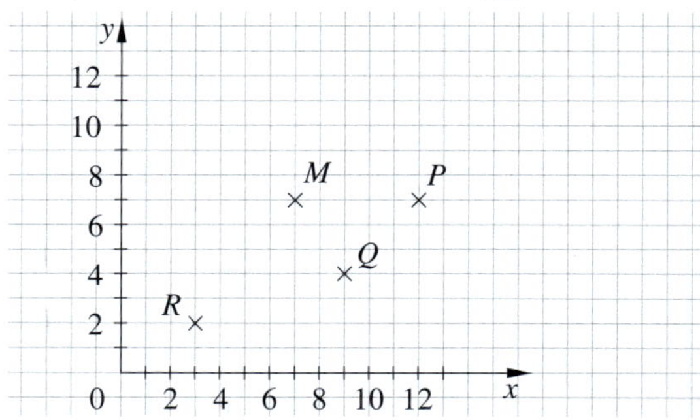

3 Zeichne eine Gerade g und im Abstand von 4 cm zu g einen Punkt P. Zeichne durch P die Senkrechte und die Parallele zu g.

3 Zeichne eine Gerade g und im Abstand von 4 cm die Punkte P und Q. Zeichne durch P und Q die Senkrechten und Parallelen zu g.

4 Wie viele Symmetrieachsen haben die Flaggen? Beschreibe, woran du das erkennst. Wähle eine der acht Flaggen aus. Übertrage die Flagge in dein Heft und zeichne alle Symmetrieachsen ein.

Guatemala

Jamaika

Dominikan. Republik

Israel

Panama

Vietnam

Trinidad und Tobago

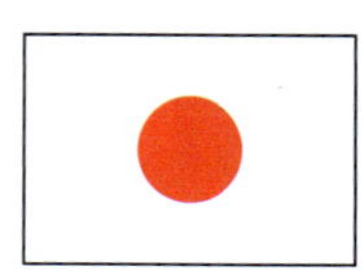
Japan

5 Zeichne ein Koordinatensystem und trage die Punkte $A(1|5)$, $B(6|4)$, $C(8|6)$, $D(3|7)$ ein. Das Spiegelbild von C ist $C'(9|7)$.

a) Verbinde die Punkte A, B, C und D zum Viereck $ABCD$.
b) Zeichne die Spiegelgerade g ein.
c) Gib die Koordinaten zweier Punkte E und F an, durch die die Spiegelgerade verläuft.
d) Spiegele $ABCD$ an g und gib die Koordinaten der Bildpunkte A', B' und D' an.

5 Folgende Koordinaten eines Vierecks sind bekannt: $A(1|3)$, $B(5|1)$, $C(7|4)$ und $D(5|6)$.

a) Zeichne $ABCD$ als Originalfigur in ein Koordinatensystem.
Ist $ABCD$ eine achsensymmetrische Figur?
b) Die Spiegelgerade g verläuft durch die Punkte $E(4|11)$ und $F(10|2)$.
Spiegele $ABCD$ an g.
c) Wähle selbst eine zweite Spiegelgerade und spiegle daran die Figur.

6 Übertrage jede Figur ins Heft. Spiegele die Figur jeweils an allen roten Spiegelgeraden.

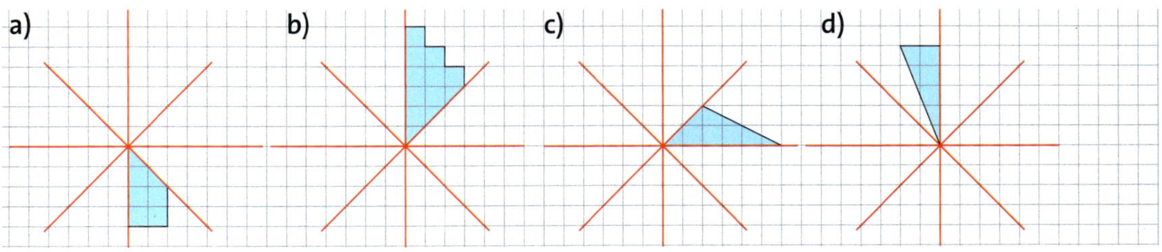

7 Übertrage das Dreieck mit den Eckpunkten A, B und C ins Heft.

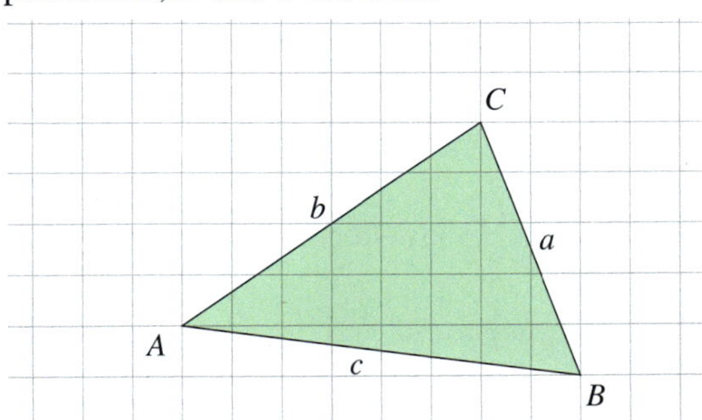

a) Zeichne zu jeder der Strecken a, b und c die Parallele durch den gegenüberliegenden Eckpunkt.
b) Beschreibe, wie du dabei vorgehst.

7 Übertrage die Punkte R, S und T ins Heft.

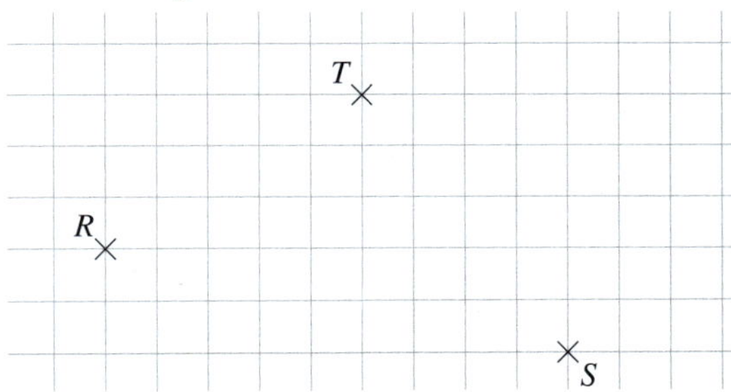

a) Zeichne die Strecken $\overline{RS}$, $\overline{ST}$ und $\overline{TR}$.
b) Zeichne durch T die Parallele zu $\overline{RS}$.
c) Zeichne durch T die Gerade, die senkrecht zu $\overline{RS}$ ist.
d) Zeichne einen Strahl, der bei S beginnt und parallel zu der Gerade aus c) ist.

8 Zeichne eine Leiter mit einer Länge von 10 cm und einer Breite von 2 cm in dein Heft. Die Leiter soll 8 Sprossen besitzen, immer im Abstand von 1 cm. Die unterste Sprosse beginnt in einer Höhe von 1,5 cm.

9 Erfinde zu der Schatzkarte eine spannende Geschichte. Trage die Geschichte in der Klasse vor.

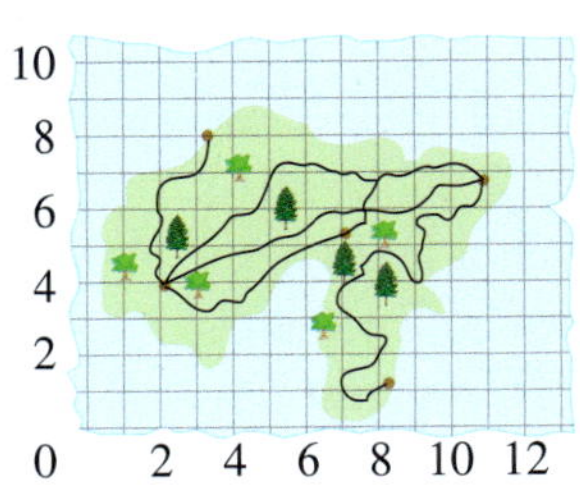

9 Entwirf eine Schatzkarte mit einem zugehörigen Koordinatensystem.
Zeichne Besonderheiten des Geländes ein, z. B. eine Höhle oder einen besonders alten Baum, und gib die Koordinaten an.
Beschreibe auch den Weg der Schatzsucher.
Stellt eure Schatzkarten in der Klasse aus.

10 Der Krug mit den zwei Henkeln, auch Amphore genannt, stammt aus Griechenland. Er ist über 2 800 Jahre alt und mit geometrischen Mustern verziert.

a) Findest du die beiden Muster auf der Amphore wieder?

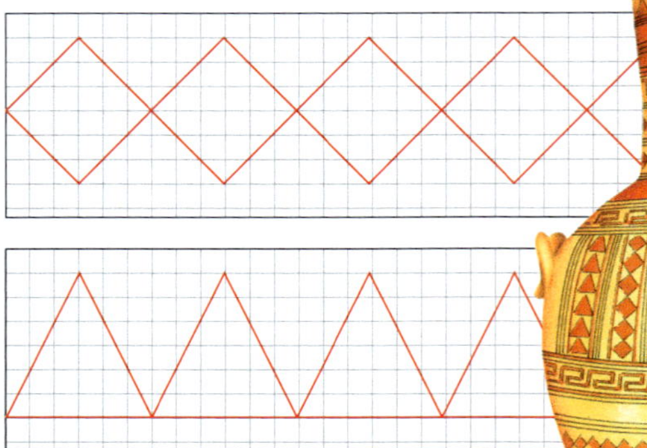

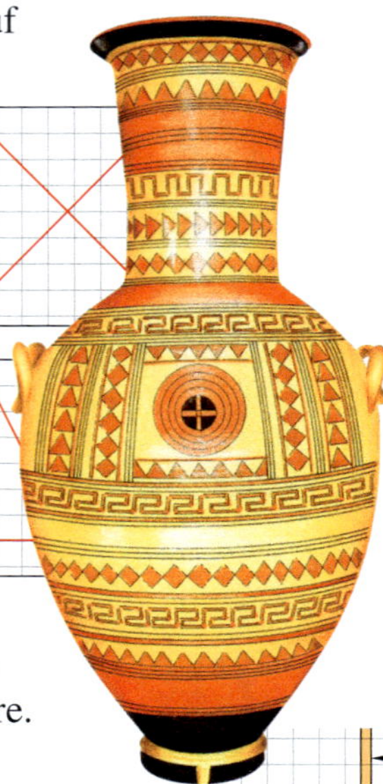

b) Zeichne die beiden Muster auf ein kariertes Blatt Papier. Färbe die Flächen wie auf der Amphore.

c) Schneide dein Muster aus und klebe es mit den Mustern deiner Mitschülerinnen und Mitschüler zu einem langen Band zusammen.

d) Zeichne ein weiteres Muster von der Amphore ab.

10 Der Krug mit den zwei Henkeln, auch Amphore genannt, stammt aus Griechenland. Er ist über 2 800 Jahre alt und mit geometrischen Mustern verziert.

a) Zeichne zwei Parallelen im Abstand von 2 cm. Markiere auf einer Parallelen Punkte, die einen Abstand von 1,5 cm haben. Zeichne nach diesen Angaben das Muster.

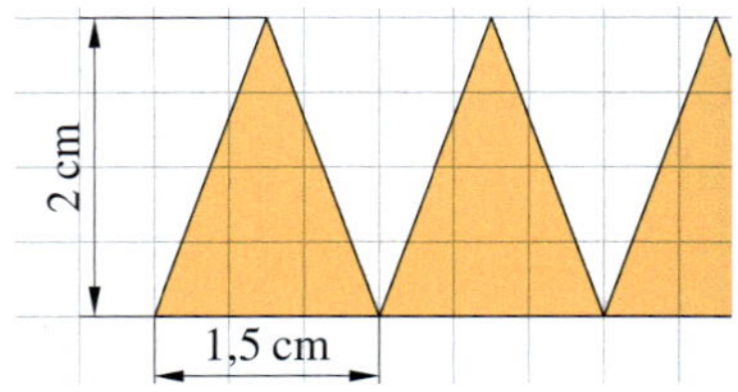

b) Zeichne das Muster ins Heft. Entnimm alle Maße aus der Zeichnung.

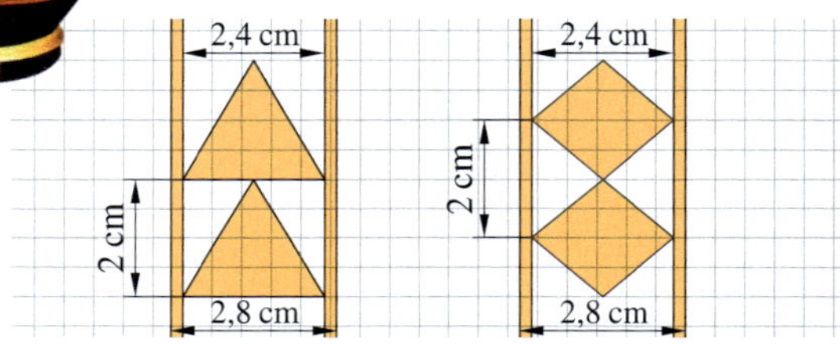

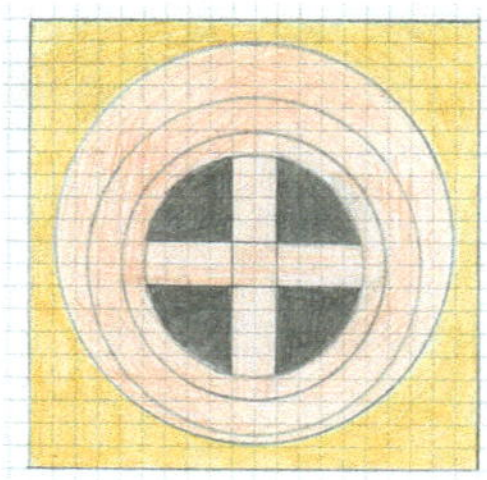

11 Auf der Amphore findest du auch ein kreisförmiges Ziermuster. Merle hat es in ihr Heft gezeichnet.

a) Beschreibe, wie sie dabei vorgegangen ist. Welche Fehler hat Merle beim Zeichnen gemacht?

b) Zeichne das Muster von der Amphore selbst in dein Heft.

c) Entwirf eigene kreisförmige Ziermuster. Zum Sammeln von Ideen kannst du z. B. die Muster unten betrachten.

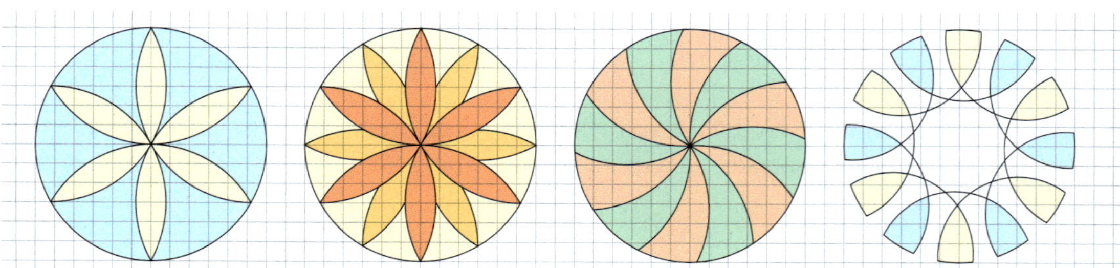

12 Zeichne ab in dein Heft.
Tipp: Beginne in der Mitte und zähle die Kästchen.

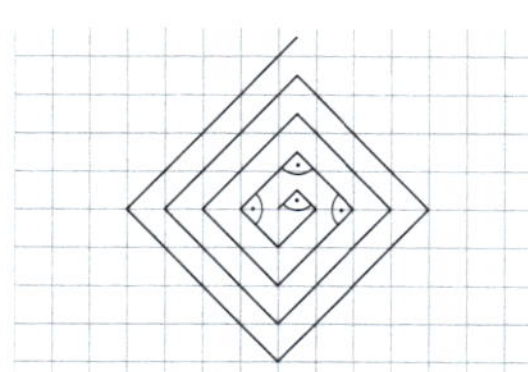

12 Zeichne ab in dein Heft. Beschreibe dein Vorgehen mit Fachbegriffen.

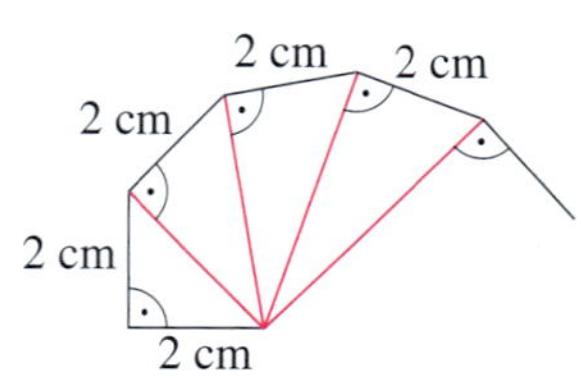

Zusammenfassung

Das Koordinatensystem

→ Seite 58

Im **Koordinatensystem** wird die Lage von jedem Punkt durch zwei Zahlen bestimmt, den **Koordinaten**.
Der markierte Punkt P hat die x-Koordinate 7 und die y-Koordinate 5; kurz: $P(7|5)$.

Das Koordinatensystem hat zwei Achsen:
Die ***x*-Achse** zeigt nach rechts, die ***y*-Achse** zeigt nach oben. Beide Achsen beginnen im gemeinsamen Anfangspunkt, dem **Nullpunkt**.

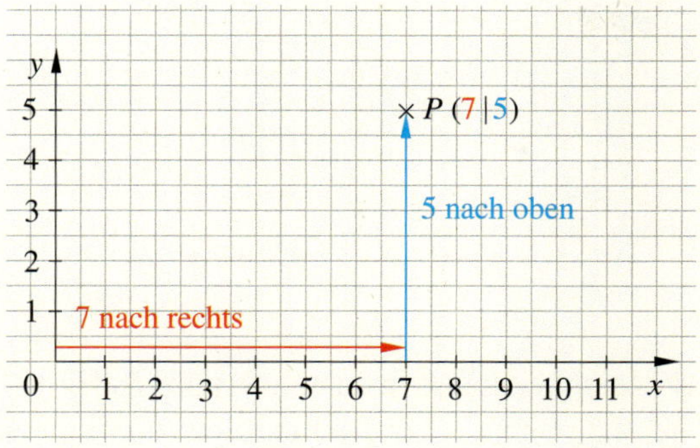

Gerade Linien

→ Seite 62

Eine **Strecke** hat einen Anfangspunkt und einen Endpunkt.
Sie ist die kürzeste Verbindung zwischen diesen Punkten.

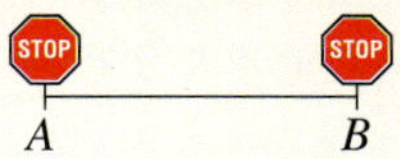

Ein **Strahl** hat einen Anfangspunkt, aber keinen Endpunkt.

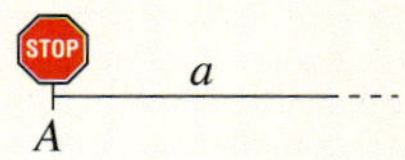

Eine **Gerade** hat keinen Anfangspunkt und keinen Endpunkt.

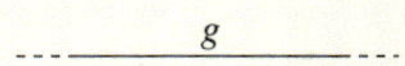

Der **Abstand** ist die kürzeste Verbindung von einem Punkt zu einer Geraden.
Die kürzeste Verbindung steht senkrecht zur Geraden.

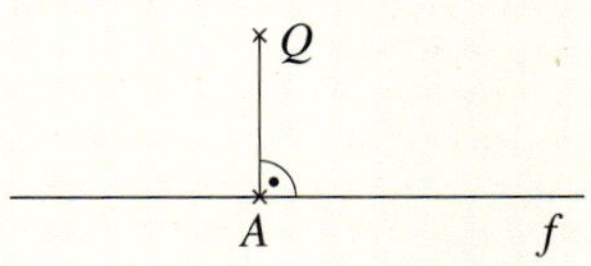

Geraden können **parallel zueinander** verlaufen.
Die Gerade s ist parallel zur Geraden t; kurz: $s \parallel t$.
Zwei parallele Geraden haben überall den gleichen Abstand.

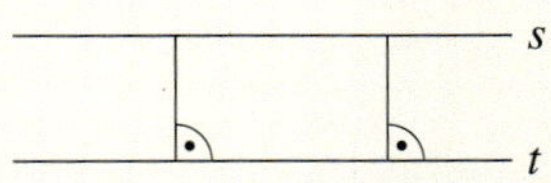

Geraden können auch **senkrecht zueinander** stehen.
Die Gerade g ist senkrecht zur Geraden h; kurz: $g \perp h$.

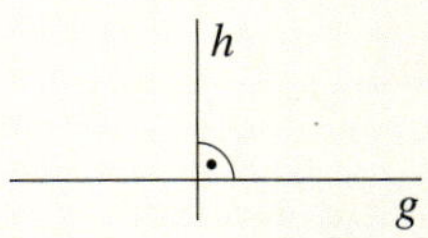

Achsensymmetrische Figuren

→ Seite 68

Achsensymmetrische Figuren haben mindestens eine **Spiegelachse**, welche die Figur in zwei gleichartige Teile zerlegt.

Eine Figur kann durch Spiegelung an einer Spiegelachse zu einer achsensymmetrischen Figur ergänzt werden.
Dabei hat jeder Originalpunkt denselben Abstand zur Spiegelachse wie der neue Bildpunkt: $\overline{AS} = \overline{SA'}$

Die Verbindungsstrecke zwischen Original- und Bildpunkt steht senkrecht zur Spiegelachse: z. B. $\overline{AA'} \perp s$.

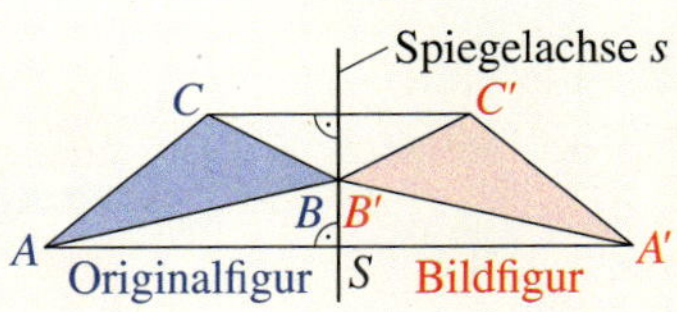

Teste dich!

Checkliste 078-1

2 Punkte

1 Gib die Koordinaten der Punkte an.

a) 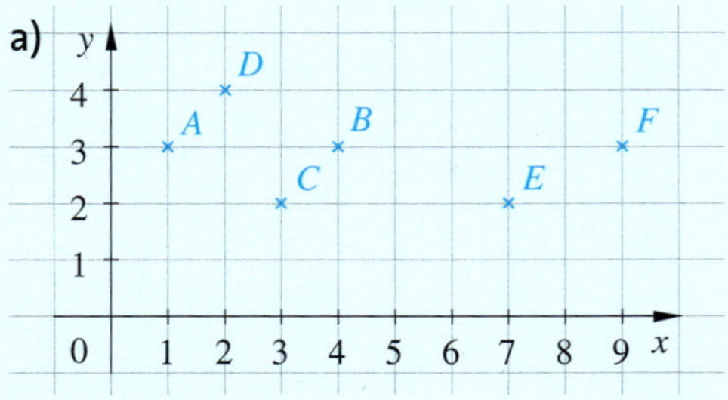

b) 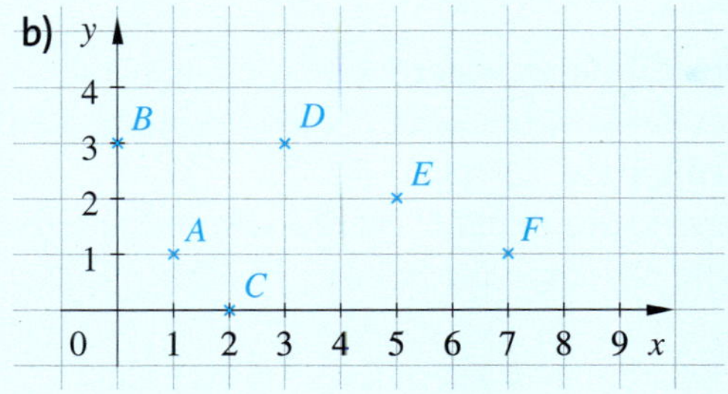

2 Punkte

2 Zeichne ein Koordinatensystem ins Heft. Trage die angegebenen Punkte ein und verbinde sie in alphabetischer Reihenfolge. Verbinde auch H mit A. Was für eine Figur entsteht?
$A(5|1)$; $B(9|4)$; $C(9|6)$; $D(7|7)$; $E(5|6)$; $F(3|7)$; $G(1|6)$; $H(1|4)$

2 Punkte

3 Trage die Punkte in ein Koordinatensystem ein: $A(1|2)$; $B(3|5)$; $C(5|5)$; $D(3|1)$.

a) Gib alle möglichen Strecken an und miss ihre Länge.

b) Zeichne zur Strecke $\overline{BC}$ eine Senkrechte durch B und zu $\overline{BD}$ eine Senkrechte durch A.

5 Punkte

4 Miss die Abstände der Punkte zur Geraden g.
Fülle die Tabelle im Heft aus.

Punkt	A	B	C	D	E
Abstand von g in mm					

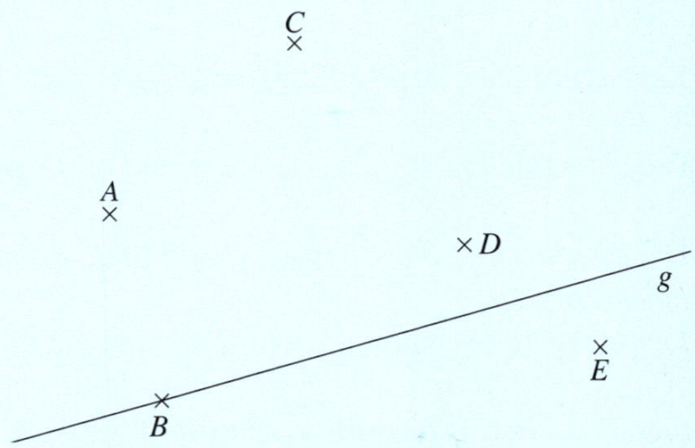

5 Punkte

5 Zeichne eine beliebige Gerade h ins Heft. Zeichne zu h Parallelen mit dem angegebenen Abstand.

g_1	g_2	g_3	g_4	g_5
1 cm	3 cm	25 mm	24 mm	13 mm

4 Punkte

6 Zeichne Kreise.

a) $r = 4\,\text{cm}$ b) $r = 32\,\text{mm}$ c) $d = 50\,\text{mm}$ d) $d = 86\,\text{mm}$

2 Punkte

7 Übertrage die Figur in dein Heft. Ergänze zu einer achsensymmetrischen Figur.

a) 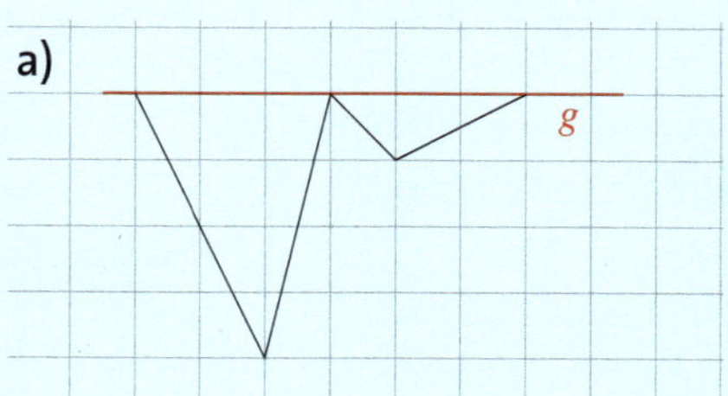

b) 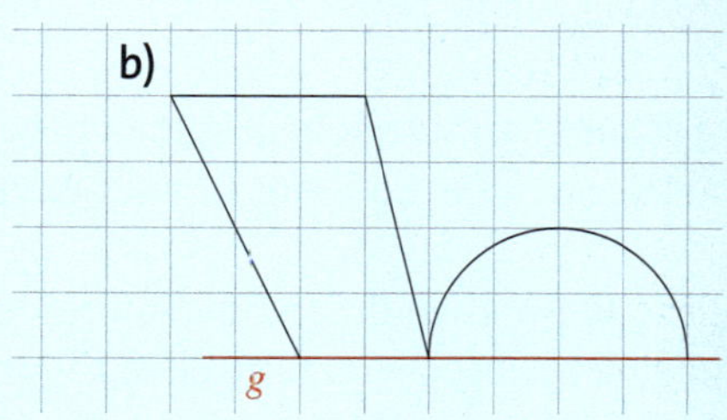

3 Punkte

8 Wie viele Spiegelachsen haben die Flaggen?

a) 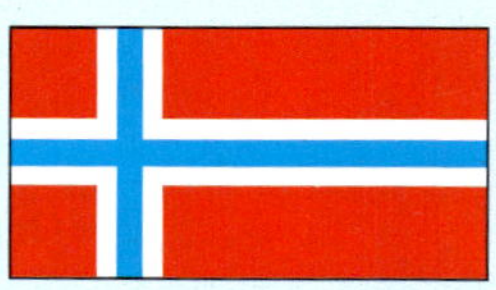

b) 

c) 

Gold: 23–25 Punkte, Silber: 20–22 Punkte, Bronze: 15–19 Punkte

Lösungen ab Seite 197

Natürliche Zahlen addieren und subtrahieren

Ein ICE fährt von Frankfurt am Main nach Düsseldorf.
Bei der Abfahrt in Frankfurt a. M. befinden sich 457 Personen im Zug.
In Bonn steigen 87 Reisende zu und 23 aus.
In Köln steigen 43 Reisende zu und 37 aus.
Wie viele Reisende befinden sich bei der Ankunft in Düsseldorf im Zug?

Noch fit?

Einstieg

1 Kopfrechnen

a) 10 + 9 b) 50 – 8 c) 200 + 140
d) 50 – 7 e) 68 + 8 f) 350 –100

2 Zahlen runden

Runde die Höhenangaben sinnvoll.

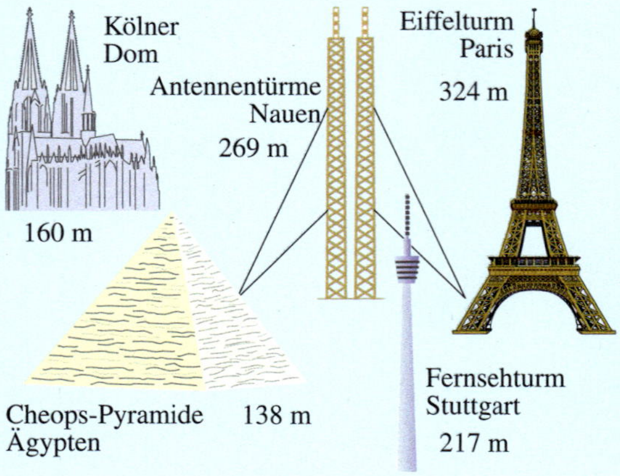

Aufstieg

1 Kopfrechnen

a) 435 + 18 b) 333 – 44 c) 192 + 18
d) 275 – 122 e) 46 + 57 f) 410 –22

2 Zahlen runden

Runde die Höhenangaben sinnvoll.

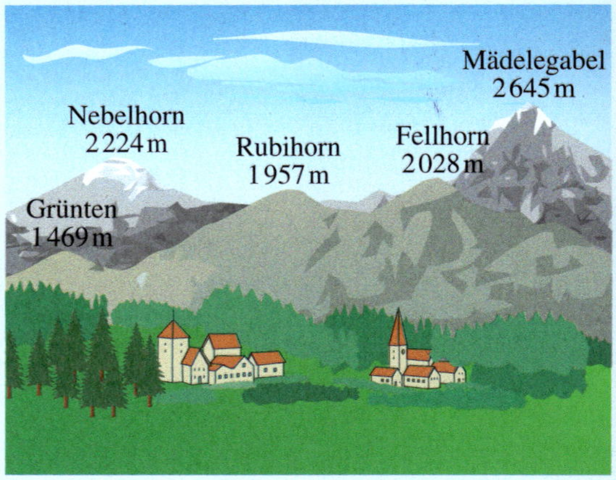

3 Stellenwerttafel

HMrd.	ZMrd.	Mrd.	HMio.	ZMio.	Mio.	HT	ZT	T	H	Z	E
				2	4	2	7	6	8	1	5

Einstieg 3

Tragt zu zweit in die Stellenwerttafel ein und lest euch die Zahl gegenseitig laut vor.

a) 3 469 264
b) 45 890
c) 23 718 049 219

Aufstieg 3

Trage in die Stellenwerttafel ein.

a) fünf Millionen dreihundertzwanzigtausend sechsundvierzig
b) vier Milliarden zehn Millionen zehntausendfünfzehn

Einstieg 4 Zahlen ordnen

Ordne die Zahlen der Größe nach.
Beginne mit der kleinsten Zahl.
40; 404; 4 000; 440; 444; 4 004

Aufstieg 4 Zahlen ordnen

Ordne die Zahlen der Größe nach.
Beginne mit der größten Zahl.
55 698; 55 789; 54 798; 5 589; 57 000

Einstieg 5 Zahlen verdoppeln und halbieren

a) Verdopple so lange, bis du 100 000 erreicht oder überschritten hast.
① 1 000 ② 2 000 ③ 4 500
b) Halbiere jede Zahl dreimal.
① 176 ② 400 ③ 1 Million

Aufstieg 5 Zahlen verdoppeln und halbieren

a) Verdopple so lange, bis du 1 000 000 erreicht oder überschritten hast.
① 1 000 ② 2 000 ③ 4 500
b) Halbiere, bis das Ergebnis ungerade ist.
① 8 888 ② 50 010 ③ 1 Million

6 Kalendertage

a) Wie viele Tage sind es von Ostersonntag bis Pfingstmontag?
b) Wie viele Schultage sind es zwischen den Herbstferien und den Weihnachtsferien?
c) Wie viele Tage sind es von deinem Geburtstag bis Weihnachten (24.12.)?

Lösungen ab Seite 197

Im Kopf addieren und subtrahieren

Entdecken

1 Zahlenmauern

a) Vervollständige die Zahlenmauern im Heft und vergleiche sie.

b) Wie bist du bei der Berechnung der Ergebnisse vorgegangen? Erkläre es deinem Sitznachbarn oder deiner Sitznachbarin.

c) Stellt die Ergebnisse eurer Klasse vor.

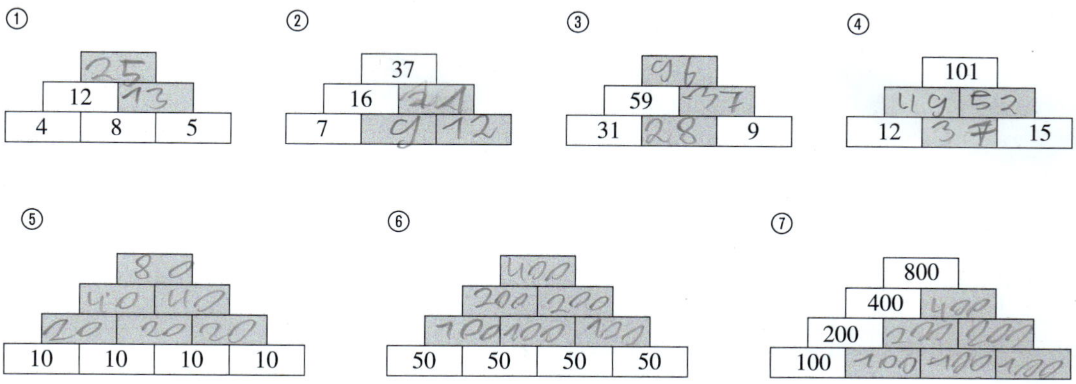

HINWEIS
Falls du keine Zahlenmauern aus deiner Grundschulzeit kennst, bitte deinen Nachbarn oder deine Nachbarin, dir zu erklären, wie diese Mauern ausgefüllt werden.

2 Emma hat von ihrem Vater 5 Euro bekommen, um für einen Spiele-Nachmittag ausnahmsweise Süßigkeiten einzukaufen. Im Bild siehst du, welche Süßigkeiten Emma bereits in den Einkaufswagen gelegt hat.

a) Überschlage, ob das Geld von Emma reicht.

b) Beschreibe, wie du beim Überschlag vorgegangen bist.

c) Was ist der Sinn von Überschlagsrechnungen? Erkläre.

d) In welchen Situationen wendet man Überschlagsrechnungen noch an? Nenne mindestens drei Beispiele.

e) Kann Emma sich vielleicht sogar noch Schokolinsen für 49 Cent leisten?

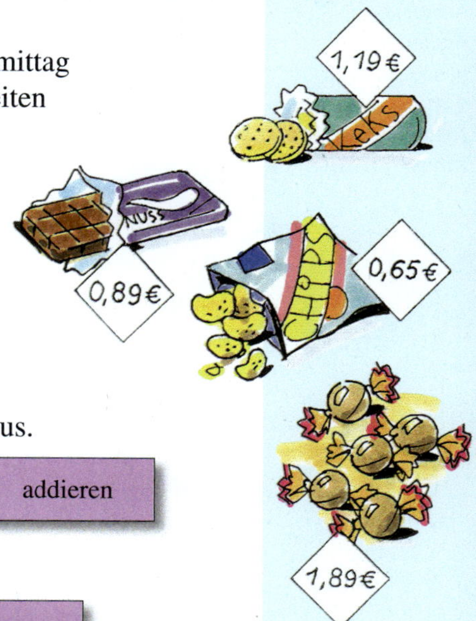

3 Übertrage die abgebildeten Kästen auf ein Blatt Papier und schneide sie aus.

Addition | Differenz | plus | 5 + 7 = 12 | addieren | Unterschied | minus | zusammenrechnen | abziehen | subtrahieren | Summe | Subtraktion | 97 – 5 = 92

a) Sortiere die Kästen. Gibt es mehrere Möglichkeiten? Versuche, jeweils alle Kästen unterzubringen.

b) Welche Kästen waren für dich schwierig einzuordnen? Warum?

c) Beschreibe, nach welchen Regeln du sortiert hast.

d) Tragt alle gefundenen Möglichkeiten in eurer Klasse zusammen.

Verstehen

Leonie nimmt an den Bundesjugendspielen teil. Für eine Ehrenurkunde braucht sie 825 Punkte.
Leonie ist 2,97 m weit gesprungen und hat dafür 302 Punkte bekommen. Beim 50-m-Lauf erreichte sie nach 9,6 s das Ziel und erhielt 217 Punkte.
Wie weit muss Leonie für eine Ehrenurkunde werfen?

Punktetabelle Bundesjugendspiele								
Weitsprung	2,41	2,45	2,49	2,53	2,57	2,61	2,65	2,69
	220	226	232	238	245	250	256	262
	273	2,77	2,81	2,85	2,89	2,93	2,97	3,01
	268	274	280	285	291	297	302	308
50-m-Lauf	10,0	9,9	9,8	9,7	9,6	9,5	9,4	9,3
	187	194	201	209	217	225	233	241
	9,2	9,1	9,0	8,9	8,8	8,7	8,6	8,5
	249	258	267	276	285	294	304	314
Wurf 80 g	15,0	15,5	16,0	16,5	17,0	17,5	18,0	18,5
	211	218	226	233	240	247	253	260
	19,0	19,5	20,0	20,5	21,0	21,5	22,0	22,5
	267	273	280	286	292	299	305	311

Leonie muss für die Beantwortung der Frage zwei Rechnungen ausführen.

① Leonie addiert die 302 Punkte für den Weitsprung und die 217 Punkte für den 50-m-Lauf: 302 + 217 = 519

Für die **Addition** benutzt man Fachbegriffe.

HINWEIS
Addieren bedeutet dazuzählen, zusammenzählen.

Bei einer Addition werden Summanden addiert, z. B. 333 und 712.
333 + 712 ist eine Summe, der Wert der Summe beträgt 1 045.

333 + 712 = 1 045

Merke

302 + 217 = 519

1. **Summand** + 2. **Summand** = **Wert der Summe**

(1. Summand + 2. Summand): **Summe**

Vor dem Werfen überlegt Leonie, wie viel Punkte ihr noch zur Ehrenurkunde fehlen.

Sie macht zuerst einen **Überschlag**. Dazu rechnet sie mit **gerundeten Werten**.
825 – 519 ist ungefähr so viel wie 830 – 520. Sie braucht also noch ungefähr 310 Punkte.
Für das exakte Ergebnis reicht der Überschlag aber nicht.

② Leonie subtrahiert von den 825 benötigten Punkten zur Ehrenurkunde ihre 519 erreichten Punkte: 825 – 519 = 306.
Für eine Ehrenurkunde fehlen ihr noch 306 Punkte.

Auch für die **Subtraktion** benutzt man Fachbegriffe.

HINWEIS
Subtrahieren bedeutet abziehen, wegnehmen.

Bei einer Subtraktion wird von einem Minuend, z. B. 1 045, ein Subtrahend, z. B. 333, subtrahiert.
1 045 – 333 ist eine Differenz, der Wert der Differenz beträgt 712.

Merke

825 – 519 = 306

Minuend – **Subtrahend** = **Wert der Differenz**

(Minuend – Subtrahend): **Differenz**

Die Subtraktion ist die Umkehrung der Addition.
Mit einer Addition kann das Ergebnis einer entsprechenden Subtraktion überprüft werden.

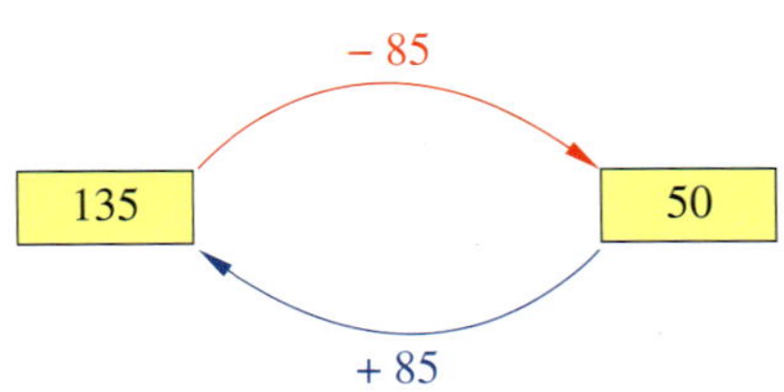

Üben und anwenden

1 Schreibe jeweils als Rechenaufgabe und gib die Lösung an.
a) Zähle 39 und 49 zusammen.
b) Berechne die Summe von 17 und 88.
c) Addiere die Zahlen 51 und 169.
d) Vermehre 8 um 22.
e) Füge zu 28 noch 35 hinzu.
f) Berechne die Summe von 32, 81 und 45.
g) Addiere 123, 65 und 85.

1 Übersetze in eine Additionsaufgabe mit Zahlen und Rechenzeichen und berechne.
a) Der Wert der Summe aus zwei gleich großen Summanden ist 120. Wie groß sind die Summanden?
b) Der 1. Summand ist 35 und der Wert der Summe 700.
c) Der 2. Summand ist um 10 größer als der erste. Der Wert der Summe ist 80.

2 Der Subtrahend ist um 35 kleiner als der Minuend. Bilde vier Aufgaben, schreibe sie auf eine Folie und stelle sie der Klasse vor.

3 Schreibe die Aufgaben ins Heft. Rechne im Kopf wie im **Beispiel**:
38 + 14 = 38 + 10 + 4 = 48 + 4 = 52

a) 26 + 16   b) 77 + 34
c) 55 + 45   d) 31 + 80
e) 65 + 72   f) 87 + 79
g) 48 + 19   h) 93 + 84
i) 57 + 57   j) 37 + 95

3 Erkläre den Rechenweg und schreibe die Aufgaben mit Lösung ins Heft.
Beispiel
176 + 139 = 176 + 100 + 30 + 9 = 315

a) 118 + 157   b) 126 + 256
c) 136 + 176   d) 234 + 167
e) 159 + 520   f) 359 + 169
g) 277 + 209   h) 316 + 298

4 Zeichne die Tabellen ab. Berechne die fehlenden Werte.

+8 →	
44	
52	
60	
85	
98	
117	
349	
997	

+14 →	
20	
44	
89	
314	
511	
635	
248	
888	

4 Übertrage die Additionstabelle in dein Heft und fülle sie aus.

+	111		329		269	
17						148
29						
217		266				
134				315		
242						

5 Überschlage die Summen. Berechne dann die genauen Ergebnisse.
a) Runde beim Überschlag auf *Hunderter*.
739 + 288   645 + 893
377 + 527   1 534 + 279
1 199 + 418   815 + 2 231
b) Runde beim Überschlag auf *Zehner*.
67 + 42   88 + 107
156 + 71   131 + 27
237 + 145   734 + 321
c) Stellt euch zu zweit ähnliche Aufgaben zum Überschlagen.

5 Löst die folgenden Aufgaben zu zweit.

Wenn zwei gerade Zahlen addiert werden, erhält man immer eine gerade Zahl.

Wenn zwei ungerade Zahlen addiert werden, erhält man immer eine ungerade Zahl.

Wenn eine gerade und eine ungerade Zahl addiert werden, so erhält man immer eine ungerade Zahl.

a) Eine Aussage ist falsch. Überprüft, welche Aussagen stimmen können: Schreibt zu jeder Aussage mindestens fünf Beispiele auf.
b) Schreibt ähnliche Aussagen zur Subtraktion. Überprüft sie an einem Beispiel.
c) Verändere die Aussagen, sodass sie für drei Summanden gelten.

ZUM WEITERARBEITEN
Mit welchen Worten kann man Additions- und Subtraktionsaufgaben beschreiben? Lege eine Liste mit verschiedenen Ausdrücken an.

RÜCKBLICK
Zeichne ein Dreieck in ein Koordinatensystem. Gib die Koordinaten der Eckpunkte an.

6 Erläutere die folgenden Beispiele zur Berechnung von Summen und Differenzen in Teilschritten.

a) 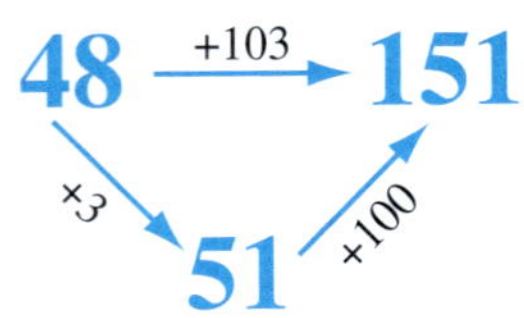

b) 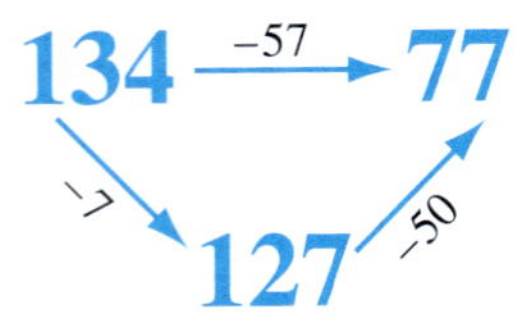

c) 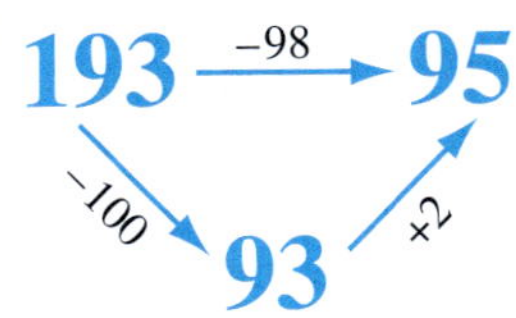

7 Rechne in Teilschritten wie in Aufgabe 6.

a) 15 + 21 b) 33 + 38
c) 42 – 11 d) 97 – 75
e) 23 – 17 f) 84 – 66

7 Rechne in Teilschritten wie in Aufgabe 6.

a) 126 + 47 b) 817 – 25
c) 532 – 96 d) 767 – 299
e) 684 – 595 f) 913 – 427

8 Berechne im Kopf. Überschlage zuerst.

a) 69 – 20 b) 85 – 50
c) 47 – 37 d) 57 – 47
e) 56 – 54 f) 92 – 81
g) 76 – 67 h) 95 – 78

8 Berechne im Kopf. Überschlage zuerst.

a) 6 700 – 2 500 b) 8 100 – 5 600
c) 4 900 – 3 200 d) 5 700 – 3 900
e) 7 200 – 5 100 f) 5 200 – 2 900
g) 8 600 – 4 200 h) 9 500 – 7 800

HINWEIS
Die Addition ist die Umkehrung der Subtraktion. Daher kann man eine Subtraktion durch eine Addition überprüfen.

9 Du kannst jede Subtraktion durch eine Addition kontrollieren.
Beispiel 225 – 75 = 150 Probe: 150 + 75 = 225
Rechne und kontrolliere wie im Beispiel.

a) 435 – 85 b) 678 – 123 c) 273 – 135 d) 291 – 185
e) 463 – 244 f) 264 – 147 g) 578 – 139 h) 413 – 108

10 Fülle die Tabelle im Heft aus.
Beispiel 583 – 144 = 439

–	144	214	319	288	382	257
583	439					
382						
883						
832						
823						
803						

10 Übertrage die Tabelle in dein Heft und fülle die fehlenden Felder aus.

a)

1. Summand	2. Summand	Wert der Summe
234	561	
734		1 002
3 459	223	
	5 801	10 000
23 912		34 912

b)

Minuend	Subtrahend	Wert der Differenz
451	324	
789		112
	563	89
6 734	1 198	
	564	349

HINWEIS
Bei Additionsmauern ergibt die Summe der Werte benachbarter Steine den Wert darüber. Bei Subtraktionsmauern ergibt die Differenz der Werte benachbarter Steine den Wert darunter.

11 Fülle die Rechenmauern im Heft aus.

a) 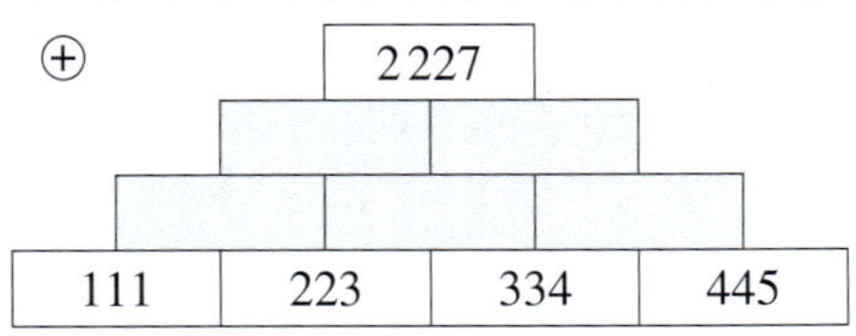

b) 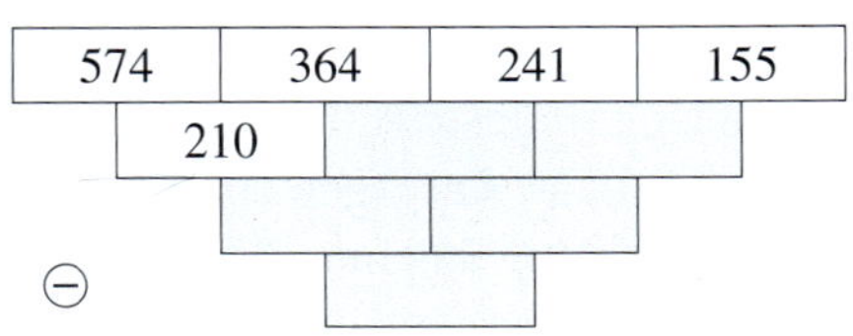

11 Wie ändert sich der Wert der Summe von zwei Zahlen, wenn man einen Summanden durch einen um 10 größeren Summanden ersetzt? Begründe.

Rechengesetze und Rechenvorteile

Entdecken

1 Schreibe die einzelnen Zahlen auf ein Blatt Papier und schneide sie aus.

365 891 6734 242 2635 630 3266 128 1109

a) Sortiere die Zahlen so, dass du die Summe aller Zahlen gut im Kopf berechnen kannst.
b) Vergleiche mit deinem Tischnachbarn oder deiner Tischnachbarin. Tauscht euch darüber aus, wie ihr sortiert habt.
c) Warum kommt man zum gleichen Ergebnis, obwohl die Reihenfolge beim Rechnen unterschiedlich ist?

2 Findet zu den gegebenen Zahlen jeweils drei verschiedene Zahlen, die sich besonders einfach zu diesen Zahlen addieren lassen.
a) 98 b) 325 c) 442 d) 7456
Tauscht euch untereinander über eure Ergebnisse aus. Begründet, warum sich eure ausgewählten Zahlen besonders einfach addieren lassen.

3 Johann Carl Friedrich Gauß war ein deutscher Mathematiker, Astronom und Physiker. Er wurde am 30. April 1777 in Braunschweig geboren und starb am 23. Februar 1855 in Göttingen.
Als Gauß neun Jahre alt war, wollte sein Mathematiklehrer ihn mit folgender Mathematikaufgabe länger beschäftigen:

„Summiere alle Zahlen von 1 bis 100."

Doch Gauß konnte diese Aufgabe blitzschnell lösen, weil er die Zahlen geschickt zusammengefasst hat.
a) Versucht zu zweit, die Aufgabe zu lösen. Tauscht euch über eure Ideen aus. Beachtet auch den Tipp in der Randspalte.
b) Informiert euch z. B. im Lexikon über den Lösungsweg von Gauß.

TIPP
Schreibt alle Zahlen von 1 bis 100 auf und addiert geschickt. Findet dazu Paare, die sich besonders gut addieren lassen.

4 Berechne die folgenden Aufgaben.
① 560 – (120 + 70) ③ 740 – (140 – 20)
② 560 – 120 + 70 ④ 740 – 140 – 20
a) Vergleiche die jeweils untereinanderstehenden Aufgaben.
b) Tauscht euch über eure Rechenwege und eure Ergebnisse aus. Begründet eure Vorgehensweise und Ergebnisse.
c) Erklärt mit eigenen Worten, warum man bei den Aufgaben zu unterschiedlichen Ergebnissen kommt.

Ergebnisse zur Kontrolle
510 580 620 370

Verstehen

Simon und Anna wollen überprüfen, ob die Summe in allen Zeilen in dem nebenstehenden Quadrat gleich groß ist.
Für die erste Zeile rechnen sie folgendermaßen:
Simon: $13 + 31 + 27 = 44 + 27 = 71$
Anna: $13 + 31 + 27 = 13 + 27 + 31 = 40 + 31 = 71$
Beide haben das Ergebnis richtig berechnet, aber Annas Rechnung ist geschickter, weil man mit 40 einfacher weiterrechnen kann.

13	31	27
37	23	11
21	17	33

In der Mathematik rechnet man von links nach rechts. Um geschickt zu rechnen, ist es manchmal vorteilhaft, die Reihenfolge der Summanden zu vertauschen und geeignete Summanden zusammenzufassen.
Die folgenden Rechengesetze werden dabei genutzt:

Beispiel 1

$5 + 145 = 145 + 5$
$150 = 150$

Merke Vertauschungsgesetz (Kommutativgesetz):
In einer Summe dürfen die Summanden vertauscht werden.
$5 + 145 = 145 + 5$
$a + b = b + a$

Für die Subtraktion gilt das Vertauschungsgesetz nicht, denn
$16 - 6 \neq 6 - 16$.

Beispiel 2

$17 + 96 + 4 =$
$17 + (96 + 4) = (17 + 96) + 4$
$17 + 100 = 113 + 4$
$117 = 117$

Merke Verbindungsgesetz (Assoziativgesetz):
In einer Summe dürfen Summanden beliebig mit Klammern zusammengefasst werden.
$17 + 96 + 4 = (17 + 96) + 4 = 17 + (96 + 4)$
$a + b + c = (a + b) + c = a + (b + c)$

Für die Subtraktion gilt auch das Verbindungsgesetz nicht, denn
$12 - (8 - 2) \neq (12 - 8) - 2$
$12 - 6 \neq 4 - 2$
$6 \neq 2$.

Beispiel 3

$40 + 15 - 10 + 20 =$
$55 - 10 + 20 =$
$45 + 20 = 65$

Wenn in einem Rechenausdruck keine Klammern gesetzt sind, wird von links nach rechts gerechnet.

Beispiel 4

$(40 + 15) - (10 + 20) =$
$55 - 30 = 25$

Merke Vorrangregeln
Wenn Klammern gesetzt sind, muss zuerst der Wert in den Klammern berechnet werden.

Üben und anwenden

1 Addiere vorteilhaft mithilfe eines Rechenbaums.

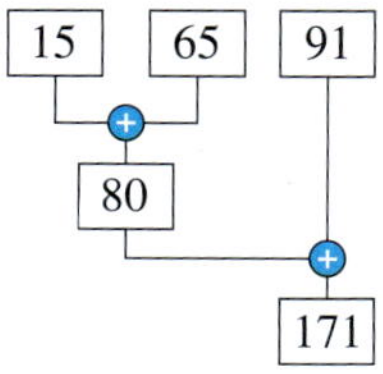

Beispiel
15 + 91 + 65 = 171

a) Beschreibe, was in dem Beispiel gemacht wurde.
b) Erstelle zu jeder Additionsaufgabe einen Rechenbaum und berechne geschickt.

① 18 + 116 + 222 ② 13 + 222 + 37
③ 517 + 121 + 183 ④ 235 + 76 + 65
⑤ 461 + 172 + 39 ⑥ 51 + 27 + 99

2 Nick und Pia wollen alle Zahlen auf den Kärtchen möglichst schnell addieren.
Wie würdest du rechnen?
Begründe und gib das Ergebnis an.

3 Der Vertreter einer Kleiderfirma fährt mit dem Auto von Aachen nach Köln (65 km) und von dort nach Düsseldorf (32 km).
Von Düsseldorf fährt er nach Essen (45 km) und von dort weiter nach Dortmund (28 km).
Wie weit ist er insgesamt gefahren?
Rechne vorteilhaft.

4 Mika hat ein neues Sparschwein. Er wirft nacheinander in sein Sparschwein: 60 Cent, 50 Cent, 75 Cent, 90 Cent, 30 Cent.

a) Wie viel Geld hat er gespart?
b) Ändert sich der gesparte Betrag, wenn er das Geld in anderer Reihenfolge in das Sparschwein wirft?
c) Welche Rechengesetze wendest du an?

1 Vertausche geschickt und fasse zusammen.

Beispiel
23 + 46 + 17 + 24 + 36
= 23 + 17 + 46 + 24 + 36
= (23 + 17) + (46 + 24) + 36
= 40 + 70 + 36 = 146

a) 128 + 228 + 112 + 95 + 22
b) 395 + 647 + 495 + 153 + 65
c) 291 + 482 + 19 + 18 + 100
d) 528 + 117 + 132 + 253 + 11
e) 217 + 378 + 123 + 45 + 112
f) 289 + 234 + 56 + 121 + 156
g) 178 + 235 + 40 + 222 + 345

2 Gilt in der Zahlenmauer das Vertauschungsgesetz?

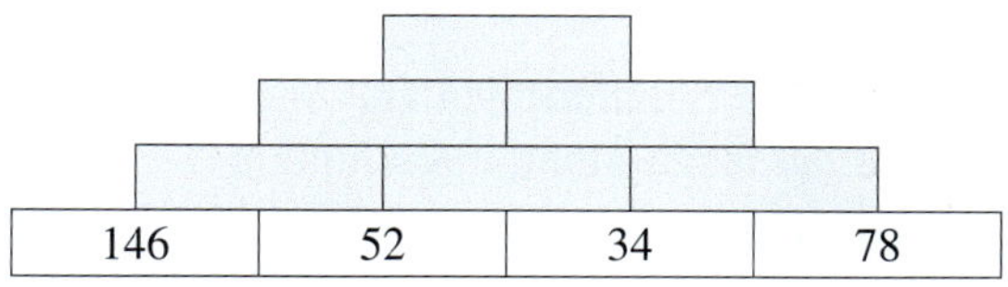

a) Übertragt die Zahlenmauer ins Heft und berechnet die fehlenden Werte.
b) Vertauscht die untersten Steine, sodass zwei neue Mauern entstehen. Berechnet.
c) Stellt gemeinsam mit der Klasse fest, ob das Vertauschungsgesetz gilt.

3 Übertrage die Aufgaben ins Heft.
Berechne die Summen möglichst vorteilhaft.
Erkläre mit eigenen Worten den Rechenweg.
a) 1 + 2 + 3 + … + 17 + 18 + 19 + 20
b) 1 + 3 + 5 + … + 17 + 19
c) 2 + 4 + 6 + … + 18 + 20
d) 1 + 2 + … + 49 + 50

4 Rechts findest du die Einwohnerzahlen einiger Städte in Nordrhein-Westfalen.
Für welche Städte gelten die folgenden Aussagen?
a) Zwei Städte haben zusammen jeweils 90 000 Einwohner.
b) Die Stadt hat 16 000 Einwohner mehr als zwei andere Städte zusammen.
c) Jeweils zwei Städte haben zusammen 110 000 Einwohner.

Einwohnerzahlen NRW

Xanten:	18 000
Borken:	38 000
Detmold:	72 000
Minden:	80 000
Gütersloh:	92 000
Unna:	64 000
Gummersbach:	52 000

5 Setze im Heft die Zahlen in Klammern, die du zuerst addieren möchtest.

a) 8 + 32 + 27 b) 18 + 33 + 27
c) 16 + 34 + 16 d) 58 + 32 + 47
e) 12 + 47 + 8 f) 44 + 28 + 22
g) 7 + 53 + 13 h) 39 + 21 + 11

6 Die Albert-Einstein-Schule besuchten im Jahr 2007 insgesamt 1435 Schülerinnen und Schüler. Bis 2010 haben einige Schülerinnen und Schüler die Schule verlassen oder sind neu hinzugekommen.

Jahr	Zugänge	Abgänge
2008	126	117
2009	119	108
2010	92	77

a) Wie viele Schülerinnen und Schüler wurden insgesamt aufgenommen?
b) Wie viele Schülerinnen und Schüler haben die Schule insgesamt verlassen?
c) Wie viele Schülerinnen und Schüler besuchten Ende 2010 insgesamt die Schule?

7 Rechne aus und setze das richtige Zeichen ein (<, =, >).
Vergleiche deine Lösungen mit deiner Sitznachbarin oder deinem Sitznachbarn.

a) 49 – 19 – 16 ▢ 49 – (19 – 16)
b) 42 + 18 – 5 ▢ 42 + (18 – 5)
c) 142 – 42 – 29 ▢ 142 – (42 – 29)
d) 242 – (119 – 8) – 4 ▢ 242 – 119 – (8 – 4)
e) 265 + (233 – 133) ▢ 265 – (233 – 133)
f) 301 – (312 – 311) ▢ 302 – (312 – 310)

5 Vertausche die Summanden und setze Klammern zum geschickten Addieren.

a) 57 + 81 + 56 + 53 + 19 + 44
b) 125 + 257 + 385 + 175 + 243 + 825
c) 1255 + 4377 + 1288 + 45 + 123 + 12
d) 35 + 148 + 3895 + 165 + 252 + 105
e) 56790 + 2599 + 53410 + 5601 + 678

6 In der Bundesrepublik Deutschland lebten 2006 insgesamt 82376451 Einwohner.

Jahr	Einwohner
2007	82266372
2008	82110097
2009	81879976

a) Berechne, wie sich die Einwohnerzahl von 2007 zu 2008 entwickelt hat.
b) Wie hat sich die Einwohnerzahl von 2008 zu 2009 verändert?
c) Berechne die Veränderung der Einwohnerzahl von 2006 zu 2009.

7 Schreibe die Rechnungen mit Klammern auf und löse die Aufgaben.

a) Addiere zu der Summe der Zahlen 124 und 138 die Summe der Zahlen 67 und 33.
b) Subtrahiere von der Differenz der Zahlen 182 und 39 die Summe der Zahlen 28 und 52.
c) Addiere zu der Differenz der Zahlen 147 und 29 die Differenz der Zahlen 154 und 39.
d) Subtrahiere von der Summe der Zahlen 224 und 136 die Differenz der Zahlen 87 und 39.

RÜCKBLICK
Ergänze die Zahlen.
a) 3, 6, 9, …, 15, 18
b) 1, 7, 13, …, 25, 31

8 Arbeitet zu zweit.
Wählt aus den gegebenen Zahlen und Rechenzeichen so aus, dass sich nach der Rechnung Folgendes ergibt:

a) ein möglichst hoher Wert
b) ein möglichst kleiner Wert
c) ein Wert, der nahe bei 2550 liegt
d) ein Wert, der gerundet 2780 ist

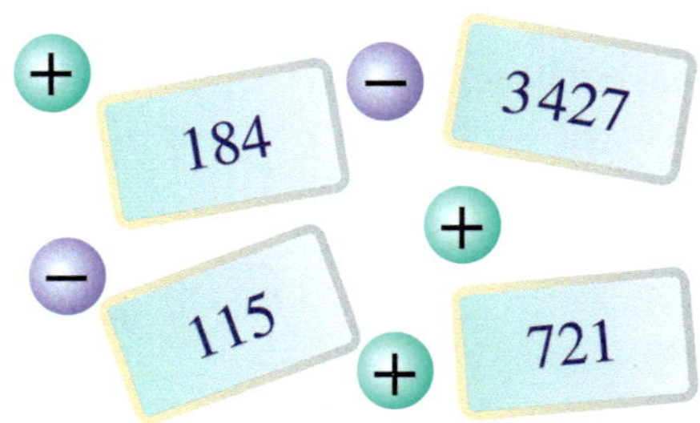

Tipp: Es müssen nicht immer alle Kärtchen verwendet werden. Die Rechenzeichen dürfen aber mehrmals verwendet werden.
Notiert die Rechnung auf einer Folie oder einem Plakat und stellt sie der Klasse vor.

Schriftlich addieren und subtrahieren

Entdecken

1 Notiere die Ziffern 1 bis 9 auf einem Blatt Papier und schneide sie als Ziffernkarten aus. Aus diesen Ziffern sollen Aufgaben gebildet werden. Schreibe jede Aufgabe mit der zugehörigen Rechnung in dein Heft.

a) Bilde aus den Ziffern 1 bis 9 drei beliebige dreistellige Zahlen und addiere diese.

b) Wie müssen die Zahlen gebildet werden, damit die Summe den größtmöglichen Wert erreicht?
Gib den Wert an.

c) Bilde die Summe mit dem kleinstmöglichen Wert.
Beschreibe, wie du die Ziffern auf die jeweiligen Stellenwerte verteilt hast.

d) Die Summe 134 + 267 + 598 hat den Wert 999.
Finde weitere Möglichkeiten, diesen Wert mit drei dreistelligen Summanden zu erreichen.

2 Helena möchte ihr Zimmer neu gestalten. Sie braucht ein neues Bett, einen passenden Kleiderschrank und einen Sessel. Insgesamt hat sie 350 € zur Verfügung.
Helena und ihre Mutter fahren in ein Möbelhaus und finden dort passende Möbel.
Gerne möchte sie noch zusätzlich einen kleinen Tisch für 39 € kaufen. Sie ist sich nicht sicher, ob ihr Geld dafür noch ausreicht.
Deshalb rechnen Helena und ihre Mutter nach.

Helena rechnet:
350 – 109 = 241
241 – 75 = 166
166 – 119 = **47**

Ihre Mutter rechnet:
350 – (109 + 75 + 119) =
350 – 303 = **47**

a) Erkläre die beiden Rechenwege.

b) Welcher Weg ist für dich der einfachere? Begründe.

c) Warum berechnet die Mutter in den Klammern eine Summe, obwohl doch nur Geld ausgegeben wird?

3 Schöne Ergebnisse
Berechne die einzelnen Aufgaben und führe sie jeweils um eine Aufgabe nach dem gleichen Muster fort.

①
$$\begin{array}{r} 567 \\ +\,2889 \\ \hline \end{array} \qquad \begin{array}{r} 678 \\ +\,3889 \\ \hline \end{array}$$

②
$$\begin{array}{r} 123 \\ +\,765 \\ \hline \end{array} \qquad \begin{array}{r} 567 \\ +\,432 \\ \hline \end{array}$$

③
$$\begin{array}{r} 987 \\ -\,789 \\ \hline \end{array} \qquad \begin{array}{r} 876 \\ -\,678 \\ \hline \end{array} \qquad \begin{array}{r} 765 \\ -\,567 \\ \hline \end{array}$$

a) Erkläre, wie es zu den Ergebnissen kommt.

b) Erfinde selbst Aufgaben, die schöne Ergebnisse haben.

Verstehen

147 €

Lara fährt mit ihren Eltern für zwei Tage nach Hamburg.
Für den Kurzurlaub hat die Familie 350 € zur Verfügung.
Die Bahnfahrt kostet insgesamt 147 €, für die Unterkunft bezahlen sie 109 € und für Essen rechnen sie mit 45 €.

45 €

109 €

Lara addiert die Preise:
Sie schreibt zuerst die Zahlen stellengerecht untereinander.

	H	Z	E
	1	4	7
+	1	0	9
+		4	5

Dann addiert sie von unten nach oben und beginnt rechts bei den Einern.

	H	Z	E	
	1	4	7	5 + 9 + 7 = 21
+	1	0	9	
+		4	5	1 schreiben, 2 übertragen
	3	0	1	

Die Rechnung kann auch in Kurzform notiert werden:

	1	4	7
+	1	0	9
+	$_1$	4_2	5
	3	0	1

Die Kosten für die Fahrt, die Unterkunft und das Essen betragen 301 €.

Merke Bei der **schriftlichen Addition** schreibt man die Summanden stellengerecht untereinander: Einer unter Einer, Zehner unter Zehner usw.
Es wird von unten nach oben **addiert** und bei den Einern begonnen.
Wenn die Summe an einer Stelle zehn erreicht, werden die Einer eingetragen und die Zehner an der nächstgrößeren Stelle addiert **(Übertrag)**.

MERKE
*Kontrolliere deine Ergebnisse mithilfe der **Probe**: Vertausche die Reihenfolge der Summanden oder rechne die Umkehraufgabe.*

Lara berechnet, ob noch Geld für eine Hafenrundfahrt übrig bleibt.

42 €

	H	Z	E
	3	5	0
−	3	0	1
		4	9

Von 1 bis 5 ist 4.

Von 1 bis 10 ist 9: 9 schreiben, 1 übertragen

Kurzform:

	3	5	0
−	3	0_1	1
		4	9

Es können auch mehrere Subtrahenden in einer Rechnung vom Minuenden abgezogen werden.

	H	Z	E
	3	5	0
−	1	4	7
−	1	0	9
−		4	5
		4	9

5 + 9 + 7 = 21
Von 21 bis 30 ist 9: 9 schreiben, 3 übertragen

HINWEIS
Neben diesem Verfahren gibt es für die Subtraktion auch das „Borge-Verfahren". Hier wird bei einem Übertrag in der Stelle links geborgt.

Die Familie hat noch 49 € zur Verfügung. Davon kann sie eine Hafenrundfahrt bezahlen.

Merke Bei der **schriftlichen Subtraktion** schreibt man wie bei der Addition stellengerecht untereinander.
Man beginnt bei den Einern und **ergänzt** von unten nach oben.
Bei Zehnerüberschreitungen wird ein Übertrag in der nächsten Stelle notiert.

MERKE
Überprüfe dein Ergebnis mit der Umkehraufgabe.

Üben und anwenden

1 Addiere schriftlich. Rechne die Probe.

a) 2 364 + 1 425 b) 5 063 + 2 735 c) 6 009 + 720

d) 482 + 3 514 e) 10 532 + 25 104 f) 58 410 + 10 280

g) 153 + 2 614 h) 3 330 + 614 i) 5 112 + 4 201

2 Schreibe die Zahlen stellengerecht untereinander und addiere sie.

a) 1 354 und 3 817 b) 3 047 und 7 681
c) 6 428 und 647 d) 2 549 und 3 525
e) 5 213 und 1 957 f) 967 und 1 647
g) 3 952 und 3 409 h) 2 947 und 547

3 Ordne die Rechendominosteine.

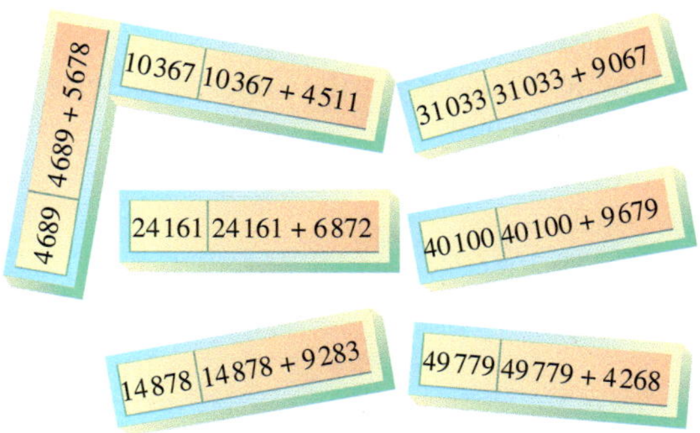

4 Übertrage ins Heft und setze die richtigen Ziffern ein. Achte auf Überträge.
Vergleiche dein Ergebnis mit deiner Sitznachbarin oder deinem Sitznachbarn.

a) □4 + 2□ = 56 b) 14□ + □52 = 697 c) 7□7 + □47 = 92□

5 Herr Ast möchte ein neues Auto kaufen. Er bestellt dazu noch ein paar Extras. Berechne den Gesamtpreis für das Auto.

---

1 Addiere schriftlich. Rechne die Probe.

a) 1 685 + 3 112 + 4 201 b) 3 610 + 4 205 + 171 c) 7 623 + 251 + 111

d) 4 513 + 1 022 + 2 323 + 1 131 e) 2 438 + 3 121 + 1 300 + 2 130 f) 2 493 + 5 201 + 102 + 1 203

2 Addiere die Zahlen. Überschlage zuerst.

a) 724 678 + 453 231
b) 33 998 + 200 045
c) 34 521 + 5 462 + 3 601
d) 56 723 + 4 215 + 789 + 5 631
e) 45 364 + 3 213 + 687 + 4 751

3 Übertrage die Aufgaben ins Heft. Rechne und kontrolliere dein Ergebnis.

a)
306 + 589 + 439 = □
643 + 4 926 + 3 238 = □
1 274 + 1 684 + 4 370 = □
□ + □ + □ = 17 469

b)
408 + 1 268 + 12 628 = □
2 732 + 3 428 + 14 539 = □
31 925 + 91 346 + 4 236 = □
□ + □ + □ = 162 510

4 Übertrage ins Heft und setze die richtigen Ziffern ein.
Woran kann man erkennen, ob ein Übertrag nötig ist?

a) 6□4 + 39□ = 1 000 b) 3□8 + □53 = 75□ c) 34□6 + □31□ = 4□68

5 Wiebke möchte gerne zwei Kaninchen kaufen. Sie braucht:
einen Käfig für draußen für 70 €,
Käfigstreu für 3 €,
Heu für 2,50 €,
einen Sack Futter für 10 €,
zwei Futternäpfe zusammen für 6 €,
eine Tränke für 4,50 € und schließlich
zwei Kaninchen zusammen für 35 €.
Reicht dafür ihr Gespartes von 130 €?

RÜCKBLICK
Schreibe die nächstgrößere und die nächstkleinere Zahl auf.
a) 200
b) 2 000
c) 20 000
d) 2 000 000
e) 123 678 001

TIPP
Kontrolliere deine Ergebnisse, indem du die Umkehrrechnung durchführst.
5692 − 2312 = 3380 ist z. B. richtig, da umgekehrt gilt: 2312 + 3380 = 5692.

BEISPIEL ZU AUFGABE 7
Aufgabe: 73 468 − 5423 − 1237

Rechnung:
```
  73468
−  5423
−  1237
  66808
```

Probe in zwei Schritten:
```
①   5423
  + 1237
    6660

②  73468
  − 6660
   66808
```

6 Subtrahiere schriftlich.

a) 89 − 24 b) 85 − 34 c) 97 − 42
d) 482 − 351 e) 538 − 425 f) 584 − 283
g) 5836 − 2614 h) 3339 − 1213 i) 5777 − 4252

7 Subtrahiere schriftlich. Rechne die Probe.

a) 578 − 179 b) 786 − 398 c) 652 − 357
d) 485 − 177 e) 819 − 439 f) 582 − 283
g) 695 − 399 h) 846 − 268 i) 719 − 689

8 Schreibe stellengerecht untereinander und subtrahiere schriftlich. Überschlage zuerst.

a) 6792 − 5628
b) 98 214 − 89 523
c) 1 084 563 − 34 712
d) 56 239 − 23 511
e) 1 234 567 − 654 321
f) 724 678 − 453 231
g) 246 753 − 246 752

9 Setze im Heft die richtigen Ziffern ein. Achte auf die Überträge. Rechne die Probe.

```
a)  316□        b)  142□9
   −18□9          −  4928
    1□39             □29□
```

10 Finde zu jedem Gegenstand den passenden Partner.
Berechne jeweils die Preisunterschiede.

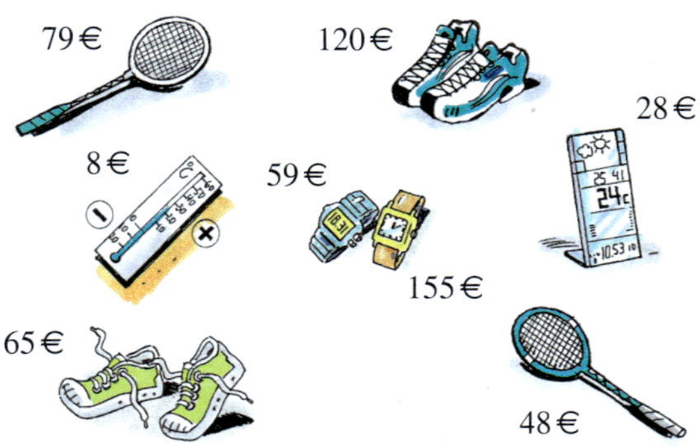

6 Subtrahiere schriftlich.

a) 624 − 238 b) 835 − 136 c) 647 − 258
d) 841 − 461 e) 663 − 391 f) 547 − 386
g) 743 − 283 h) 452 − 371 i) 620 − 381

7 Subtrahiere schriftlich mit mehreren Subtrahenden. Rechne zuerst in einem Schritt. Überprüfe dein Ergebnis, indem du in mehreren Schritten rechnest.
Beachte das Beispiel in der Randspalte.

a) 21 679 − 2312 − 3359
b) 561 219 − 4523 − 128
c) 55 312 − 898 − 3421
d) 999 999 − 23 897 − 3412 − 34 985

8 Überschlage zunächst.
Subtrahiere dann schriftlich und vergleiche mit deinem Überschlag.

a) 56 912 − 5523 − 6874
b) 66 125 − 563 − 12 889
c) 12 984 − 5671 − 452 − 667
d) 447 125 − 3498 − 13 245 − 100 992

9 Setze im Heft die richtigen Ziffern ein.
Rechne die Probe.

```
a)  4□16□       b)  3□5□8
  −   469         −   94□
  −  92□4         −  4322
    □2485         27□32

c)  1□6□2       d)  □6095
  −   578□        −  □301
  −  1□37         −  3□25
     4294           80□□
```

10 Wie weit ist das Auto gefahren?

Thema: Magische Quadrate

Albrecht Dürer hat 1514 das Bild „Melancholie“ geschaffen. In der rechten oberen Ecke des Bildes befindet sich ein Quadrat mit 16 Feldern.
Werden die Zahlen jeder Zeile, jeder Spalte oder jeder Diagonale addiert, ergibt sich immer der gleiche Wert: die „magische Zahl“. Ein solches Quadrat nennt man „magisches Quadrat“.

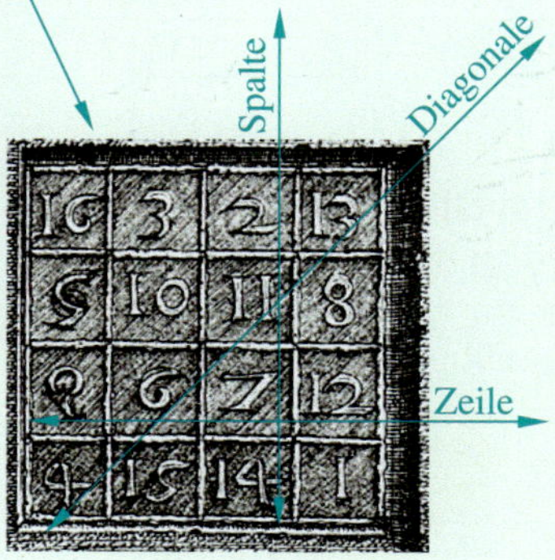

1 Bestimme für das magische Quadrat die magische Zahl.

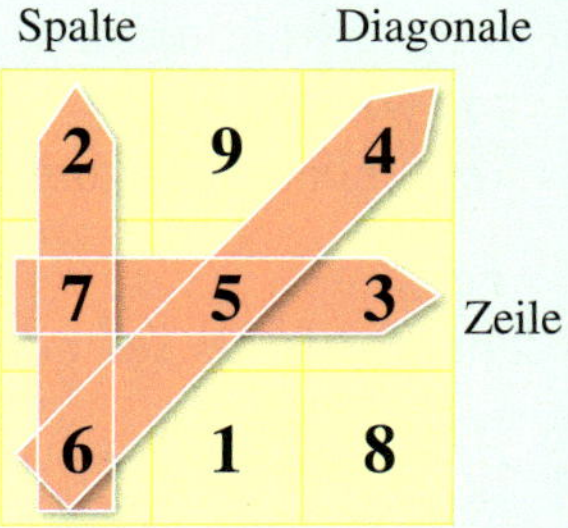

2 Sind das magische Quadrate?

a)

1	4	5
3	4	3
6	2	2

b)

1	8	6
10	5	0
4	2	9

3 Übertrage das Quadrat in dein Heft und ergänze es zu einem magischen Quadrat.

a)

1	6	
	4	
3		7

b)

12	10	8
7		

4 Weise nach, dass das Zahlenquadrat aus dem Kupferstich von Albrecht Dürer ein magisches Quadrat ist.
Bestimme dazu die „magische Zahl“.

5 Übertrage ins Heft. Ergänze zu einem magischen Quadrat und stelle deinen Lösungsweg in der Klasse vor.

a)

17	15	10	26
	17		10
24		17	15
8			

b)

18			39
33	24	33	
	18	27	
12	33		33

6 Du kannst leicht selbst ein magisches Quadrat herstellen, wenn du schon zwei andere kennst. Beachte die Quadrate am Rand.

a) Vervollständige das neue Quadrat im Heft.
b) Beschreibe, wie du dabei vorgehst.
c) Erstelle aus den magischen Quadraten der Aufgabe 5 ein neues magisches Quadrat.

7 Arbeitet zu zweit. Übertragt das magische Quadrat mit den 25 Feldern ins Heft und füllt es aus. Beschreibt, wie ihr vorgeht.

17		1	8	15
6	13	20	22	
			11	18
	16		5	7
3		12	19	

ZU AUFGABE 6

1. Quadrat

2	7	6
9	5	1
4	3	8

2. Quadrat

12	12	18
20	14	8
10	16	16

neues Quadrat

29		

Klar so weit?

→ Seite 82

Im Kopf addieren und subtrahieren

1 Übertrage die Tabelle in dein Heft und fülle die leeren Felder aus.

1. Summand	2. Summand	Wert der Summe
234	561	
734		1 002
3 459	223	
	5 801	10 000
23 912		34 912

2 Übertrage die Tabelle in dein Heft und fülle die leeren Felder aus.

Minuend	Subtrahend	Wert der Differenz
451	324	
789		112
	563	89
6 734	1 198	
	564	349

3 Überschlage zuerst und berechne dann die genauen Ergebnisse.

a) 739 + 242 b) 1 534 + 279
c) 645 + 893 d) 1 199 + 418
e) 877 – 339 f) 1 723 – 573
g) 729 – 541 h) 723 – 237

1 Wie ändert sich der Wert der Summe von zwei Zahlen, wenn man …

a) einen Summanden durch einen um 5 größeren ersetzt?
b) beide Summanden durch jeweils einen um 10 größeren ersetzt?
c) beide Summanden durch doppelt so große Summanden ersetzt?
d) einen Summanden um 1 vergrößert und den anderen um 1 verkleinert?

2 Schreibe die folgenden Textaufgaben als Rechenaufgaben und löse sie.

a) Subtrahiere von der Zahl 284 die Zahl 115.
b) Ziehe 318 von 559 ab.
c) Ziehe von 238 die Zahl 199 ab.
d) Subtrahiere die Zahl 38 von 120.
e) Bilde die Differenz der Zahlen 1 191 und 869.
f) Vermindere 1 244 um die Zahl 538.

3 Formuliere als Textaufgabe.

a) 67 – 42
b) 121 + 45 – 64
c) (80 + 56) – (20 + 15)
d) 51 – (26 + 15)
e) (455 – 235) + (250 – 125)

→ Seite 86

Rechengesetze und Rechenvorteile

4 Vertausche geeignete Zahlen und fasse in Klammern zusammen, bevor du ausrechnest.

a) 28 + 36 + 22 b) 382 + 125 + 275
c) 225 + 116 + 125 d) 367 + 98 + 23
e) 368 + 79 + 32 f) 134 + 166 + 120
g) 423 + 99 + 27 h) 186 + 41 + 14

5 Löse die Aufgaben.
Tipp: Nutze einen Rechenbaum.

a) (56 + 27) + (29 – 17)
b) (56 – 34) – (67 – 47)
c) (15 + 28) + (34 + 45)
d) (98 – 54) – (84 – 53)

4 Rechne vorteilhaft. Setze Klammern, um zu zeigen, wie du gerechnet hast.

a) 731 + 67 + 69 + 13
b) 451 + 127 + 109 + 203 + 10
c) 111 + 222 + 89 + 188
d) 208 + 215 + 202 + 225

5 Löse die Aufgaben.
Tipp: Nutze einen Rechenbaum.

a) (55 + 44) + (34 – 24) – (34 + 12)
b) (29 – 15) + (64 – 43) + (16 + 32)
c) (25 + 36) – (65 – 53) – (28 – 10)
d) (49 – 24) + (66 – 34) + (23 – 13)

6 Übertrage die Additionsmauern in dein Heft und berechne sie.

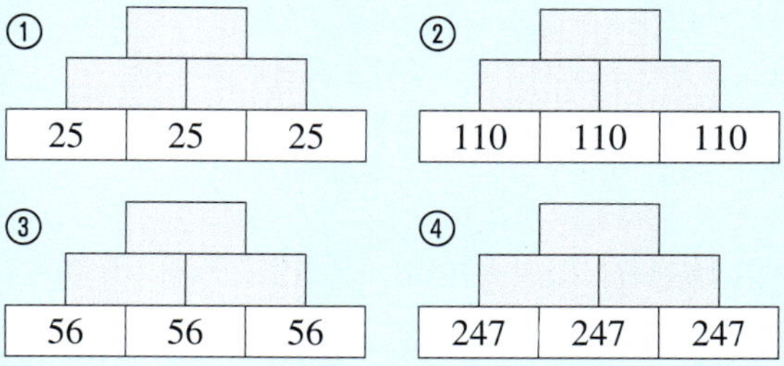

a) Wie oft passt ein Wert der untersten Steine in den Wert des obersten Steins?
b) Begründe, warum das immer so sein muss, wenn alle Steine der untersten Reihe den gleichen Wert haben.

6 Überprüfe, ob die Aussagen zur Subtraktion wahr sind.
Schreibe zu jeder Aussage zwei Beispiele ins Heft.

① Wenn von einer geraden Zahl eine …
- gerade Zahl subtrahiert wird, erhält man immer eine gerade Zahl.
- ungerade Zahl subtrahiert wird, erhält man immer eine gerade Zahl.

② Wenn von einer ungeraden Zahl eine …
- gerade Zahl subtrahiert wird, so erhält man immer eine ungerade Zahl.
- ungerade Zahl subtrahiert wird, erhält man immer eine ungerade Zahl.

Schriftlich addieren und subtrahieren

→ Seite 90

7 Schreibe die Zahlen stellengerecht untereinander und addiere sie.

a) 354 und 387 b) 5 057 und 2 691
c) 2 427 und 647 d) 1 348 und 6 525
e) 5 203 und 957 f) 767 und 1 645
g) 5 959 und 3 909 h) 1 847 und 47

7 Addiere die Zahlen schriftlich.

a) 24 679 + 53 232
b) 133 998 + 20 044
c) 134 621 + 6 462 + 3 607
d) 66 755 + 7 215 + 798 + 5 621
e) 450 368 + 4 213 + 6 987 + 9 751

8 Subtrahiere schriftlich. Rechne die Probe.

a) 2 074 663 – 35 711
b) 65 293 – 23 522
c) 2 345 678 – 234 567
d) 1 744 643 – 333 333

8 Subtrahiere schriftlich. Rechne die Probe.

a) 156 912 – 15 523 – 16 874
b) 66 122 – 1 563 – 12 888
c) 212 984 – 51 671 – 452 – 1 667
d) 47 125 – 3 498 – 13 245 – 10 999

9 Herr Esser trägt bei jeder Fahrt den Kilometerstand vor der Abfahrt und nach der Ankunft ein.

Datum	Abfahrt	Ankunft
25.07.	34 562 km	34 589 km
25.07.	34 589 km	34 602 km
26.07.	34 602 km	34 621 km
27.07.	34 621 km	34 657 km
28.07.	34 657 km	34 713 km
28.07.	34 713 km	34 954 km

a) Berechne jeweils die Länge der einzelnen Fahrten.
b) Wie viele Kilometer ist Herr Esser insgesamt gefahren?

9 Finde zu den Angaben jeweils eine Rechenaufgabe. Schreibe sie auf eine Folie oder ein Plakat und stelle sie der Klasse vor. Überschlage zuerst, bevor du rechnest.

a) In Nordrhein-Westfalen leben insgesamt 17 850 560 Menschen, 9 138 714 davon sind Frauen.
b) In Düsseldorf wohnen 583 361 Einwohner, davon sind 305 059 Frauen.
c) In Köln wohnen 1 000 298 Einwohner, davon 484 060 Männer.
d) In Dortmund leben 298 347 Frauen und 286 065 Männer.
e) In der Region Aachen wohnen 308 241 Einwohner, davon sind 157 759 Frauen.

Vermischte Übungen

1 Addiere schriftlich. Führe die Probe durch.

a) 48 + 97 + 16
b) 244 + 908 + 738
c) 367 + 419 + 24
d) 241 + 5 004 + 21 + 367
e) 2 468 + 5 + 5 678 + 3 847
f) 1 357 + 9 + 99 + 999
g) 30 303 + 3 003 + 30 000

2 Ergänze die Rechenbäume im Heft.

a)

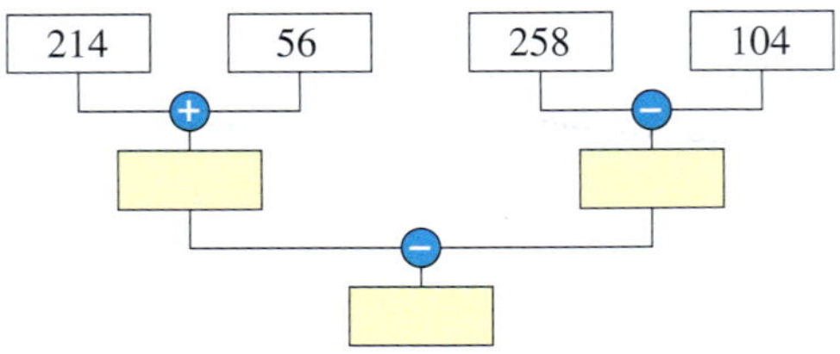

b)

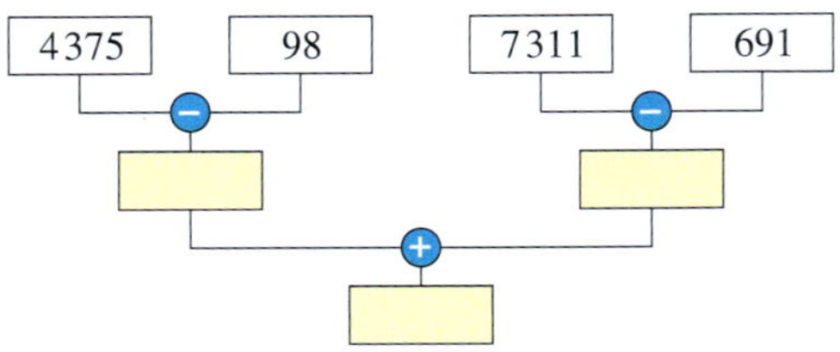

3 Alina feiert ihren Geburtstag. Die Gäste treffen in vier Gruppen bei ihr ein:
In der ersten Gruppe kommen sechs Gäste.
In der zweiten Gruppe kommen zwei Gäste weniger als in der ersten Gruppe.
In der dritten Gruppe kommt ein Gast weniger als in der zweiten Gruppe.
In der letzten Gruppe kommen zwei Gäste weniger als in der zweiten Gruppe.
Wie viele Gäste kommen insgesamt zu Alinas Geburtstagsparty?

1 Addiere schriftlich. Führe die Probe durch.

a) 1 244 + 1 708 + 1 928 + 1 804 + 2 004
b) 3 067 + 4 809 + 5 340 + 1 324 + 47
c) 8 197 + 3 241 + 5 674 + 2 001 + 347
d) 5 768 + 5 009 + 4 758 + 3 847 + 3 070
e) 1 567 987 + 765 + 2 005 007 + 9 876
f) 12 489 635 + 136 + 5 + 2 698 645
g) 18 009 670 + 10 008 + 2 205 006 + 13

2 Magische Quadrate

a) Übertrage die Quadrate in dein Heft und ergänze sie zu magischen Quadraten. Beschreibe mit eigenen Worten deinen Lösungsweg.

①

3	8	
	6	
5		9

②

32	4	6	
10			16
18	14		24
8		30	

b) Verändere das Quadrat ① so, dass seine magische Zahl 21 beträgt.

3 Ein Fußballclub hatte in einem Jahr 7 670 000 € zur Verfügung. Er zahlte seinen Spielern insgesamt 2 872 906 €. Die Platzmiete betrug 215 750 €, an Steuern wurden 1 236 772 € gezahlt. Außerdem entstanden Kosten (Fahrten, Verpflegung usw.) in Höhe von 638 029 €.
Welchen Betrag kann der Verein seiner Jugendmannschaft zur Verfügung stellen, wenn noch 384 000 € für die Anschaffung eines vereinseigenen Busses benötigt werden?

4 Die Tabelle zeigt die Anzahl der Fluggäste und die Frachtmengen auf großen deutschen Flughäfen in einem Jahr.

a) Berechne die Gesamtzahl der Fluggäste.
b) Wie viel Fracht wurde insgesamt verladen?
c) Wie genau sollte man die Zahlen angeben, um die Flughäfen vergleichen zu können?

Flughafen	Fluggäste	Luftfracht (in Tonnen)
Frankfurt a.M.	52 821 788	2 057 175
München	30 608 976	231 736
Berlin (gesamt)	18 506 506	27 164
Düsseldorf	16 510 893	60 308
Hamburg	11 954 560	77 173
Stuttgart	10 111 346	20 290
Köln/Bonn	9 812 815	685 400

5 Eine Tour de France führte in 20 Etappen über eine Gesamtstrecke von 3 687 km.
Nach der 9. Etappe hatten die Fahrer 1 478 km zurückgelegt.
a) Wie viele Kilometer mussten in den restlichen Etappen insgesamt noch zurückgelegt werden?
b) Beschreibe, was die Zahlen in der Grafik bedeuten.
c) Wie groß ist der Höhenunterschied zwischen …
– Gravère und Col du Mont Cenis?
– Modana und Col de la Croix de Fer?

Etappe von Sestrières bis L'Alpe d'Huez

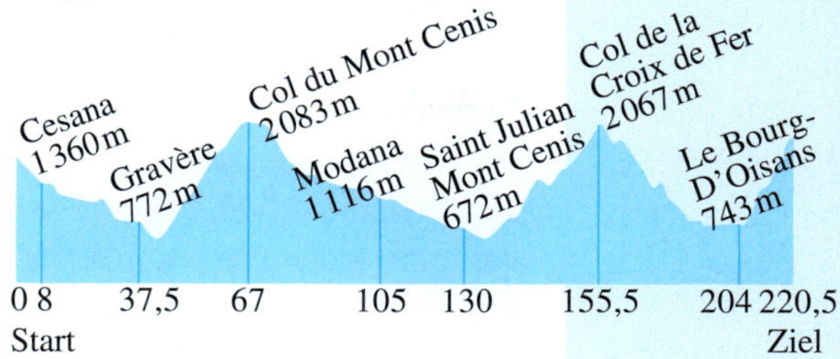

6 Die Klasse 5 a plant eine Klassenfahrt nach Baltrum.
Für Fahrkosten werden 702 €, für Unterkunft und Verpflegung 1 651 € berechnet.
Von der Stadt erhält die Klasse einen Zuschuss von 190 €.
Hinzu kommt eine Spende vom Förderverein in Höhe von 120 €.
Welcher Betrag muss für die Klassenfahrt noch eingesammelt werden?

6 Ein Elektromeister hat im November des Jahres 9 000 € eingenommen.
Davon muss er drei Angestellte bezahlen.
Der erste Angestellte erhält 1 400 €, der zweite 1 200 € und der dritte 1 000 €.
Die Materialkosten der Firma betrugen in diesem Monat 1 600 €.
a) Wie viel Euro betrugen die Ausgaben zusammen?
b) Wie viel Euro blieben noch übrig?

ZUM WEITERARBEITEN
Denkt euch Fragen aus, die ihr mithilfe der Grafik zu Aufgabe 5 beantworten könnt. Stellt euch die Fragen gegenseitig.

7 Die folgenden Rechnungen sind fehlerhaft. Berichtige sie zusammen mit einem Mitschüler oder einer Mitschülerin. Beschreibt, welche Fehler gemacht wurden.
Stellt eure Ergebnisse an der Tafel vor.

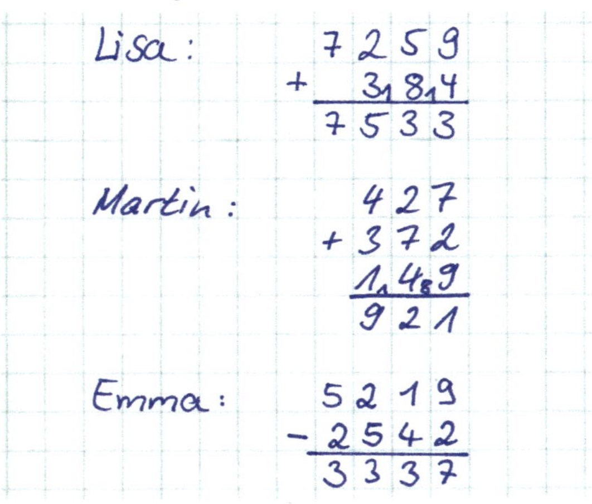

7 Eine Tankstelle verkaufte in einem Jahr folgende Kraftstoffmengen:

	Januar – März	April – Juni	Juli – September	Oktober – Dezember
Normal	12 008	10 887	9 876	8 798
Super	89 760	56 742	68 793	75 847
Super plus	56 748	63 440	87 653	73 400
Diesel	78 567	65 438	55 432	45 637

a) In welchem Vierteljahr wurde die größte Menge Kraftstoff verkauft?
b) Berechne den Jahresverkauf jeder der vier Sorten.
c) Welche Sorte wurde im Jahr am meisten verkauft?

8 Bringe die ungeordneten „Rechendominosteine" in die richtige Reihenfolge.

a)

b)

c) Erfinde selbst ein Rechendomino. Stelle es deinem Sitznachbarn oder deiner Sitznachbarin vor. Verwende dabei die Rechenzeichen plus und minus.

9 Flohmarkt

Maximilian berät seine kleine Schwester Hannah beim Einkauf auf dem Flohmarkt. Hannah möchte gerne ein paar Anziehsachen für ihre Puppen kaufen. Sie hat 3 Euro Taschengeld dabei. Maximilian schlägt ihr vor, eine Jacke für 1 Euro, einen Strampler für 70 Cent, eine Mütze für 60 Cent und ein T-Shirt für 50 Cent zu kaufen.
Vom letzten Geld teilen sich die beiden eine Waffel. Wie teuer ist die Waffel?

10 Rechnen im Beruf

a) Die Ziegelbrennerei Windmüller hatte einen Bestand von 1 500 000 Ziegelsteinen zu Beginn eines Jahres.

So viele Ziegel wurden im ersten Halbjahr verkauft:

Jan:	23 420 Steine
Feb:	28 265 Steine
Mär:	182 425 Steine
Apr:	268 750 Steine
Mai:	327 685 Steine
Jun:	124 450 Steine

① Welchen Bestand hatte die Firma nach dem ersten Vierteljahr?
② Welchen Bestand hatte sie zu Beginn des Monats Juli?
③ Im zweiten Halbjahr verkaufte die Firma insgesamt 220 610 Steine. Welchen Bestand hatte die Firma zu Beginn des nächsten Jahres?
④ Gib Maximum, Minimum und Spannweite der verkauften Steine (Jan–Jun) an.

b) Herr Serlin besitzt ein Elektrogeschäft.
Er beschäftigt fünf Angestellte, die im vergangenen Jahr 13 128 €, 13 436 €, 15 404 €, 14 012 € und 11 536 € an Jahreslohn erhielten.
Die Einnahmen betrugen 207 460 €. An Kosten hatte er 68 235 €.
① Wie hoch waren die Gesamtausgaben?
② Welchen Betrag hatte er im letzten Jahr noch zur Verfügung, wenn er noch zwei Lieferwagen zum Preis von 12 050 € und 9 845 € gekauft hat?
③ Gib das Maximum, das Minimum und die Spannweite der fünf Löhne an.

NACHGEDACHT
Fallen dir Gründe ein, warum die fünf Angestellten von Herrn Serlin unterschiedlich viel verdienen?

11 Max wünscht sich eine komplette Inlinerausrüstung.
In einem Kaufhaus findet er eine Aufstellung für die Ausrüstung mit den Preisen.

Ausrüstung	Preis
Helm	42 €
T-Shirt	23 €
Hose	34 €
Handgelenkschützer	18 €
Knie- und Ellenbogenschützer	64 €
Inlineskates	85 €

a) Wie viel kostet die gesamte Ausrüstung?
b) Wie viel Euro bleiben Max von seinem Spargeld in Höhe von 300 Euro noch übrig? Überschlage zuerst.

Zusammenfassung

Im Kopf addieren und subtrahieren

→ Seite 82

Fachbegriffe bei der Addition
Summand + Summand = Wert der Summe

$$\underbrace{302 + 217}_{\text{Summe}} = 519$$

Fachbegriffe bei der Subtraktion
Minuend – Subtrahend = Wert der Differenz

$$\underbrace{825 - 519}_{\text{Differenz}} = 306$$

Die Subtraktion ist die Umkehrung der Addition. Mit einer Addition kann das Ergebnis einer entsprechenden Subtraktion überprüft werden: 135 – 85 = 50 und 50 + 85 = 135

Rechengesetze und Rechenvorteile

→ Seite 86

Vertauschungsgesetz (Kommutativgesetz)
Summanden dürfen vertauscht werden.
Für alle natürlichen Zahlen a und b gilt:
$a + b = b + a$

$$5 + 145 = 145 + 5 = 150$$

Verbindungsgesetz (Assoziativgesetz)
Summanden dürfen beliebig mit Klammern zusammengefasst werden.
Für alle natürlichen Zahlen a, b und c gilt:
$a + b + c = (a + b) + c = a + (b + c)$

$$17 + 96 + 4 =$$
$$17 + \underbrace{(96 + 4)} = \underbrace{(17 + 96)} + 4$$
$$17 + 100 = 113 + 4$$
$$117 = 117$$

Das Vertauschungs- und Verbindungsgesetz gilt nur für Summen, nicht aber für Differenzen.

Vorrangregel
Stehen Summe oder Differenz in Klammern, wird zuerst der Wert in Klammern berechnet.

$$\underbrace{(40 + 15)}_{55} - \underbrace{(10 + 20)}_{30} = 25$$

Schriftlich addieren und subtrahieren

→ Seite 90

Regeln für die **schriftliche Addition:**
- Summanden stellengerecht untereinanderschreiben
- bei den Einern beginnend die Ziffern von unten nach oben addieren
- Übertrag in der nächsten Stelle addieren, sobald die Summe einer Stelle zehn erreicht

	H	Z	E
	1	4	7
+	1	0	9
+		4	5
	3	0	1

Kurzform

	1	4	7
+	1	0	9
+		4	5
	3	0	1

Regeln für die **schriftliche Subtraktion:**
- Zahlen stellengerecht untereinanderschreiben
- bei den Einern beginnend von unten nach oben ergänzen
- bei Zehnerüberschreitungen den Übertrag in der nächsten Stelle notieren

	H	Z	E
	3	5	0
–	3	0	1
		4	9

Kurzform

	3	5	0
–	3	0	1
		4	9

Checkliste 100-1

Teste dich!

6 Punkte

1 Überschlage zuerst das Ergebnis. Rechne dann schriftlich.

a) 120 + 38 b) 428 − 115 c) 1 067 + 238 d) 5 003 − 1 114 e) 24 569 + 13 345 f) 12 789 − 4 998

6 Punkte

2 Übersetze in eine Aufgabe und berechne.

a) Bilde die Differenz aus den Zahlen 89 und 19.

b) Der erste Summand ist 2 401, der zweite Summand ist 5 428. Gib den Wert der Summe an.

c) Berechne die Summe aus den Zahlen 45 und 136.

d) Der Wert der Differenz ist 36, der Minuend beträgt 47. Wie lautet der Subtrahend?

e) Der erste Summand ist 368, der zweite Summand ist um 10 größer als der erste Summand. Berechne die Summe.

f) Der Wert der Differenz beträgt 48, der Subtrahend ist 60. Berechne den Minuenden.

6 Punkte

3 Berechne die folgenden Aufgaben schriftlich.

a) 456 + 2 758 + 10 509

b) 12 300 567 + 236 731 + 2 234 + 4

c) 555 + 66 666 + 777 777 + 22

d) 23 998 − 15 594

e) 23 998 − 15 594 − 268 − 3 449

f) 111 110 − 56 666

2 Punkte

4 Löse folgende Textaufgaben.

a) Ein Bäcker hat noch 57 Brötchen. Er verkauft nacheinander fünf Brötchen, dann sieben, acht, zwei und dann noch sechs Brötchen. Wie viele Brötchen hat er jetzt noch?

b) Der Tank einer Tankstelle ist mit 30 000 Litern Benzin gefüllt. Am Mittwoch werden 4 270 Liter verkauft, am Donnerstag 5 660 Liter und am Freitag 7 279 Liter. Wie viele Liter bleiben im Tank?

1 Punkt

5 Anfang 2009 hatte ein Sportverein 5 800 Mitglieder. Im selben Jahr meldeten sich 204 ab und 265 kamen neu dazu. Im Jahr 2010 gab es 86 Abmeldungen und 195 Anmeldungen. Im Jahr 2011 betrug die Zahl der Abmeldungen 241 und die der Anmeldungen 187. Wie viele Mitglieder hatte der Verein am Ende des Jahres 2011?

2 Punkte

6 Vervollständige die Additionsmauern im Heft.

a)

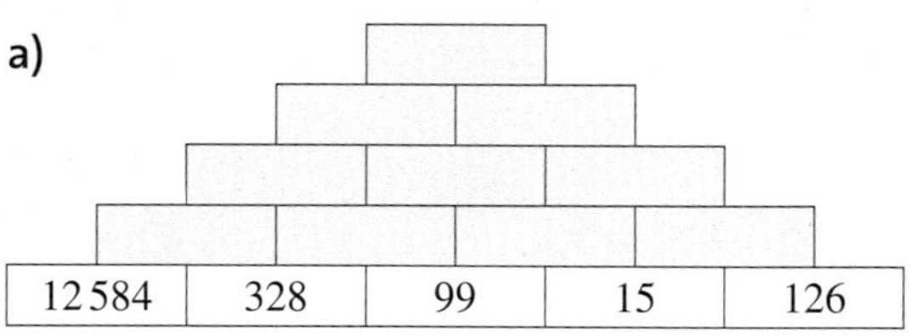

b)

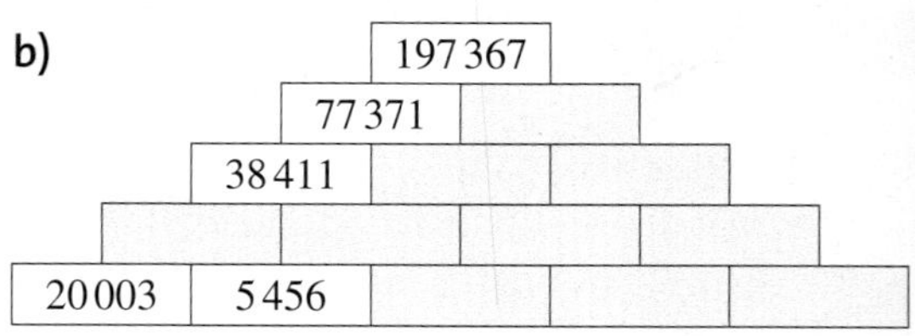

6 Punkte

7 Berechne, indem du geschickt vertauschst und zusammenfasst.

a) 35 + 61 + 75 + 19 b) 74 + 88 + 12 + 26 c) 778 + 11 + 99 + 122

d) 68 + 13 + 2 + 27 e) 1 234 + 667 + 566 f) 37 + 12 + 13 + 58 + 19 + 11

1 Punkt

8 Für einen Spiele-Abend wurde eingekauft. Der Kassenzettel ist rechts abgebildet. Reichen 15 € für diesen Einkauf? Runde geschickt und überschlage. Berechne die Gesamtkosten genau.

Limo	4,78 €
Saft	2,39 €
Chips	2,98 €
Flips	1,58 €
Brezeln	3,68 €

Gold: 28–30 Punkte, Silber: 24–27 Punkte, Bronze: 18–23 Punkte

Lösungen ab Seite 197

Größen

Kim geht gerne klettern. Diesmal möchte sie es am 15 m hohen Felsen bis ganz nach oben schaffen. Sie hat sich ein Ticket für 6 € gekauft. Der Gurt und das 5 mm dicke Sicherungsseil haben zusätzlich 2,50 € gekostet. Ihr Ticket gilt für 2 Stunden. Um 14 Uhr hat sie angefangen, nun ist es bereits 15:30 Uhr. Ob sie es noch bis ganz nach oben schafft? Wenn sie fertig ist, muss sie auch noch die Ausrüstung zurück zum Verleih tragen. Und die Ausrüstung wiegt immerhin 3,26 kg.

Noch fit?

Einstieg

1 Strecken ordnen

Ordne die angegebenen Strecken nach der Größe. Beginne mit der kürzesten.

43 cm | 34 cm | 33 mm | 41 cm

2 Einheiten von Größen

Gib die richtige Einheit an.

a) Carina wiegt 35 ■.
b) Max ist 157 ■ groß.
c) Eine Reitstunde kostet 29,90 ■.
d) Die kleine Pause ist 5 ■ lang.
e) Das Körnerbrötchen kostet 40 ■.
f) Das Schwimmbecken ist 50 ■ lang.

3 Zehnersystem

Beispiel 10 Hunderter = 1 Tausender

a) 1 Zehner = ■ Einer
b) ■ Einer = 1 Hunderter
c) 1 000 Einer = ■ Tausender
d) ■ Einer = 3 Zehner

Aufstieg

1 Zeitenspannen ordnen

Ordne die angegebenen Zeitspannen nach der Größe. Beginne mit der kürzesten.

2 h 21 min | 75 min | 360 s | 140 min

2 Einheiten von Größen

Gib die richtige Einheit an.

a) Für den Kuchenteig braucht man 500 ■ Mehl und $\frac{1}{2}$ ■ Milch.
b) Ein Fußballspiel ohne Verlängerung dauert weniger als 2 ■.
c) Tom kauft für 29,99 ■ ein neues Fußballtrikot und bekommt 1 ■ zurück.

3 Zehnersystem

Beispiel 1 Hunderter = 100 Einer

a) 3 Tausender = ■ Hunderter
b) ■ Einer = 8 Hunderter
c) 20 Zehner = ■ Hunderter
d) ■ Einer = 77 Zehner

4 Gewichte schätzen

Ordne nach dem Gewicht. Beginne mit dem leichtesten Gewicht.

5 Kurz und knapp

a) Was ist mehr wert: 50 Cent oder 5 Euro?
b) Was ist schwerer: 250 Gramm oder 2 Kilogramm?
c) Was ist weiter: 3 Meter oder 90 Zentimeter?
d) Was dauert länger: 25 Stunden oder 1 Tag?

Lösungen ab Seite 197

Größen im Alltag/Geld

Entdecken

1 Beschreibe, wie du vorgehst, um die Fragen zu beantworten.
a) Welcher Wagen ist schwerer beladen? b) Wo liegt mehr Geld?

2 Welche Größe wird mit welchem Messinstrument gemessen? Ordne richtig zu.

Gewicht – Länge – Zeit – Geld

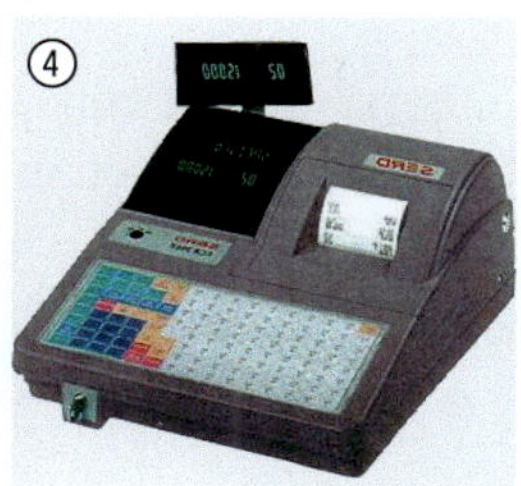

3 Lottospieler träumen davon, einmal im Leben 1 000 000 € zu gewinnen.
Stelle dir vor, ein solcher Gewinn würde in einzelnen 1-€-Münzen ausgezahlt.

① Könntest du einen solchen Berg von Münzen überhaupt tragen?
② Wie hoch wäre wohl ein Stapel von einer Million Euro in 1-€-Münzen?
③ Wie lang ist die Strecke, wenn man die Münzen in einer langen Kette aneinanderlegt?

Wähle eine der Fragen aus und überlege dir eine gute Vorgehensweise zur Beantwortung.
Arbeitet zu zweit und erklärt euch gegenseitig euer Vorgehen.
Einigt euch auf ein Verfahren und beantwortet eine Frage genauer.

TIPP
Wenn du zu Aufgabe 3 Hilfe brauchst, schlage im Stichwortverzeichnis unter „Fermi" nach.

4 Katja, Fabian und Erdem sind begeisterte Fußballfans. Am Samstag wollen sie zusammen mit Katjas Vater zu einem Spiel des 1. FC Köln gehen.

a) Katjas Vater hat 50 € dabei. Welche Karten können sie sich kaufen?
b) Stell dir vor, Katja, Fabian und Erdem haben zusammen 200 € gespart. Überlegt zu zweit: Welche Karten würdet ihr an ihrer Stelle kaufen? Begründet eure Entscheidung.
c) Denkt euch weitere Aufgaben zur Preisliste aus. Lasst die Aufgaben von jemand anders lösen.

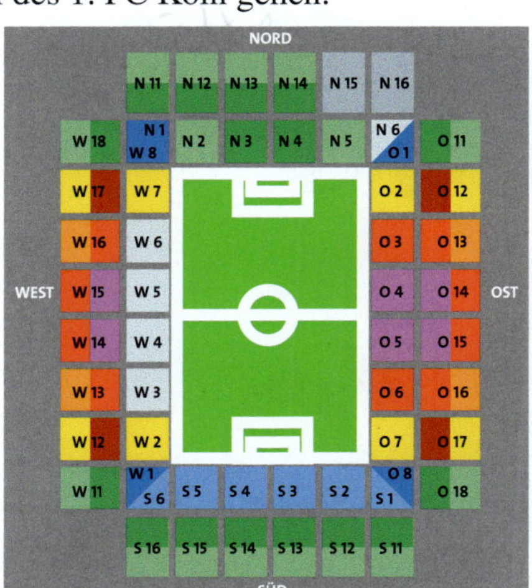

Kategorie	Erwachsener	Junior (bis 16)
I	59 €	40,50 €
II	49 €	32 €
III	44 €	31,50 €
IV	39 €	27 €
V	37 €	24,50 €
VI	33 €	21,50 €
VII	29 €	19,50 €
VIII	23 €	14,50 €
IX	16 €	9,50 €

Verstehen

Erinnerst du dich an Kim, die gerne klettern geht?
Für sie sind im Moment verschiedene Größen wichtig: Sie darf noch 30 min klettern, der Fels ist insgesamt 15 m hoch, sie musste 6 € für das Ticket zahlen und zum Schluss muss sie noch 3,26 kg tragen.

In unserem täglichen Leben begegnen uns sehr oft verschiedene Größen. Man erkennt eine Größe an der **Einheit** hinter der Zahl.
Wir unterscheiden z. B. die Größen Geld, Zeit, Gewicht und Länge.

6 €	30 min	3,26 kg	15 m
Maßzahl ↗ ↖ Maßeinheit	Maßzahl ↗ ↖ Maßeinheit	Maßzahl ↗ ↖ Maßeinheit	Maßzahl ↗ ↖ Maßeinheit

SCHON GEWUSST?
So sehen alle Euro-Scheine aus:

Merke Eine Größe besteht aus **Maßzahl** und **Maßeinheit**.
Vor dem Rechnen müssen die Größenangaben dieselbe Maßeinheit haben.

Beispiel 1
3 € + 250 ct = 3 € + 2,50 € = 5,50 €

Beispiel 2
2 m + 17 cm = 200 cm + 17 cm = 217 cm

Kim feiert ihren Geburtstag an dem Kletterfelsen.
Für das Geburtstagskind ist der Eintritt frei, die eingeladenen Kinder zahlen nur 4,10 €.
Kim lädt drei Freundinnen ein. Was kostet der Eintritt für alle zusammen?

$3 \cdot 4{,}10\,€ = 3 \cdot 410\,ct = 1\,230\,ct = 12{,}30\,€$

Merke Geld ist eine Größe, die angibt, wie viel eine Sache wert ist.

In Deutschland und vielen anderen Ländern Europas wird Geld in Euro (€) und Cent (ct) angegeben. Es gibt auch andere Währungen, z. B. den US-Dollar ($) oder die Türkische Lira (TRY).

ERINNERE DICH
7,32 €
= 7 € 32 ct
= 732 ct

103 ct
= 1 € 3 ct
= 1,03 €

95 ct
= 0 € 95 ct
= 0,95 €

Beispiel 3

Der Wert des Geldes im Bild beträgt 7,32 €.

7,32 €
Maßzahl ↗ ↖ Maßeinheit

Beispiel 4

Hier beträgt der Wert des Geldes 1,91 TRY (Türkische Lira).

1,91 TRY
Maßzahl ↗ ↖ Maßeinheit

Üben und anwenden

1 Sortiere im Heft die Größenangaben zu den passenden Größen.

300 m | 17 Jahre | 35 Gramm | 36 Kilogramm | 15 Stunden | 3 cm | 170 g | 5 Liter | 45 min | 3,50 € | 5 Kilometer

Geld | Zeit | Gewicht | Länge

1 Alle zwei Jahre finden Olympische Spiele statt, abwechselnd im Sommer und im Winter.

Es gibt viele Disziplinen, z. B. Fußball und Eishockey, Schwimmen und Skispringen.

a) Wähle zehn Sportarten aus und sortiere sie nach Sommer- und Wintersportarten.

b) Erstelle eine Tabelle, aus der ersichtlich ist, welche Größen bei welcher Sportart wichtig sind.

NACHGEDACHT
Was bedeuten die Angaben auf den Schildern?

2 Messinstrumente

a) Was kann man mit folgenden Messinstrumenten messen?

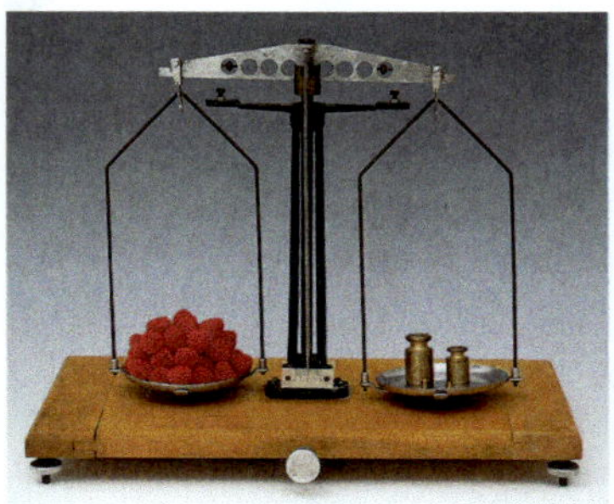

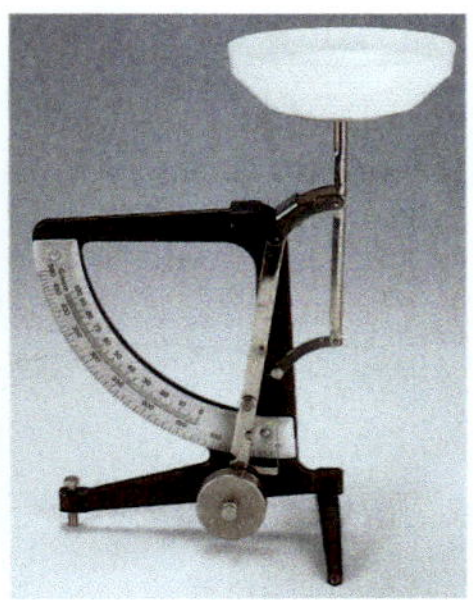

b) Hast du schon einmal eines der Messinstrumente benutzt? Beschreibe möglichst genau, wie dabei gemessen wird.

3 In welcher Einheit wurde gemessen? Wie oft passt die Einheit in die gegebene Größe?

Beispiel 3 Kilogramm: Einheit 1 kg, passt 3-mal, denn 3 kg = 3 · 1 kg.

a) 5 Kilogramm
b) 20 Gramm
c) 15 Minuten
d) 55 Stunden
e) 3 Meter
f) 6 Kilometer
g) 45 Cent
h) 16 Euro

3 In welcher Einheit wurde gemessen? Wie oft passt die Einheit in die gegebene Größe?

Beispiel 3,5 Kilometer sind 3-mal 1 km und 500-mal 1 m.

a) 501 Kilogramm
b) 220 Gramm
c) 40 545 Cent
d) 12,05 Euro
e) 3,5 Meter
f) 6,5 Zentimeter
g) 15 Minuten
h) 3,5 Stunden

4 In welcher Einheit würdest du die folgenden Angaben messen? Mit welchem Messinstrument würdest du messen?

a) Weite beim Weitsprung
b) Höhe einer Tür
c) Dauer einer Unterrichtsstunde
d) Gewicht deines Haustieres
e) Alter deines Haustieres

4 In welcher Einheit würdest du die folgenden Angaben messen? Mit welchem Messinstrument würdest du messen?

a) Entfernung zwischen zwei Städten
b) heutiges Datum
c) Gewicht eines Autos
d) Geschwindigkeit eines Autos
e) Größe eines Kleinkindes

5 Wandle in Euro bzw. in Cent um.

a) 600 ct (in €) b) 4 000 ct (in €)
c) 305 ct (in €) d) 750 ct (in €)
e) 60 ct (in €) f) 12 € (in ct)
g) 77 € (in ct) h) 5 807 Cent (in €)
i) 0,50 € (in ct) j) 5,30 € (in ct)

HINWEIS

www 106-1

Unter dem Webcode 106-1 findest du interessante Informationen zum Euro.

6 Gib die Beträge mit möglichst wenigen Geldscheinen und Münzen an.

a) 4,50 € b) 1,70 €
c) 0,83 € d) 10,45 €
e) 13 € f) 57 €
g) 55,10 € h) 20,30 €

7 Wie viel ist jeweils zu zahlen?

a) Anna kauft eine Bluse für 16 € und eine Hose für 43 €.
b) Amelie kauft Schuhe für 49,95 € und Schuhcreme für 2,50 €.
c) Frau Bender parkt drei Stunden im Parkhaus. Jede Stunde kostet 1,80 €.
d) Celine kauft Schokolade für 69 ct und eine Packung Kekse für 1,29 €.
e) Maja kauft 2 Packungen Äpfel für je 2,90 € und Bananen für 3,50 €.
f) Daniel kauft einen Fahrradhelm für 49,50 € und eine Fahrradklingel für 5,90 €.

ZU AUFGABE 8

8 Clever einkaufen

a) Florian hat 10 €. Überschlage: Reicht sein Geld für die Einkäufe, die in der Randspalte abgebildet sind?
b) Rechne genau, wie teuer die Einkäufe sind.
c) Denke dir selbst eine Aufgabe zu den Einkäufen aus. Überschlage und löse sie.

9 Ergänze die Tabelle im Heft.

Kaufpreis	gegeben	Rückgeld
24,50 €	30,00 €	
4,71 €	10,00 €	
34,72 €	40,00 €	
39,62 €	50,00 €	
	50,00 €	22,50 €
	40,00 €	7,22 €
	65,00 €	3,27 €
44,72 €		5,28 €
17,33 €		82,67 €

5 Wandle in Cent bzw. in Euro um.

a) 7 € b) 507 ct
c) 950 ct d) 34 ct
e) 0,01 € f) 37,05 €
g) 103 ct h) 10 000 €
i) 24,03 € j) 40 808 ct

6 Zahle passend.
Gibt es mehrere Möglichkeiten?

a) 25,65 € b) 67,14 €
c) 132,27 € d) 222,22 €
e) 38,30 € f) 379,39 €
g) 123,07 € h) 17,80 €

7 Im Supermarkt gibt es folgende Angebote:

Produkt	Preis
Wasser	60 ct
Cola	75 ct
Orangensaft	55 ct
Nudeln	1,09 €
Käse	1,89 €
Schmand	55 ct

Produkt	Preis
Möhren	1,49 €
Broccoli	2,49 €
6 Eier	1,79 €
Paprika	1,95 €
Zucchini	2,29 €
Joghurt	39 ct

a) Frau Schrader kauft Käse, Paprika, Möhren, Nudeln, Schmand und Orangensaft. Wie teuer ist ihr Einkauf?
b) Herr Müller kauft von jeder Gemüsesorte einmal das Angebot. Wie viel muss er bezahlen?

8 Clever einkaufen

a) Kaufe aus dem Angebot (aus Aufgabe 7) für möglichst genau 10 € ein.
b) Denke dir weitere Aufgaben zu den Angeboten aus. Lasse sie von einer Partnerin oder einem Partner lösen.

9 Wie viel Wechselgeld bekommt man zurück, wenn man diese Rechnung mit einem 20-€-Schein bezahlt?

G&G TATUE	#0.99
FRUIT 2DAY	1.99
CLEMENTINEN	1.49
KAESE SCHEI	1.99
MILCHREIS	0.59
AEPFEL	1.99
PARTY NUTS	0.89
Kaufsumme:	

Zeit

Entdecken

1 Schätze und ordne die Zeitspannen zu. Wie lange dauert …

a) ein 100-Meter-Lauf,
b) der Bau eines Einfamilienhauses,
c) ein Lied deiner Lieblingsband,
d) ein Kinofilm,
e) ein Flug zum Mond,
f) ein Flug von Düsseldorf nach New York?

20 s | 1 Jahr | 8 h 52 min | 3 Tage | 100 min | 2 min 39 s

Überlege dir auch eigene „Schätzaufgaben“. Tauscht sie untereinander und löst sie gegenseitig.

NACHGEDACHT
Ein Jahr hat meistens 365 Tage. Es gibt aber Ausnahmen. Welchen Namen trägt diese Ausnahme? Gib die Anzahl der Tage an.

2 Wie lang ist eigentlich eine Minute?

a) Arbeitet zu zweit. Du sitzt und versuchst, möglichst genau nach einer Minute aufzustehen. Deine Partnerin oder dein Partner stoppt mit einer Stoppuhr die Zeit und beobachtet, ob mehr oder weniger Zeit vergangen ist. Tauscht dann die Aufgaben.
b) Probiert auch folgende Aktivitäten aus. Gibt es Unterschiede im Zeitempfinden?
   ① Erzähle eine Minute lang von deinen Hobbys.
   ② Mache eine Minute lang Kniebeugen.
   ③ Sei eine Minute ganz still.
c) Beschreibe, wie du vorgegangen bist, um ungefähr eine Minute abzuschätzen.

3 Um 6:45 Uhr ist Sarah aufgestanden. Um 7:20 Uhr ist sie mit dem Bus zur Schule losgefahren und war 15 Minuten unterwegs. Um 8:00 Uhr fängt die Schule an. Jede Unterrichtsstunde dauert 45 Minuten. Nach der Schule hat Sarah eine Stunde für die Hausaufgaben gebraucht. Jetzt ist es 15:10 Uhr.

a) Notiere alle Zeitangaben, die in dem Text vorkommen. Kannst du die Zeitangaben sortieren? Erkläre, nach welchen Gesichtspunkten du sortiert hast.
b) Jetzt ist es 15:10 Uhr. Wie lange ist Sarah schon wach? Erkläre, wie du vorgehen kannst, um das zu berechnen. Worauf musst du achten?

4 In einer Zeitung stand dieser Artikel.

a) Prüfe, ob die Anzahl „sechs Millionen“ realistisch ist. Rechne nicht exakt, sondern überschlage mit gerundeten Zahlen.
b) Wer hat wohl die Anzahl der Hickser gezählt? Wie kommt man auf diese Zahl?

Dauer-Schluckauf nach 42 Tagen gestoppt

Sechs Millionen „Hickser“

Gelsenkirchen (dpa) Der Dauer-Schluckauf, der einen 75-Jährigen in Gelsenkirchen 42 Tage plagte, ist gestoppt. Nach sechs Millionen „Hicksern“ ist er das Leiden los. Was den Schluckauf beruhigte, könne er nicht genau sagen – er habe viele Mittel angewandt, um den „Dauer-Hick“, der ihn zeitweise bis zu hundertmal pro Minute plagte, zu stoppen.
Nachdem sein Leiden bundesweit Schlagzeilen gemacht hatte, hatten ihm Hunderte Anrufer und Briefeschreiber Rezepte empfohlen. Der Katalog reichte von Senfsamen über Brennnesselsaft bis zu Wechselbädern oder Hocksprüngen.
Der 75-Jährige will jetzt die Flut von Ratschlägen sammeln, veröffentlichen oder an Leidensgenossen weitergeben.

ZUM KNOBELN
Wie lange bräuchte man, wenn man sich 1 Million Euro in 1-Cent-Stücken auszahlen lassen möchte (in jeder Sekunde 1 Cent)?

Verstehen

Luca plant eine Zugfahrt von Münster nach Wuppertal. Er informiert sich im Fahrplan der Deutschen Bahn über Abfahrts- und Ankunftszeiten sowie über die Fahrtzeiten der Züge.

Zug		RE 4 10418	RE 7 10721 Mo–Fr	RE 7 10721 Sa, So	IC 2025	RB 48 11121	ERB 20218	ICE 952	RB 48 11321	RE 4 10420	RE 7 10723 Mo–Fr	RE 7 10723 Sa, So	IC 2046
von			Rheine	Rheine	Hamburg-Altona			Berlin Ostbf.					Leipzig
Münster (Westf) Hbf	80 7		11 34	11 34	12 03						12 32	12 34	
Münster-Hiltrup			11 40	11 40							12 38	12 40	
Drensteinfurt			11 48	11 48							12 46	12 48	
Hamm (Westf)	400,415,430 80 7 ○		11 59	11 59							12 57	12 59	
Hamm (Westf)	7		12 01	12 02			12 25	12 54			13 02	13 01	13 14
Bönen			12 08	12 08			12 31				13 08	13 08	
Unna	437,450.4 4 ○		12 13	12 13			12 36				13 13	13 13	
Unna	81 4		12 14	12 14			12 37				13 14	13 14	
Holzwickede	81 4		12 20	12 20			12 42				13 20	13 20	
Schwerte (Ruhr)	82 4		12 27	12 27			12 49				13 27	13 27	
Dortmund Hbf	427 83 7	12 09			12 36					13 09			13 37
Witten Hbf	83 4	12 19								13 19			
Hagen Hbf	435,440,441 84 6 ○	12 30	12 37	12 37	12 55		12 59	13 22		13 30	13 37	13 37	13 55
Hagen Hbf	85 6	12 32	12 39	12 39	12 57		13 02	13 24		13 32	13 39	13 39	13 57
Ennepetal	86	12 40	12 47	12 47			13 09			13 40	13 47	13 47	
Schwelm	450.8 85 3	12 45	12 52	12 52			13 13			13 45	13 52	13 52	
Wuppertal-Oberbarmen	458 4 ○	12 48	12 56	12 56			13 17			13 48	13 56	13 56	
Wuppertal-Oberbarmen	4	12 49	12 57	12 57			13 18			13 49	13 57	13 57	
Wuppertal-Barmen		12 52					13 20			13 52			
Wuppertal Hbf	6 ○	12 56	13 02	13 02	13 12		13 23	13 39		13 56	14 02	14 02	14 12
Wuppertal Hbf	6	12 58	13 04	13 04	13 14	13 21	13 25	13 41	13 45	13 58	14 04	14 04	14 14

Er notiert die **Zeitpunkte** von Abfahrt und Ankunft verschiedener Züge:

ab Münster	an Wuppertal
11:34 Uhr	13:02 Uhr
12:03 Uhr	13:12 Uhr

Er berechnet auch die **Zeitspannen** zwischen Abfahrt und Ankunft dieser Züge:

1 Stunde 28 Minuten
1 Stunde 9 Minuten

Merke Ein **Zeitpunkt** ist ein genau festgelegter Termin, zum Beispiel 11:27 Uhr oder der 24. März.
Eine **Zeitspanne** ist die Dauer zwischen zwei Zeitpunkten, zum Beispiel 23 Minuten, ein Jahr oder von 12:55 Uhr bis 13:22 Uhr.

Luca hat die Zeitspannen so berechnet:
11:34 Uhr → 12:00 Uhr → 13:00 Uhr → 13:02 Uhr
26 min + 1 h + 2 min = 1 h 28 min

Die Zeitspanne beträgt insgesamt 1 Stunde 28 Minuten.

Esra überlegt: „Beim SMS-Schreiben braucht mein Opa pro Buchstaben 1 Sekunde. Also braucht er für drei SMS mit insgesamt 480 Zeichen auch 480 Sekunden. Wie viele Minuten sind das? $480:60 = 8$. Es sind also 8 min.“

Esra überlegt weiter: „Wenn er 1 Stunde lang SMS schreibt, wie viele Zeichen schafft er dann? $1\,h = 60\,min = 60 \cdot 60\,s = 3\,600\,s$. Er würde also 3 600 Zeichen schaffen.“

Merke **Maßeinheiten der Zeit und ihre Umrechnungen**

Jahr	a
Tag	d
Stunde	h
Minute	min
Sekunde	s

$1\,a = 365\,d$
$1\,d = 24\,h = 1\,440\,min = 86\,400\,s$
$1\,h = 60\,min = 3\,600\,s$
$1\,min = 60\,s$

Beachte die unterschiedlichen **Umrechnungszahlen**.

SCHON GEWUSST?
Die Abkürzungen „a“, „d“, „h“ kommen aus der lateinischen Sprache.
Im Englischen sind manche Wörter ähnlich.
*a: **a**nnus*
*d: **d**ies (engl. **d**ay)*
*h: **h**ora (engl. **h**our)*

Üben und anwenden

1 Zeitpunkt oder Zeitspanne?
a) Ich komme um 18:00 Uhr zu dir.
b) Die Pause beginnt um 9:35 Uhr.
c) Der Unterricht dauert von 8 Uhr bis 14 Uhr.
d) Eine Woche dauert 7 Tage.
e) Max wurde um 15 Uhr geboren.

1 Zeitpunkt oder Zeitspanne?
a) Die Erde dreht sich in 24 Stunden einmal um ihre Achse.
b) Der Mathematiker Leonhard Euler lebte vom 04.04.1707 bis zum 18.09.1783.
c) Mein Geburtstag ist der 25. Januar.
d) Vor drei Wochen war Neujahr.

2 Arbeitet zu zweit oder in Gruppen und erstellt zwei Listen.
a) Welche Worte gebrauchen wir, wenn wir von Zeitpunkten reden?
b) Welche Worte gebrauchen wir, wenn wir von Zeitspannen reden?

3 Zeiteinheiten umrechnen
a) Rechne in Sekunden um.
① 15 min; 45 min; 60 min
② 4 min und 35 s; 2 min und 3 s
③ 10 min 15 s; 25 min 30 s
b) Rechne in Minuten um.
① 360 s; 3 600 s; 300 s; 840 s
② 124 s; 296 s; 3 003 s; 256 s
③ 2 h; 3 h; 5 h; 2 h 30 min
c) Rechne in Stunden um.
① 480 min; 400 min; 720 min; 170 min
② 3 Tage; 7 Tage; 1 Woche
③ 2 Tage und 3 h; 4 Tage und 12 h

4 Ergänze die Tabelle im Heft.

Zug-Nr.	ab Bielefeld	an Hannover	Fahrtzeit
RE 29 621	13:59	15:18	
ICE 549	14:37	15:28	
RE 14 211	14:24	15:50	
RE 29 623	14:49	16:30	

5 Wie lange dauert es …
a) von 8:10 Uhr bis 8:50 Uhr?
b) von 7:24 Uhr bis 8:24 Uhr?
c) von 15:45 Uhr bis 17:30 Uhr?
d) von 7:45 Uhr bis 12:35 Uhr?
e) von 7:20 Uhr bis 21:15 Uhr?

3 Schreibe in der angegebenen Einheit.
a) 2 h 3 min (min)
b) 3 Tage 6 h (h)
c) 7 min (s)
d) 2 h 50 min (min)
e) 240 min (h)
f) 28 min 10 s (s)
g) 48 h (d)
h) 96 h (d)
i) 3 d (min)
j) 5 h 30 min (min)
k) 80 Jahre (d)
l) 800 d (Jahre)

4 Ergänze die Tabelle im Heft.

Zug-Nr.	ab Bielfeld	an Hannover	Zeitspanne
IC 604	14:10	15:01	
IR 2645	14:45	15:43	
RE 3927	14:20	15:52	
IC 1945	15:06		53 min
ICE 641	16:38		50 min
RE 29775		16:50	1:26 h
ICE 953		18:28	51 min
RE 14215	18:24		1:26 h

5 Wie viel Zeit liegt dazwischen?
a)
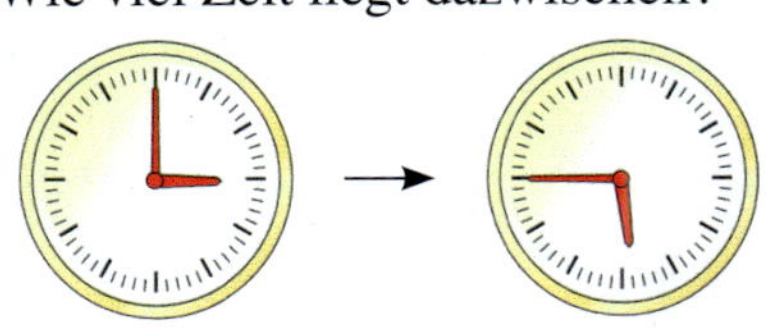
b)
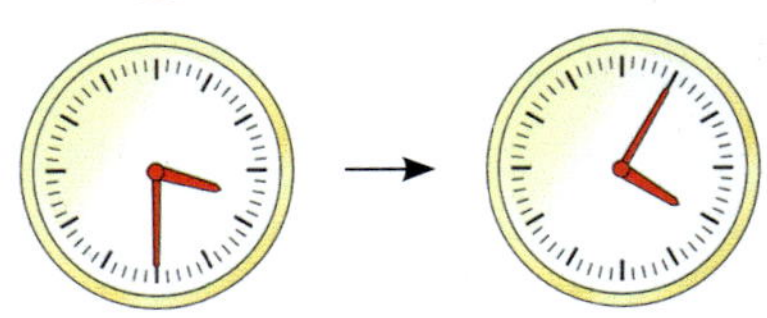

6 Auf der gegenüberliegenden Seite findest du einen Fahrplan. Kim wohnt in Hamm und muss um 13:30 Uhr in Wuppertal sein. Welchen Zug sollte sie nehmen?

SCHON GEWUSST?
3:05 h = 3 h 5 min
20:58 min = 20 min 58 s
1:37:25 h = 1 h 37 min 25 s

HINWEIS
109-1
Unter dem Webcode findest du weitere Umrechnungsübungen und Übungen zum Ablesen der Uhrzeit.

7 Kolja und Mesut sind am Samstag um 15:30 Uhr in Essen verabredet. Sie wollen ins Kino am Berliner Platz gehen. Kolja wohnt in Duisburg und muss mit dem Zug fahren. Mesut hat ihm gesagt, dass er am Hauptbahnhof in Essen die U-Bahn U11 oder U17 nehmen muss.

Hier siehst du die Fahrpläne:

Düsseldorf Hbf	450.28,485,495	8 ○		14 05	14 09	14 19	14 31	14 37						15 01		15 06	15 06	15 11
Düsseldorf Hbf		81 8	14 06	14 10	14 14	14 22	14 33	14 39		14 45	14 52	14 53	14 54	15 03	15 06	15 10	15 10	15 14
Düsseldorf Flughafen		99 8	14 14			14 28				14 53		15 00	15 02	15 10	15 14			
Duisburg Hbf	416,420,425,498	7 ○	14 22	14 22	14 26	14 36	14 44	14 49		15 03	15 03	15 08	15 11	15 18	15 22	15 22	15 22	15 27
Duisburg Hbf		81 7	61 14 24	14 28	14 28	14 38	14 46	14 51	15 00	15 10	15 05	15 10	15 15	15 20	61 15 24	15 24	15 24	15 29
Mülheim (Ruhr) Hbf	450.3	82	14 30			14 44			15 06				15 21		15 30			
Essen Hbf	423,425,446	82 7 ○	14 36	14 39		14 50	14 57	15 02	15 12		15 15	15 21	15 27		15 36	15 35	15 35	
nach			Münster		Norddeich Mole	Paderborn	Dortmund			Hamm (Westf)		Berlin Ostbf.	Minden (Westf)	Emmerich	Münster	Hamburg-Altona	Stralsund Hbf	Amsterdam

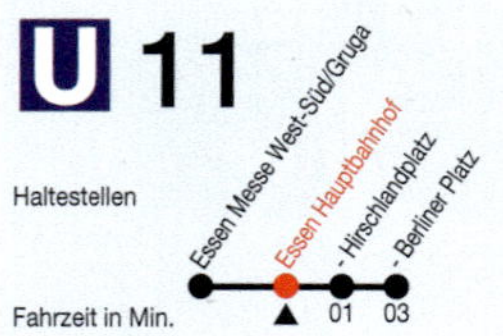

Uhr	samstags
13	11 26 41 56
14	11 26 41 56
15	11 26 41 56
16	11 26 41 56
17	11 26 41 56

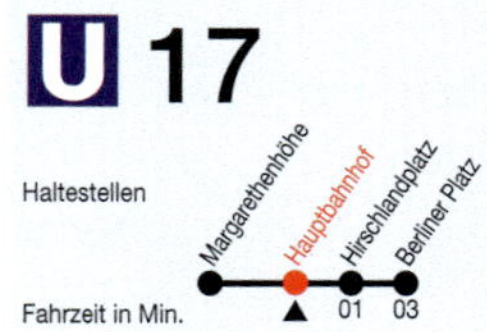

Uhr	samstags
13	09 24 39 54
14	09 24 39 54
15	09 24 39 54
16	09 24 39 54
17	09 24 39 54

a) Welche Züge kann Kolja nehmen, damit er pünktlich am Kino ankommt?
b) Diskutiere mit einem Partner oder einer Partnerin, welche Möglichkeit die beste ist.
c) Schreibe selbst eine Rechengeschichte. Alle nötigen Informationen kannst du im Bus- und Zugfahrplan deiner Stadt finden. Wenn du keinen Fahrplan hast, nutze die Fahrpläne von dieser und den vorigen Seiten.

Sommer 3:53
Only Boy 3:55
Go 5:15
Bitte hör nicht auf zu singen.......... 3:25
Feuerwerk......... 3:47
The day 5:08

8 Berechne im Heft.
a) 2 h 13 min + 3 h 26 min
b) 10 h 35 min + 3 h 18 min
c) 2 h 27 min + 4 h 54 min
d) 7 min 38 s + 13 min 22 s
e) 47 min 48 s + 1 h 46 min 16 s
f) 3 h 32 min 20 s + 2 h 27 min 40 s

8 Noah hat sich eine neue CD gekauft. Die Lieder siehst du in der Randspalte.
a) Berechne die Gesamtlänge der CD.
b) Für die Schulparty darf Noah für 15 min die Lieder von seiner CD zusammenstellen. Mache drei Vorschläge für Noahs Playlist.
c) Noah möchte die 15 min besonders gut ausnutzen. Schlage eine Playlist vor.

9 Wie viele Tage dauern die jeweiligen Jahreszeiten im Jahr 2012?
Frühlingsanfang: 20.03.
Sommeranfang: 21.06.
Herbstanfang: 22.09.
Winteranfang: 21.12.

9 Ein Jahr hat 12 Monate. Gibt die Zeitspanne in Jahren an.
a) Ein Kredit hat 84 Monate Laufzeit.
b) Eine Stadtchronik berichtet: „Unser ältester Bürger ist 1 248 Monde (Monate) alt geworden."

10 Schreibe in Jahren und Tagen.
a) Tims kleine Schwester ist jetzt seit 400 Tagen auf der Welt.
b) Die Schwangerschaft bei Elefanten dauert ca. 660 Tage.
c) In der Wildnis werden Zauneidechsen ca. 2 007 Tage alt.
d) Albert Einstein wurde am 14.03.1879 geboren und starb am 18.04.1955.
e) Michael Jackson wurde am 29.08.1958 geboren und starb am 25.06.2009.

TIPP
Wenn du zu Aufgabe 11 Hilfe brauchst, schlage im Stichwortverzeichnis unter „Fermi" nach.

11 Wie viele Minuten Pause hattet ihr bis jetzt in eurem Schulleben? Arbeite mit einer Partnerin oder einem Partner. Stellt euren Lösungsweg den anderen vor.

Gewicht (Masse)

Entdecken

1 Mit einer Waage kann man messen, wie schwer etwas ist.

Tafelwaage

Elektronische Waage

a) Auf der links abgebildeten Tafelwaage liegen auf der einen Seite drei Pflastersteine und auf der anderen Seite sechs Wägestücke. Nur auf den großen Wägestücken kann man die Aufschrift erkennen. Wie schwer sind die Pflastersteine mindestens? Begründe.
b) Das Bild rechts zeigt eine elektronische Waage. Wo werden solche Waagen verwendet?
c) Nenne noch andere Arten von Waagen. Wo werden sie verwendet?

2 Gib mindestens vier verschiedene Tiere an und schätze deren Gewicht. Vergleiche nun deine Schätzungen mit Angaben aus einem Lexikon oder von einer Internetseite. Gib jeweils die Differenz an.

3 Schaue dir das Bild genau an. Schreibe dazu eine Rechengeschichte. Präsentiere deine Geschichte und lasse sie von deinen Mitschülerinnen und Mitschülern lösen.

Verstehen

SCHON GEWUSST?
Streng genommen heißt die Einheit für Gewichte „Newton“ (N). In der Wissenschaft heißt die Größe, die man in Gramm und Kilogramm misst, die „Masse“.

Anne hat einen jungen Hund, der Peppels heißt.
Immer wenn sie mit ihrem Hund zum Tierarzt geht, wird er gewogen.
Das hilft dem Tierarzt einzuschätzen, ob Peppels sich richtig entwickelt.

Das Gewicht des Welpen beträgt 500 g.

500 g
Maßzahl ↗ ↖ Maßeinheit

BEACHTE
Beim Wiegen eines Gegenstandes oder eines Tiers vergleicht man sein Gewicht mit dem Gewicht eines 1-g-Stücks. Der Welpe ist also so schwer wie 500 von den 1-g-Stücken, kurz: 500 g.

Merke Das **Gewicht** ist eine Größe, die angibt, wie schwer etwas ist.
Das Gewicht wird mit einer Waage gemessen.

Ein ausgewachsener Golden Retriever wiegt etwa 40 kg. Wie viel mal schwerer ist ein ausgewachsener Golden Retriever im Vergleich zu einem Welpen?
Anne überlegt: Wie viel Gramm sind 40 kg?

$40\,kg = 40 \cdot 1\,kg = 40 \cdot 1\,000\,g = 40\,000\,g$

$40\,000 : 500 = 80$

Der ausgewachsene Golden Retriever ist 80-mal so schwer wie der Welpe.

Merke **Maßeinheiten des Gewichts und ihre Umrechnungen**

Tonne	t
Kilogramm	kg
Gramm	g
Milligramm	mg

1 t = **1000** kg = 1 000 000 g
1 kg = **1000** g = 1 000 000 mg
1 g = **1000** mg

Bei Gewichten ist die **Umrechnungszahl 1 000**.

Beispiel

Beim Tierarzt wird eine Hündin mit einem ihrer Welpen gewogen. Die Hündin wiegt 35 kg und ihr Welpe wiegt 876 g. Wie viel wiegen die Hündin und ihr Welpe zusammen?

$35\,kg + 876\,g = \square$

Man rechnet 35 kg in g um: $35\,kg = 35\,000\,g$

$35\,000\,g + 876\,g = 35\,876\,g$

BEACHTE
Nullen am Ende einer Kommazahl kannst du weglassen:
4 700 g = 4,700 kg = 4,7 kg
Sonst darfst du sie nicht weglassen:
3 051 kg = 3,051 t

Gewichte kann man auch mithilfe einer Stellenwerttafel umrechnen:

kg			g			mg			
H	Z	E	H	Z	E	H	Z	E	
	3	5	8	7	6	0	0	0	
	3	5	8	7	6				: 1 000
	3	5,	8	7	6				: 1 000

35 876 000 mg = 35 876 g = 35,876 kg

t			kg			
H	Z	E	H	Z	E	
		7,	0	5	1	
		7	0	5	1	· 1 000

7,051 t = 7 051 kg

Üben und anwenden

1 Mit welcher der genannten Waagen würdest du den Gegenstand wiegen? Bei der Auswahl sind auch mehrere Waagen möglich. Begründe deine Entscheidung.
Apothekerwaage; Briefwaage; Küchenwaage; Kaufmannswaage; Personenwaage; Großwaage

a) Mathematikbuch b) Vogelfeder c) Beutel Tomaten d) PKW
e) Packung Kaffee f) voller Reisekoffer g) Tablette h) DIN-A4-Blatt
i) Tortenstück j) Bleistift k) Briefmarke l) Nashorn

2 Ordne die Gewichte richtig zu: 150 t; 1 mg; 10 g; 1 kg; 70 kg; 450 kg; 1,4 t; 7 t.

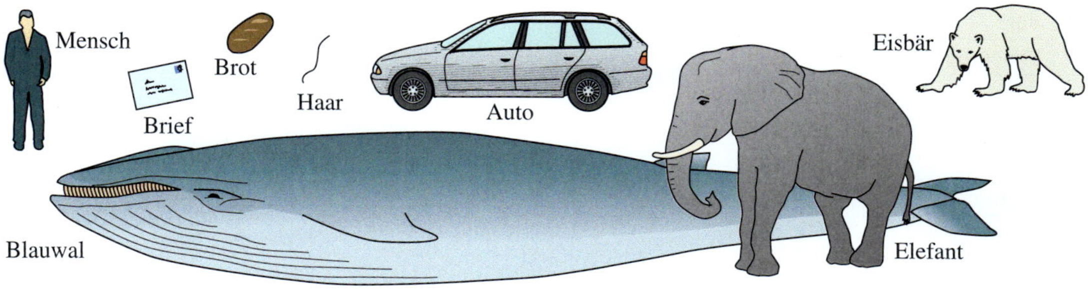

3 Wandle in die angegebene Einheit um.

	t			kg			g		
	H	Z	E	H	Z	E	H	Z	E
Bsp.: in kg						8	0	0	0

8 000 g = 8 kg

	t H	t Z	t E	kg H	kg Z	kg E	g H	g Z	g E
a) in kg		5	0						
b) in g			1,	0	5				
c) in kg	1	0	5						
d) in g					2	0			
e) in kg				1	5	0	6	0	0
f) in kg		2	5	3	4	6	0	0	0

3 Wandle in die angegebene Einheit um.

	t			kg			g		
	H	Z	E	H	Z	E	H	Z	E
Bsp.: in kg						8	0	0	0

8 000 g = 8 kg

	t H	t Z	t E	kg H	kg Z	kg E	g H	g Z	g E
a) in kg					1	5	3	0	0
b) in kg						4	7	6	0
c) in t		2	8	3	0	0			
d) in kg			4	0	2	0	0	0	0
e) in kg								5	4
f) in t						9			

4 Immer zwei Gewichtsangaben gehören zusammen. Welche?

4 000 g | 440 g | 4,4 kg | 4 g | 4 400 000 mg | 4 kg | 4 000 mg | 0,44 kg | 44 000 mg | 44 g

4 Ergänze die Einheiten.

a) 5 t = 5 000 ▢ = 5 000 000 ▢
b) 4 000 000 mg = 4 000 ▢ = 4 ▢
c) 0,8 t = 800 ▢ = 800 000 ▢
d) 0,007 t = 7 ▢ = 7 000 ▢
e) 75 000 mg = 75 ▢
f) 800 kg = 0,8 ▢
g) 3 500 000 mg = 3,5 ▢

5 Schreibe das Gewicht einmal in der größeren und einmal in der kleineren Einheit.
Beispiel 5 kg 400 g = 5,4 kg = 5 400 g

a) 3 kg 200 g b) 4 t 500 kg
c) 5 g 480 mg d) 9 kg 700 g
e) 45 t 950 kg f) 9 kg 90 g
g) 32 kg 20 g h) 3 t 99 kg

5 Schreibe in zwei Einheiten, einmal mit und einmal ohne Komma.
Beispiel 5 kg 400 g = 5,4 kg = 5 400 g

a) 30 kg 200 g b) 4 t 55 kg
c) 750 g 48 mg d) 909 kg 70 g
e) 405 t 9 kg f) 5 t 700 g
g) 90 kg 9 g h) 3 kg 2 g

ZU AUFGABE 1

Apothekerwaage

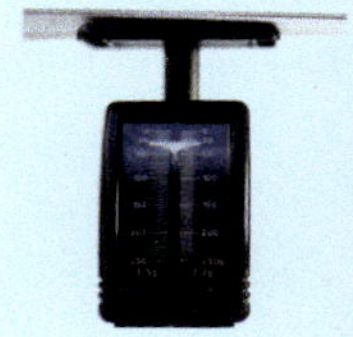
Briefwaage

Küchenwaage

Kaufmanns-waage

Personenwaage

Großwaage

6 Rechne in die in Klammern angegebene Einheit um.

a) 7 g (mg) b) 20 kg (g)
c) 15 000 kg (t) d) 75 t (kg)
e) 8 000 000 g (kg) f) 6 000 mg (g)
g) 27 kg (g) h) 361 t (kg)
i) 0,5 kg (mg) j) 40 t (g)

7 Im Supermarkt

Produkt	Gewicht
1 l Mineralwasser	1 kg
Käse	250 g
Gurken	380 g
Zucker	1 kg
Waschmittel	2,5 kg
1,5 l Cola	1,5 kg
Tomaten	500 g
Kekse	125 g
1 Tafel Schokolade	100 g
Teebeutel	30 g

a) Justus kauft Käse, Gurken, Tomaten und Waschmittel. Wie viel muss er tragen?
b) Peter kauft zwei Liter Mineralwasser, Zucker, Tomaten und Teebeutel. Wie schwer ist sein Einkauf?
c) Bob kauft eine Flasche Cola, Kekse und zwei Tafeln Schokolade. Wie viel wiegen die Dinge zusammen?
d) Stelle einen eigenen Einkauf zusammen, der möglichst genau 4 kg wiegt. Rechne mit dem Überschlag.

8 Jakob rührt Waffelteig für vier Personen an.

Waffelteig für vier Personen
250 g Butter, 0,5 kg Mehl,
4 Eier (wiegen etwa 200 g),
30 g Zucker, 5 g Backpulver

a) Wie viel wiegt der Teig? Gib das Gewicht in g und in kg an.
b) Schreibe das Rezept für acht Personen auf. Wie viel wiegt der Teig dann?

6 Berechne im Heft.

a) 8 t – 6 500 kg = ☐ kg
b) 6 g – 3 850 mg = ☐ mg
c) 80 000 g – 45 kg = ☐ kg
d) 0,6 t – 80 kg = ☐ kg
e) 1 kg – 10 g + 100 mg = ☐ g
f) 37 t – 6 380 kg – 5 g = ☐ kg

7

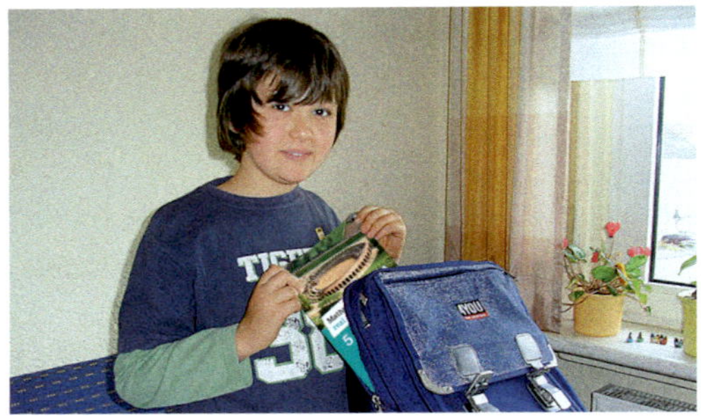

Tim packt täglich seine Schultasche.
Ein Schulheft wiegt etwa 80 g, ein Schulbuch 500 g, seine Federtasche wiegt 460 g. Der Atlas wiegt 0,86 kg, der Sportbeutel wiegt 1,1 kg. Seine Schultasche wiegt leer 1,05 kg.

	Mo	Di	Mi	Do	Fr
Hefte	3	5	4	4	5
Schulbuch	3	4	1	4	2
Federtasche	1	1	1	1	1
Sportbeutel	0	0	1	0	1
Atlas	0	1	1	0	0

a) Wie viel muss Tim an jedem Tag tragen?
b) An welchem Tag muss er am wenigsten tragen, an welchem Tag am meisten?
c) Wiege deine eigene gepackte Schultasche. Kannst du sie gut tragen?
d) Die Schultasche sollte maximal so viel wiegen wie der zehnte Teil des Körpergewichtes. Tim wiegt 31 kg. Was könnte Tim sinnvoll in seine Tasche packen?

8 Ein Bus wiegt leer 10,4 t. Sein zulässiges Gesamtgewicht beträgt 18,5 t.

a) Wie viel kg dürfen zugeladen werden?
b) Wie viele Passagiere darf er ungefähr mitnehmen? Rechne pro Person mit 80 kg.

9 Bei normalem Haarwuchs setzt sich das Kopfhaar beim Menschen aus 80 000 bis 100 000 Haaren zusammen. Jedes Haar wiegt ungefähr 1 mg.
Wie viel wiegt das Kopfhaar eines Menschen? Gib in einer sinnvollen Einheit an.

RÜCKBLICK
Berechne.

a)
```
   43782
 +  9540
 + 18376
 + 97843
```

b)
```
   58937
 - 14281
 -  6839
 -  3210
```

NACHGEDACHT
Diskutiere mit einem Partner oder einer Partnerin: Wie genau ist das Ergebnis der Aufgabe 9?

Länge

Entdecken

1 Längenmaße trugen früher die Namen menschlicher Gliedmaßen.
Man kannte zum Beispiel folgende Körpermaße:

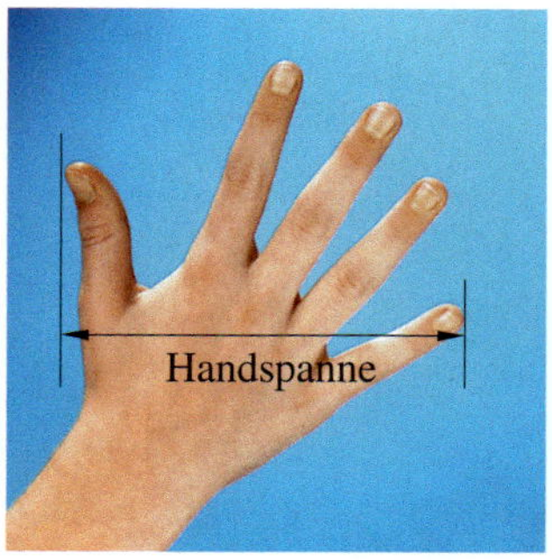

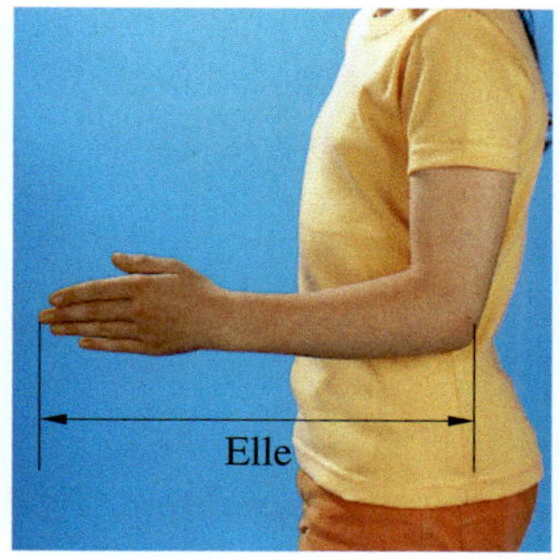

Lasst mehrere Schülerinnen und Schüler aus eurer Klasse die Länge des gleichen Tischs in Handspannen (Ellen) messen.

a) Was fällt euch auf?

b) Messt die Längen weiterer Gegenstände. Überlegt euch dazu zuerst, mit welchem Körpermaß welcher Gegenstand gemessen werden soll.

c) Früher wurden auf dem Markt zum Beispiel Tuchlängen in Ellen gemessen. Zu welchem Problem konnte das führen? Wie konnte man dieses Problem lösen?

2 Gib mindestens vier verschiedene Tiere an und schätze deren Länge.
Vergleiche nun deine Schätzungen mit Angaben aus einem Lexikon oder von einer Internetseite.
Gib jeweils die Differenz an.

3 Tayfun wohnt 2 km von der Schule entfernt. Jeden Tag fährt er mit dem Fahrrad zur Schule. Arbeitet zu zweit.

a) Überschlagt: Wie viel Kilometer Schulweg fährt Tayfun in einem Jahr?

b) Wie lang sind eure Schulwege in einem Jahr ungefähr?

4 Der Verkehrsfunk informiert: „Auf der A8 ist der Verkehr zwischen den Anschlussstellen Esslingen und dem Autobahnkreuz Stuttgart auf allen drei Spuren völlig zum Erliegen gekommen. Die Staulänge beträgt derzeit 13,5 km …“

Wir nehmen an, dass nur Pkw in diesem Stau stehen und dass sie alle denselben Platz benötigen. Wie viele Pkws stehen nach dieser Meldung mindestens im Stau?

Verstehen

Die Klasse 5 a will im Schulgarten neue Pflanzen setzen. Bevor die Schülerinnen und Schüler anfangen können, müssen sie die Länge des Beetes messen. Das hilft, um einen gleichmäßigen Abstand der Pflanzen zu bestimmen.
Die Länge des Beetes messen die Schüler und Schülerinnen mit einem Stock, der genau 1 m lang ist. Sie legen den 1-m-Stock genau 4-mal an das Beet.

Die Länge des Beetes beträgt:

4 m

Maßzahl Maßeinheit

Die **Länge** ist eine Größe, die angibt, wie weit zwei Orte voneinander entfernt sind.
Die Länge wird z. B. mit einem Maßband oder einem Lineal gemessen.

Beim Messen vergleicht man die Länge einer Strecke mit einer vorgegebenen Einheit, z. B. mit einem Zentimeter (1 cm) oder mit einem Meter (1 m).

Beispiel 1

Mesat will Pflanzen setzen, die einen Abstand von 10 cm haben sollen.
Dazu muss er wissen, wie viel Zentimeter 4 m sind.

4 m = 4 · 1 m = 4 · 100 cm = 400 cm

BEACHTE
*Beim Umrechnen ändern sich die Maßzahl **und** die Maßeinheit.*

Merke Maßeinheiten der Länge und ihre Umrechnungen

Kilometer km
Meter m
Dezimeter dm
Zentimeter cm
Millimeter mm

1 km = **1 000** m
1 m = **10** dm = 100 cm = 1 000 mm
1 dm = **10** cm = 100 mm
1 cm = **10** mm

SCHON GEWUSST?
Die Wörter kilo, deci, centi und milli kommen aus dem Lateinischen:
kilo: 1000
deci: Zehntel
centi: Hundertstel
milli: Tausendstel

Beispiel 2

Tamara will 13 Pflanzen gleichmäßig einpflanzen. Wie viel Abstand sollen die Pflanzen dann voneinander haben?

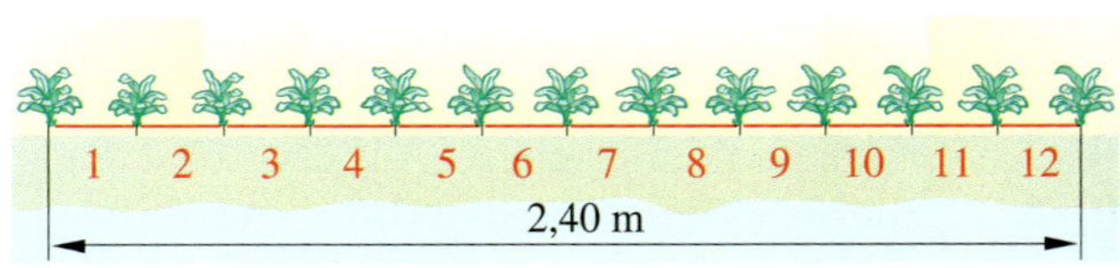

2,40 m : 12 =
24 dm : 12 = 2 dm

Die Pflanzen sollen einen Abstand von 2 dm haben.

BEACHTE
Nullen am Ende einer Kommazahl kannst du weglassen:
2,40 m = 2,4 m

Sonst darfst du sie nicht weglassen:
12,0754 km
= 120 754 dm

Längen kann man auch mithilfe einer Stellenwerttafel umrechnen:

m			dm	cm	mm
H	Z	E			
		2	4	0	0
		2	4		
		2,	4		

: 100
: 10

2 400 mm = 24 dm = 2,4 m

km			m			dm	cm	mm
H	Z	E	H	Z	E			
	1	2,	0	7	5			
	1	2	0	7	5			
	1	2	0	7	5	0		

· 1 000
· 10

12,075 km = 12 075 m = 120 750 dm

Üben und anwenden

1 Ordne den folgenden Tierarten im Heft eine passende Körperlänge zu.

Elefant | Floh | Blauwal | Tiger | Meerschweinchen

2,50 m | 22 cm | 26 m | 3 mm | 6,50 m

1 Ergänze die Maßeinheit im Heft.
a) Entfernung Köln – Münster: 130
b) Breite eines DIN-A4-Blatts: 21
c) Länge des Klassenraums: 11
d) Bleistiftstrich: 1
e) Länge des Geodreiecks: 16
f) Schrittlänge: 1
g) Durchmesser eines 1-ct-Stücks: 16
h) Länge eines Fußballplatzes: 90

2 Die Tiere und Gegenstände sind in Originalgröße abgebildet.
a) Wie lang bzw. breit sind sie? Schätze zuerst, dann miss nach.
b) Setze die Tabelle fort: Schätze und miss die Länge von Gegenständen deiner Wahl.

	geschätzt	gemessen
Marien-käfer		

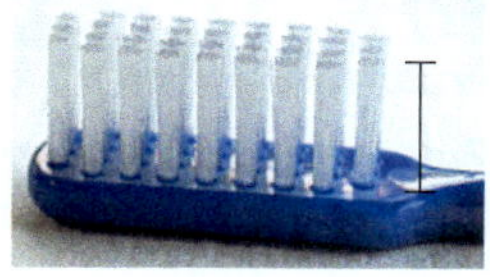

3 Rechne in die angegebene Einheit um.

	km H	km Z	km E	m H	m Z	m E	dm	cm	mm
Bsp.: in m						9	0	0	
a) in cm					2	5			
b) in m			2						
c) in dm				4	0	5			
d) in m					7	0	0		
e) in dm							5	0	0
f) in km				3	2	0			

900 cm = 9 m

3 Rechne in die angegebene Einheit um.

	km H	km Z	km E	m H	m Z	m E	dm	cm	mm
Bsp.: in m						9	0	0	
a) in cm						5			
b) in dm						7	2	0	5
c) in cm		2	5						
d) in mm				7	2	0			
e) in m								2	7
f) in km				7	0	2		2	

900 cm = 9 m

4 Rechne die Längenangaben in cm um.
a) 60 mm b) 40 mm c) 400 mm
d) 50 dm e) 30 dm f) 300 dm
g) 7 m h) 20 m i) 5 km

4 Gib die Längen in m an.
a) 200 km b) 30 cm c) 4 500 mm
d) 1,5 km e) 550 cm f) 30 dm
g) 89 dm h) 0,85 km i) 0,05 km

5 Welche Aussagen sind richtig? Berichtige die falschen Aussagen.
a) 3 m = 300 mm b) 4 dm = 40 cm
c) 6 km = 6 000 m d) 5 cm = 50 dm
e) 70 dm = 700 cm f) 9 m = 9 000 mm

5 Welche Aussagen sind richtig? Berichtige die falschen Aussagen.
a) 0,8 mm = 8 cm b) 0,8 km = 80 m
c) 0,3 dm = 30 cm d) 7,5 m = 7,5 dm
e) 4,3 cm = 43 mm f) 25 dm = 250 cm

6 Ergänze die Maßeinheiten im Heft.
a) 6 m = 60 b) 800 mm = 80
c) 2 000 m = 2 d) 7 km = 7 000
e) 300 cm = 3 f) 5 m = 50

6 Ergänze die Maßeinheiten im Heft.
a) 1 000 mm = 100 = 10 = 1
b) 0,7 = 7 = 70 cm = 700
c) 3 521 m = 3,521 = 352 100

SCHON GEWUSST?
Ein Lichtjahr ist keine Zeitangabe, sondern eine Entfernungsangabe. Ein Lichtjahr ist die Strecke, die das Licht innerhalb eines Jahres zurücklegt. Licht legt in 1 Sekunde rund 300 000 km zurück. Wie viel Kilometer legt das Licht in einem Jahr zurück?

NACHGEDACHT
Mit welchem Messinstrument könntest du deinen Schulweg ausmessen?

7 Arbeitet zu zweit. Schätzt zuerst, dann messt nach. Gebt in einer geeigneten Einheit an. Notiert auch, womit ihr gemessen habt.

	geschätzt	gemessen
Höhe Mathebuch	30 cm	26,5 cm (Lineal)

a) Höhe, Breite und Dicke dieses Mathematikbuchs
b) Höhe und Breite eines Großbuchstabens in diesem Buch
c) Breite des Fingernagels an deinem Daumen
d) Länge deines Zeigefingers
e) Höhe deines Stuhls
f) Länge und Breite des Klassenraums
g) Höhe und Breite der Tafel
h) Höhe der Fenster

8 Ergänze die Zeichen >, < oder =.
a) 40 cm ☐ 4 m
b) 55 cm ☐ 5 dm
c) 60 m 3 cm ☐ 63 m
d) 0,75 km ☐ 75 m
e) 5 km 800 m ☐ 5,08 km
f) 408 m ☐ 400 m 8 cm

8 Ergänze die Zeichen >, < oder =.
a) 55 m ☐ 55 dm
b) 0,8 m ☐ 80 cm
c) 40 mm ☐ 4 dm
d) 38 cm ☐ 3 dm
e) 300 m 33 cm ☐ 330 dm
f) 0,994 km ☐ 900 m 4 dm

ZUM WEITERARBEITEN
In den USA verwendet man folgende Längenmaße:
1 inch = 2,5 cm (gerundet)
1 foot = 12 inches
1 yard = 3 feet
Rechne die amerikanischen Längenmaße in cm um.

9 Kann das stimmen? Begründe.
a) Babys sind bei der Geburt ca. 0,05 km lang.
b) Der Fernsehturm ist 15 700 cm hoch.
c) Eine DVD hat einen Durchmesser von 120 mm.
d) Das Schulgebäude ist ca. 10 m hoch.
e) Der ICE legt pro Stunde etwa 250 000 m zurück.
f) Lisa aus der 5 b ist 14,2 dm groß.
g) Bei Schuhgröße 37 sind die Füße von der Ferse bis zum großen Zeh etwa 12 cm lang.
h) Von Berlin bis Paris beträgt die Entfernung etwa 87,7 km.

10 Sachaufgaben

a) Simone und Till wandern nach Lausche. Insgesamt ist der Wanderweg 10 km lang. Wie viel Kilometer sind sie bereits gewandert?
b) Kevins Vater will im Wohnzimmer neue Fußleisten am Fußboden anbringen. Er hat insgesamt 18,40 m ausgemessen. Im Baumarkt gibt es 2 000 mm lange Leisten. Wie viele Leisten müssen gekauft werden?

10 Planen und Bauen

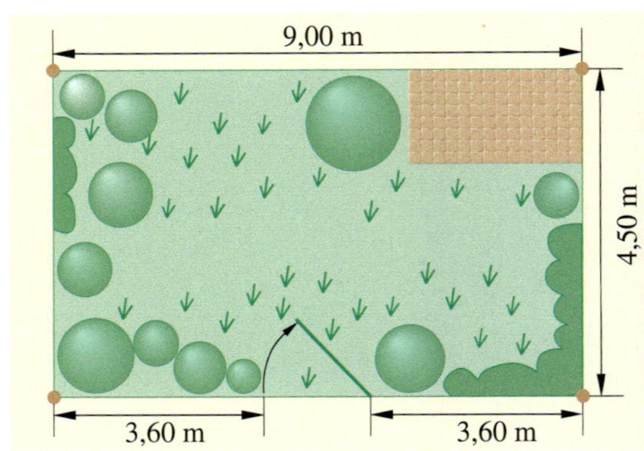

Ein Garten soll eingezäunt werden. Alle Pfähle sollen die gleiche Entfernung haben.
a) Welche Entfernung ist möglich: 1,20 m, 90 cm oder 130 cm?
b) Wie viele Pfähle werden gebraucht? Erstelle eine Skizze.
c) Reichen zum Einzäunen zwei Rollen Maschendraht zu je 13 m aus?

ZU AUFGABE 10
*Eine **Skizze** ist eine Zeichnung von Hand. Sie verschafft einen groben Überblick.*

11 Überlegt zu zweit: Wie hoch wird der Papierstapel, wenn ihr 1 000 000 Blatt Papier aufeinanderlegt?

12 Was könnte so lang sein? Tausche dich mit einer Partnerin oder einem Partner aus.
a) 12 km b) 40 cm c) 0,8 m d) 400 m e) 43 mm f) 8 cm

Thema: Maßstab

Stadtpläne, Wanderkarten und Landkarten können nicht in Originalgröße auf Papier gezeichnet werden. Sie werden verkleinert abgebildet.

Der **Maßstab** einer Karte gibt an, wievielmal kleiner die Karte gegenüber der Wirklichkeit dargestellt ist.

Diese Karte von Nordrhein-Westfalen ist im Maßstab 1 : 2 500 000 abgebildet.
Das bedeutet:
1 cm auf der Karte ist in Wirklichkeit 2 500 000 cm lang, also 25 km.

Der Abstand von Köln zu Detmold beträgt hier im Bild etwa 7 cm.

$7 \cdot 25\,\text{km} = 175\,\text{km}$

In der Wirklichkeit sind Köln und Detmold etwa 175 km voneinander entfernt.

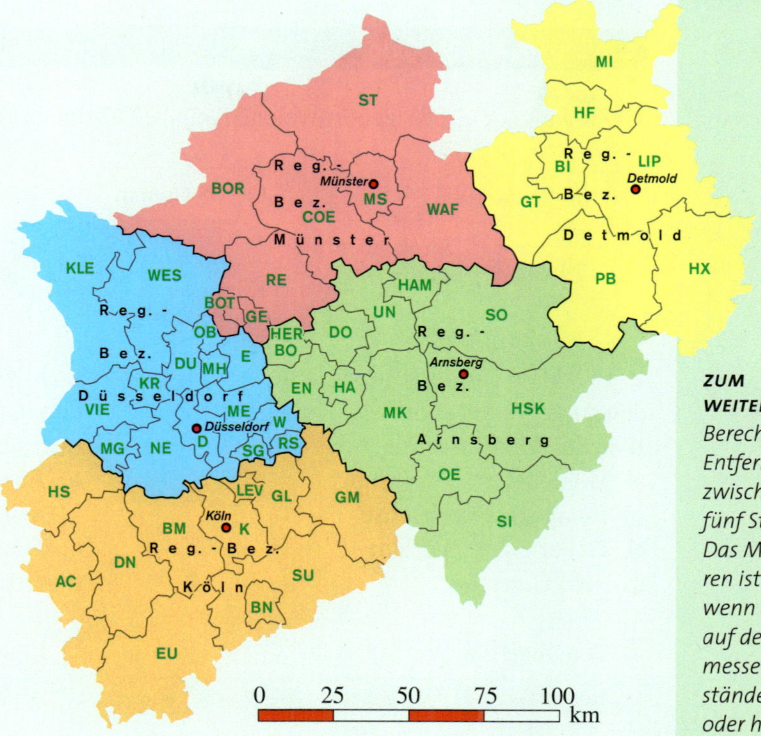

ZUM WEITERARBEITEN
Berechne alle Entfernungen zwischen den fünf Städten. Das Multiplizieren ist leichter, wenn du die auf der Karte gemessenen Abstände auf ganze oder halbe cm rundest.

1 Zum Spielen und für Sammler gibt es viele Autotypen als stark verkleinerte Modellautos. So werden Matchbox-Spielzeugautos z. B. im Maßstab 1 : 64 oder 1 : 60 hergestellt.
Das Auto auf dem Foto ist ein Mini. In der Realität ist ein Mini ungefähr 3,60 m lang, 1,80 m breit und 1,50 m hoch.

Beispiel Wie lang ist dann der Matchbox-Mini im Maßstab 1 : 60?
360 cm : 60 = 6 cm. Der Matchbox-Mini ist 6 cm lang.

a) Wie breit ist der Matchbox-Mini und wie hoch ist er?
b) Vergleicht auch andere Modellautos mit den Originalmaßen.

ZU AUFGABE 1
www 119-1
Unter dem Webcode findest du ein Arbeitsblatt mit exakten Angaben zu mehreren Modellautos.

2 In der Karte unten sind drei Gebäude durch Kreuze markiert.
Miss mit einem Lineal die Entfernungen zwischen je zwei Gebäuden.
Schreibe in eine Tabelle zu den drei Strecken die Länge auf der Karte und die Länge in Wirklichkeit in Metern.

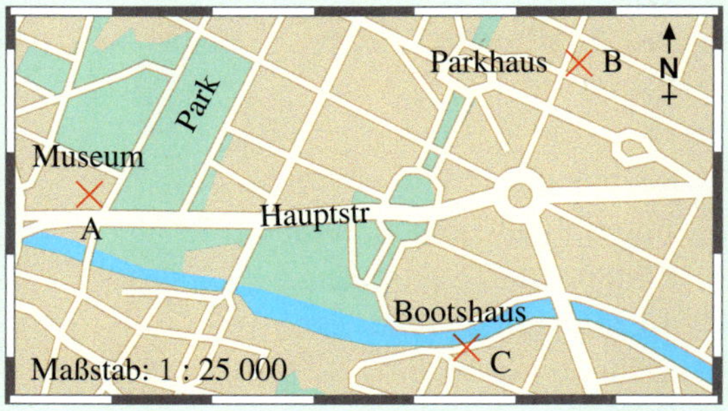

3 Bestimme die wirkliche Entfernung in m.

Luftlinie	Entfernung im Stadtplan im Maßstab 1 : 40 000
Schule – Rathaus	7 cm
Schule – Sportplatz	5 cm
Schule – Kirche	4,5 cm

4 Bestimme zu jeder Messstrecke den zugehörigen Maßstab.

a)
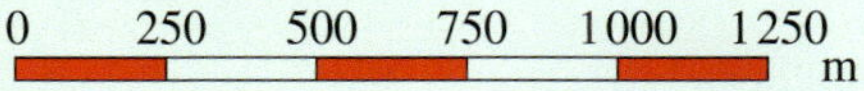

b)
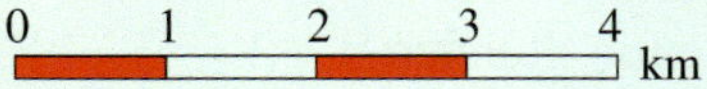

c)
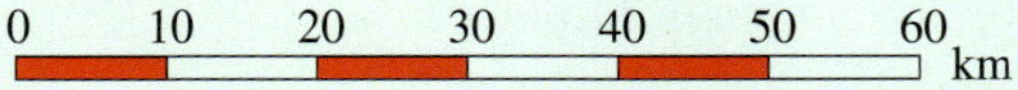

d)
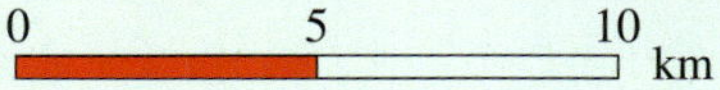

Klar so weit?

→ Seite 104

Größen im Alltag / Geld

1 Zu welcher Größe gehört welche Angabe? Ordne im Heft richtig zu.

300 m | Zeit | Geld | 35 Gramm | Gewicht | Länge | 3,70 € | 17 Jahre | 5 Sekunden | 5 Kilometer | 45 min | 1,5 cm | 15 Stunden | 2 Cent

2 In welcher Einheit würdest du die folgenden Angaben messen?
Welches Messinstrument passt dazu?

a) Höhe beim Hochsprung
b) Inhalt der Sparbüchse
c) Dauer einer Zugfahrt
d) dein Gewicht

2 In welcher Einheit würdest du die folgenden Angaben messen? Mit welchem Messinstrument würdest du messen?

a) Länge des Klassenzimmers
b) dein Alter
c) Gewicht deiner Schultasche
d) Geschwindigkeit eines Flugzeuges

3 Berechne das Wechselgeld.

Kaufpreis	gegeben	Wechselgeld
17,00 €	20,00 €	
3,50 €	10,00 €	
35,90 €	50,00 €	
27,30 €	40,00 €	

3 Ergänze fehlende Werte.

Kaufpreis	gegeben	Wechselgeld
	70,00 €	5,30 €
43,43 €	100,00 €	
39,87 €		10,13 €
	90,00 €	14,54 €

→ Seite 108

Zeit

4 Zeitpunkt oder Zeitspanne?

a) Max braucht 10 min bis zur Schule.
b) Der Bus fährt um 7:05 Uhr ab.
c) Anna ist 10 Jahre alt.
d) Um 8:00 Uhr beginnt die Schule.

4 Zeitpunkt oder Zeitspanne?

a) Morgen ist mein Geburtstag.
b) Vor zwei Jahren wurde Jan geboren.
c) Der Zug hält für zehn Minuten in Dessau.
d) In fünf Minuten ist Halbzeitpause.

5 Es ist jetzt 3:00 Uhr. Wie spät ist es …

a) in einer Stunde?
b) in zehn Minuten?
c) in 30 Minuten?
d) in 24 Stunden?

5 Es ist jetzt 13:25 Uhr. Wie spät ist es …

a) in dreieinhalb Stunden?
b) in einer Viertelstunde?
c) in 70 Minuten?
d) in 720 Minuten?

6 Rechne um.

a) 120 Minuten in Stunden
b) 3 Stunden in Minuten
c) 4 Minuten in Sekunden
d) 3 Tage in Stunden
e) 7 Wochen in Tage

6 Rechne um.

a) fünfeinhalb Tage in Stunden
b) 3 Stunden in Sekunden
c) 14 Minuten in Sekunden
d) 1 Tag in Minuten
e) 2 Wochen in Stunden

Gewicht (Masse)

→ Seite 112

7 Ordne im Heft den folgenden Tierarten ein passendes Gewicht zu.

120 g | 1 g | 100 g | Schäferhund | Pferd | Marienkäfer | 35 kg | Elefant | Tiger | Hamster | 2 mg | 200 kg | Blauwal | Floh | 150 t | Katze | Frosch | 7 t | 5 kg | 1 t

8 Rechne in Gramm um.

a) 6 kg b) 50 kg
c) 2 000 mg d) 200 000 mg
e) 0,4 kg f) 2,7 kg
g) 300 mg h) 5 100 mg

8 Rechne in Kilogramm um.

a) 310 t b) 2,31 t
c) 750 g d) 12 034 g
e) 12 t 30 kg f) 5 t 300 g
g) 700 mg h) 34 mg

9 Paul und Paula haben eingekauft.

9 Paul und Paula haben eingekauft.

halbe Melone:	2,952 kg	Schokocreme:	375 g	Äpfel:	0,4 kg
2-mal Milch:	jeweils 1 kg	Butter:	250 g	Apfelsaft:	1,83 kg

Wie schwer sind ihre Einkäufe?

Paula möchte vom Gewicht so viel wie möglich in eine Plastiktüte packen. Die Plastiktüte kann bis zu 4 kg tragen.

Länge

→ Seite 116

10 In welcher Einheit würdest du folgende Längen angeben? Womit würdest du sie messen?

a) die Breite deines Daumens b) die Höhe des Schulhauses
c) die Länge einer Ameise d) die Länge deines Schulweges

11 Auf einer Karte im Maßstab 1 : 50 000 beträgt der Abstand zwischen Schule und Marktplatz 3 cm.
Berechne die wirkliche Entfernung in Meter.

11 Modellfahrzeuge werden in verschiedenen Maßstäben hergestellt. Berechne die tatsächliche Länge der Fahrzeuge.

a) Bus: Maßstab 1 : 50; Länge 24 cm
b) Motorrad: Maßstab 1 : 12; Länge 20 cm

12 Rechne die Längenangaben in Zentimeter um.

a) 6 m b) 10 m c) 40 mm
d) 2 km e) 9 km f) 12 dm
g) 70 mm h) 3 dm i) 9,5 dm

13 Gib die Längen in Meter an.

a) 2 km b) 300 cm c) 4 000 mm
d) 1,5 km e) 550 cm f) 30 dm
g) 89 dm h) 0,85 km i) 0,05 km

Lösungen ab Seite 197

Vermischte Übungen

NACHGEDACHT
Zu welchen Gelegenheiten kann das Messen mit Körpermaßen hilfreich sein? Wann sollte man besser exakt messen?

HINWEIS
122-1
Unter dem Webcode findest du Arbeitsblätter zu Körpermaßen.

1 Arbeitet zu zweit. Schaut euch die Abbildungen zu den Körpermaßen auf Seite 115 an.

a) Messt bei beiden von euch die Körpermaße Fuß, Handspanne, Elle, Schritt. Rundet sie auf ganze Zentimeter und notiert sie.

b) Überlegt: Welche Körpermaße eignen sich für welche Messungen im Klassenzimmer? Messt die folgenden Längen mit einem geeigneten Körpermaß aus. Rechnet dann die Ergebnisse um in Zentimeter oder in Meter. Überprüft eure Ergebnisse mit einem Messgerät (Maßband oder Zollstock).

① Länge und Breite eures Tisches
② Länge und Breite des Klassenraums
③ Höhe und Breite der Tür
④ Körpergröße deines Partners
⑤ Längen deiner Wahl

	gemessen (Körpermaß)	berechnet	gemessen (Messgerät)
Länge Tisch	4 Ellen (Lea)	4 · 28 cm = 1,12 cm	1,19 m
Breite Tisch			

2 Ordne der Größe nach.
Beginne mit der kleinsten Länge.

a) 80 cm; 9 dm; 790 mm; 8,4 dm; 85 cm
b) 66 cm; 7 dm; 500 mm; 0,6 m; 68 cm
c) 75 m; 0,75 km; 3,5 km; 1 400 m; 990 dm
d) 4 dm; 0,05 m; 0,003 km; 42 cm; 390 mm
e) 6 dm; 38 mm; 14 cm; 1,8 cm; 0,002 km

2 Schätze die Höhen der folgenden Objekte und ordne sie nach ihrer Höhe.
Beginne mit dem kleinsten:
Eiffelturm, Teller, Mount Everest, Tisch, Einfamilienhaus, Tasse, Flasche, Berliner Fernsehturm, Schrank, Traktor, Eiche, Stehlampe, Brotkrümel

3 Zahle folgende Geldbeträge mit möglichst wenigen Münzen und Scheinen aus.

a) 36 € b) 42 €
c) 13,80 € d) 36,72 €
e) 16,29 € f) 19,99 €
g) 69,14 € h) 1,97 €

3 Zahle folgende Geldbeträge mit möglichst wenigen Münzen und Scheinen aus.

a) 165,66 € b) 695 € 48 ct
c) 240 € 68 ct d) 5 372 ct
e) 1 234,05 € f) 1 000 € 78 ct
g) 862,80 € h) 8 032 ct

4 Im Korb sind:
Tomaten 1 kg 200 g

Salat 400 g
Kohlrabi 800 g
Paprika 1 kg 200 g
Rotkohl 475 g
Artischocke 230 g

Der Korb wiegt leer 425 g.
Wie schwer ist der Korb mit dem Einkauf?

4 In Deutschland werden pro Jahr ungefähr 8 000 000 000 Streifen Kaugummi gekauft. Ein Streifen wiegt 3 g und ist 7 cm lang.

a) Gib das Gewicht aller in einem Jahr verbrauchten Kaugummis in einer geeigneten Einheit an. Gib zum Vergleich etwas an, das ähnlich schwer ist.
b) Der Erdumfang beträgt etwa 40 000 km. Würden alle Kaugummis aneinandergereiht die Erde umspannen?

5 Ruth hätte gern eine Katze. Sie hat folgende Kosten zusammengestellt:

Kaufpreis: ca. 20 € Kratzbaum: 49,95 € Katzentoilette: 12,99 €
Schlafkorb: 19,95 € Futternapf: 4,99 €

a) Wie hoch sind die Anschaffungskosten ungefähr? Überschlage sinnvoll.
b) Eine Katze benötigt am Tag eine Dose Katzenfutter für 49 Cent.
Wie hoch sind die jährlichen Futterkosten? Rechne mit einem Überschlag.

6 Immer drei Längenangaben gehören zusammen. Welche?

3 m | 300 m | 30 m | 300 cm | 0,03 km | 3 dm | 3 000 dm | 0,3 km | 30 dm | 3 cm | 30 mm | 30 cm | 0,3 m | 0,3 dm | 3 000 cm

7 Schreibe in Cent.

a) 1 € 1 ct b) 50 € 50 ct
c) 1 € 15 ct d) 76 € 1 ct
e) 9 € 9 ct f) 100 € 10 ct
g) 19 € 36 ct h) 380 € 45 ct
i) 9,98 € j) 95,08 €
k) 0,50 € l) 0,07 €

7 Schreibe in Euro mit Komma.

a) 128 ct b) 808 ct
c) 699 ct d) 1 111 ct
e) 1 ct f) 78 ct
g) 7 829 ct h) 79 102 ct
i) 95 500 ct j) 100 001 ct
k) 5 555 ct l) 111 111 ct

8 Rechne in die in Klammern angegebene Einheit um.

Beispiel 7 cm = 70 mm

a) 7 cm (mm) b) 8 dm (cm)
c) 9 m (cm) d) 4 km (m)
e) 30 mm (cm) f) 80 cm (dm)
g) 700 dm (m) h) 80 m (dm)
i) 25 dm (mm) j) 70 000 m (km)
k) 600 mm (dm) l) 5 000 cm (m)

8 Schreibe in zwei Einheiten, einmal mit und einmal ohne Komma.

Beispiel 8 dm 3 cm = 8,3 dm = 83 cm

a) 8 dm 3 cm b) 9 m 2 dm
c) 4 km 300 m d) 4 cm 9 mm
e) 8 km 15 mm f) 3 m 7 cm
g) 5 dm 8 mm h) 7 m 7 cm
i) 5 m 4 dm 6 cm j) 7 dm 8 cm 3 mm
k) 2 km 3 dm l) 4 km 3 m 2 dm

9 In der Klasse 5 b gibt es 20 Schülerinnen und Schüler.
Sie möchten ein Klassenfest feiern.
Für die Musikanlage und Getränke werden 58 € benötigt. In der Klassenkasse sind 34 €.
Wie viel muss jeder Schüler noch für das Fest bezahlen?

9 Für eine Tagesfahrt verlangt ein Busunternehmer für jeden Kilometer 1,50 €.
Zu Beginn der Fahrt werden auf dem Tacho 48 320 km angezeigt. Nach der Fahrt beträgt der Kilometerstand 48 545.
An der Fahrt haben 25 Schüler teilgenommen.
Wie könnte eine passende Frage lauten?
Beantworte die Frage.

10 Ergänze die Tabelle im Heft.

Zugart	ab Bielefeld	an Bochum	Fahrtzeit
ICE	08:31	09:28	
RE	08:52	10:01	
IC	08:59	10:17	
ICE	09:31	10:28	

10 Ergänze die Tabelle im Heft.

Zugart	ab Essen	an Bielefeld	Fahrtzeit
ICE	17:17		1:10 h
RE	17:29		1:29 h
IC		19:03	1:18 h
ICE	18:17	19:27	

11 Schätze.

a) Alle Menschen deiner Schule bilden eine Kette. Wie oft reicht die Kette um die Schule herum?
b) Wie viel wiegen alle Schülerinnen und Schüler deiner Schule zusammen?

ZUM KNOBELN
Familie Becker möchte mit einer Gondel fahren. Die Gondel kann nicht mehr als 120 kg tragen. Wie oft muss die Gondel für die Familie Becker fahren? Bei jeder Fahrt muss ein Erwachsener dabei sein.

ZU AUFGABE 11
Wenn du Hilfe brauchst, schlage im Stichwortverzeichnis unter „Fermi" nach.

12 Eintausend Schritte
a) Welche Strecke legst du mit 1 000 Schritten zurück?
b) Finde Beispiele für Entfernungen, die ungefähr so lang sind.

12 Schätze oder miss, wie lange du für einen 100-m-Sprint benötigst. Überschlage dann: Wie lange würde ein 40-km-Lauf dauern, wenn du dieses Tempo durchhalten könntest? Zum Vergleich: Ein Marathon geht über 42,195 km, der Rekord liegt bei 2 h 3 min 59 s.

Die Berliner Mauer im Jahr 1986

13 Uhrzeiten und Zeitspannen
a) Jetzt ist es 19:08 Uhr. Wie spät war es vor 200 Minuten?
b) Am Abend um Viertel vor neun beginnt das Fußballspiel FC Barcelona – FC Bayern München. Ein Spiel dauert mit Halbzeit 1 h 55 min. Stelle eine passende Frage und beantworte sie.

13 Die Berliner Mauer hinderte die Menschen aus der DDR 28 Jahre und 89 Tage lang daran, nach West-Berlin und in die BRD zu fahren. Nachdem viele Menschen in der damaligen DDR demonstriert hatten, wurde die Mauer am 9. November 1989 geöffnet. An welchem Tag wurde die Mauer errichtet? *Tipp:* Nutze einen Kalender.

14 Runde 12 645 608 g auf Tonnen. Wie gehst du vor? Worauf musst du achten? Notiere deine Überlegungen als Text.

14 Beschreibe dein Vorgehen.
a) Rechne 89 dm in Meter um.
b) Rechne 8 km in Zentimeter um.

15 Schätze die Höhen mithilfe der Skala.

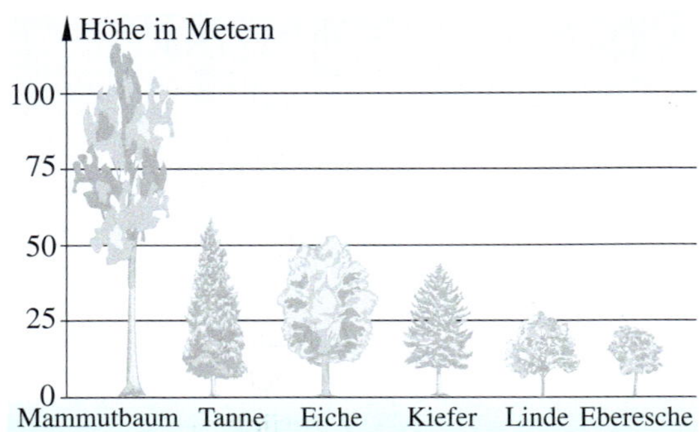

15 Du brauchst nicht exakt zu rechnen, arbeite mit dem Überschlag.
a) Ein vierstöckiges Haus ist 12 m hoch. Wie viele Stockwerke müsste ein Haus ungefähr haben, damit es etwa so hoch ist wie der Kölner Dom (Höhe 156 m)?
b) Der höchste Berg in den Alpen ist der Montblanc mit 4 807 m Höhe. Wie oft müsste man den Kölner Dom ungefähr übereinandersetzen, um die Höhe des Montblancs zu erreichen?

ZU AUFGABE 16
Weißt du noch, worauf du beim Zeichnen eines Diagramms achten musst? Du kannst es im Stichwortverzeichnis nachschlagen.

16 Gewichte von Tieren

Katze | Karpfen | Delphin | Pferd | Braunbär | Huhn | Kaninchen

a) Schätze, wie schwer die Tiere sind. Überprüfe deine Schätzung mithilfe eines Lexikons oder des Internets.
b) Ordne die Tiere nach ihrem Gewicht.
c) Erstelle ein Diagramm.

17 Acht Brötchen kosten 1,60 €. Wie viel kosten drei Brötchen? Erkläre deinen Rechenweg.

NACHGEDACHT
Lea sagt: „Ich teile die Sekundenzahl durch 3. Das geht leichter!“ Kannst du erklären, wie Lea rechnet?

18 Martin hat bei Gewitter oft Angst, wenn es blitzt und der Donner immer lauter wird. Seine Mutter erklärt ihm eine Regel, mit der man die Entfernung von Blitzen bestimmt: „Wenn du den Blitz siehst, dann zählst du die Sekunden, bis du den Donner hörst. Rechne die Sekundenzahl mal 300, dann weißt du, wie viel Meter der Blitz ungefähr entfernt war.“
Die Regel beruht darauf, dass der Schall in einer Sekunde etwa 300 m zurücklegt.

Nun zählt Martin nach jedem Blitz die Zeit bis zum Donner. Wie weit ist das Gewitter entfernt?
a) 9 s b) 6 s c) 4 s d) 8 s e) 3 s

In der Saison 2011/2012 spielen fünf Mannschaften aus Nordrhein-Westfalen (NRW) in der 1. Fußball-Bundesliga. Im Modus „Jeder gegen jeden“ muss jede Mannschaft zweimal gegen jede andere Mannschaft antreten: einmal zu Hause und einmal auswärts bei der gegnerischen Mannschaft. Zu Auswärtsspielen innerhalb NRWs fahren die Mannschaften mit ihrem Mannschaftsbus.

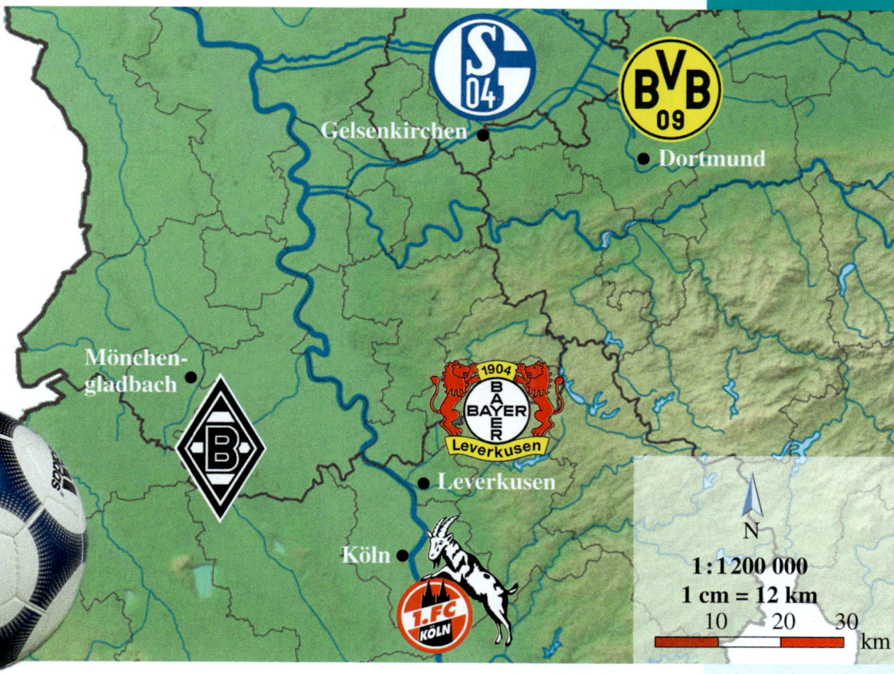

19 Deine Lieblings-Fußballmannschaft

a) Übertrage die Tabelle in dein Heft und trage deine Lieblingsmannschaft ein.

Mein Lieblingsverein: ____________		
gegnerische Mannschaft	Entfernung auf der Karte (in cm)	Entfernung in Wirklichkeit (in km)
1. FC Köln		
Bayer 04 Leverkusen		
Borussia Dortmund		
FC Schalke 04		
Borussia M'gladbach		

b) Miss auf der Karte die Entfernungen von deiner Lieblingsmannschaft zu den anderen Bundesligastädten in NRW. Trage jeweils die gemessene Entfernung (in cm) in die Tabelle ein.
Hinweis: Miss immer die Luftlinie, vgl. die Erklärung in der Randspalte.

c) Berechne die Entfernungen in der Wirklichkeit, indem du mit dem Maßstab rechnest.

d) Berechne die während der gesamten Saison von der Mannschaft zurückgelegte Strecke bei Auswärtsspielen in NRW.

19 Bundesliga-Mannschaften in NRW

a) Welche Gesamtstrecke muss dein Lieblingsverein bei Auswärtsspielen in NRW zurücklegen?
Wie du bei der Beantwortung dieser Frage vorgehen kannst, wird in der linken Spalte in Aufgabe 19 Schritt für Schritt beschrieben.

b) Berechne nun für *jede* Mannschaft aus NRW, welche Gesamtstrecke sie bei Auswärtsspielen in NRW zurücklegt.

c) Ordne die berechneten Gesamtstrecken und stelle die Daten übersichtlich in einer Tabelle oder in einem Diagramm dar.

d) Überlegt zu zweit: Von welchen Umständen hängt es ab, ob eine Mannschaft insgesamt eher kurze Strecken bei Auswärtsspielen fährt?

e) Angenommen, die Mannschaftsbusse können durchschnittlich 80 km in einer Stunde fahren, wie lange sind die Mannschaften in der Saison in NRW unterwegs?

SCHON GEWUSST?
Luftlinie bedeutet, dass man die Entfernung zwischen zwei Orten nicht entlang von Straßen misst, sondern stattdessen entlang der kürzesten Linie durch die Luft.
Die Mannschaftsbusse müssen in Wirklichkeit also etwas weiter fahren, als du hier berechnen kannst.

Der Rosenmontagszug ist der Höhepunkt des Karnevals.
In Köln zum Beispiel stehen bis zu 1 500 000 Zuschauer am Straßenrand.
Etwa 10 000 Personen sind beim Umzug aktiv dabei.

20 Karnevalskostüm nähen

Judith möchte sich ein Kostüm für den Karnevalsumzug nähen.

a) Sie kauft 2,50 m Stoff. Jeder Meter kostet 4,90 €.
b) Nachmittags sitzt sie von 13:55 Uhr bis 17:38 Uhr an der Nähmaschine.

21 Beute vergleichen

Nach dem Umzug vergleichen Judith und ihre Freunde, wer die meisten Süßigkeiten gefangen hat. Sortiere die Gewichte nach der Größe und beginne mit dem größten.
Anja: 1,02 kg; Ben: 778 g; Franka: 1,21 kg; Judith: 980 g; Niklas: 0,78 kg; Uli: 0,9 kg

22 Wie lange geht der Zug?

Lies den nebenstehenden Text.

a) Nach welcher Zeit ist der erste Wagen im Ziel? Wie spät ist es dann?
b) Um wie viel Uhr ist der letzte Wagen im Ziel? Er konnte erst 3 h 30 min nach dem ersten Wagen starten.

Rosenmontagszug in Köln
Hintereinander aufgestellt haben die Festwagen, Musikkapellen und Fußgruppen eine Länge von etwa 7 000 m. Die Strecke, die der Zug durch die Kölner Innenstadt geht, ist aber nur 6 500 m lang. Der Zug startet um 11 Minuten nach 11 Uhr vormittags. Der Zug kommt pro Stunde etwa 2 000 m vorwärts.

ZUM WEITERARBEITEN
Gibt es auch in deinem Ort einen Karnevalsumzug? Arbeitet in kleinen Gruppen. Bringt möglichst viele Informationen, Bilder und Daten zum Karnevalszug mit und erstellt gemeinsam ein Plakat. Denkt euch dann mindestens zwei Fragen aus, die man mithilfe des Plakats beantworten kann. Hängt die Plakate und die Fragen im Klassenraum oder in der Schule auf. Bearbeitet gegenseitig eure Fragen und lest die Plakate.

23 Material für den Karnevalswagen

Für den Bau der Karnevalswagen in Köln wurden etwa 4 200 m Holzlatten, 15 000 m Bindedraht, 1 800 kg Nägel und Schrauben, 3 600 kg Kleber sowie 700 kg Papier verwendet. Gib alle Maße in mindestens einer kleineren und einer größeren Einheit an.

24 Kamelle

Aus den Wagen werden den vielen Närrinnen und Narren Kamellen (Bonbons und Süßigkeiten) sowie kleine Geschenke wie Blumen oder Stoffpuppen zugeworfen.
Zum Wurfmaterial gehören etwa 140 Tonnen Kamellen und über 700 000 Tafeln Schokolade. Eine Tafel Schokolade wiegt 100 g.

a) Wie viele Tonnen Schokolade werden an die Zuschauer verteilt?
b) Eine 100-g-Tafel Schokolade kostet im Supermarkt 0,49 € und eine 500-g-Tüte mit Bonbons oder Süßigkeiten 1,95 €. Wie hoch sind die Kosten für die geworfenen Schokoladen und Kamellen? Rechne mit dem Überschlag.

Zusammenfassung

Größen im Alltag/Geld

→ Seite 104

Eine Größe besteht aus **Maßzahl** und **Maßeinheit**.

15 m: 15 → Maßzahl, m → Maßeinheit

42,703 kg: 42,703 → Maßzahl, kg → Maßeinheit

Vor dem Rechnen müssen die Größenangaben dieselbe Maßeinheit haben.

2 m + 17 cm = 200 cm + 17 cm
= 217 cm

Geld gibt man in Euro (€) oder Cent (ct) an.

1 € = 100 ct
15,04 € = 1 504 ct

Es gibt auch andere Währungen, wie z. B. den US-Dollar ($) oder das Britische Pund (£).

Zeit

→ Seite 108

Zeit wird z. B. in Jahren (a), Tagen (d), Stunden (h), Minuten (min) und Sekunden (s) angegeben.

Einheiten der Zeit
1 a = 365 d
1 d = 24 h
1 h = 60 min
1 min = 60 s

Ein **Zeitpunkt** ist ein genau festgelegter Termin.
Eine **Zeitspanne** ist die Dauer zwischen zwei Zeitpunkten.

Zeitpunkt: z. B. 06.12. oder 9:15 Uhr

Zeitspanne: z. B. 30 Sekunden; ein Nachmittag; die Sommerferien, …

Gewicht (Masse)

→ Seite 112

Das **Gewicht** ist eine Größe, die angibt, wie schwer etwas ist.
Das Gewicht wird mit einer Waage gemessen.

In der Wissenschaft heißt diese Größe nicht „Gewicht“, sondern „Masse“.

Einheiten des Gewichtes
1 t = 1 000 kg
1 kg = 1 000 g
1 g = 1 000 mg

Länge

→ Seite 116

Die **Länge** ist eine Größe, die angibt, wie weit zwei Orte voneinander entfernt sind.
Die Länge wird z. B. mit einem Lineal gemessen.

Einheiten der Länge
1 km = 1 000 m
1 m = 10 dm = 100 cm
1 dm = 10 cm
1 cm = 10 mm

Checkliste www 128-1

Teste dich!

2 Punkte

1 In diesem Kapitel wurden verschiedene Größen behandelt, z. B. die Zeit.

a) Nenne vier verschiedene Größen.

b) Nenne zu den vier genannten Größen jeweils zwei verschiedene Einheiten.

1 Punkt

2 Was wird womit gemessen? Ordne richtig zu.

① Laufzeit beim 100-m-Lauf	A Maßband
② Gewicht eines Menschen	B Geodreieck
③ Beginn des Unterrichts	C Stoppuhr
④ Gewicht der Zutaten beim Kuchenbacken	D Armbanduhr
⑤ Weite beim Weitsprung	E Personenwaage
⑥ Breite einer Buchseite	F Küchenwaage

2 Punkte

3 Übertrage die Tabelle ins Heft und ergänze fehlende Werte.

a)

Kaufpreis	gegeben	Wechselgeld
34,50 €	50,00 €	
17,80 €	20,00 €	

b)

Kaufpreis	gegeben	Wechselgeld
	50,00 €	23,50 €
82,65 €		17,35 €

6 Punkte

4 Wie viel Zeit vergeht …

a) von 8:12 Uhr bis 11:26 Uhr?

b) von 5:55 Uhr bis 6:44 Uhr?

c) von 16:35 Uhr bis 18:12 Uhr?

d) von 8:05 Uhr bis 0:04 Uhr?

e) von 22:34 Uhr bis 0:45 Uhr?

f) von 22:22 Uhr bis 8:08 Uhr?

8 Punkte

5 Rechne die Größenangaben in die jeweils angegebene Einheit um.

a) 4 km (in m)

b) 3 450 ct (in €)

c) 3,60 € (in ct)

d) 3 cm 4 mm (in mm)

e) 3,5 g (in mg)

f) 3 d (in h)

g) 1,6 km (in dm)

h) 5 000 mm (in m)

2 Punkte

6 In dem Bild der Alpen bei Oberstdorf haben die Berge unübliche Höhenangaben.

a) Schreibe die Höhen der Berge in Meter und ordne die Berge nach ihrer Höhe.

b) Wie groß ist der Höhenunterschied zwischen dem höchsten und dem niedrigsten Berg?

2 Punkte

7 Der Airbus A340-600 wiegt ohne Passagiere, Gepäck und Treibstoff 177 t. In das Flugzeug steigen 400 Passagiere ein, die durchschnittlich etwa 70 kg wiegen. Jeder Passagier hat 20 kg Gepäck bei sich. Vor dem Start wird das Flugzeug mit 120 t Treibstoff betankt. Das maximale Startgewicht beträgt 365 t. Darf der Airbus starten?

 Gold: 22–23 Punkte, Silber: 17–21 Punkte, Bronze: 14–16 Punkte Lösungen ab Seite 197

Natürliche Zahlen multiplizieren und dividieren

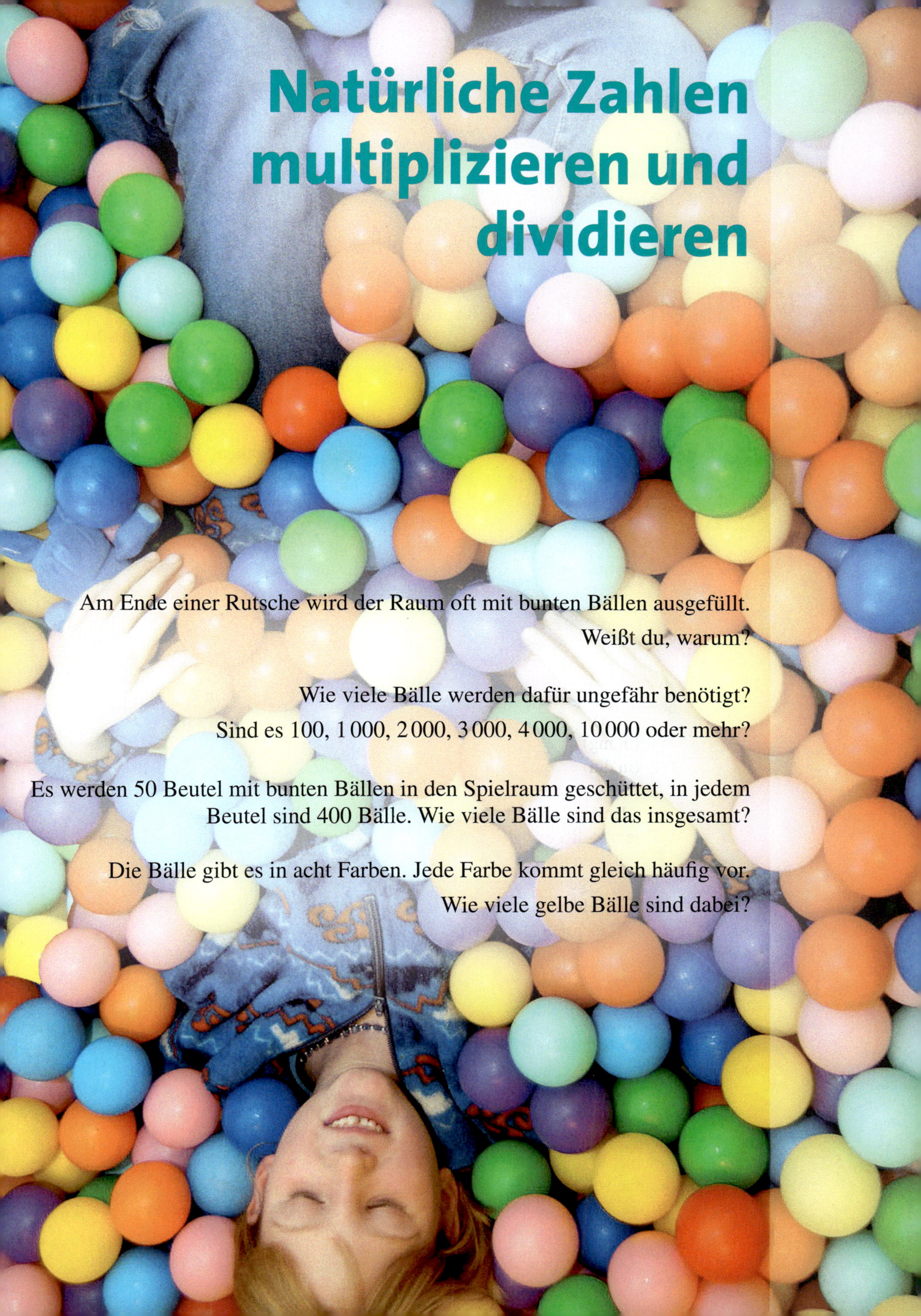

Am Ende einer Rutsche wird der Raum oft mit bunten Bällen ausgefüllt. Weißt du, warum?

Wie viele Bälle werden dafür ungefähr benötigt? Sind es 100, 1 000, 2 000, 3 000, 4 000, 10 000 oder mehr?

Es werden 50 Beutel mit bunten Bällen in den Spielraum geschüttet, in jedem Beutel sind 400 Bälle. Wie viele Bälle sind das insgesamt?

Die Bälle gibt es in acht Farben. Jede Farbe kommt gleich häufig vor. Wie viele gelbe Bälle sind dabei?

Noch fit?

Einstieg

1 Im Kopf multiplizieren
Die Sportlehrer teilen die fünften Klassen zum Basketballspielen ein. Je 5 Personen bilden eine Mannschaft.
a) Die Klasse 5 a kann 6 Mannschaften bilden. Wie viele Schülerinnen und Schüler hat die Klasse?
b) Die Klasse 5 b hat 25 Schülerinnen und Schüler. Wie viele Mannschaften sind möglich?

2 Grundaufgaben
Schreibe Aufgabe und Ergebnis ins Heft.
a) $3 \cdot 8$ b) $4 \cdot 9$ c) $5 \cdot 5$
d) $28 : 4$ e) $36 : 6$ f) $200 : 10$

3 Zahlenfolgen erkennen
In welcher Zahlenfolge kommen diese Zahlen vor?
a) 3, 9, 18, 21, 30 b) 2, 6, 8, 10, 14
c) 5, 15, 20, 25, 45 d) 7, 21, 35, 70

4 Aufgaben mit gleichem Ergebnis
Finde Aufgaben mit gleichen Ergebnissen. Schreibe sie mit Lösung ins Heft.

$3 \cdot 5$ | $8 \cdot 10$ | $2 + 10$ | $20 - 6$ | $20 + 6$ | $10 + 2$ | $5 \cdot 3$ | $10 \cdot 8$

5 Drei weitere Zahlen ergänzen
a) 2, 4, 6, … b) 5, 10, 15, …
c) 10, 20, 30, … d) 24, 20, 16, …
e) 100, 90, 80, … f) 3, 6, 9, …

Aufstieg

1 Im Kopf multiplizieren
Die Erde bewegt sich auf ihrer Bahn um die Sonne mit einer Geschwindigkeit von 30 Kilometer in der Sekunde.
a) Wie viele Kilometer legt sie in einer Minute zurück?
b) Wie viele Kilometer legt sie in 10 Minuten zurück?
c) Berechne die Länge der Bahn für 60 Minuten.

2 Grundaufgaben
Schreibe Aufgabe und Ergebnis ins Heft.
a) $50 \cdot 8$ b) $6 \cdot 90$ c) $55 \cdot 10$
d) $125 : 5$ e) $121 : 11$ f) $2200 : 100$

3 Zahlenfolgen erkennen
In welcher Zahlenfolge kommen die Zahlen vor? Gibt es mehrere Möglichkeiten?
a) 4, 8, 12, 16 b) 15, 35, 40
c) 42, 28, 35, 21 d) 7, 28, 35, 21

4 Aufgaben mit gleichem Ergebnis
Finde Aufgaben mit gleichen Ergebnissen. Schreibe sie mit Lösung ins Heft.

$8 \cdot 100$ | $13 \cdot 9$ | $35 - 7$ | $15 + 80$ | $15 \cdot 3$ | $15 : 3$ | $35 + 7$ | $80 + 15$ | $9 \cdot 13$ | $100 \cdot 8$

5 Drei weitere Zahlen ergänzen
a) 5, 10, 20, 40, …
b) 144, 121, 100, …
c) 384, 192, 96, 48, …

6 Kurz und knapp
a) Beschreibe, wie du $30\,000 \cdot 6\,000$ rechnest.
b) Die Einwohnerzahl einer Stadt wurde auf 34 000 gerundet.
Gib die größtmögliche und die kleinstmögliche Einwohnerzahl der Stadt an.
c) Nenne Beispiele, bei denen Runden nicht sinnvoll ist.
d) Richtig oder falsch?
– Die Summe von zwei ungeraden Zahlen ist immer ungerade.
– Die Summe von drei geraden Zahlen ist immer gerade.
– Die Differenz einer geraden und einer ungeraden Zahl ist immer ungerade.

Lösungen ab Seite 197

Im Kopf multiplizieren und dividieren

Entdecken

Einzelkarte	12 €
Gruppenkarte	56 €

1 Vier Freunde fahren mit dem Zug zum Meisterschaftsspiel ihrer Fußballmannschaft. Die nebenstehende Preisliste gibt die möglichen Fahrpreise an.
a) Welche Möglichkeit ist für die vier günstiger?
b) Begründe deine Antwort einmal durch eine Addition und einmal durch eine Multiplikation.
c) Erfinde eine ähnliche Aufgabe, die sich durch Addition oder Multiplikation lösen lässt. Tauscht die Aufgaben in der Klasse und bearbeitet sie.
d) Kann man die Antwort zu Aufgabe a) auch durch eine Division oder Subtraktion begründen?

2 Quadrat im Quadrat

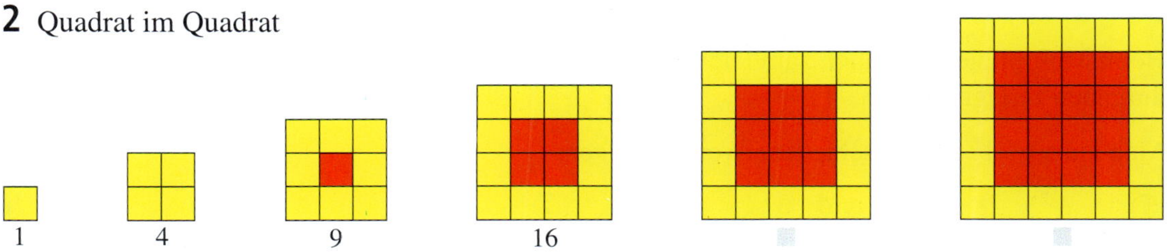

Ab dem dritten Quadrat bilden rote Quadrate die Mitte der gelben Quadrate.
a) Welche Quadratzahlen werden durch das fünfte und sechste Quadrat dargestellt?
b) Kannst du vorhersagen, wie viele rote Quadrate im 7. und 8. Quadrat enthalten sind?
c) Zeichne die Quadrate für die nächsten drei Quadratzahlen.
d) Die nachfolgende Tabelle hilft dir, zu weiteren Quadratzahlen die Anzahl der gelben und roten Quadrate zu bestimmen. Übertrage die Tabelle und ergänze.

Quadratzahl	1	4	9	16				64		
gelbe Kästchen	1			12		20				36
rote Kästchen	0		1		9		25		49	

ZUM WEITERARBEITEN
Bearbeite zunächst Aufgabe 2.
Gibt es ein Quadrat
① ... mit 42 gelben Kästchen?
② ... mit 121 roten Kästchen?
③ ... mit insgesamt 72 Kästchen?

3 Zur Klasse 5 a der Goethe-Schule gehören 30 Schülerinnen und Schüler. Für einen Ausflug nach Xanten wird ein Bus bestellt.
a) Wie viel muss jedes der 30 Kinder zahlen, wenn der Bus 240 € kostet?
b) Der Bus hat 50 Plätze, deshalb können noch Kinder aus Parallelklassen mitfahren.
Wie viele Schülerinnen und Schüler sind es insgesamt, wenn jedes Kind 6 € zahlt?

4 Alle natürlichen Zahlen lassen sich durch 2 und 3 teilen. Manchmal bleibt jedoch ein Rest.
Beispiel 20 : 2 = 10 (Rest 0) oder 20 : 3 = 6 Rest 2
a) Wie groß können die Reste beim Teilen durch 2 bzw. durch 3 maximal sein?
b) Teile die Zahlen 4, 10, 16 und 22 jeweils durch 2 und durch 3.
Was fällt dir auf?
c) Nenne alle Zahlen zwischen 0 und 40, die sowohl beim Teilen durch 2 als auch beim Teilen durch 3 jeweils den Rest 1 besitzen.
Was fällt dir auf?

Verstehen

Die Volleyballmannschaft der Schule braucht neue Trikots. Die Trikots können einzeln ohne Aufdruck für 17 € oder als Mannschaftspaket mit Aufdruck für 114 € bestellt werden.

Herr Borgmann vergleicht die Angebote im Internet:

Ist es günstiger, die Trikots einzeln oder im 6er-Pack zu kaufen?

$17 + 17 + 17 + 17 + 17 + 17 = 6 \cdot 17 = 102$

6 einzelne Trikots kosten 102 € und sind günstiger als das Mannschaftspaket.

Merke **Multiplikation** ist die mehrmals ausgeführte Addition des gleichen Summanden.

6 · 17	=	102
1. Faktor · 2. Faktor	=	**Wert des Produkts**
Produkt		

Beim Multiplizieren können zum leichteren Rechnen im Kopf die Aufgaben in einfachere Teilaufgaben zerlegt werden.

Man kann 6 · 17 auf verschiedene Weise zerlegen:

① $6 \cdot 10 = 60$
$6 \cdot 7 = 42$ (addieren)
$= 102$

② $6 \cdot 20 = 120$
$6 \cdot 3 = 18$ (subtrahieren)
$= 102$

ACHTUNG
Durch Null darf nicht geteilt werden!

Herr Borgmann möchte wissen, wie viel der Aufdruck kostet. Dazu muss er den Preis für ein Trikot aus dem Mannschaftspaket berechnen.

$114 : 6 = 19$

Ein Trikot aus dem Paket kostet 19 €, der Aufdruck wird also mit 19 € – 17 € = 2 € berechnet.

Merke **Dividieren** bedeutet so viel wie teilen oder aufteilen.

114 : 6	=	19
Dividend : Divisor	=	**Wert des Quotienten**
Quotient		

Auch beim Dividieren kann die Aufgabe in einfachere Teilaufgaben zerlegt werden.

Man kann 114 : 6 auf verschiedene Weise zerlegen:

① $60 : 6 = 10$
$54 : 6 = 9$ (addieren)
$= 19$

② $120 : 6 = 20$
$6 : 6 = 1$ (subtrahieren)
$= 19$

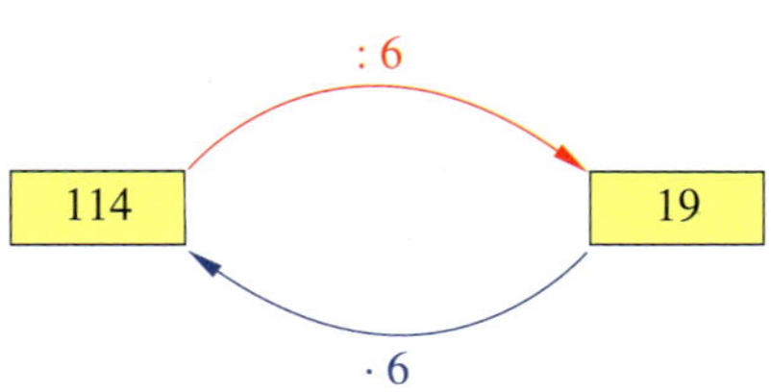

Um das Ergebnis einer Division zu prüfen, rechnet man die Umkehraufgabe.
Die Division ist die Umkehrung der Multiplikation.
Die Multiplikation ist die Umkehrung der Division.

Üben und anwenden

1 Schreibe kürzer und rechne aus.
a) 4 + 4 + 4 + 4 + 4 + 4 + 4 + 4 + 4
b) 7 + 7 + 7 + 7 + 7 + 7 + 7 + 7
c) 15 + 15 + 15 + 15 + 15
d) 23 + 23 + 23 + 23
e) 12 + 12 + 12 + 12 + 12 + 12

2 Übertrage die Tabellen und fülle sie aus.

36
2 · 18
4 ·
6 ·
12 ·
3 ·

60
2 ·
4 ·
6 ·
10 ·
12 ·

48
2 ·
· 12
16 ·
· 6
3 ·

3 Berechne im Kopf.
a) 7 · 8 b) 8 · 9 c) 9 · 3 d) 6 · 9
e) 7 · 4 f) 8 · 5 g) 3 · 5 h) 4 · 6
i) 5 · 7 j) 10 · 5 k) 20 · 5 l) 30 · 5

4 Übertrage und ergänze.
Der Wert der Summe der Spalten ist in Rot angegeben.

·	7		12		20		3	
4		36		20				
6						48		
12			144					120
22	154	198	264	110	440	176	66	220

5 Fülle die Tabelle im Heft aus.
a)

1. Faktor	8		9
2. Faktor	12	15	
Wert des Produkts		60	180

b)

1. Faktor		13	25
2. Faktor	200		25
Wert des Produkts	10 000	169	

6 Berechne die Anzahl der Kästchen mithilfe zweier Faktoren. Schreibe das Produkt auf.

Beispiel

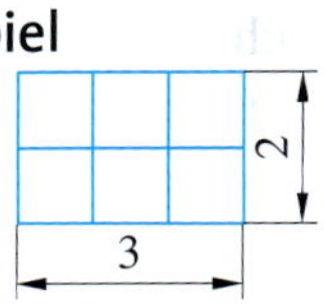

1 Schreibe als Produkt und rechne.
a) 25 + 25 + 25 + 25 + 25 + 25 + 25
b) 17 + 17 + 17
c) 102 + 102 + 102 + 102 + 102 + 102
d) 150 + 150 + 150 + 150 + 150
e) 76 + 76 + 76 + 76

2 Übertrage die Multiplikationstabellen ins Heft. Berechne die Produkte.
Zur Kontrolle ist die Summe aller Lösungen in Rot eingetragen. Kontrolliere.

a)

140	12	16
3		
2		

b)

325	8	5
11		
14		

3 Berechne im Kopf.
a) 6 · 12 b) 2 · 17 c) 5 · 13 d) 4 · 19
e) 6 · 16 f) 9 · 11 g) 3 · 16 h) 9 · 14
i) 6 · 14 j) 7 · 18 k) 8 · 18 l) 9 · 18

4 Übertrage und ergänze.
Der Wert der Summe der Spalten ist in Rot angegeben.

·	12	16			50	8		
3		48		75				9
						16		
9			180				900	
14	168	224	280	350	700	112	1 400	42

5 Wie ändert sich der Wert des Produkts zweier Zahlen, wenn …
a) der erste Faktor verdoppelt wird?
b) der zweite Faktor halbiert wird?
c) der erste Faktor halbiert und der zweite Faktor verdoppelt wird?
d) ein Faktor verdoppelt und der andere verdreifacht wird?
e) ein Faktor vervierfacht und der andere halbiert wird?

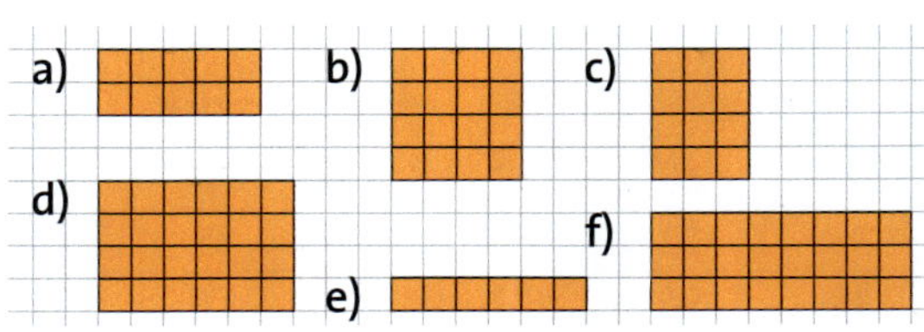

HINWEIS
133-1
Unter dem Webcode findest du ein Arbeitsblatt mit den Tabellen zu Aufgabe 4.

ZUM WEITERARBEITEN
Beschreibe, wie du die Anzahl der Flaschen ermittelst.

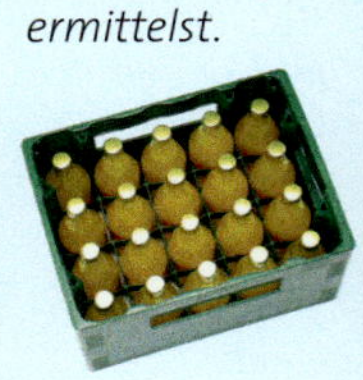

7 Du kannst jede Multiplikation durch eine Division kontrollieren.

Beispiel

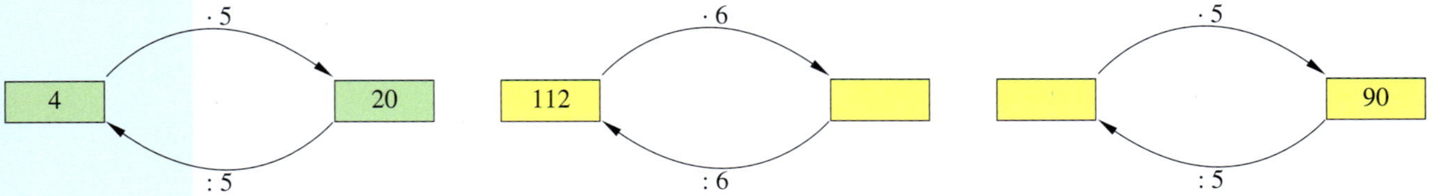

a) Erläutere das Beispiel.
b) Übertrage die beiden gelben Muster in dein Heft und ergänze sie.
c) Erstelle zu drei weiteren Aufgaben ähnliche Muster zur Kontrolle einer Multiplikation.

8 Dividiere durch 10 (20, 30, 40).

a) 120 b) 1 200 c) 240 d) 2 400
e) 360 f) 3 600 g) 480 h) 4 800

8 Dividiere durch 5 (15, 25).

a) 75 b) 750 c) 150 d) 1 500
e) 225 f) 2 250 g) 300 h) 375

9 Übertrage und ergänze.

a)

:	2	4	6	8
24				
48				
72				

b)

:	2	4	6	8
120				
144				
240				

9 Übertrage und ergänze.

a)

:			6	9
18		9		
36	36			
54				

b)

:	2		6	
90		30		
108				
126				7

10 Übertrage und ergänze.
Zu welcher Situation können die Aufgaben passen? Finde zu einer Aufgabe ein Beispiel.

	a)	b)	c)	d)	e)	f)
Dividend	300		212		105	916
Divisor		9	4	16		2
Wert des Quotienten	10	8		4	15	

10 Wie ändert sich der Wert des Quotienten zweier Zahlen, wenn man …
a) den Dividenden verdoppelt?
b) den Dividenden halbiert?
c) den Divisor verdoppelt?
d) den Divisor halbiert?
e) den Dividenden und den Divisor halbiert?
f) den Dividenden und den Divisor tauscht?

11 Richtig oder falsch?
a) Ist einer der Faktoren 0, so ist der Wert des Produkts ebenfalls 0.
b) Ist der Divisor 0, so ist der Wert des Quotienten ebenfalls 0.
c) Die Division durch 0 ist nicht definiert, also nicht möglich.

11 Schreibe als Aufgabe und rechne.
a) Multipliziere 3 mit dem Quotienten aus 100 und 4.
b) Dividiere das Produkt der Zahlen 12 und 6 durch den Quotienten dieser Zahlen.
c) Verdopple den Quotienten aus 196 und 4 und teile dann durch 7.

12 Finde Divisionsaufgaben, die keinen Rest lassen. Setze die Aufgaben wie im Beispiel so zusammen, dass aus jeder Tabelle eine Zahl kommt.

Beispiel 65 : 5 = 13

Dividend

65	60	52
35	22	63
19	96	72

Divisor

4	13	7
15	5	19
11	12	6

Wert des Quotienten

1	2	13
8	5	7
12	9	4

ZUM WEITERARBEITEN
Erfinde zu den Divisionsaufgaben bei Nummer 12 Situationen aus dem Alltag, z.B. 65 € werden unter 5 Freunden aufgeteilt.

Schriftlich multiplizieren und dividieren

Entdecken

1 Einmaleins einmal anders
Der Schotte Lord John Napier hat im 16. Jahrhundert mit Stäbchen multipliziert.
Die Abbildung unten zeigt, wie die Stäbchen beschriftet sind.

0/0	0/1	0/2	0/3	0/4	0/5	0/6	0/7	0/8	0/9
0/0	0/2	0/4	0/6	0/8	1/0	1/2	1/4	1/6	1/8
0/0	0/3	0/6	0/9	1/2	1/5	1/8	2/1	2/4	2/7
0/0	0/4	0/8	1/2	1/6	2/0	2/4	2/8	3/2	3/6
0/0	0/5	1/0	1/5	2/0	2/5	3/0	3/5	4/0	4/5
0/0	0/6	1/2	1/8	2/4	3/0	3/6	4/2	4/8	5/4
0/0	0/7	1/4	2/1	2/8	3/5	4/2	4/9	5/6	6/3
0/0	0/8	1/6	2/4	3/2	4/0	4/8	5/6	6/4	7/2
0/0	0/9	1/8	2/7	3/6	4/5	5/4	6/3	7/2	8/1

a) Erkennst du, nach welcher Regel die Stäbchen beschriftet sind? Erkläre.

b) Die Aufgabe
523 · 4 = 2 0 9 2
wird mit Stäbchen so „gerechnet":
Erkläre die Lösung mithilfe des Stellenwertsystems.

0/5	0/2	0/3
1/0	0/4	0/6
1/5	0/6	0/9
2/0	0/8	1/2
2/5	1/0	1/5

T	H	Z	E	
		1	2	4 · 3
		8	0	4 · 20

c) Übertrage die Tabelle ins Heft und ergänze sie.
d) Welche Multiplikation ist mit den Streifen gerechnet worden?
e) Berechne mithilfe der Streifen die Aufgaben 1 643 · 6 und 3 075 · 8.

1/4	0/0	3/5	4/2
1/6	0/0	4/0	4/8
1/8	0/0	4/5	5/4

2 An der Tafel wird die Aufgabe 6 702 · 38 unterschiedlich gelöst.

Tara

·	6000	700	2	
30	180 000	21 000	60	201 060
8	48 000	5600	16	53 616
				254 676

Robin

6	7	0	2	·	3	8
	2	0	1	0	6	0
+		5	3	6	1	6
	2	5	4	6	7	6

Charlotte

		1/8	2/1	0/0	0/6
/1	/1	4/8	5/6	0/0	1/6
2	5	4	6	7	6

a) Vergleiche die vorgestellten Lösungswege.
Welche Rechnung kannst du am besten nachvollziehen?
b) In allen drei Rechenwegen ist die Zahl 53 616 enthalten. Wo steckt sie in Charlottes Lösung?
c) Berechne mit jedem der Rechenwege die Aufgabe 4 173 · 52.
d) Wähle einen Rechenweg aus und berechne 2 089 · 207.
Begründe die Wahl deines Rechenweges.

3 15 Spieler der Schulmannschaft möchten ein Länderspiel besuchen. Für Busfahrt, Verpflegung und Eintritt sind insgesamt 390 € zu zahlen.
a) Berechne, wie viel jeder für die Reise bezahlen muss. Benutze dabei folgende Rechenwege.

① 390 : 15 =
300 : 15 =
90 : 15 =

② 390 : 15 =
− 30

b) Erkläre, welcher Rechenweg für dich einfacher ist.
c) Berechne die Aufgabe 984 : 8 auf beide Arten. Welcher Rechenweg ist einfacher?

HINWEIS
135-1
Unter dem Webcode kannst du die Napier-Streifen ausdrucken.

Verstehen

Die Jahrgangsstufe 5 plant im nächsten Jahr eine gemeinsame Fahrt. Alle 127 Schülerinnen und Schüler sparen im Schuljahr je 312 € an. Welcher Betrag wird insgesamt für die Jahrgangsstufe zur Verfügung stehen?

Zahlen mit mehreren Ziffern lassen sich nicht immer einfach im Kopf multiplizieren. Vor der schriftlichen Berechnung sollte das Ergebnis überschlagen werden.

AUFGEPASST
Den Antwortsatz nicht vergessen: Insgesamt werden 39 724 € gespart.

127 wird mit 312 multipliziert. Überschlag: $150 \cdot 300 = 45\,000$

					H	Z	E
1	2	7	·	3	1	2	
			3	8	1	0	0

					H	Z	E
1	2	7	·	3	1	2	
			3	8	1	0	0
				1	2	7	0

						H	Z	E
	1	2	7	·	3	1	2	
				3	8	1	0	0
					1	2	7	0
+						2_1	5	4
				3	9	6	2	4

Schritt ①: Hunderter
$127 \cdot 300 = 38\,100$

Schritt ②: Zehner
$127 \cdot 10 = 1\,270$

Schritt ③: Einer
$127 \cdot 2 = 254$

Zum Schluss werden die Zwischenergebnisse addiert.

MERKE
*Kontrolliere deine Ergebnisse mithilfe der **Probe**: Vertausche die Reihenfolge der Faktoren oder rechne die Umkehraufgabe.*

Merke Bei der **schriftlichen Multiplikation** mit mehrstelligen Zahlen wird zunächst nacheinander mit den …, Hundertern, Zehnern, Einern des zweiten Faktors multipliziert.
Die Zwischenergebnisse werden stellengerecht notiert und zum Schluss addiert.
Vor der Rechnung wird das Ergebnis überschlagen.

Mit einem Reisebus können bis zu 56 Personen befördert werden.
Das Reiseunternehmen berechnet für die Fahrt mit einem vollbesetzten Bus 1 400 €.
Wie viel Euro kostet ein Busplatz?

AUFGEPASST
Den Antwortsatz nicht vergessen: Für jeden Busplatz werden 25 € berechnet.

Auch viele Divisionen lassen sich schriftlich einfacher lösen als im Kopf.
Das Ergebnis wird vor der Berechnung überschlagen.
1 400 wird durch 56 dividiert. Überschlag: $1\,500 : 50 = 30$

```
  T H Z E           T H Z E
  1 4 0 0 : 5 6 =   0 0 2 5
– 0
  1 4
–   0
  1 4 0
– 1 1 2
    2 8 0
  – 2 8 0
        0
```

Probe:

	2	5	·	5	6
		1	2	5	0
+			1	5	0
		1	4	0	0

MERKE
Überprüfe dein Ergebnis mit der Umkehraufgabe.

Merke Bei der **schriftlichen Division** durch mehrstellige Divisoren wird der Dividend so zerlegt, dass durch den Divisor geteilt werden kann.

Zum jeweiligen Rest der Differenzen werden so lange die nächsten Ziffern hinzugefügt, bis die Einerziffer erreicht ist.

Hat die letzte Differenz den Wert 0, so bleibt bei der Division kein Rest.

Üben und anwenden

1 Überschlage das Ergebnis. Berechne dann die Produkte. Kontrolliere mithilfe der Probe.

a) $162 \cdot 4$ b) $122 \cdot 3$ c) $224 \cdot 5$
d) $717 \cdot 7$ e) $313 \cdot 6$ f) $482 \cdot 5$
g) $201 \cdot 8$ h) $990 \cdot 2$ i) $108 \cdot 9$

2 Rechne schriftlich. Beachte bei diesen Aufgaben die Bedeutung der Null.

a) $320 \cdot 4$ b) $710 \cdot 9$ c) $3125 \cdot 8$
d) $502 \cdot 4$ e) $751 \cdot 8$ f) $5206 \cdot 5$
g) $1006 \cdot 7$ h) $8850 \cdot 6$ i) $9405 \cdot 6$
j) $3050 \cdot 8$ k) $7858 \cdot 7$ l) $9063 \cdot 9$

3 Der Eintritt in den Freizeitpark kostet für Schüler 7,00 €. Wie viel müssen 27 Schülerinnen und Schüler insgesamt bezahlen?

4 Vervollständige die Multiplikationsmauern in deinem Heft.

a)

	?	
12	?	
3	4	5

b)

	?	
70	?	
7	?	12

c)

	?	
84	?	
6	?	12

d)

	6498	
57	?	
3	?	6

5 Schreibe die Quadratzahlen als Produkt mit zwei gleichen Faktoren.

a) 49 b) 81 c) 121 d) 144

6 Welche der folgenden Zahlen sind Quadratzahlen? Begründe.
34, 36, 42, 55, 64, 88, 93, 100

7 Der Wert des Produkts ist 12 (20, 24, 30). Schreibe alle möglichen Produkte auf.

8 Finde drei Zahlen a, b und c, sodass gilt:

a) $a \cdot b \cdot c = 84$ b) $a \cdot b \cdot c = 105$

9 In einer Kantine werden täglich 867 Mahlzeiten ausgegeben.
Wie viele Mahlzeiten sind das in …

a) einer Woche mit fünf Arbeitstagen?
b) einem Monat mit 22 Arbeitstagen?

1 Überschlage das Ergebnis. Berechne die Produkte. Kontrolliere mithilfe der Probe.

a) $297 \cdot 35$ b) $191 \cdot 805$ c) $822 \cdot 932$
d) $963 \cdot 273$ e) $884 \cdot 327$ f) $645 \cdot 92$
g) $647 \cdot 477$ h) $473 \cdot 125$ i) $4738 \cdot 32$

2 Berechne und beachte die Nullen.
Die Lösungen in der Randspalte ergeben als Lösungswort den Namen einer Hauptstadt.

a) $486 \cdot 502$ b) $726 \cdot 404$ c) $802 \cdot 306$
d) $1804 \cdot 609$ e) $507 \cdot 850$ f) $407 \cdot 501$
g) $2030 \cdot 700$ h) $1405 \cdot 29$ i) $913 \cdot 870$

3 Katharina war im Schwimmbad und ist 35 Bahnen geschwommen. Eine Bahn ist 25 m lang. Wie weit ist sie geschwommen?

4 Multiplikationsmauern

a) Ergänze die Mauern in deinem Heft.

①

	400	
?	?	
4	?	4

②

	90	
?	?	
2	?	5

b) Erfinde Multiplikationsmauern mit
– der Zahl 600 in der Spitze.
– genau drei ungeraden Zahlen.
– genau vier ungeraden Zahlen.

5 Schreibe die Quadratzahlen als Produkt mit zwei gleichen Faktoren.

a) 169 b) 196 c) 225 d) 361

6 Schreibe alle Quadratzahlen auf, die …

a) größer als 10 und kleiner als 70 sind.
b) größer als 100 und kleiner als 200 sind.

7 Der Wert des Produkts ist 64 (150, 240, 500). Schreibe alle möglichen Produkte auf.

8 Finde drei Zahlen a, b und c, sodass gilt:

a) $a \cdot b : c = 30$ b) $a : b \cdot c = 9$

9 Ein Fahrradmarkt bestellte bei einer Fahrradfabrik 300 Trekkingräder zu je 249 €, 500 Mountainbikes zu je 259 € und 600 Kinderfahrräder zu je 128 €.
Wie viel war insgesamt zu zahlen?

ZU AUFGABE 2
40745 (L)
203907 (H)
243972 (S)
245412 (O)
293304 (T)
430950 (K)
794310 (M)
1421000 (O)
1098636 (C)

ZU AUFGABE 2
Als Lösungswort ergeben sich zwei Hauptstädte.
1280 (M)
2008 (K)
6008 (A)
6390 (O)
7042 (M)
24400 (R)
25000 (S)
26030 (U)
53100 (A)
55006 (I)
56430 (D)
81567 (D)

ZU AUFGABE 10
Kontrolliere die Ergebnisse mithilfe der Probe.

10 Übertrage die Rechnungen in dein Heft und ergänze die fehlenden Ziffern.

```
a)                         b)
 5142 : 6 = 8□□             7240 : 8 = □□0
–□□                        –□□
  34                         04
 –□□                        – 0
   42                         □□
  –□□                        –□□
     0                         0

c)                         d)
 5040 : 9 = □□0             6181 : 7 = □□3
–45                        –□□
  54                          5□
 –□□                        –□□
   00                          2□
  – 0                         –□□
     0                           0
```

11 Dividiere. Es bleibt jeweils ein Rest.

a) 279 : 6   b) 591 : 8   c) 2137 : 6
d) 423 : 7   e) 572 : 9   f) 3409 : 8
g) 545 : 3   h) 653 : 4   i) 7369 : 5

HINWEIS
Wenn der Dividend kein Vielfaches des Divisors ist, dann bleibt bei der Division ein Rest. Man schreibt dann den Rest hinter den Wert des Quotienten, z. B.:

```
217 : 15 = 14 Rest 7
–15
  67
 –60
   7
```

12 Vergleiche die Ergebnisse.

a) 11220 : 2 und 11220 : 20
b) 33250 : 5 und 33250 : 50
c) 31360 : 4 und 31360 : 40
d) 68950 : 70 und 68950 : 7
e) 50760 : 90 und 50760 : 9

13 Ist das Ergebnis 78 oder 87?

a) 3276 : 42   b) 2088 : 24
c) 2262 : 26   d) 2028 : 26
e) 5394 : 62   f) 3654 : 42

14 Daniel hat bei einem Gewinnspiel den Hauptpreis gewonnen:
12345 Freikilometer mit der Bahn.
Er möchte mit seinen Eltern verreisen.
Wie viele Kilometer kann jeder fahren?

15 Überprüfe, ob das Ergebnis bei jeder Aufgabe gleich ist. Beschreibe, wie du dabei vorgehst.

a) 41296 : 58   b) 66928 : 94
c) 61944 : 87   d) 49128 : 69
e) 50544 : 72   f) 61232 : 86

10 Übertrage die Rechnungen in dein Heft und ergänze die fehlenden Ziffern.

```
a)                         b)
 15672 : 24 = 6□□           44100 : 45 = □□0
–□□□                       –405
  127                        □□□
 –□□□                       –□□□
    72                          00
   –□□                         – □
     0                            0

c)                         d)
 7548 : 37 = □0□            9555 : 65 = □□□
–□□                        –□□
  14                          30□
 – 0                         –□□□
  148                           45□
 –□□□                          –□□□
     0                             0
```

11 Bei welchen Aufgaben bleibt ein Rest?

a) 494 : 4   b) 3192 : 7   c) 5980 : 9
d) 1170 : 5   e) 4540 : 8   f) 2706 : 6
g) 2070 : 16   h) 6109 : 19   i) 5848 : 28

12 Dividiere. Überschlage vorher.

a) 41100 : 30   b) 62400 : 40
c) 68400 : 40   d) 550500 : 50
e) 935000 : 500   f) 534000 : 600
g) 4550000 : 700   h) 912800 : 800

13 „Wenn man eine Zahl durch eine einstellige Zahl teilt, kann niemals der Rest 9 auftreten", behauptet Max.
Prüfe die Behauptung von Max, indem du 4199 nacheinander durch 2, …, 9 teilst.
Welche Reste treten auf?

14 Diskutiert zu zweit und begründet.

a) Kann man ein ganzes Jahr ohne Rest durch die Anzahl der Wochen teilen?
b) An wie viele Kinder kann man 48 € verteilen, sodass jedes volle Euro erhält?

15 Welche Ergebnisse sind gleich?
Beschreibe, wie du dabei vorgehst.

a) 20358 : 87   b) 1425 : 57
c) 9594 : 41   d) 4140 : 92
e) 3555 : 79   f) 2075 : 83

RÜCKBLICK
Welche Fachbegriffe fallen dir zum Kreis ein? Stelle sie in einer Zeichnung dar.

16 Erstellt ein Lernplakat zum Thema „Ergebnisse kontrollieren mithilfe einer Probe".
Erklärt, wie man eine Probe für die Addition, Subtraktion, Multiplikation und Division rechnen kann. Stellt das Verfahren mit Beispielen übersichtlich dar.

Rechenregeln sinnvoll anwenden

Entdecken

1 Spiel 71, ein Spiel für 2 Personen
Benötigt werden drei Würfel sowie Zettel und Stift.

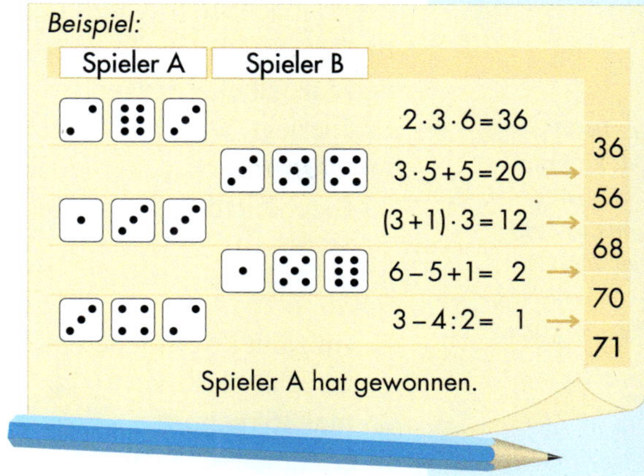

Wer mit einem Würfel die höchste Augenzahl würfelt, beginnt. Abwechselnd wird mit drei Würfeln gewürfelt.
Jeder Spieler kann seine Augenzahlen beliebig sortieren und durch Rechenzeichen und Klammern verbinden. Die Ergebnisse beider Spieler werden auf einem gemeinsamen Zettel addiert. Wer als Erster genau den Wert 71 erreicht, hat gewonnen. Wer 71 überschreitet, hat leider verloren.

2 Spielt in Kleingruppen.
Jede Gruppe benötigt Karten mit den Zahlen von 1 bis 49.
Die Karten werden gemischt und verdeckt auf einen Stapel gelegt.
Jeder hat das Zahlenfeld wie im Bild rechts vor sich liegen.
Jetzt wird eine Karte gezogen und die Zahl genannt.
Jeder versucht nun, drei benachbarte Zahlen in dem Quadrat so zu verknüpfen, dass die gezogene Zahl als Ergebnis steht.
Es sind die Rechenzeichen +, −, · und : erlaubt.

Im Beispiel wurde die Zahl 22 gezogen und durch $2 + 4 \cdot 5$ oder $3 \cdot 7 + 1$ ausgedrückt.
Wer zuerst einen passenden Rechenausdruck nennen kann, erhält die Zahlenkarte.
Am Ende gewinnt der Spieler oder die Spielerin mit den meisten Zahlenkarten.

3 Leonie und Julian haben für die Klassenfeier Neuner-Packungen Trinktüten eingekauft.
Leonie hat sieben Packungen, Julian hat fünf Packungen mitgebracht.
Leonie und Julian möchten wissen, wie viele Trinktüten sie nun haben.

Leonie rechnet so:

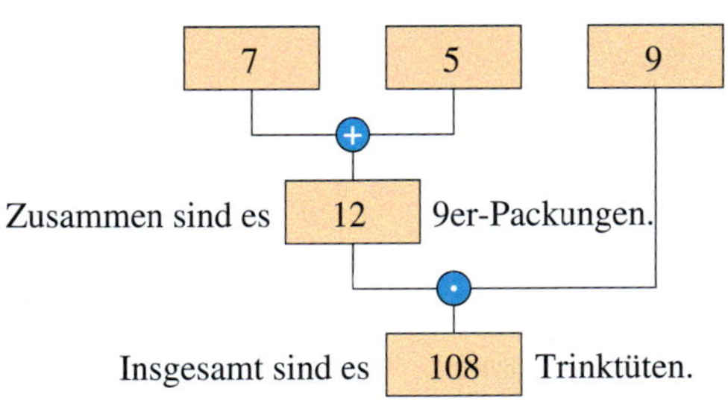

$(7 + 5) \cdot 9 = 108$

Julian rechnet so:

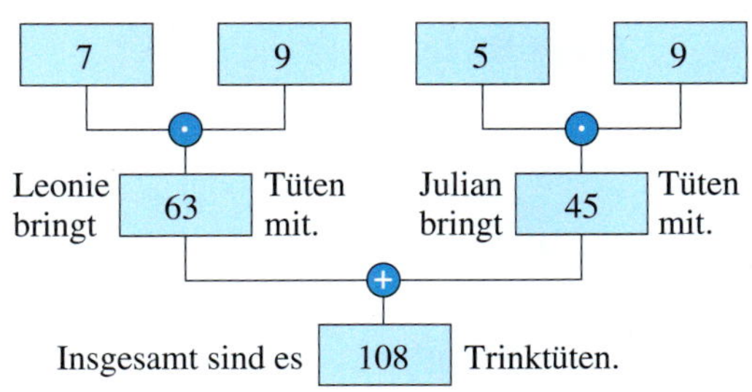

$7 \cdot 9 + 5 \cdot 9 = 108$

Leonie und Julian haben unterschiedlich gerechnet, aber das gleiche Ergebnis.
Erläutere die beiden Rechenwege.
Entscheide, welcher Rechenweg für dich einfacher ist.

BEACHTE
Zuerst kommt die Punktrechnung, dann die Strichrechnung.
Also wird erst multipliziert oder dividiert und erst dann wird addiert oder subtrahiert.
Wenn man zuerst addieren oder subtrahieren möchte, muss man eine Klammer setzen.

Verstehen

Kevin macht sein Praktikum beim Bäcker. Er darf die Brötchen aus dem Backofen in den Ausgabekorb legen.
Er überlegt, wie viele Brötchen gleichzeitig im Ofen gebacken werden können, wenn 25 Bleche in den Ofen passen.

ERINNERE DICH
Das Kommutativgesetz und das Assoziativgesetz gelten auch für die Addition:

$a + b = b + a$

$(a + b) + c = a + (b + c)$

Beispiel 1
Kevin zählt 36 Brötchen pro Blech.
Es ist egal, ob Kevin 36 mal 25 oder 25 mal 36 rechnet.
Er erhält jedes Mal 900 Stück.

Merke Vertauschungsgesetz
(Kommutativgesetz)
$36 \cdot 25 = 25 \cdot 36 = 900$
Faktoren dürfen vertauscht werden.
Für alle Zahlen a und b gilt:
$a \cdot b = b \cdot a$

BEACHTE
Für die Division gelten das Kommutativ- und Assoziativgesetz nicht, denn es ist z. B.:

$4 : 2 \neq 2 : 4$

Beispiel 2
Kevin zählt auf dem ersten Blech 9 mal 4 Brötchen.
Es ist egal, ob Kevin zuerst 9 mal 4 und dann mal 25 rechnet oder ob er zuerst 4 mal 25 und dann mal 9 rechnet.
Er hält jedes Mal 900 Stück.

Merke Verbindungsgesetz
(Assoziativgesetz)
$(9 \cdot 4) \cdot 25 = 9 \cdot (4 \cdot 25) = 900$
Faktoren dürfen beliebig durch Klammern zusammengefasst werden.
Für alle Zahlen a, b und c gilt:
$(a \cdot b) \cdot c = a \cdot (b \cdot c)$

Durch geschicktes Vertauschen und Zusammenfassen kann Kevin also schnell berechnen, dass 900 Brötchen gleichzeitig gebacken werden.

Tauchen nur Malzeichen in einer Rechnung auf, so kann man also eigentlich alle Klammern weglassen. Denn es ist egal, in welcher Reihenfolge gerechnet wird.

Kommen aber verschiedene Rechenzeichen in einer Aufgabe vor, dann muss man folgende Regeln einhalten:

Beispiel 3
Kevin sieht auf dem zweiten Blech 4 Muster von je 5 plus 4 Brötchen. Er rechnet:
$4 \cdot (5 + 4) = 4 \cdot 9 = 36$

Merke Vorrangregeln
1. Werte in Klammern werden zuerst berechnet.
2. Punktrechnung geht vor Strichrechnung.

BEISPIELE

$35 = (3 + 4) \cdot 5 = 3 \cdot 5 + 4 \cdot 5$

$2 = (8 - 4) : 2 = 8 : 2 - 4 : 2$

Merke Verteilungsgesetz (Distributivgesetz)
Wird eine Summe oder eine Differenz mit einer Zahl multipliziert, so kann die Klammer folgendermaßen aufgelöst werden. Für alle Zahlen a, b und c gilt:
$(a + b) \cdot c = a \cdot c + b \cdot c$ bzw. $(a - b) \cdot c = a \cdot c - b \cdot c$

Das Gesetz gilt auch für die Division:
$(a + b) : c = a : c + b : c$ bzw. $(a - b) : c = a : c - b : c$

c darf nicht Null sein.

Üben und anwenden

1 Vergleiche die Ergebnisse. Erkläre deine Beobachtung.

a) $(3 \cdot 2) \cdot 5$ und $3 \cdot (2 \cdot 5)$
b) $(5 \cdot 5) \cdot 4$ und $5 \cdot (5 \cdot 4)$
c) $(2 \cdot 6) \cdot 7$ und $2 \cdot (6 \cdot 7)$

2 Setze vorteilhaft Klammern und berechne.

Beispiel $13 \cdot 4 \cdot 25 = 13 \cdot (4 \cdot 25)$
$= 13 \cdot 100 = 1300$

a) $43 \cdot 5 \cdot 20$ b) $8 \cdot 50 \cdot 7$
c) $27 \cdot 8 \cdot 125$ d) $2 \cdot 50 \cdot 9$
e) $7 \cdot 4 \cdot 5$ f) $12 \cdot 15 \cdot 4$
g) $8 \cdot 25 \cdot 19$ h) $13 \cdot 20 \cdot 50$

3 Rechne vorteilhaft. Nutze dabei Stufenzahlen wie im Beispiel.

Beispiel $75 \cdot 50 \cdot 2 = 75 \cdot (50 \cdot 2)$
$= 75 \cdot 100 = 7500$

a) $500 \cdot 7 \cdot 2$ b) $5 \cdot 69 \cdot 20$
c) $125 \cdot 9 \cdot 8$ d) $125 \cdot 8 \cdot 5$
e) $250 \cdot 15 \cdot 4$ f) $4 \cdot 11 \cdot 25$
g) $250 \cdot 4 \cdot 12$ h) $125 \cdot 8 \cdot 17$

4 Zerlege einen Faktor in ein Produkt, sodass du mit Stufenzahlen weiterrechnen kannst.

a) $120 \cdot 25$ b) $114 \cdot 50$ c) $48 \cdot 125$
d) $60 \cdot 250$ e) $264 \cdot 50$ f) $326 \cdot 500$

5 Eine Schule hat zwei Gebäude mit je drei Stockwerken. In jedem Stockwerk befinden sich zwölf Unterrichtsräume mit je 30 Stühlen. Wie viele Stühle gibt es insgesamt in dieser Schule?

6 An der Leergutkasse werden Kästen mit je 12 Flaschen gestapelt. 6 Kästen stehen nebeneinander und immer 5 Kästen übereinander.

a) Wie viele Flaschen sind das insgesamt?
b) Mit wie viel Flaschenpfand muss man rechnen, wenn für eine Flasche 15 Cent Pfand gezahlt wird?

7 Bilde aus den Zahlen 16, 5 und 32 mithilfe der vier Grundrechenarten …

a) einen möglichst großen Wert.
b) einen möglichst kleinen positiven Wert.
c) einen Wert, der nahe bei 50 liegt.

1 Vergleiche die Ergebnisse und erkläre deine Beobachtung.

a) $(4 \cdot 25) \cdot 6$ und $4 \cdot (25 \cdot 6)$
b) $(16 \cdot 5) \cdot 4$ und $16 \cdot (5 \cdot 4)$
c) $(10 \cdot 6) \cdot 20$ und $10 \cdot (6 \cdot 20)$

2 Rechne vorteilhaft.

Beispiel $25 \cdot 9 \cdot 4 \cdot 10 = 25 \cdot 4 \cdot 9 \cdot 10$
$= (25 \cdot 4) \cdot (9 \cdot 10)$

a) $4 \cdot 9 \cdot 3 \cdot 50$ b) $4 \cdot 9 \cdot 8 \cdot 50$
c) $500 \cdot 3 \cdot 7 \cdot 4$ d) $8 \cdot 7 \cdot 250 \cdot 4$
e) $10 \cdot 15 \cdot 4 \cdot 25$ f) $7 \cdot 50 \cdot 4$
g) $125 \cdot 4 \cdot 8 \cdot 3$ h) $250 \cdot 6 \cdot 7 \cdot 8$

3 Rechne vorteilhaft mit Stufenzahlen.

Beispiel $175 \cdot 50 \cdot 2 = 175 \cdot (50 \cdot 2)$
$= 175 \cdot 100 = 17500$

a) $250 \cdot 4 \cdot 12$ b) $125 \cdot 8 \cdot 17$
c) $40 \cdot 5 \cdot 200$ d) $2 \cdot 175 \cdot 50$
e) $25 \cdot 14 \cdot 4$ f) $20 \cdot 25 \cdot 5$

4 Bilde aus den Zahlen Produkte aus drei oder vier Faktoren und berechne ihre Werte.

60 15 4 25 8

5 Täglich werden 200 Kisten Milch mit je 24 Tüten geliefert. Wie viele Tüten werden …

a) pro Woche (5 Tage) geliefert?
b) im Monat (4 Wochen) geliefert?
c) im Jahr (12 Monate) geliefert?

6 Für den Besuch der Fußballweltmeisterschaft haben 21 976 Personen einen Flug gebucht. Mit dem eingesetzten Jumbojet können bis zu 440 Personen befördert werden. Reicht es aus, wenn fünf dieser Flugzeuge mit jeweils zehn Flügen eingesetzt werden? Überschlage das Ergebnis, bevor du rechnest. Überprüfe mit einer Probe.

7 Setze Klammern so, dass sich als Lösung eine der Zahlen aus den Kästen ergeben.

a) $3 \cdot 4 + 5$ b) $5 - 3 \cdot 8 + 2$
c) $5 \cdot 8 \cdot 9 - 5$ d) $8 \cdot 2 \cdot 5 + 5$
e) $6 + 3 \cdot 3$ f) $28 - 3 \cdot 8 : 10$

HINWEIS
Einige Produkte helfen dir beim schnellen Rechnen, z. B.:
$2 \cdot 50 = 100$
$4 \cdot 25 = 100$
$5 \cdot 20 = 100$
$8 \cdot 125 = 1000$

27 20 160

8 Berechne.

a) $8 \cdot 4 + 5$ b) $8 \cdot (4 + 5)$
c) $(8 + 4) \cdot 5$ d) $8 + 4 \cdot 5$
e) $10 - (4 : 2)$ f) $10 - 4 : 2$
g) $(10 - 4) : 2$ h) $10 : 2 - 4$
i) $(5 + 3) \cdot (7 - 4)$ j) $5 + 3 \cdot 7 - 4$
k) $(5 + 3) \cdot 7 - 4$ l) $5 + 3 \cdot (7 - 4)$
m) $16 : (8 : 4)$ n) $(16 - 8) - 4$

9 Ordne die Aufgaben nach der Größe des Ergebnisses.

a) $(5 + 3) \cdot (7 - 4)$ b) $5 + 3 \cdot 7 - 4$
c) $(5 + 3) \cdot 7 - 4$ d) $5 + 3 \cdot (7 - 4)$

10 Wende das Distributivgesetz an und berechne die Lösungen.

Beispiel $4 \cdot 17 + 4 \cdot 3 = 4 \cdot (17 + 3)$
$= 4 \cdot 20 = 80$

a) $3 \cdot 12 + 3 \cdot 8$ b) $8 \cdot 18 + 8 \cdot 82$
c) $430 \cdot 7 + 270 \cdot 7$ d) $63 \cdot 12 + 37 \cdot 12$
e) $7 \cdot 84 - 7 \cdot 44$ f) $9 \cdot 71 - 9 \cdot 21$
g) $32 \cdot 8 - 19 \cdot 8$ h) $4 \cdot 78 - 68 \cdot 4$
i) $8 \cdot 25 - 5 \cdot 8$ j) $54 \cdot 6 - 6 \cdot 39$

11 Wie viel Euro können mit dem „Quarter-Tramp“ in einer Stunde, an einem und an fünf Arbeitstagen eingenommen werden?

12 Eine Judogruppe besteht aus acht Mitgliedern. Sie bestellen gemeinsam neue Anzüge und neue Gürtel. Jeder Anzug kostet 27 €, ein Gürtel kostet 9 €.
Wie viel kostet die Bestellung insgesamt? Berechne das Ergebnis einmal mit Klammern und einmal ohne Klammern.

13 Sven hat zum Skiwochenende 40 € mitgenommen. Wie viele Sechserkarten zu 4,25 € kann er sich für den Lift kaufen?

8 Wo kannst du die Klammern weglassen? Vergleiche durch Rechnung und begründe.

a) $12 + (9 \cdot 2)$ b) $(2 + 7) \cdot 9$
c) $(6 + 18) : 3$ d) $(9 : 3) - 2$
e) $32 - (18 : 2)$ f) $32 : (8 : 2)$

9 Setze im Heft Klammern so, dass das Ergebnis stets 30 ist.

a) $36 + 144 : 9 + 10$ b) $135 - 45 : 45 - 42$
c) $240 - 60 : 15 - 9$ d) $160 + 240 : 8 - 20$

10 Rechne vorteilhaft durch Anwendung des Distributivgesetzes.

Beispiel $29 \cdot 5 = (30 - 1) \cdot 5 = 30 \cdot 5 - 1 \cdot 5$
$= 150 - 5 = 145$

a) $38 \cdot 9$ b) $47 \cdot 5$ c) $9 \cdot 29$
d) $56 \cdot 8$ e) $79 \cdot 4$ f) $7 \cdot 87$
g) $5 \cdot 99$ h) $7 \cdot 57$ i) $89 \cdot 7$
j) $8 \cdot 28$ k) $88 \cdot 8$ l) $4 \cdot 47$
m) $7 \cdot 97$ n) $888 \cdot 8$ o) $999 \cdot 99$

11 Die Klasse 5c hat bei einem Schulfest 51 € mit Kaffee und Kuchen und 69 € mit Grillwürstchen verdient.
Das Geld soll an drei Hilfsprojekte gespendet werden.
Anne meint, dass für jedes Hilfsprojekt 74 € gespendet werden können. Sie hat so gerechnet: $51 + 69 : 3 = 51 + 23 = 74$.
Max sagt, dass für jedes Projekt nur 40 € zur Verfügung stehen.

a) Wer hat recht?
b) Zeichne zur Lösung einen Rechenbaum.

12 Produkte aus gleichen Faktoren kann man kürzer als Potenz schreiben.

Beispiel $10 \cdot 10 \cdot 10 \cdot 10 = 10^4$
(sprich „10 hoch 4“)

Schreibe als Produkt und berechne.

a) 3^3 b) 9^2 c) 3^5 d) 9^3
e) 5^3 f) 4^2 g) 5^5 h) 2^4
i) 7^2 j) 10^5 k) 2^7 l) 6^4

13 Für ein Büro werden jeden Monat acht Kartons mit je sechs Packungen Papier bestellt. Jede Packung hat 250 Blatt Papier. Am Ende des Jahres sind 130 Blatt Papier übrig. Wie viel Blatt wurden verbraucht?

Methode: Textaufgaben mit Rechenbäumen lösen

1 Der Sportverein „Victoria“ plant eine Grillparty. Es haben sich 15 Kinder und 12 Erwachsene angemeldet.
Frau Alldorf wird für jedes Kind zwei Würstchen und für jeden Erwachsenen drei Würstchen einkaufen.
Wie viele Würstchen braucht sie insgesamt?

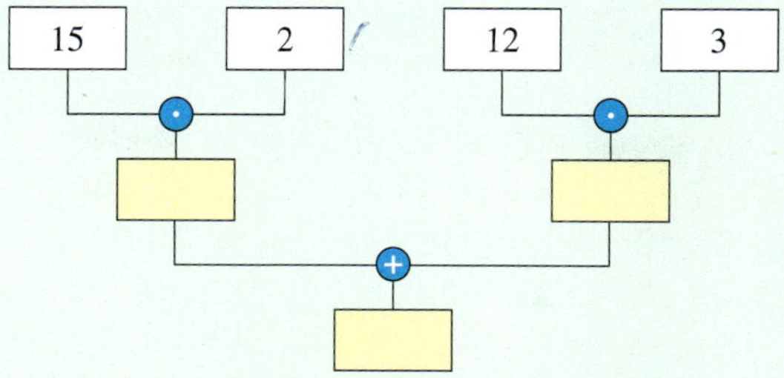

Übertrage den Rechenbaum in dein Heft. Ordne jeder Angabe im Text ein Feld des Rechenbaums zu. Fülle alle leeren Felder aus und beantworte die Frage.

2 Welche Rechenaufgaben passen nicht zum Rechenbaum der Aufgabe 1?
Prüfe durch Rechnung.

a) $15 \cdot 2 + 12 \cdot 3 =$ ■
b) $(15 \cdot 2) + (12 \cdot 3) =$ ■
c) $15 \cdot (2 + 12) \cdot 3 =$ ■
d) $15 + 2 \cdot 12 \cdot 3 =$ ■
e) $15 \cdot 12 + 2 \cdot 3 =$ ■
f) $15 + (2 \cdot 12) \cdot 3 =$ ■

3 Finde zu jeder Textaufgabe (A bis C) den passenden Rechenbaum (① bis ③).
Ordne jedem Rechenbaumkästchen eine Bedeutung aus der Textaufgabe zu.

A Eine Jugendgruppe hat für ihre Ferienfahrt in einer Jugendherberge Zimmer gebucht. Sie haben zwei Dreibett-Zimmer, ein Sechsbett-Zimmer und ein Achtbett-Zimmer zur Verfügung.
Wie viele Teilnehmer können in den Zimmern untergebracht werden?

B Paul kauft auf einem Trödelmarkt drei CDs zu je 6 € und zwei CDs zu je 8 €.
Wie viel Geld muss Paul dem Händler zahlen?

C Anja joggt dreimal wöchentlich sechs Kilometer und am Wochenende zusätzlich noch einmal acht Kilometer.
Wie viele Kilometer insgesamt ist sie in zwei Wochen gelaufen?

①

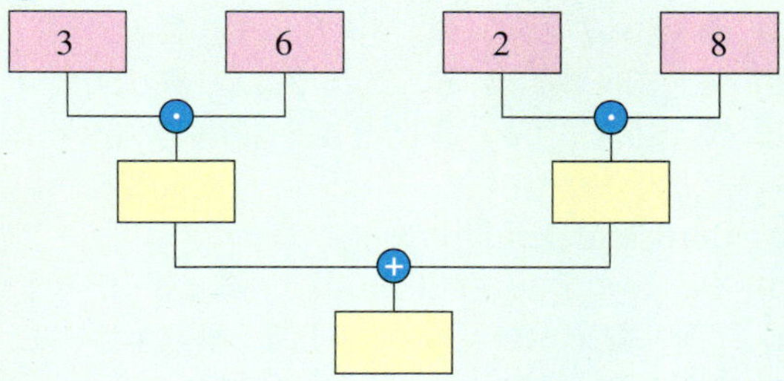

②

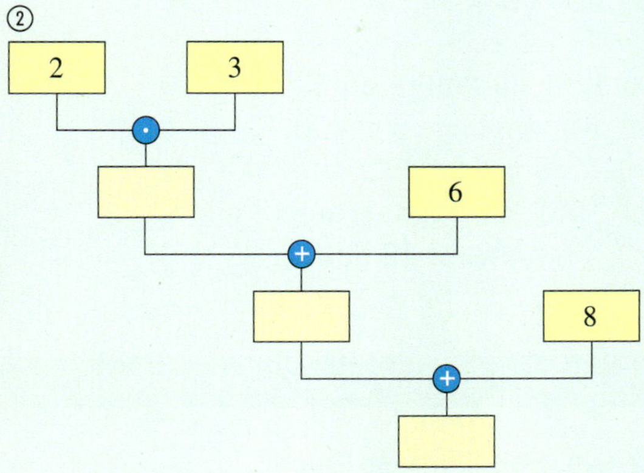

③

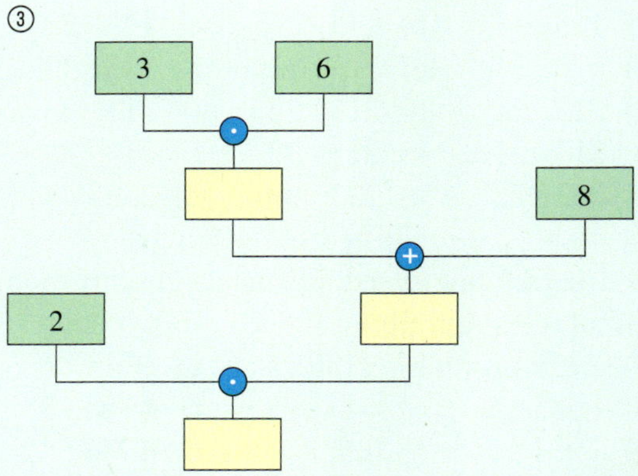

4 Schreibe zu jedem Rechenbaum aus Aufgabe 3 die zugehörige Rechenaufgabe auf und berechne das Ergebnis.
Welche Gesetze musst du dabei anwenden?

5 Wähle eine der Aufgaben aus.
Zeichne dazu einen Rechenbaum und erfinde eine passende Textaufgabe.

① $4 \cdot 8 + 5 \cdot 6$
② $2 \cdot (3 + 5)$
③ $2 \cdot 5 + 3 \cdot 7$
④ $3 \cdot 10 + 2 \cdot 6$
⑤ $6 \cdot (7 + 8)$
⑥ $11 \cdot (1 + 1)$

RÜCKBLICK
Der Rechenmeister Adam Riese wurde 1492 geboren und starb am 30. März 1559. Gib diese Daten und die Lebensjahre mit römischen Zahlzeichen an.

Klar so weit?

→ Seite 132

Im Kopf multiplizieren und dividieren

1 Multipliziere im Kopf.
a) 12 · 2 b) 13 · 4 c) 6 · 14
d) 7 · 12 e) 15 · 8 f) 19 · 8
g) 32 · 7 h) 59 · 6 i) 203 · 9

2 Dividiere durch 2 (durch 4).
a) 28 b) 80 c) 32 d) 96 e) 64
f) 16 g) 72 h) 212 i) 100 j) 128

3 Übertrage und bestimme den Faktor.
a) 20 · ■ = 480 b) ■ · 60 = 480
c) 12 · ■ = 480 d) ■ · 6 = 480
e) 48 · ■ = 480 f) ■ · 4 = 480

4 Berechne den Dividenden.
a) ■ : 8 = 7 b) ■ : 9 = 6 c) ■ : 6 = 8
d) ■ : 10 = 5 e) ■ : 20 = 2 f) ■ : 30 = 4
g) ■ : 25 = 3 h) ■ : 30 = 6 i) ■ : 59 = 2

5 Berechne den Divisor.
a) 49 : ■ = 7 b) 72 : ■ = 8
c) 120 : ■ = 10 d) 108 : ■ = 12
e) 150 : ■ = 25 f) 300 : ■ = 75

6 Löse die Aufgaben.
a) Multipliziere 8 mit 20.
b) Verdopple die Zahl 13.
c) Bilde das Produkt aus 17 und 4.
d) Vervielfache 12 mit 11.

1 Multipliziere im Kopf.
a) 15 · 5 b) 25 · 6 c) 75 · 4
d) 34 · 8 e) 17 · 9 f) 109 · 3
g) 62 · 7 h) 8 · 27 i) 410 · 7

2 Dividiere.
a) 100 durch 2, 4, 5, 10, 20 und 25
b) 144 durch 3, 4, 6, 8, 9 und 12

3 Übertrage und ergänze den Faktor.
a) 25 · ■ = 175 b) ■ · 6 = 180
c) 9 · ■ = 108 d) ■ · 9 = 270
e) 41 · ■ = 287 f) ■ · 95 = 475

4 Berechne den Dividenden.
a) ■ : 12 = 4 b) ■ : 15 = 6 c) ■ : 25 = 8
d) ■ : 21 = 3 e) ■ : 75 = 4 f) ■ : 125 = 2
g) ■ : 27 = 4 h) ■ : 36 = 5 i) ■: 16 = 9

5 Berechne den Divisor.
a) 90 : ■ = 6 b) 84 : ■ = 7
c) 400 : ■ = 4 d) 78 : ■ = 6
e) 105 : ■= 5 f) 297 : ■ = 9

6 Löse die Aufgaben.
a) Multipliziere 45 mit 3 und addiere 120.
b) Verfünffache die Zahl 27.
c) Berechne das Dreifache der Zahl 99.
d) Dividiere 72 durch 9.

→ Seite 136

Schriftlich multiplizieren und dividieren

7 Multipliziere schriftlich.
a) 113 · 11 b) 113 · 21 c) 113 · 23
d) 113 · 31 e) 113 · 32 f) 113 · 33
g) 213 · 21 h) 213 · 22 i) 213 · 23
j) 213 · 31 k) 213 · 32 l) 213 · 33
m) 233 · 22 n) 233 · 33 o) 233 · 44

8 Überschlage zuerst, rechne dann schriftlich. 5-mal bleibt ein Rest.
a) 1724 : 2 b) 3189 : 4 c) 6714 : 6
d) 1635 : 5 e) 4138 : 3 f) 6385 : 7
g) 1954 : 7 h) 4621 : 8 i) 4944 : 12

7 Berechne. Überschlage zuerst.
a) 112 · 221 b) 123 · 231 c) 211 · 131
d) 221 · 221 e) 222 · 333 f) 312 · 123
g) 313 · 212 h) 312 · 312 i) 321 · 213
j) 671 · 176 k) 729 · 279 l) 2432 · 72
m) 3815 · 62 n) 4256 · 12 o) 4371 · 52

8 Dividiere mindestens drei der folgenden Zahlen durch 4, 5, 6 und 25.
a) 31538 b) 84520 c) 16940
d) 76431 e) 603405 f) 326004
g) 80211 h) 654209 i) 832664

9 Berechne schriftlich. Rechne die Probe.

a) $324 \cdot 43$ b) $217 \cdot 56$ c) $436 \cdot 39$
d) $581 \cdot 44$ e) $2645 \cdot 65$ f) $87 \cdot 3157$
g) $4331 \cdot 32$ h) $76 \cdot 1247$ i) $5516 \cdot 94$

10 Überschlage zuerst, dividiere dann schriftlich und rechne die Probe.

a) $9735 : 3$ b) $9824 : 4$ c) $6565 : 5$
d) $7326 : 6$ e) $7854 : 7$ f) $7635 : 3$
g) $8680 : 7$ h) $8832 : 8$ i) $9216 : 9$

11 Von einem neuen Buch, das 22 € kostet, wurden in einem Monat 386 Exemplare verkauft.
Wie viel Geld wurde damit eingenommen?

9 Berechne schriftlich. Rechne die Probe.

a) $412 \cdot 740$ b) $809 \cdot 192$ c) $317 \cdot 204$
d) $104 \cdot 990$ e) $229 \cdot 781$ f) $920 \cdot 210$
g) $1247 \cdot 49$ h) $5867 \cdot 203$ i) $408 \cdot 1247$

10 Überschlage zunächst, dividiere dann schriftlich und rechne die Probe.

a) $276 : 23$ b) $1120 : 56$ c) $1148 : 41$
d) $3015 : 15$ e) $1584 : 18$ f) $792 : 24$
g) $1428 : 102$ h) $2560 : 256$ i) $2288 : 104$

11 Der Eintritt ins Schwimmbad kostet 3,25 €. Lukas geht mit fünf Freunden schwimmen.
Wie viel Eintritt zahlen sie insgesamt?

Rechenregeln sinnvoll anwenden

→ Seite 140

12 Vergleiche die Ergebnisse.

a) $5 \cdot 6 + 2 \cdot 12$ und $5 + 6 \cdot 2 + 12$
b) $7 \cdot 8 + 4 \cdot 9$ und $7 + 8 \cdot 4 + 9$
c) $3 + 4 + 8 \cdot 2$ und $3 \cdot 4 + 8 + 2$

13 Berechne.

a) $14 + 6 \cdot (23 + 27)$ b) $11 + 9 \cdot (38 - 27)$
c) $12 + 2 \cdot (40 - 21)$ d) $174 + (16 + 9) : 5$
e) $460 + (112 - 52) \cdot 9$ f) $105 + (30 - 9) : 7$

12 Rechne aus.

a) $80 + 3 \cdot 3 + 12$ b) $14 + 3 \cdot 6 + 12$
c) $160 + 240 : 8 - 20$ d) $190 - 180 : 6 - 45$
e) $25 - 2 \cdot 7 - 3$ f) $90 - 3 \cdot 8 - 5$

13 Rechne aus.

a) $9 \cdot 12 + (29 + 63)$ b) $126 : 7 + (135 - 26)$
c) $14 \cdot 5 - (18 + 49)$ d) $8 \cdot 55 - (253 - 88)$
e) $20 : 5 + (80 - 4)$ f) $3 \cdot 11 + (333 - 99)$

14 Welche Aufgaben führen zum gleichen Ergebnis?
Bei einigen Aufgaben siehst du es sofort.

$315 : 5 - 215 : 5$ | $13 \cdot 8 + 7 \cdot 8$ | $2 \cdot 7 \cdot 7$ | $4 \cdot 8 \cdot 5$ | $140 : (2 + 5)$ | $20 \cdot 8$ | $100 : 5$ | $140 : 7$ | $(575 - 85) : 5$ | $140 : 2 + 140 : 5$

15 Eine Schatzkiste enthält 150 Goldmünzen, 250 Silbermünzen und 850 Kupfermünzen. Jede Goldmünze wiegt 16 Gramm, eine Silbermünze wiegt 21 Gramm und jede Kupfermünze wiegt 8 Gramm. Die Schatzkiste ohne die Münzen wiegt 2350 Gramm. Wie schwer ist der gesamte Schatz?

15 So viele Lebensmittel werden für eine 148 Tage dauernde Kreuzfahrt an Bord genommen. 590 Passagiere und 250 Besatzungsmitglieder werden davon satt.

a) Wie viel kg werden pro Tag benötigt?
b) Wie viel kg werden pro Person benötigt?

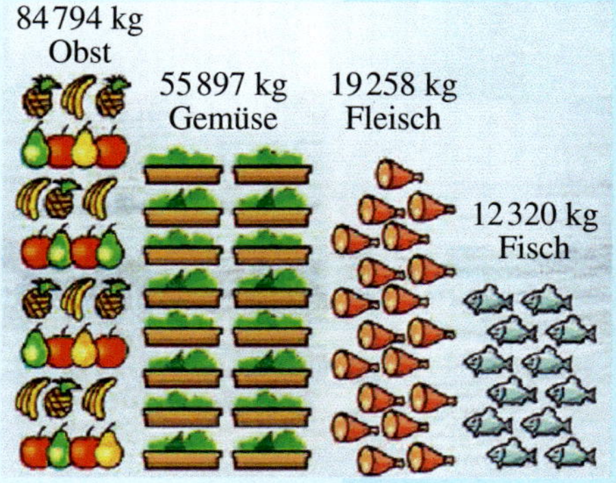

Vermischte Übungen

1 Sortiere die Dominosteine der Reihe nach. Rechne im Kopf.

Start	24 · 8
22	235 : 5
192	4 · 38
31	136 : 8
17	198 : 9
273	186 : 6
47	Ende
152	7 · 39

RÜCKBLICK
Berechne die wirkliche Länge: Der Maßstab beträgt 1:50 000, die Strecke ist auf der Karte 6 cm lang.

2 Übertrage in dein Heft und fülle aus.

·	3	10	0	90		200	14	22
17					102			
23								

3 Übertrage in dein Heft und fülle aus.

:	2	3			6	12
360			90			
540				108		

4 Wie heißt das Lösungswort?
Ordne die Buchstaben in der Reihenfolge der Lösungen.

a) 184 : 8
7 · 28
12 · 11
147 : 7
4 · 42

b) 6 · 22
231 : 11
12 · 14
207 : 9
4 · 49

H 21 **M** 23 **A** 196 **E** 168 **T** 132

5 Berechne. Beachte die „Punkt-vor-Strich-Regel“ und die Klammern.

a) (9 + 6) · 30 b) (77 − 32) · (7 + 13)
c) (25 + 5 · 6) · 20 d) (47 + 6 · 2) · 4
e) (75 − 9 · 8) · 125 f) 27 : (25 − 8 · 2)

6 In der Andersen-Schule gibt es 84 neue Fünftklässler. Sie werden in drei gleich große Klassen eingeteilt.
Berechne im Kopf, wie viele Schülerinnen und Schüler in jeder Klasse sind.
Beschreibe, wie du dabei vorgehst.

2 Übertrage in dein Heft und fülle aus.

·	15		27		108	
19				114		
23		207				69

3 Übertrage in dein Heft und fülle aus.

:	15	25	50	75		
450					90	
1350						150

4 Die Ergebnisse bilden in der richtigen Reihenfolge ein Lösungswort.

425 : 25 =
8 500 : 17 =
5 · 4 · 3 · 2 · 0 =
12 · 14 =
125 · 8 =
3 · 4 · 5 · 6 =
420 : 15 =

T 17 | N 360 | S 168 | A 500 | D 28 | E 1 000 | U 0

5 Welche Klammern können wegfallen? Begründe und berechne die Lösungen.

a) (25 · 2) + 7 b) 25 · (2 + 7)
c) 27 : (9 · 3) d) (27 : 9) · 3
e) 12 + (9 · 6) f) (12 + 9) · 6

6 Ein Erwachsener atmet in einer Minute etwa 18-mal, ein kleines Kind atmet dagegen etwa 40-mal.
Wie oft atmet ein Erwachsener bzw. ein kleines Kind in einer Stunde (an einem Tag; in einem Monat; in einem Jahr)?

7 Berechne. Die Lösungen in der Randspalte ergeben ein Lösungswort.

a) 46 + 5 · 4 − 7 · 8 b) 15 + 3 · 4 − 9 + 12 c) 26 − 4 · 5 + 7 · 8 d) 15 · 3 · 4 − 9 + 12

8 Herr Müller hat einen Sparvertrag abgeschlossen. Er zahlt monatlich 195 € ein.

a) Hat er nach einem Jahr mehr als 2 200 € gespart?

b) Wie viel Euro muss er monatlich sparen, wenn er in einem Jahr 3 000 € braucht? Überprüfe mithilfe der Umkehrrechnung.

8 Eine Fahrt mit dem Bus kostet 420 €.

a) Wie viel Euro zahlt jeder, wenn 30 Teilnehmer die Busfahrt mitmachen?

b) Wie viele Teilnehmer müssen mitfahren, damit jeder nur 12 € (10 €) bezahlen muss? Passen so viele Fahrgäste in einen Reisebus?

9 In welche Ergebnisablage muss jeder Zettel einsortiert werden?

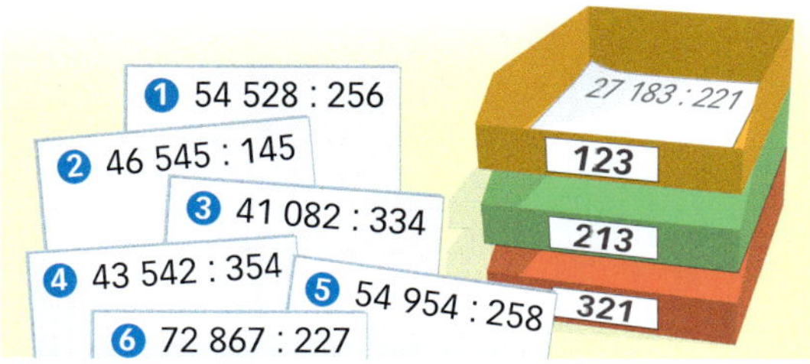

9 Ordne den Aufgaben die Ergebnisse zu. Welchen Ortsnamen erhältst du?

① 6 580 : 234
② 11 877 : 321
③ 7 749 : 187
④ 15 438 : 249
⑤ 10 399 : 358
⑥ 119 170 : 1 402

N	85	B	41 Rest 72
X	28 Rest 28	H	28 Rest 32
T	62	N	41 Rest 82
A	37	E	29 Rest 17

10 Schreibe die Aufgabe und berechne sie.

a) Multipliziere 15 und 8.

b) Berechne das Produkt aus 12 und 9.

c) Dividiere 220 durch 4.

d) Addiere die Summe aus 12 und 28 zum Produkt aus 12 und 20.

e) Multipliziere den Quotienten aus 120 und 3 mit 30.

10 Bei diesem magischen Quadrat wird multipliziert. Der Wert des Produkts in den Spalten, in den Zeilen und in den Diagonalen ist 4 096. Übertrage das magische Quadrat in dein Heft und ergänze fehlende Zahlen.

128		
	16	64

11 Übertrage und ergänze im Heft. Schreibe die zugehörige Aufgabe auf.

a)

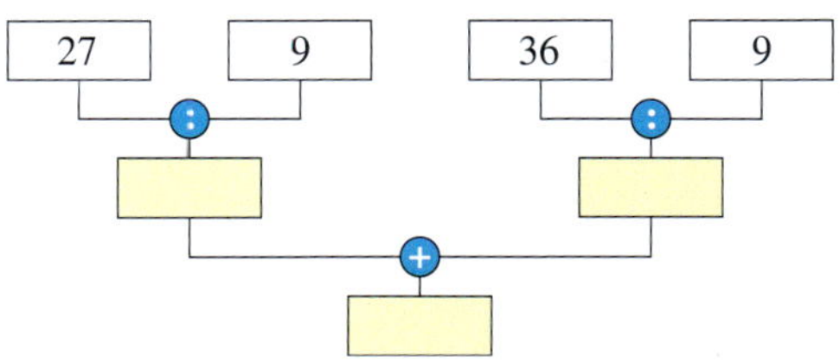

b)

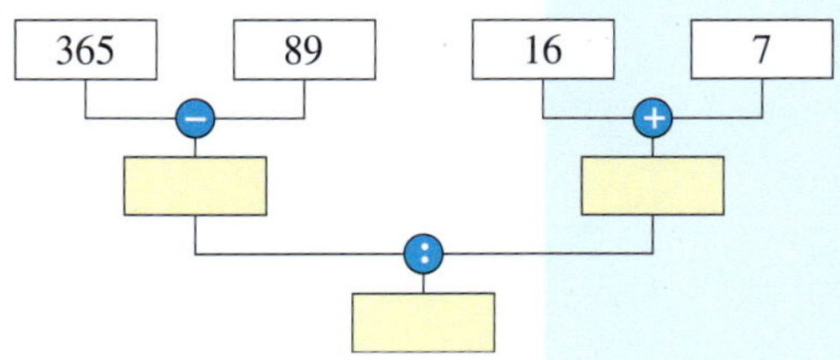

12 Rechentrick?

a) Berechne die Produkte.

① 25 · 25 ② 24 · 26 ③ 23 · 27
④ 22 · 28 ⑤ 21 · 29 ⑥ 20 · 30

b) Kannst du die Aufgaben 19 · 31 und 18 · 32 berechnen, ohne zu multiplizieren?

c) Was fällt dir auf? Überprüfe deine Vermutung am Produkt 50 · 50 sowie an weiteren Beispielen.

12 Benutze die Ziffern 3, 4, 5, 6, 7, 8 jeweils genau einmal für folgende Multiplikationsaufgabe: ▭▭▭ · ▭▭▭ =

a) Wie lautet das größte Ergebnis, das du so erreichen kannst? Warum ist es das größte?

b) Wie lautet das kleinste Ergebnis, das du so erreichen kannst? Warum ist es das kleinste?

13 Frau Becker kauft drei Liter Milch zu je 0,55 €, sechs Joghurts zu je 0,39 €, zwei Brote zu je 1,85 € und drei Packungen Nudeln zu je 0,77 €. Kommt sie mit 10 € aus?

13 Hast du Ausdauer und findest das seltsame Ergebnis? Die Aufgabe lautet: 9 018 027 018 009 · 1 369

SCHON GEWUSST?
„Der König der Löwen" erzählt die Geschichte des kleinen Löwen Simba, der darum kämpft, seine vorbestimmte Rolle als König einzunehmen.

Das Musical „Der König der Löwen" wird in Hamburg aufgeführt. Die große Abbildung unten zeigt den Saalplan des Theaters. Die folgende Tabelle beinhaltet die Preise für die einzelnen Sitzbereiche im Saal.

PK = Preiskategorie	PK 4	PK 3	PK 2	PK 1
Di 18:30 Uhr Mi 18:30 Uhr Do 20:00 Uhr	30 €	55 €	75 €	85 €
So 19:00 Uhr	40 €	60 €	80 €	90 €
Fr 20:00 Uhr So 14:00 Uhr	45 €	65 €	85 €	95 €
Sa 15:00 Uhr	50 €	70 €	90 €	100 €
Sa 20:00 Uhr	60 €	80 €	100 €	115 €

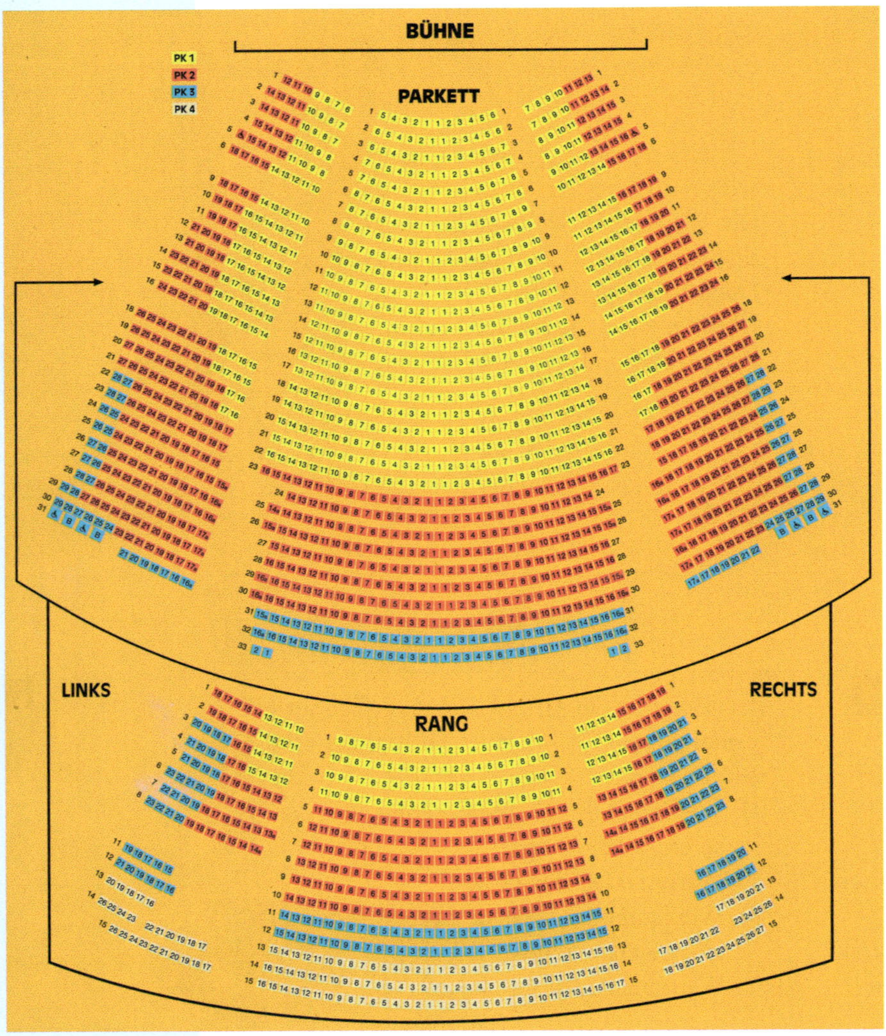

14 Teilt euch in vier Gruppen auf, sodass jede Gruppe die Aufgaben für eine Preiskategorie lösen kann.

a) Ermittelt mithilfe des Saalplans die Anzahl der Sitzplätze in den jeweiligen Preiskategorien.

b) Bestimmt die Einnahmen durch den Verkauf von Eintrittskarten an einem Dienstag, wenn das Theater ausverkauft ist.

c) Bestimmt die Einnahmen durch den Verkauf von Eintrittskarten an einem Samstag, wenn beide Aufführungen ausverkauft sind.

d) Berechnet die Wocheneinnahmen durch den Verkauf von Eintrittskarten, wenn alle Aufführungen ausgebucht sind.

15 An einem Dienstag wurden 27 625 € mit dem Verkauf von Karten der Preiskategorie 1 eingenommen.

a) Wie viele Zuschauer hatten Karten der Preiskategorie 1?

b) Wie viele Plätze der Preiskategorie 1 waren nicht besetzt?

16 Eine Klassenlehrerin organisiert eine Fahrt für 47 Personen zum Musical „Der König der Löwen". Sie hat für 1 880 € Karten vorbestellt. Wie teuer war eine Karte? An welchem Tag besucht die Gruppe das Musical?

Zusammenfassung

Im Kopf multiplizieren und dividieren

→ Seite 132

Multiplikation ist die mehrmals ausgeführte Addition des gleichen Summanden.

$$\underbrace{\underset{\text{1. Faktor}}{6} \cdot \underset{\text{2. Faktor}}{17}}_{\text{Produkt}} = \underset{\text{Wert des Produkts}}{102}$$

Die **Division** ist die Umkehrung der Multiplikation.

$$\underbrace{\underset{\text{Dividend}}{114} : \underset{\text{Divisor}}{6}}_{\text{Quotient}} = \underset{\text{Wert des Quotienten}}{19}$$

Schriftlich multiplizieren und dividieren

→ Seite 136

Bei der **schriftlichen Multiplikation** und **Division** werden Zwischenergebnisse notiert.

Bei der schriftlichen Multiplikation werden die Zwischenergebnisse stellengerecht aufgeschrieben und dann addiert.

					H	Z	E
	1	2	7	·	3	1	2
			3	8	1	0	0
				1	2	7	0
+					2_1	5	4
			3	9	6	2	4

Bei der Division wird der Dividend schrittweise so zerlegt, dass er durch den Divisor dividiert werden kann.

	T	H	Z	E					T	H	Z	E
	1	4	0	0	:	5	6	=	0	0	2	5
−	0	↓	↓	↓								
	1	4										
−		0	↓					Probe:				
	1	4	0					2	5	·	5	6
−	1	1	2	↓					1	2	5	0
		2	8	0				+		1	5	0
	−	2	8	0					1	4	0	0
				0								

Rechenregeln sinnvoll anwenden

→ Seite 140

Vertauschungsgesetz (Kommutativgesetz)

$a \cdot b = b \cdot a$ $\quad 36 \cdot 25 = 25 \cdot 36 = 900$

Verbindungsgesetz (Assoziativgesetz)

$(a \cdot b) \cdot c = a \cdot (b \cdot c)$ $\quad (9 \cdot 4) \cdot 25 = 9 \cdot (4 \cdot 25) = 900$

Vorrangregeln

1. Werte in Klammern werden zuerst berechnet. $\quad 4 \cdot (5 + 4) = 4 \cdot 9 = 36$
2. Punktrechnung geht vor Strichrechnung. $\quad 4 \cdot 5 + 4 = 20 + 4 = 24$

Verteilungsgesetz (Distributivgesetz)

$(a + b) \cdot c = a \cdot c + b \cdot c$ $\quad (5 + 4) \cdot 6 = 5 \cdot 6 + 4 \cdot 6 = 30 + 24 = 54$

$(a - b) \cdot c = a \cdot c - b \cdot c$ $\quad (5 - 4) \cdot 6 = 5 \cdot 6 - 4 \cdot 6 = 30 - 24 = 6$

$(a + b) : c = a : c + b : c$ $\quad (12 + 6) : 3 = 12 : 3 + 6 : 3 = 4 + 2 = 6$

$(a - b) : c = a : c - b : c$ $\quad (12 - 6) : 3 = 12 : 3 - 6 : 3 = 4 - 2 = 2$

Checkliste 150-1

Teste dich!

9 Punkte

1 Berechne im Kopf.

a) $5 \cdot 9 \cdot 2$ b) $0 : 6$ c) $18 - 12 : 2$
d) $12 : 6 : 2$ e) $(18 - 12) : 2$ f) $5 \cdot 28 \cdot 2$
g) $27 + 123 : 3$ h) $18 \cdot 17$ i) $15 \cdot 17 + 15 \cdot 3$

4 Punkte

2 Multipliziere schriftlich. Überschlage zuerst das Ergebnis.

a) $5262 \cdot 3$ b) $1489 \cdot 62$ c) $90804 \cdot 95$ d) $2465 \cdot 104$

4 Punkte

3 Dividiere schriftlich. Manchmal bleibt ein Rest.

a) $41992 : 8$ b) $37686 : 11$ c) $2766 : 25$ d) $1817 : 60$

2 Punkte

4 Ordne der folgenden Textaufgabe den passenden Rechenbaum zu und ergänze ihn in deinem Heft. Ergänze auch den zweiten Rechenbaum im Heft und erfinde eine passende Textaufgabe.

In der Garage von Familie Meier stehen drei Kisten Saft.
In jeder Kiste befinden sich zehn Flaschen.
Außerdem stehen fünf Flaschen Saft im Vorratsraum.

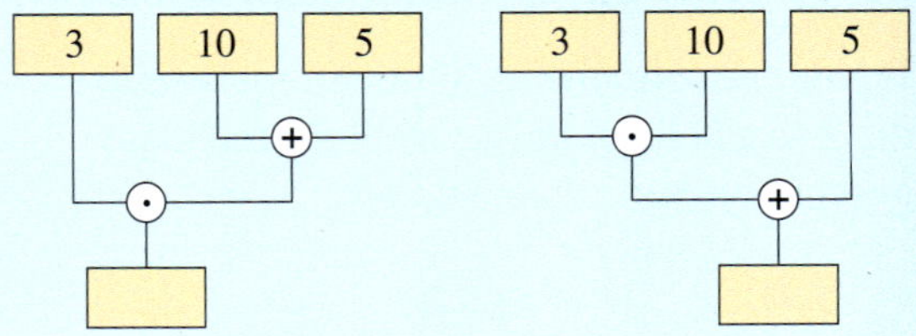

5 Punkte

5 Schreibe die Aufgabe ins Heft und löse sie.

a) Dividiere die Summe der Zahlen 32 und 76 durch die Zahl 18.
b) Multipliziere die Summe der Zahlen 14 und 39 mit 11.
c) Dividiere die Differenz der Zahlen 225 und 50 durch die Zahl 35.
d) Berechne das Achtfache der Differenz aus 165 und 82.
e) Wie oft ist die Zahl 40 in der Differenz der Zahlen 519 und 279 enthalten?

2 Punkte

6 Familie Weiland lässt ihr Wohnzimmer von einem Maler streichen.
Die Materialkosten betragen 58 €. Für eine Arbeitsstunde verlangt der Maler 27 €.

a) Herr Weiland meint, dass der Maler für die Arbeiten fünf Stunden benötigen wird. Wie hoch sind in diesem Fall die Kosten?
b) In seiner Rechnung verlangt der Maler von Familie Weiland 274 €. Wie lange hat der Maler gearbeitet?

8 Punkte

7 Übertrage das Kreuzzahlrätsel in dein Heft und trage die richtigen Ergebnisse ein.

waagerecht (von links nach rechts)

① Produkt aus 18 und 23 ② Quotient aus 3577 und 49
③ Produkt aus 118 und 33 ④ Quotient aus 65352 und 42

senkrecht (von oben nach unten)

⑤ Produkt aus 15 und 89 ⑥ Produkt aus 17 und 5
⑦ Quotient aus 1488 und 3 ⑧ Quotient aus 3234 und 11

①	⑤			⑧
②			⑦	
	③	⑥		
④				

3 Punkte

8 Überprüfe, ob die folgenden Aussagen richtig sind:

a) Die Summe von zwei ungeraden Zahlen ist immer gerade.
b) Das Produkt von zwei ungeraden Zahlen ist immer gerade.
c) Dividiert man eine gerade Zahl durch eine ungerade, so erhält man immer einen Rest.

Gold: 35–37 Punkte, Silber: 29–34 Punkte, Bronze: 22–28 Punkte

Lösungen ab Seite 197

Flächen

In dem Gemälde „Spitzen im Bogen“ von Wassily Kandinsky, das im Jahr 1927 entstand, sind überwiegend geometrische Figuren zu sehen. Kandinsky, der von 1866 bis 1944 lebte, war ein Künstler, der in seinen Gemälden die „abstrakte Malerei“ verfolgte, in der häufig Grundformen aus der Geometrie verwendet wurden.

Noch fit?

Einstieg

1 Parallele und senkrechte Geraden

Gib jeweils Geraden in der Zeichnung an, die …

a) parallel zueinander sind.
b) senkrecht zueinander sind.
c) parallel und senkrecht zueinander sind.
d) nicht parallel zur Geraden b sind.
e) nicht senkrecht zur Geraden e sind.
f) weder parallel noch senkrecht zu c sind.

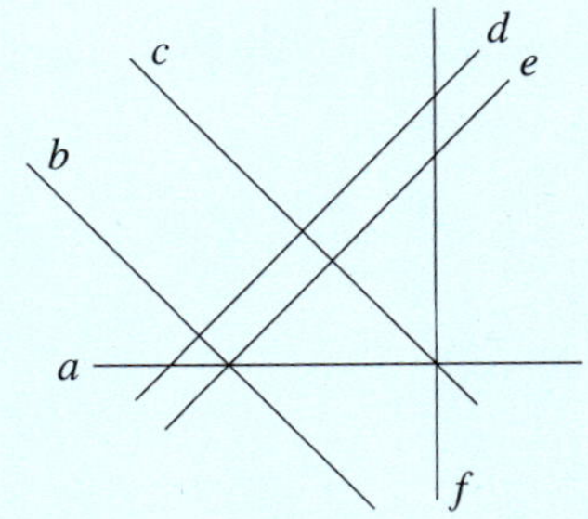

2 Parallele und senkrechte Strecken

Zeichne die Figur ins Heft.

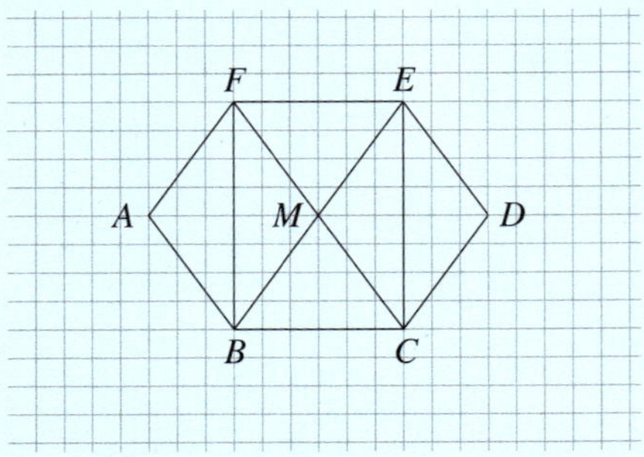

a) Gib alle Strecken an, die parallel zueinander sind.
Schreibe: $\overline{AB} \parallel \ldots$
b) Gib alle Strecken an, die senkrecht zueinander stehen.
Schreibe: $\overline{BC} \perp \ldots$
c) Gib alle Strecken an, die gleich lang sind.
Schreibe: $\overline{AB} = \ldots = \ldots$
d) Bestimme im Heft den Abstand des Punkts B zur Strecke $\overline{CF}$ und zur Strecke $\overline{EF}$.

3 Längen umwandeln

Wandle in die nächstkleinere Einheit um.

Beispiel 5 cm = 50 mm; 17 dm = 170 cm

Beschreibe, wie du dabei vorgehst.

a) 7 km
b) 8 m
c) 11 cm
d) 13 m
e) 24 dm
f) 4 cm
g) 250 cm
h) 312 dm

TIPP
Nutze zum Umwandeln der Längen eine Stellenwerttafel.

4 Strecken messen

Miss die Strecken.

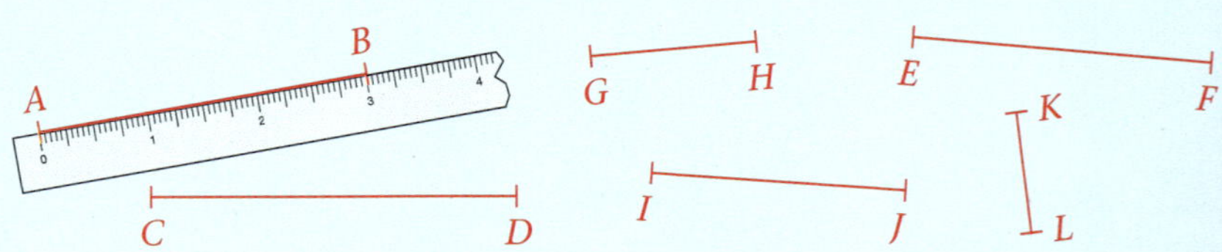

Aufstieg

2 Parallele und senkrechte Strecken

Übertrage die Punkte A und B ins Heft.

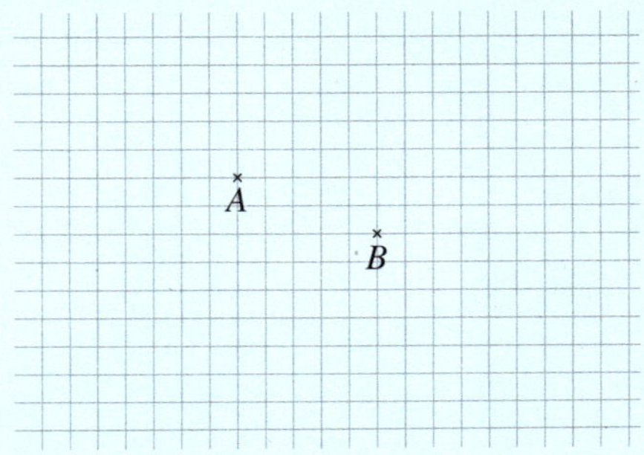

a) Zeichne die Strecke $\overline{AB}$.
b) Zeichne jeweils eine Senkrechte zu $\overline{AB}$ durch die Punkte A und B.
c) Zeichne eine Parallele p im Abstand von 2 cm zur Strecke $\overline{AB}$.
d) Gib den zwei neuen Schnittpunkten jeweils einen Namen.
e) Beschreibe die entstandene Figur.
f) Denke dir eine ähnliche Figur aus und beschreibe, wie sie zu zeichnen ist.

3 Längen umwandeln

Von einer Rolle mit 40 m Teppichboden wurden drei Stücke verkauft: 3 m 20 cm, 90 cm und 120 cm.

a) Wie viele Meter Teppichboden wurden insgesamt verkauft?
b) Wie viel Meter Teppichboden sind noch auf der Rolle?

Lösungen ab Seite 197

Flächenformen erkennen und benennen

Entdecken

1 Bei vielen Kunstwerken spielen geometrische Formen eine wichtige Rolle.

Links:
Victor Vasarely,
Homage of the Hexagon

Rechts:
Paul Klee,
Burg und Sonne

Beschreibe, welche geometrischen Formen die beiden Künstler jeweils benutzt haben.

2 Male selbst ein Bild aus geometrischen Formen. Benutze dabei z. B. Kreise, Dreiecke, Vierecke, Fünfecke.
Male die einzelnen Flächen farbig aus.
Präsentiert eure Bilder vor der Klasse und erläutert, wie ihr vorgegangen seid.

3 Ihr benötigt verschiedenfarbiges Transparentpapier. Schneidet daraus vier 15 cm lange Streifen aus.
Zwei Streifen sollen 4 cm und zwei Streifen 6 cm breit sein.
Nehmt jeweils zwei Streifen und legt sie wie im Bild übereinander. Dort, wo sich die Streifen überlappen, entsteht ein Viereck.
Bewegt die Streifen hin und her.
Probiert auch verschiedene Streifen aus.
Welche Vierecksarten können entstehen?

ANREGUNG
Erstellt ein Plakat, auf dem ihr die unterschiedlichen Vierecke, die entstehen können, beschreibt und zeichnet.

4 Manche Vierecke sind miteinander verwandt, da sie die gleichen Eigenschaften haben. Überlege zuerst allein und sortiere die abgebildeten Vierecke nach gemeinsamen Eigenschaften. Besprecht eure Ergebnisse zu zweit. Bereitet anschließend eine Präsentation vor.
Achtung: Manche Vierecke sind mit mehreren Vierecken verwandt.

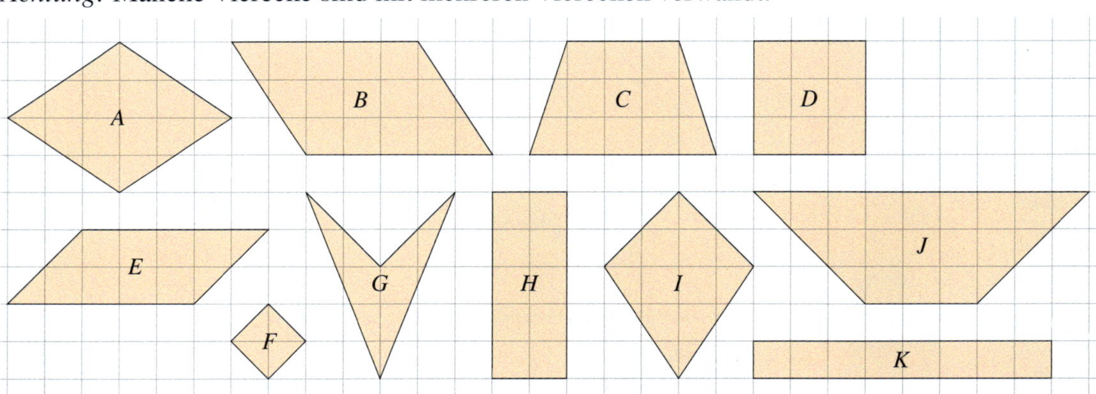

Verstehen

Bleiglasfenster werden aus unterschiedlich großen und bunten Glasscheiben zusammengesetzt. Dieses Fenster ist aus geradlinig begrenzten Scheiben hergestellt worden. Die bunten Fenster haben verschieden viele Ecken. Man nennt die Formen **Vielecke**. Die Anzahl der Eckpunkte bestimmt den Namen der einzelnen Flächen.

Beispiel

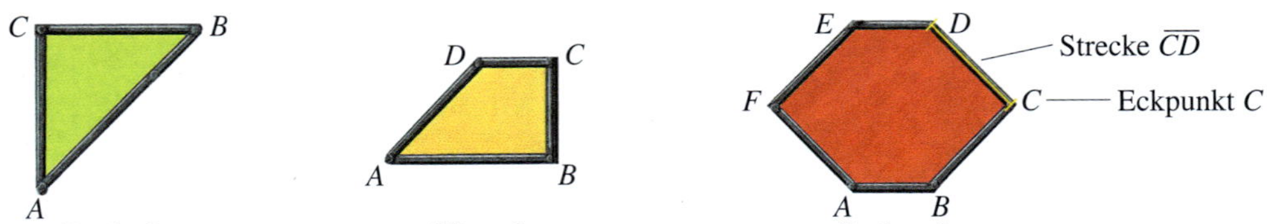

Dreieck **Viereck** **Sechseck**

Merke Jede geometrische Figur, die nur von Strecken begrenzt wird, heißt **Vieleck**.
Die Anzahl der Eckpunkte bestimmt den Namen der Fläche.
Die Eckpunkte werden mit großen Buchstaben bezeichnet.
Die einzelnen Strecken, z. B. Strecke $\overline{AB}$, werden **Seite einer Fläche** genannt.

Vierecke mit besonderen Eigenschaften haben besondere Namen. Nach ihren Eigenschaften können sie im **Haus der Parallelogramme** angeordnet werden.
Jedes Viereck im Haus der Parallelogramme ist ein Parallelogramm. Vierecke, die weiter oben stehen, haben mehr Eigenschaften als die unteren Vierecke.

Quadrat
- gegenüberliegende Seiten sind parallel
- benachbarte Seiten stehen senkrecht aufeinander
- alle Seiten sind gleich lang

Ein Pfeil bedeutet: → „… ist auch ein(e) …"

Rechteck
- gegenüberliegende Seiten sind parallel
- benachbarte Seiten stehen senkrecht aufeinander

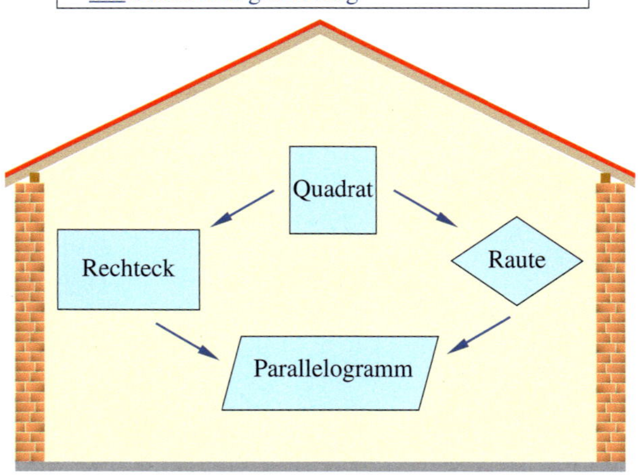

Raute (Rhombus)
- gegenüberliegende Seiten sind parallel
- alle Seiten sind gleich lang

Parallelogramm
- gegenüberliegende Seiten sind parallel

Üben und anwenden

1 In dem links abgebildeten Fenster kann man viele Flächen mit verschiedenen Formen und Farben finden.
a) Wie heißen die grünen Flächen des Fensters?
b) Die gelben Flächen haben jeweils vier Eckpunkte. Gibt es auch Vierecke, die nicht gelb sind?
c) Welche Flächen sind gleich groß?
d) Vergleiche die Vierecke.
Was kannst du über die Seitenlängen und die Lage der Seiten bei den verschiedenen Vierecken sagen?

1 Auch bei diesem Teppichmuster gibt es verschiedenfarbige Flächen.
a) Schreibe ihre Namen auf.

b) Zeichne ein Teppichmuster mit geradlinig begrenzten Flächen.

---

2 Wie heißen die Vielecke bei diesen Verkehrszeichen?

a)

b)

c)
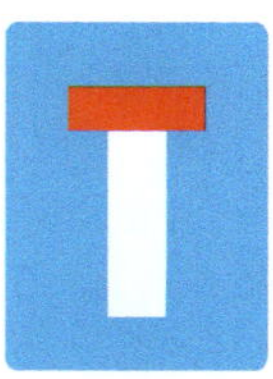

d)
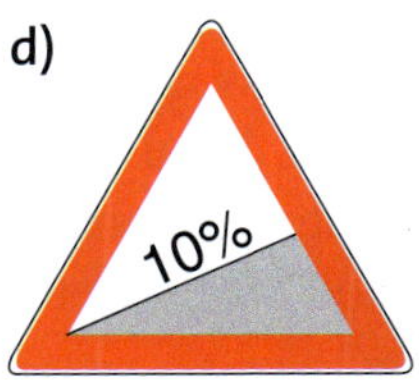

2 Übertrage die Figuren in dein Heft. Gib jeweils den Namen des Vielecks an.

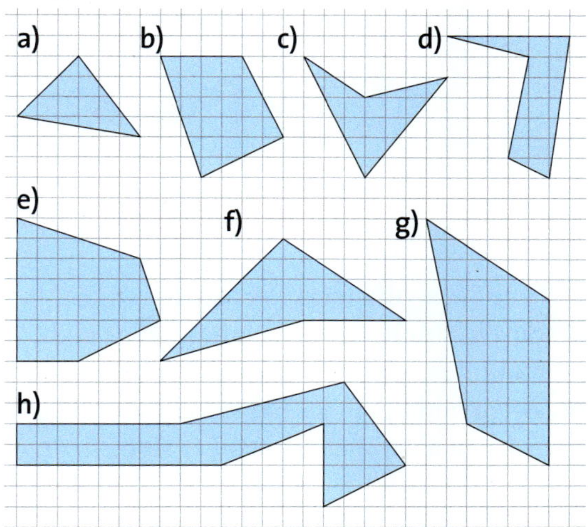

---

3 Übertrage die Punkte in dein Heft und verbinde sie so, dass Flächen entstehen. Gib den Namen der Fläche an.

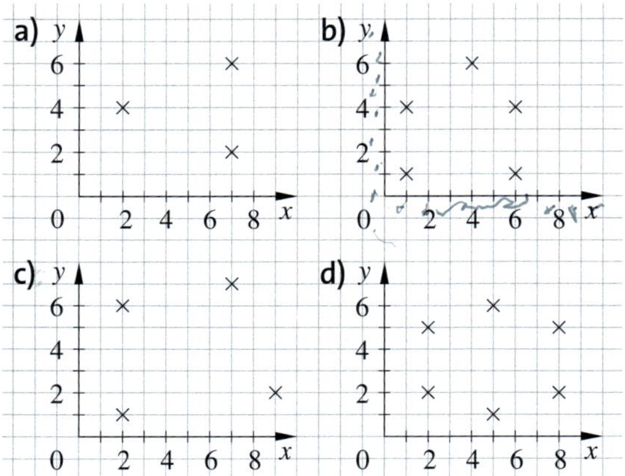

3 Zeichne ein passendes Koordinatensystem in dein Heft.
a) Trage die Punkte ein und verbinde sie so, dass sie zu Eckpunkten von Flächen werden. Wie heißen die Flächen?
① $A(1|3)$; $B(4|1)$; $C(7|6)$; $D(4|8)$; $E(2|8)$
② $A(6|2)$; $B(11|1)$; $C(10|7)$
③ $A(13|2)$; $B(17|1)$; $C(18|6)$; $D(13|8)$
④ $A(1|10)$; $B(4|13)$; $C(7|7)$; $D(10|8)$; $E(10|14)$; $F(1|14)$
⑤ $A(11|9)$; $B(14|10)$; $C(14|14)$; $D(11|14)$
b) Kannst du auch ohne zu zeichnen bestimmen, um welche Flächen es sich handelt? Erkläre, woran du das erkennen kannst.

AUFGEPASST
Wie viele Rechtecke und Quadrate findest du im folgenden Bild?

NACHGEDACHT
Erkennst du, zu welchen Firmen die Logos gehören? Suche nach weiteren Beispielen für Firmenlogos, die aus Vielecken bestehen.

4 Welche der folgenden Figuren sind Rechtecke oder sogar Quadrate? Woran hast du das erkannt?

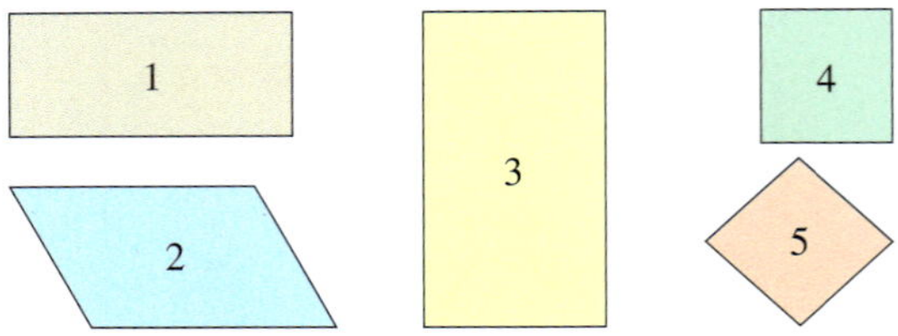

4 Welche Flächen erkennst du in den Firmenlogos? Begründe mithilfe der Eigenschaften der Vierecke.

5 Das folgende Bild zeigt, wie man aus einem Blatt Papier ein Rechteck faltet. Falte ebenso verschiedene Rechtecke. Was haben alle Rechtecke gemeinsam?

6 Nimm ein gefaltetes Rechteck.
a) Zeige mithilfe eines Geodreiecks, welche Faltlinien senkrecht aufeinanderstehen.
b) Zeige mithilfe eines Geodreiecks, welche Faltlinien parallel zueinander sind.

6 Reiße aus einer Zeitung ein Stück Papier heraus, das nicht rechteckig ist.
a) Falte daraus ein Rechteck.
b) Falte aus dem nichtrechteckigen Stück Zeitungspapier ein Quadrat.

7 Das folgende Bild zeigt, wie man mit einem Geodreieck ein Rechteck zeichnet. Welche Seitenlängen hat das gezeichnete Rechteck im Original?

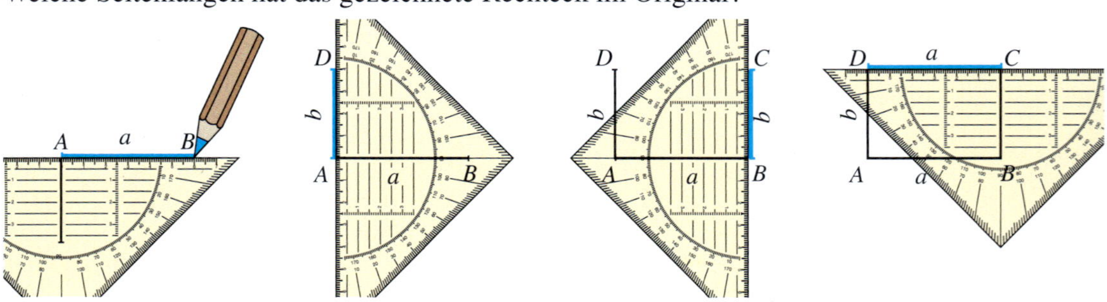

8 Zeichne Rechtecke.
a) Länge 6 cm, Breite 4 cm
b) Länge 7 cm, Breite 2,5 cm
c) Länge 3,5 cm, Breite 8 cm
d) Länge 4,8 cm, Breite 4,8 cm
e) Länge 108 mm, Breite 105 mm

8 Zeichne ein Quadrat mit der Seitenlänge 8 cm. Dann halbiere die Seiten und verbinde die Punkte auf den Seitenmitten zu einem neuen Quadrat.
Versuche auf diese Weise, möglichst viele Quadrate ineinander zu zeichnen.

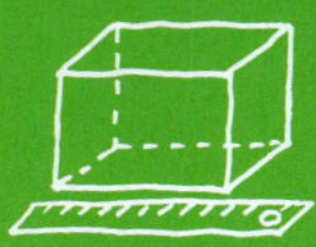

Methode: Argumentieren und Begründen

Beim Argumentieren und Begründen in der Mathematik musst du mathematische Argumente finden, mit denen du deine Meinung begründen kannst. Wenn du etwas behauptest, musst du auch Gründe nennen können, um deine Behauptung zu rechtfertigen.

Versuche für deine Argumentation Sätze zu bilden, wie
„Das ist so, weil …“
„Das muss so sein, denn …“
„Das kann nicht richtig sein, weil …“

Wenn du zeigen möchtest, dass eine Behauptung nicht stimmt, brauchst du nur ein Beispiel zu finden, das gegen diese Behauptung spricht. Man nennt dies ein **Gegenbeispiel**.

Wenn du aber eine Behauptung begründen willst, die *immer* gelten soll, z. B.
„In **allen** Vierecken ist …“ oder
„In **jedem** Rechteck gilt …“,
dann darf es kein einziges Gegenbeispiel geben, sonst hat man herausgefunden, dass die Behauptung nicht stimmt. Man sagt dann: „Die Behauptung ist widerlegt.“

1 Schau dir die Begründungen für die angegebene Behauptung im Bild an.

a) Sind alle Aussagen zu der Behauptung gut begründet?

b) Durch welche der Aussagen wird die Behauptung ausreichend begründet?

c) Zeige durch ein Gegenbeispiel, dass die Behauptung „Jedes Rechteck ist auch ein Quadrat“ falsch ist.

2 Übertrage die Tabelle in dein Heft und fülle sie aus.

	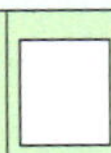	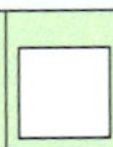		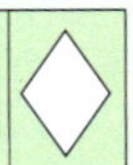
Die gegenüberliegenden Seiten sind gleich lang.				
Die benachbarten Seiten sind gleich lang.				
Die benachbarten Seiten sind senkrecht zueinander.				
Alle Seiten sind gleich lang.				

ERINNERE DICH
Diagonalen verbinden nicht-benachbarte Eckpunkte eines Vielecks, z.B. gegenüberliegende Eckpunkte.

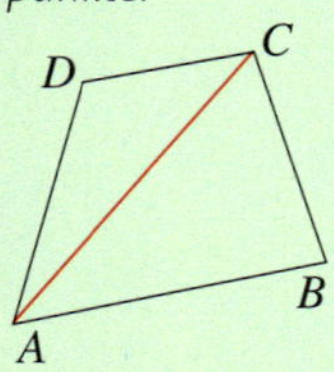

3 Welche der Behauptungen sind wahr, welche sind falsch? Begründe.

a) Jedes Rechteck ist auch ein Parallelogramm.
b) Jedes Parallelogramm ist auch ein Rechteck.
c) Jedes Quadrat ist auch ein Parallelogramm.
d) Jede Raute ist ein Parallelogramm.
e) Jedes Rechteck ist eine Raute.

4 Entscheide, ob die Sätze richtig oder falsch sind. Begründe deine Entscheidung.

a) Wenn in einem Viereck die gegenüberliegenden Seiten gleich lang sind, dann ist es ein Rechteck.
b) Wenn in einem Viereck die gegenüberliegenden Seiten parallel zueinander sind, dann ist es ein Rechteck.
c) Wenn in einem Viereck die benachbarten Seiten senkrecht zueinander sind, dann ist es ein Rechteck.

5 Wie könnte Lena die Behauptung von Niko widerlegen?

6 Zeichne die Vierecke.

Dringend gesucht
Viereck mit vier gleich langen Seiten, bei dem die Diagonalen gleich lang sind.

Wanted
Parallelogramm, bei dem die Diagonalen gleich lang sind.

7 „Ich sehe was, das du nicht siehst“, behauptet Sarah. „Ich sehe nämlich 6 Parallelogramme, 3 Rechtecke, 3 Rauten und 2 Quadrate.“
Siehst du das auch so?

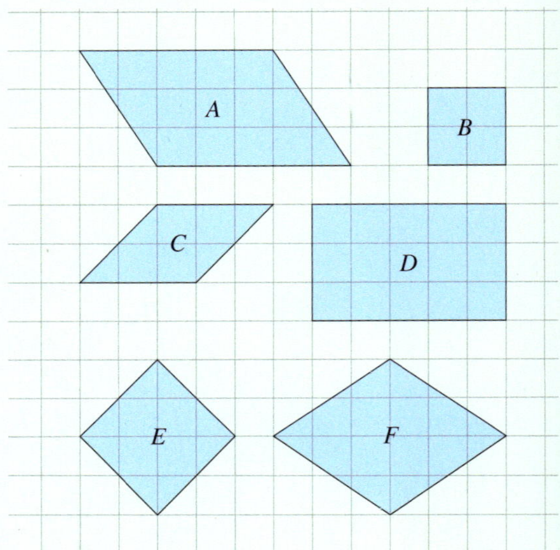

8 Zeichne jeweils mehrere mögliche Figuren auf Karopapier, sodass die Eckpunkte auf den Gitterpunkten liegen:

a) ein Viereck, bei dem zwei gegenüberliegende Seiten parallel, aber nicht gleich lang sind
b) ein Viereck, das zwei Paare gleich langer benachbarter Seiten hat
c) ein Viereck, bei dem eine Diagonale außerhalb des Vierecks liegt
d) eine Raute mit zwei gleich langen Diagonalen
e) ein Parallelogramm, bei dem alle vier Seiten 4 cm lang sind

Umfang von Vielecken

Entdecken

1 Vermessungen
Für den folgenden Versuch benötigt ihr ein Maßband, eine Tabelle und einen Stift.

Name	Kopfumfang in cm
…	…

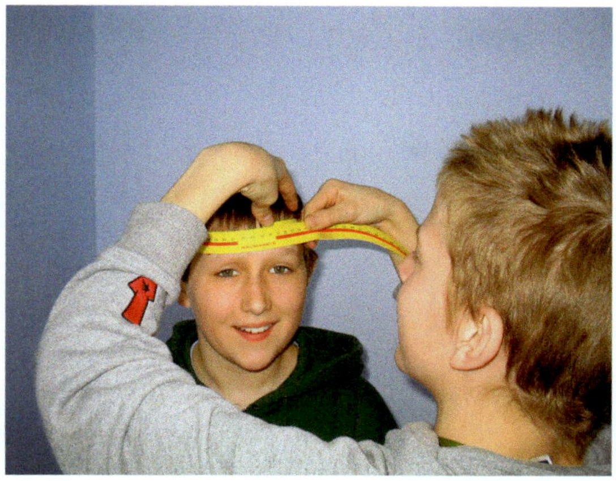

Messt gegenseitig euren Kopfumfang. Wie geht ihr dabei vor?
Sammelt eure Messergebnisse in der Tabelle.

Sortiert die Längen von dem kleinsten Kopfumfang zu dem größten. Gebt weitere Kenngrößen an und stellt eure Ergebnisse grafisch dar.

2 Die Kunst-AG verschönert die Klassenräume durch selbstgemalte Bilder. Dazu bauen die Schülerinnen und Schüler aus Holzleisten Rahmen, auf die eine Leinwand gespannt wird.

Maße der Rahmen:
- 75 cm breit und 120 cm lang
- 80 cm breit und 80 cm lang

Wie viele Meter Holzleisten werden pro Bild benötigt?

Begründe dein Ergebnis durch eine Skizze. Gibt es mehrere Möglichkeiten, die Holzleisten zuzusägen?
Diskutiert darüber zu zweit.

3 Mit Blumendraht lassen sich viele verschiedene geometrische Figuren biegen.
Für diese Aufgabe benötigt jeder einen 24 cm langen Blumendraht.

a) Stellt aus dem Draht möglichst viele verschiedene Rechtecke her. Zeichnet die verschiedenen Rechtecke auf ein Plakat.

b) Zeichnet auf euer Plakat weitere Rechtecke und überlegt, wie viel Draht man benötigt, wenn man die Rechtecke aus der Tabelle formen möchte.
Legt dazu eine Tabelle in eurem Heft an und tragt eure Ergebnisse ein.

Länge	Breite	benötigte Drahtlänge
15 cm	5 cm	…
…	…	…

SCHON GEWUSST?
Der Kopfumfang von einem Baby liegt bei der Geburt zwischen 33 cm und 37 cm.

HINWEIS
Im Stichwortverzeichnis am Ende des Buches kannst du nachschlagen, wo du über Kenngrößen nachlesen kannst.

ERINNERE DICH
Eine Skizze ist eine Zeichnung von Hand. Sie verschafft einen groben Überblick.

Drahtstück

Verstehen

Laura macht Ferien auf einem Reiterhof. Am ersten Tag soll sie ihr Pony kennenlernen und es einmal um den Hof führen.
Laura überlegt, wie viel Meter sie laufen wird.
Auf dem Foto vom Reiterhof sieht sie sich die Strecke an.

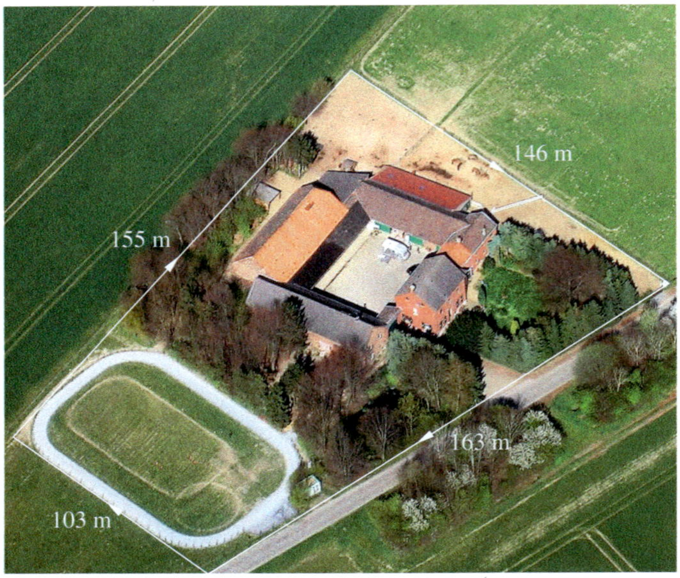

Laura holt das Pony von der Weide und läuft entlang des Sandplatzes 146 m.
Dann biegt sie ab und geht 163 m entlang der Straße.
Der Weg am Reitplatz vorbei ist 103 m lang.
Die Strecke vorbei am Feld hat eine Länge von 155 m.

Laura rechnet:

	1	4	6
+	1	6	3
+	1	0	3
+	1_1	5_1	5
	5	6	7

Insgesamt ist Laura eine Strecke von 567 m gelaufen.

KURZ GESAGT
Für Rechtecke gilt:
Umfang = Länge + Breite + Länge + Breite

Merke Werden die Längen aller Begrenzungslinien eines Vielecks addiert, dann erhält man den **Umfang** $\boldsymbol{u}$.

Bei Rechteck und Quadrat lässt sich der Umfang durch einfache Formeln angeben.

Rechteck
$u = a + b + a + b$
$u = 2 \cdot a + 2 \cdot b$
$\boldsymbol{u = 2 \cdot (a + b)}$

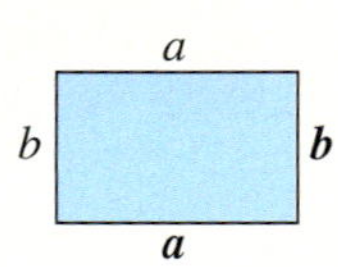

Quadrat
$u = a + a + a + a$
$\boldsymbol{u = 4 \cdot a}$

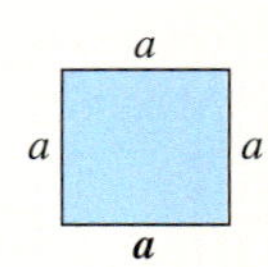

Beispiel

Zwei Koppeln sollen neu eingezäunt werden.
Wie viel Meter Zaun werden jeweils benötigt?

① Die Koppel ist rechteckig.

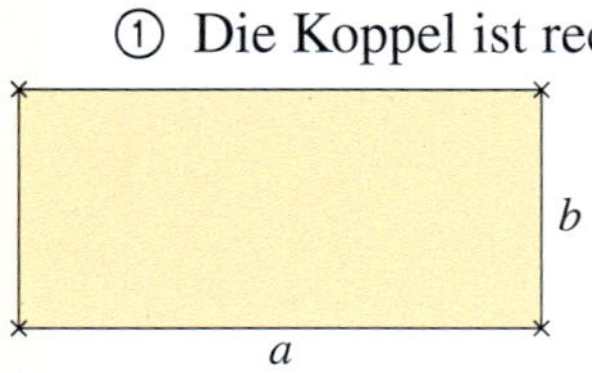

$a = 80\,m$ und $b = 35\,m$

$\boldsymbol{u = 2 \cdot (a + b)}$
$u = 2 \cdot (80 + 35)$
$= 2 \cdot 115 = 230$

Es werden 230 m Zaun benötigt.

② Die Koppel ist quadratisch.

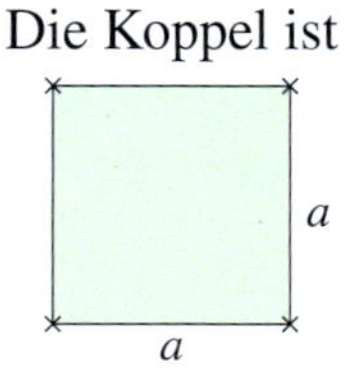

$a = 35\,m$

$\boldsymbol{u = 4 \cdot a}$
$u = 4 \cdot 35$
$= 140$

Es werden 140 m Zaun benötigt.

Üben und anwenden

1 Berechne den Umfang des Rechtecks mit der Länge a und der Breite b.
Achte dabei auf die Einheiten.

a) $a = 5\,dm$, $b = 3\,dm$ b) $a = 10\,cm$, $b = 12\,cm$ c) $a = 38\,cm$, $b = 15\,cm$
d) $a = 3\,dm$, $b = 21\,cm$ e) $a = 6\,dm$, $b = 49\,cm$ f) $a = 105\,cm$, $b = 9\,dm$

1 Berechne den Umfang des Rechtecks mit der Länge a und der Breite b.
Achte dabei auf die Einheiten.

a) $a = 7\,cm$, $b = 4\,cm$ b) $a = 5\,cm$, $b = 34\,mm$ c) $a = 113\,cm$, $b = 11\,dm$
d) $a = 21\,cm$, $b = 3\,m$ e) $a = 4\,dm$, $b = 12\,mm$ f) $a = 72\,mm$, $b = 3\,dm$

2 Zeichne drei verschiedene Rechtecke, die jeweils einen Umfang von 16 cm haben.

3 Der Zaun einer rechteckigen Pferdekoppel mit den Maßen 84 m und 33 m muss erneuert werden.
Wie viel Meter Holzstangen muss der Reitklub mindestens bestellen?

3 Vor dem Wändestreichen klebt ein Maler alle Lichtschalter und Steckdosen mit Klebeband ab.
Die Lichtschalter sind 8 cm breit und 7 cm hoch. Die Steckdosen sind 15 cm breit und 8 cm hoch.
Wie viel Meter Klebeband benötigt der Maler mindestens für einen Raum mit zwei Lichtschaltern und drei Steckdosen?
Schätze zuerst und überprüfe deine Schätzung durch eine Rechnung.
Tipp: Eine Skizze hilft.

4 Timos Eltern wollen ihr rechteckiges Grundstück von 40 m Länge und 15 m Breite einzäunen. Wie viel Meter Zaun müssen sie einkaufen?

4 Ein Zimmer von 5 m Länge und 3 m 50 cm Breite soll an der Decke an den Kanten entlang eine Zierbordüre erhalten. Wie viel Meter der Bordüre werden benötigt?

5 Um ein rechteckiges Sportgelände, das 110 m lang und 95 m breit ist, sollen Pflastersteine gelegt werden. Ein Pflasterstein ist 25 cm lang, 17 cm breit und 5 cm hoch.
Wie viele Pflastersteine werden mindestens gebraucht?
Tipp: Überlege zuerst, wie die Steine verlegt werden können. Erstelle anschließend eine Skizze.

5 Rund um eine rechteckige Parkanlage, die 180 m lang und 105 m breit ist, sollen Bäume angepflanzt werden.

a) Die Bäume stehen 15 m voneinander entfernt.
Wie viele Bäume braucht man?

b) Könnten auch andere Bäume, die 6 m Abstand benötigen, gepflanzt werden?

6 Das Rechteck hat einen Umfang von 16 cm. Erkläre anhand der Zeichnung, wie lang die zweite Seite des Rechtecks sein muss.

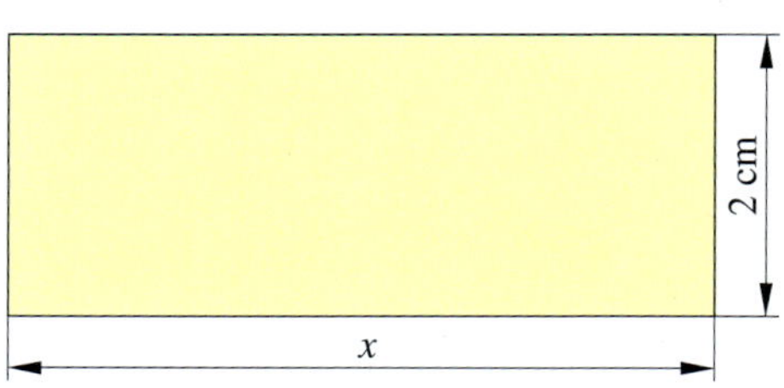

6 Nils und Klara wollen die fehlende Gesamtlänge des Rechtecks bestimmen. Der Umfang des Rechtecks ist 16 cm. Die Längen sind in cm angegeben.

Nils
$16 = 3 + 4 + x + 3 + 4 + x$
Klara
$16 = 2 \cdot (3 + x + 4)$

Wer hat richtig gerechnet? Begründe deine Antwort.

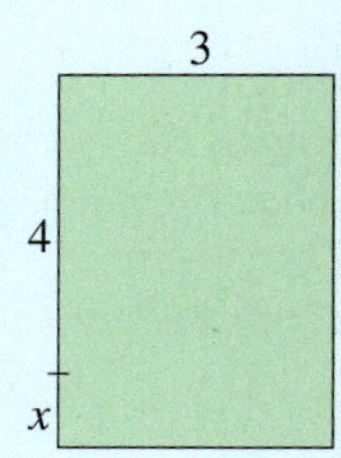

HINWEIS
Wandle, falls erforderlich, die Längen in Aufgabe 7 in die kleinere Einheit um und berechne dann.
Beispiel
9,5 m = 9 m 5 dm
= 95 dm

7 Die Seitenlänge a eines Quadrats ist gegeben. Berechne den Umfang des Quadrats in cm.

a) $a = 9$ cm b) $a = 16$ cm c) $a = 125$ cm
d) $a = 8$ m e) $a = 16$ dm f) $a = 18$ mm
g) $a = 22{,}4$ dm h) $a = 1{,}4$ m i) $a = 7{,}8$ cm

7 Berechne aus dem gegebenen Umfang die Seitenlänge des Quadrats in cm.

a) 144 cm b) 48 mm c) 25,6 dm
d) 4,4 dm e) 5,2 m f) 1,68 m
g) 44,8 dm h) 33,6 cm i) 2,56 m

8 Übertrage die Tabelle in dein Heft und fülle sie aus.

Seitenlänge a	Umfang u des Quadrats
	32 m
	240 mm
9 dm	
12 cm	

8 Übertrage die Tabelle in dein Heft und fülle sie aus.

Seitenlänge a	Umfang u des Quadrats
	17 m 60 cm
	512 mm
6 cm 3 mm	
1 dm 8 cm	

9 Wie viel cm Draht brauchst du, um ein Quadrat mit einer Seitenlänge von 4 cm zu formen?

9 Wie viel cm Draht brauchst du, um ein Quadrat mit einer Seitenlänge von 3 m 50 cm zu formen?

10 Finde die Seitenlängen.

a) Welches Quadrat kann man aus 36 cm Draht biegen?
b) Welche Rechtecke kann man aus 36 cm Draht biegen? Gib alle Möglichkeiten für die Seitenlängen mit vollen Zentimetern an.
Begründe, warum es mehr Möglichkeiten gibt als für Quadrate.
c) Welche Dreiecke kann man aus 36 cm Draht biegen?
Gib mindestens vier Möglichkeiten an.

11 Beim regelmäßigen Sechseck sind alle Seiten gleich lang.
Berechne den Umfang der regelmäßigen Sechsecke.

a)
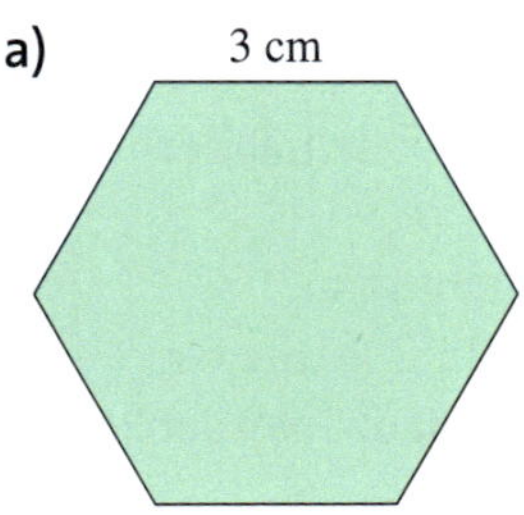

b)
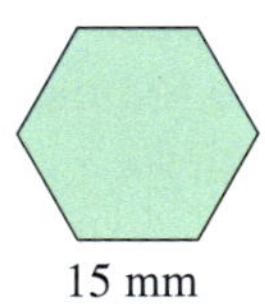

11 Berechne die fehlenden Maße und gib den Umfang der einzelnen Figuren an.

a)
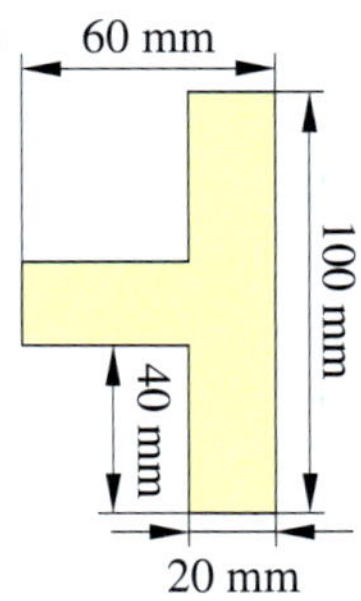

b)
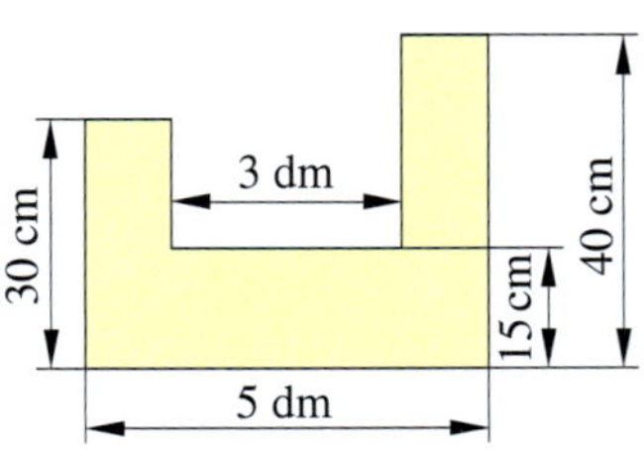

RÜCKBLICK
Wandle die Längen in m um.
2 km; 17 dm; 25 cm; 891 mm

12 Benenne die Vielecke und berechne jeweils den Umfang.

a)
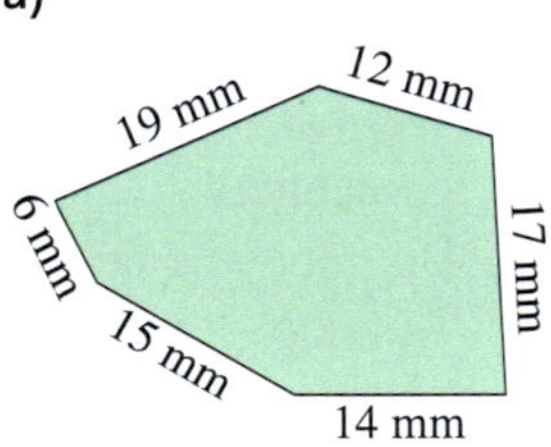

b)
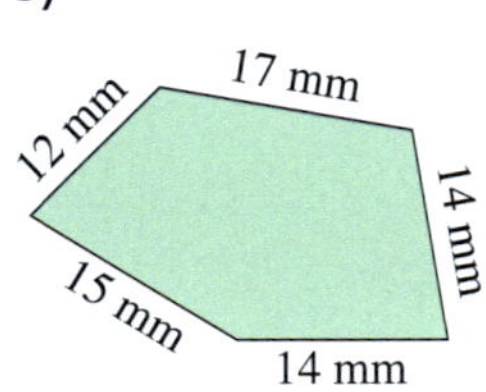

12 Berechne den Umfang der Figur.

a)
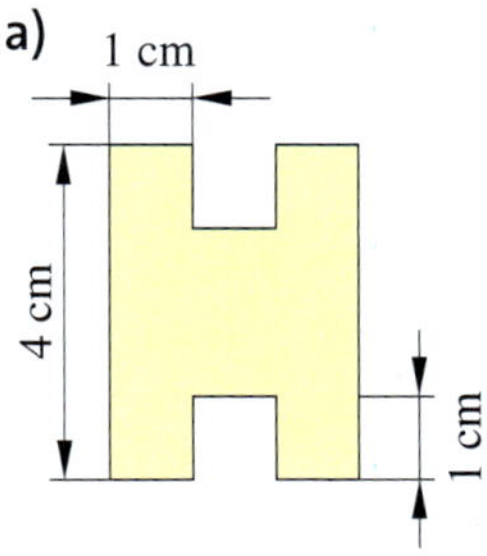

b)
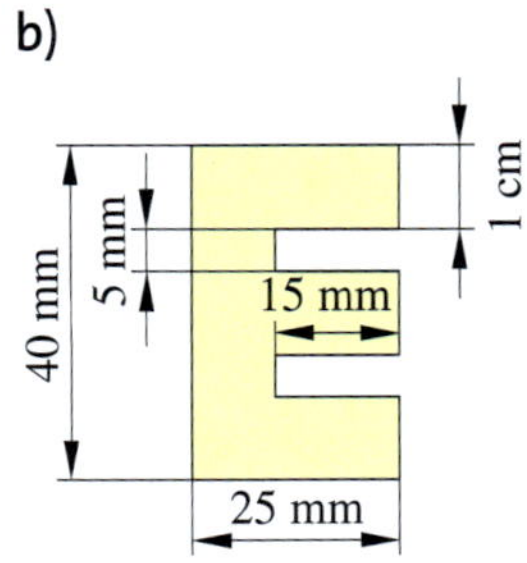

Vergleichen und Messen von Flächen

Entdecken

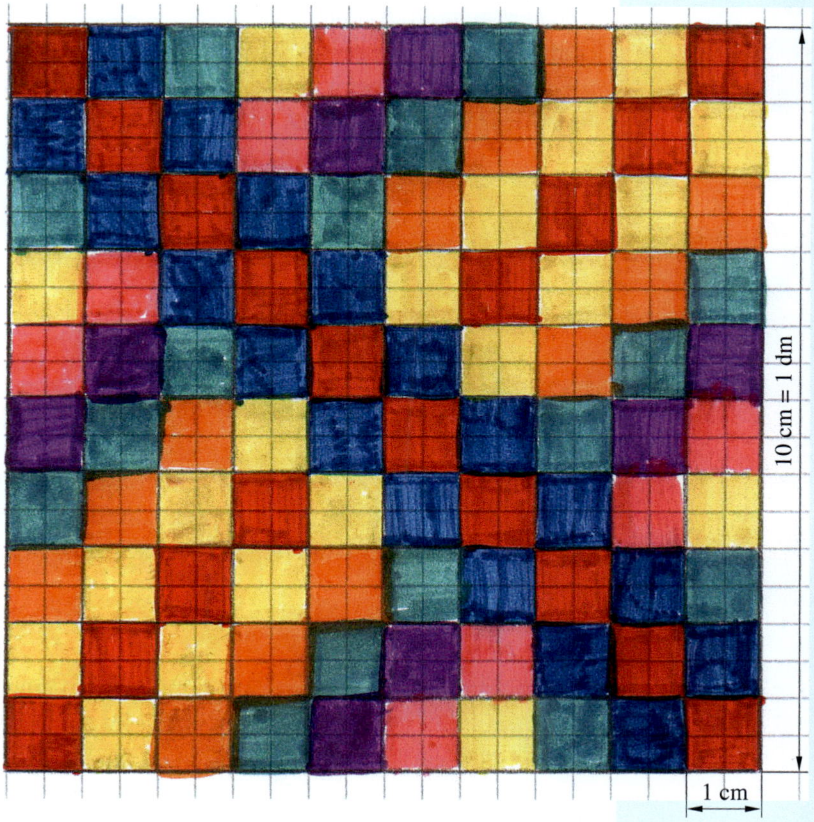

1 Muster aus Quadraten
Ihr benötigt Karopapier und einige farbige Stifte.
Zeichnet ein Quadrat mit einer Seitenlänge von 10 cm auf das Karopapier.

a) Unterteilt dieses Quadrat in kleinere Quadrate, die aus jeweils 4 Kästchen (1 cm Seitenlänge) bestehen.

b) Malt die kleinen Quadrate bunt aus. Achtet darauf, dass nebeneinander liegende Kästchen nicht die gleiche Farbe haben.

2 Nutze das Quadrat aus Aufgabe 1.
In eurem Klassenraum befinden sich viele rechteckige oder quadratische Gegenstände: z. B. die Tafel, der Tisch, das Mathematikbuch …
Schätze erst, wie viele deiner hergestellten Quadrate nötig sind, um den Gegenstand vollständig auszulegen. Überprüfe anschließend deine Schätzung durch Auslegen oder Messen.

Übertrage die Tabelle in dein Heft und trage die Ergebnisse ein.

Gegenstand	geschätzte Anzahl der Quadrate	genaue Anzahl der Quadrate
Tisch	60	…
…	…	…

3 Erstellt gemeinsam eine quadratische Collage für euer Klassenzimmer. Sie soll eine Seitenlänge von einem Meter haben. Nutzt dazu die Quadrate aus Aufgabe 1.

a) Was denkt ihr, wie viele Quadrate muss jeder anfertigen?

b) Stellt gemeinsam die Collage fertig.

c) Wie viele kleine Quadrate (1 cm Seitenlänge) könnt ihr auf der Collage sehen?

4 Familie Jansen zieht in ein neues Haus. Die beiden Kinderzimmer befinden sich im Obergeschoss. Julia und Lars sollen selbst entscheiden, welches der Kinderzimmer sie beziehen möchten. Julia möchte gerne das größere Zimmer. Sie sieht sich den Plan an und überlegt, welches Zimmer sie haben möchte. Kannst du ihr bei der Entscheidung helfen?
Welche Überlegungen hast du angestellt? Beschreibe.

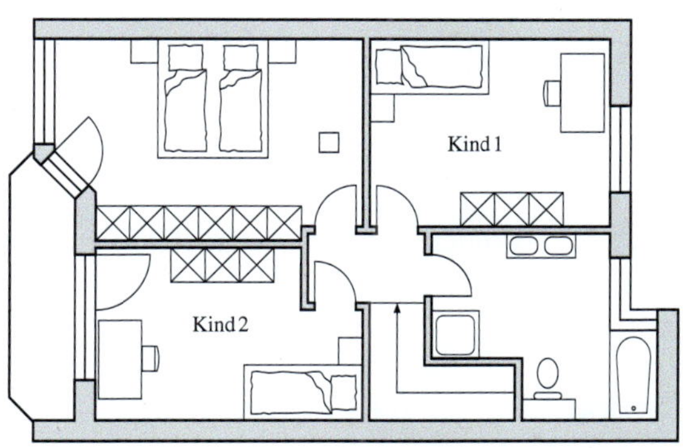

Verstehen

Lisa und Tom vergleichen ein Quadrat und ein Rechteck. Sie fragen sich, ob beide Flächen den gleichen Flächeninhalt haben und legen die Figuren aus.

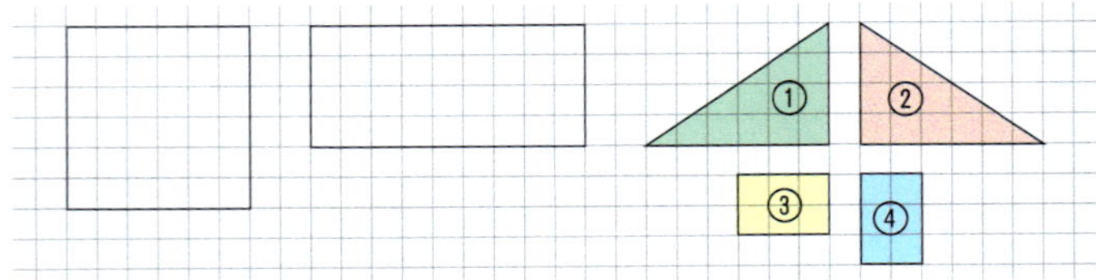

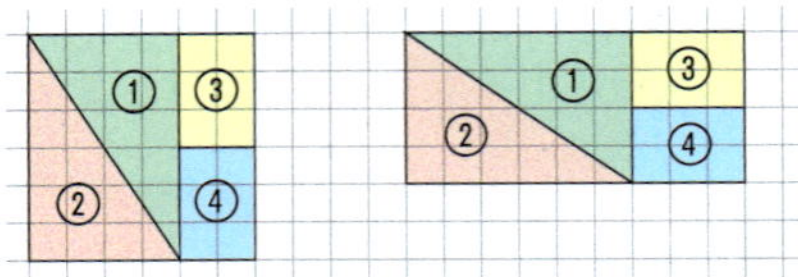

Da sich das Quadrat und das Rechteck mit der gleichen Anzahl gleicher Teilfiguren auslegen lassen, haben beide Flächen den gleichen Flächeninhalt.

Merke Wenn man Flächen mit der gleichen Anzahl gleicher Teilflächen auslegen kann, dann haben sie den gleichen **Flächeninhalt**.

Der Flächeninhalt wird durch Vergleich mit Einheitsflächen gemessen. Als Einheitsfläche eignen sich besonders gut Quadrate, zum Beispiel mit der Seitenlänge 1 m oder 1 cm. Wie bei den Längeneinheiten können auch die Flächeneinheiten ineinander umgerechnet werden.

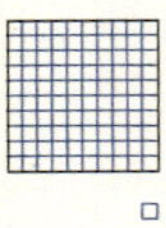

Beispiel

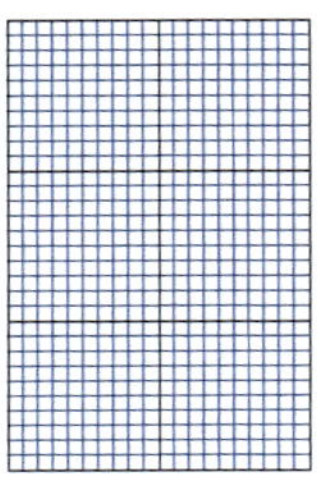

Ein Flur ist 2 m breit und 3 m lang. Er soll mit quadratischen Bodenplatten ausgelegt werden. Es gibt zwei verschieden große Platten.

Seitenlänge der Bodenplatte	Flächeninhalt der Bodenplatte	benötigte Stückzahl	Flächeninhalt des Flurs
1 m	$1\,m^2$ (1 Quadratmeter)	6	$6\,m^2$
1 dm	$1\,dm^2$ (1 Quadratdezimeter)	600	$600\,dm^2$

Flächeneinheiten und ihre Umrechnung

$1\,km^2$

Helgoland

1 ha

Fußballfeld

1 a

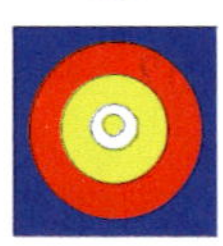

Ringermatte

$1\,m^2$

Tafelseite

$1\,dm^2$

Schokolade

$1\,cm^2$

Würfel-Seitenfläche

$1\,mm^2$

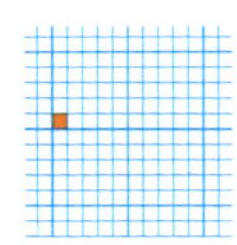

Millimeterpapier

$1\,km^2 = 100\,ha$
$1\,ha = 100\,a$
$1\,a = 100\,m^2$

$1\,m^2 = 100\,dm^2$
$1\,dm^2 = 100\,cm^2$
$1\,cm^2 = 100\,mm^2$

SCHON GEWUSST?
a bedeutet Ar, ha bedeutet Hektar. Ein Quadrat mit dem Flächeninhalt 1a (1ha) hat eine Seitenlänge von 10 m (100 m).

Merke Wandelt man Flächenmaße in eine benachbarte Flächeneinheit um, so ist die **Umrechnungszahl 100**.

km² ⇄ **ha** ⇄ **a** ⇄ **m²** ⇄ **dm²** ⇄ **cm²** ⇄ **mm²**

(nach rechts jeweils · 100, nach links jeweils : 100)

BEACHTE
Wird eine Größe in eine kleinere Maßeinheit umgerechnet, dann vergrößert sich die Maßzahl und umgekehrt.

Der Informatikraum soll mit neuer Auslegware ausgestattet werden. Der Raum ist 8 m lang und 5 m breit.

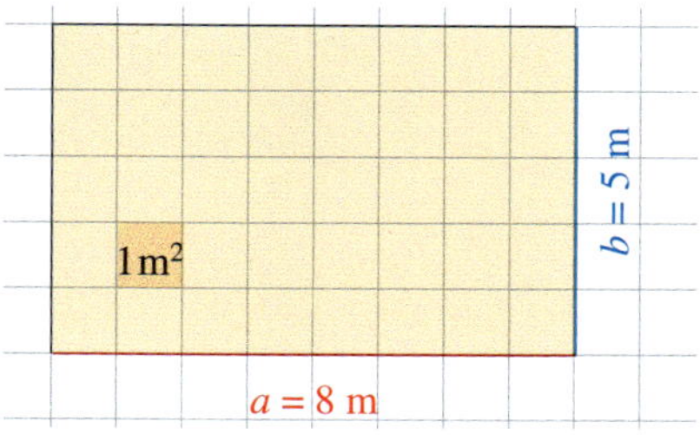

Der Informatikraum kann mit 5 Reihen mit jeweils 8 Einheitsquadraten ausgelegt werden.

Er hat einen Flächeninhalt von $5 \cdot 8 \cdot \boxed{1\,m^2} = 40\,m^2$.

Zur Berechnung des Flächeninhalts wird die Länge eines Rechtecks mit der Breite multipliziert.

HINWEIS
Das Quadrat ist ein spezielles Rechteck. Daher kann der Flächeninhalt eines Quadrats auch mit der Formel für Rechtecke berechnet werden.

Merke

Der **Flächeninhalt** A **eines Rechtecks** wird mit der Formel $A = a \cdot b$ berechnet.

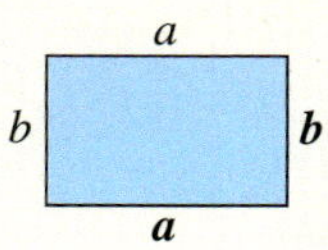

Der **Flächeninhalt** A **eines Quadrats** wird mit der Formel $A = a \cdot a$ berechnet.

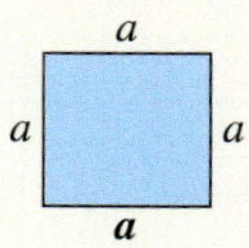

Üben und anwenden

1 Zeichne die roten Flächen in dein Heft. Überprüfe, ob die roten Flächen den gleichen Flächeninhalt haben. Zeichne dazu blaue Dreiecke so in die rote Fläche, dass sie vollständig ausgelegt ist.

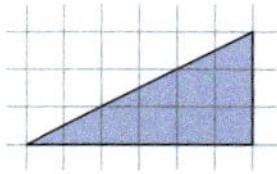

Beispiel

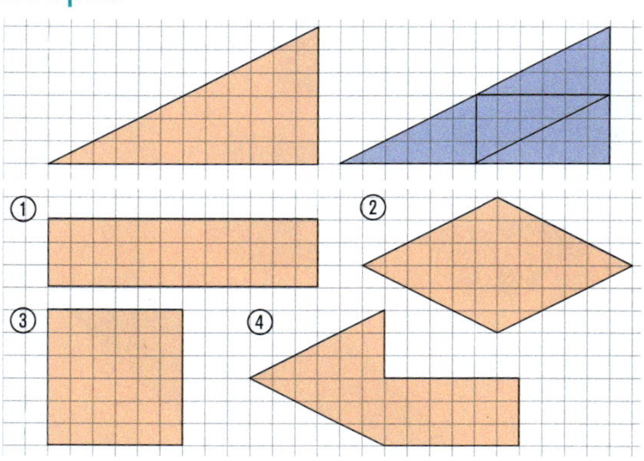

1 Übertrage die roten Flächen in dein Heft.

a) Überprüfe mithilfe der blauen Flächen, ob alle den gleichen Flächeninhalt haben.

b) Finde weitere Flächenpaare, die mit den blauen Figuren ausgelegt werden können.

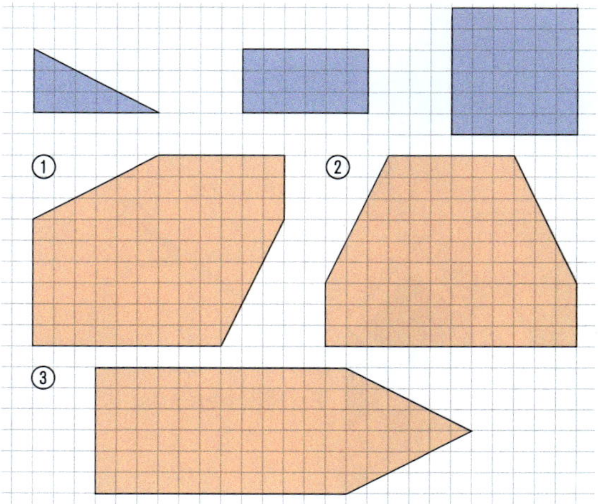

2 Zeichne die drei Figuren in der Randspalte in dein Heft.

a) Begründe, warum alle drei Figuren den gleichen Flächeninhalt haben.

b) Figuren, die aus 5 gleich großen Quadraten zusammengesetzt sind, nennt man Pentominos. Erfinde weitere Pentominos und zeichne sie in dein Heft.

NACHGEDACHT
Wie viele verschiedene Pentominos gibt es?

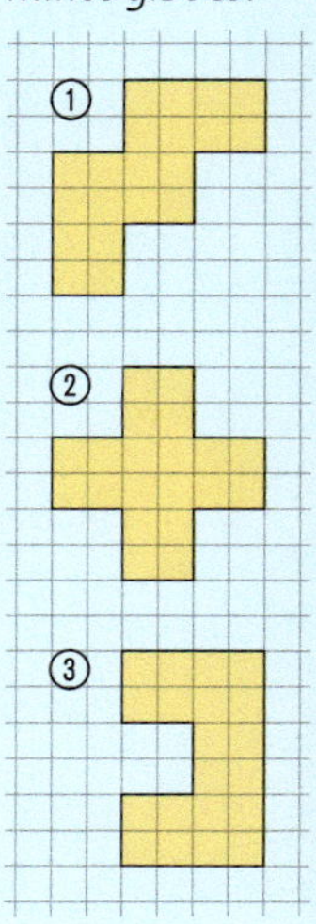

Thema: Mit dem Tangram Figuren legen

Das Tangram ist ein altes Legespiel aus China. Es besteht aus sieben Teilen, die durch Zerlegen eines Quadrats entstanden sind. Aus diesen Teilen lassen sich geometrische Figuren oder andere Bilder legen. Die Chinesen nennen das Tangram auch „Sieben-Schlau-Brett“ oder „Weisheitsbrett“, denn wenn man das Spiel nach den chinesischen Regeln spielen will, muss man beim Legen jeder Figur alle sieben Tans (Teile) des Tangrams benutzen und das ist nicht immer leicht. Wenn du die Lösung nicht findest, hilft vielleicht Teamarbeit.

1 Stelle nach der Anleitung ein Tangram selber her.

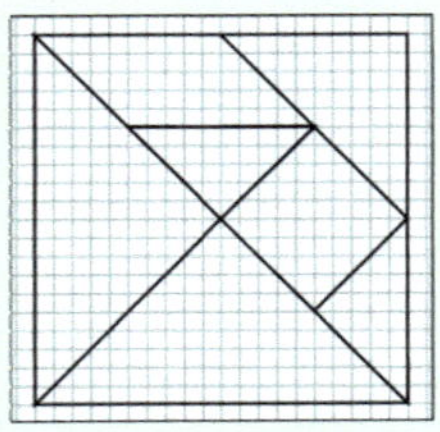

① Übertrage die Figur auf ein kariertes Blatt.

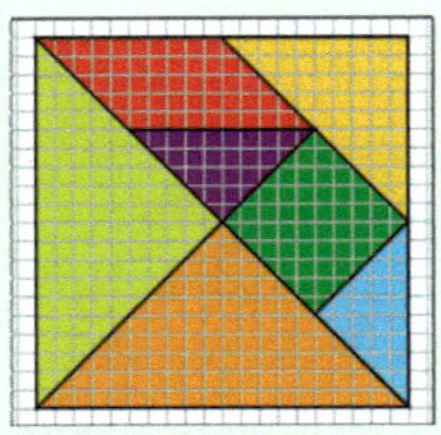

② Färbe die Flächen wie in der Zeichnung ein.

③ Klebe das Quadrat auf Pappe und schneide die Pappe passend zu.

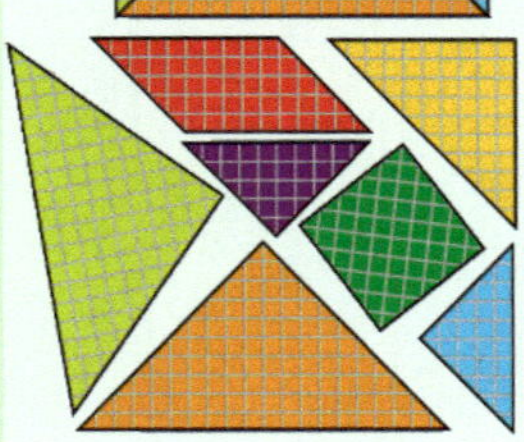

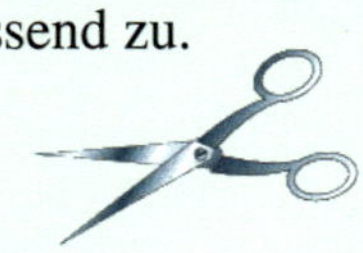

④ Schneide die Teilflächen aus.

2 Aus welchen Flächen besteht ein Tangram?

3 Lege die geometrischen Figuren mit den sieben Teilen des Tangrams nach.

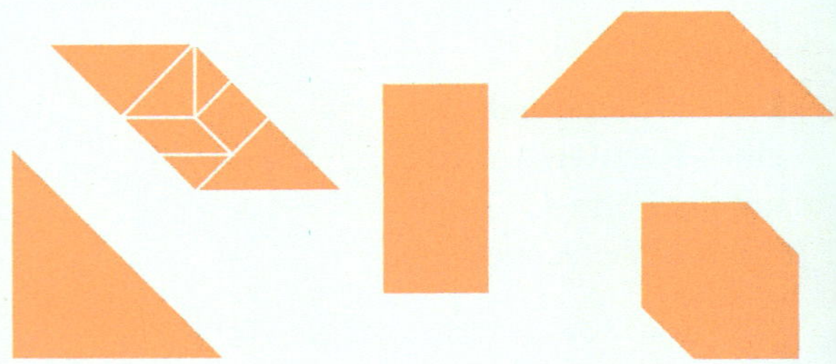

4 Lege die Häuser und Schiffe nach.

3 Mit welcher Flächeneinheit wird die Größe der Flächen sinnvoll angegeben? Begründe.

a) Postkarte b) DIN-A4-Heft
c) Poster d) Briefmarke
e) Toastbrotscheibe f) Handy-Display

3 Ordne den richtigen Flächeninhalt zu.

a) Briefmarke ① $72\,dm^2$
b) Schülertisch ② $170\,cm^2$
c) CD-Hülle ③ $480\,mm^2$
d) Mathematikbuch ④ $6\,m^2$
e) Plakat ⑤ $5\,dm^2$

4 Gib den Flächeninhalt der Fläche in cm^2 und in mm^2 an.
Beschreibe, wie du dabei vorgehst. Fällt dir ein weiterer Lösungsweg ein?

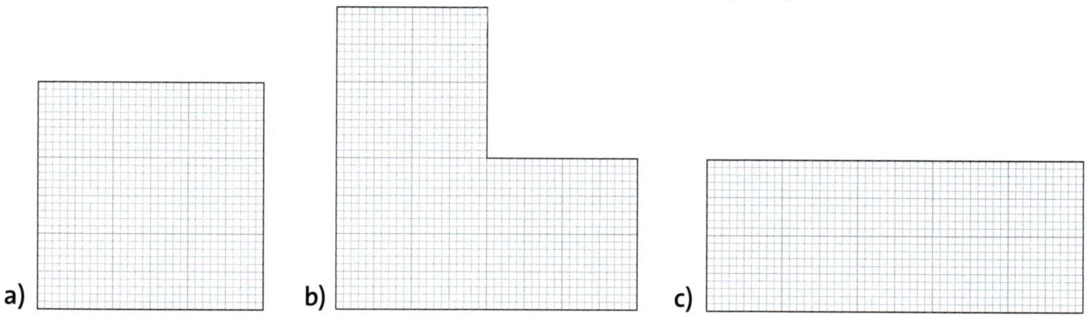

ERINNERE DICH

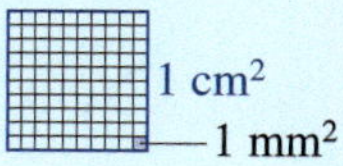

5 Bestimme den Flächeninhalt in Quadratzentimeter und Quadratmillimeter.
Ordne dann die Flächen nach ihrer Größe.

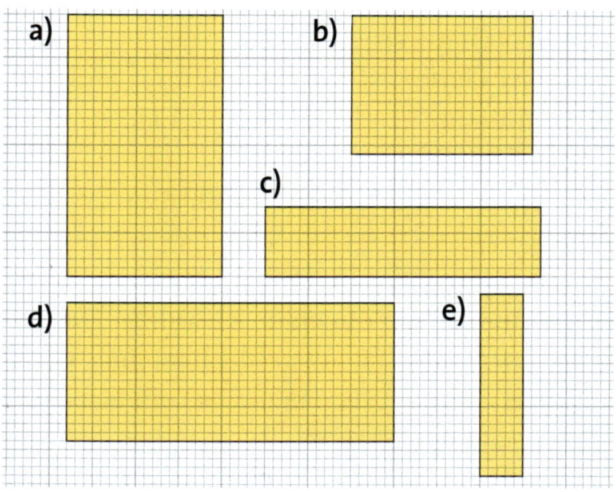

5 Gib den Flächeninhalt in mm^2 an.

Beispiel

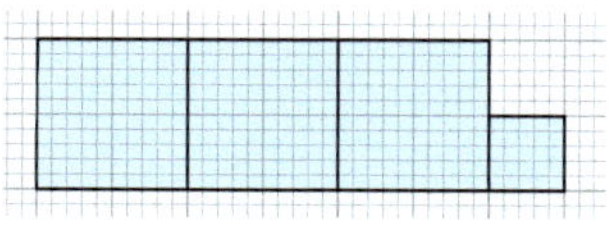

$3\,cm^2\ 25\,mm^2 = 325\,mm^2$

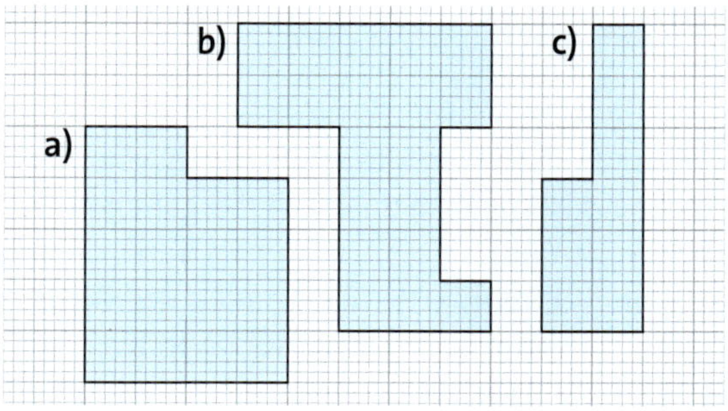

HINWEIS

167-1
Unter dem Webcode findest du eine interaktive Übung zum Schätzen von Flächeneinheiten.

6 Übertrage die Stellenwerttafel in dein Heft. Rechne mithilfe der Stellenwerttafel in die nächstkleinere Einheit um.

Beispiel $6\,dm^2 =$

	m²		dm²		cm²		mm²		
	Z	E	Z	E	Z	E	Z	E	
·100				6					$6\,dm^2$
				6	0	0			$= 600\,cm^2$

a) $5\,m^2$ b) $9\,cm^2$ c) $50\,dm^2$
d) $18\,m^2$ e) $25\,cm^2$ f) $60\,dm^2$
g) $130\,m^2$ h) $190\,cm^2$ i) $106\,dm^2$

6 Übertrage die Stellenwerttafel in dein Heft. Rechne in die nächstkleineren Einheiten um.

Beispiel $2\,m^2 =$

m²		dm²		cm²		mm²		
	2							$2\,m^2$
	2	0	0					$= 200\,dm^2$
	2	0	0	0	0			$= 20\,000\,cm^2$
	2	0	0	0	0	0	0	$= 2\,000\,000\,mm^2$

a) $15\,m^2$ b) $3\,dm^2$ c) $4\,m^2$
d) $70\,cm^2$ e) $98\,dm^2$ f) $600\,cm^2$
g) $400\,m^2$ h) $105\,dm^2$ i) $1\,100\,cm^2$

NACHGEDACHT
Wie viele Kinder können bequem auf $1\,m^2$ stehen?

7 Umwandeln von Flächeneinheiten

a) Schreibe in Quadratzentimeter.
① $700\,mm^2$ ② $600\,mm^2$ ③ $2\,600\,mm^2$
④ $2\,dm^2$ ⑤ $11\,dm^2$ ⑥ $534\,dm^2$

b) Schreibe in Quadratdezimeter.
① $900\,cm^2$ ② $1\,200\,cm^2$ ③ $1\,500\,cm^2$
④ $2\,m^2$ ⑤ $9\,m^2$ ⑥ $55\,m^2$

7 Wandle die Angaben einmal in eine kleinere Einheit und einmal in eine größere Einheit um.

a) $3\,000\,dm^2$ b) $5\,500\,dm^2$
c) $400\,m^2$ d) $3\,500\,m^2$
e) $987\,dm^2$ f) $5\,995\,dm^2$
g) $4\,004\,m^2$ h) $9\,090\,m^2$

8 Übertrage die Stellenwerttafel in dein Heft und ergänze die großen Flächeneinheiten Ar (a), Hektar (ha) und Quadratkilometer (km^2).

m^2		dm^2		cm^2		mm^2	
Z	E	Z	E	Z	E	Z	E

Rechne in die angegebene Flächeneinheit um.

a) $4\,km^2$ (m^2) b) $7\,m^2$ (cm^2) c) $25\,a$ (dm^2) d) $12\,m^2$ (mm^2)
e) $40\,000\,mm^2$ (dm^2) f) $65\,000\,m^2$ (km^2) g) $25\,000\,cm^2$ (dm^2) h) $1\,200\,000\,km^2$ (ha)

9 Kontrolliere die Hausaufgaben von Tina. Erkläre ihre Fehler und korrigiere sie.

a) 24 ha = 240 a
b) $5\,m^2$ = 500 dm
c) $7\,m^2$ = $700\,cm^2$
d) $2\,km^2$ = 200000 a
e) $800\,mm^2$ = $80\,cm^2$

9 Kai liebt große Zahlen. Überprüfe, ob seine Behauptungen stimmen können.

a) Ein Toastbrot ist $1\,200\,000\,mm^2$ groß.
b) Mein Kinderzimmer ist mindestens $154\,000\,cm^2$ groß.
c) Unser Garten ist $300\,000\,000\,mm^2$ groß.
d) Nordrhein-Westfalen hat eine Fläche von $34\,078\,000\,000\,m^2$.
e) Unser Schulhof ist $25\,000\,000\,mm^2$ groß.

10 Setze <, = oder > im Heft richtig ein. Rechne die Angaben zuerst in die gleiche Flächeneinheit um.

a) 1 ha ▢ $1\,000\,m^2$ b) 1 ha ▢ $10\,000\,m^2$
c) 3 a ▢ $300\,m^2$ d) 7 ha ▢ $700\,m^2$
e) $1\,km^2$ ▢ 1 000 a f) $1\,km^2$ ▢ 10 000 a
g) $30\,m^2$ ▢ 3 a h) $1\,m^2$ ▢ $1\,000\,cm^2$

10 Die Haut eines Elefanten hat einen Flächeninhalt von ungefähr $1\,120\,dm^2$. Die Haut einer Ratte hat einen Flächeninhalt von ungefähr $300\,cm^2$, die Haut eines erwachsenen Menschen ungefähr $2\,m^2$.
Ordne die Größe der Hautoberfläche von Elefant, Ratte und Mensch.

11 Ordne die Flächeninhalte der Größe nach.
$1\,m^2$; $200\,dm^2$; $300\,cm^2$; $40\,000\,mm^2$

11 Ordne die Flächeninhalte der Größe nach.
$2\,km^2$; 120 ha; 1 300 a; $1\,000\,000\,m^2$

12 Erinnere dich, wie Längeneinheiten ineinander umgerechnet werden.
Vergleiche mit den Regeln für das Umrechnen von Flächeneinheiten: Notiere Gemeinsamkeiten und Unterschiede. Stelle dein Ergebnis in der Klasse vor.

13 Zeichne je drei verschiedene Rechtecke mit dem angegebenen Flächeninhalt ins Heft.

a) $12\,cm^2$ b) $20\,cm^2$
c) $1\,dm^2$ d) $500\,mm^2$

13 Zeichne je drei verschiedene Flächen mit dem angegebenen Flächeninhalt in dein Heft.

a) $17\,cm^2$ b) $15{,}5\,cm^2$
c) $1{,}5\,dm^2$ d) $480\,mm^2$

RÜCKBLICK
Zu welcher Zahl gelangst du auf dem Zahlenstrahl, wenn du bei 73 startest und zunächst 37 Schritte nach links und dann 125 Schritte nach rechts gehst?

14 Berechne den Flächeninhalt des Rechtecks.

	a)	b)	c)	d)	e)
Länge	8 cm	9 dm	15 mm	5 m	5 cm
Breite	7 cm	18 dm	21 mm	19 m	7 cm

14 Berechne den Flächeninhalt des Rechtecks.

	a)	b)	c)	d)	e)
Länge	9 cm	26 mm	3,5 dm	7,5 m	2,6 cm
Breite	13 cm	14 mm	19 dm	4,5 m	6,5 cm

TIPP
Wandle bei Aufgabe 14 die Längen um, bevor du rechnest.

15 Wie groß ist der Flächeninhalt …

a) einer Tischplatte 80 cm × 120 cm?
b) einer Wiese 114 m × 52 m?
c) der abgebildeten Briefmarke?

d) eines Plakats 40 cm × 60 cm?
e) eines Kinderzimmers 3 m × 4 m?
f) einer Reithalle 30 m × 66 m?

15 Wie groß ist der Flächeninhalt …

a) eines DIN-A4-Papierbogens 210 mm × 297 mm?
b) der Grundfläche eines Schwimmbeckens 10 m × 25 m?
c) eines Handballfeldes 20 m × 40 m?
d) eines Hasenstalls 194 cm × 80 cm?
e) einer Taste vom Mobiltelefon 8 mm × 6 mm
f) eines Gartens 11 m × 16 m?

16 Gib die Seitenlänge a des Rechtecks an.

a) $A = 124\,\text{m}^2$, $b = 4\,\text{m}$
b) $A = 68\,\text{dm}^2$, $b = 17\,\text{dm}$
c) $A = 420\,\text{cm}^2$, $b = 60\,\text{cm}$
d) $A = 650\,\text{m}^2$, $b = 26\,\text{m}$

16 Gib die Seitenlänge b des Rechtecks an.

a) $A = 216\,\text{m}^2$, $a = 18\,\text{m}$
b) $A = 625\,\text{dm}^2$, $a = 125\,\text{cm}$
c) $A = 78\,\text{cm}^2\ 20\,\text{mm}^2$, $a = 23\,\text{mm}$
d) $A = 86\,\text{ha}\ 25\,\text{a}$, $a = 115\,\text{m}$

HINWEIS
$2\,\text{m}^2\ 25\,\text{dm}^2$ kann man umschreiben: $200\,\text{dm}^2 + 25\,\text{dm}^2 = 225\,\text{dm}^2$

17 Gib jeweils mindestens zwei Möglichkeiten für die Seitenlängen eines Rechtecks mit dem angegebenen Flächeninhalt an.
Vergleiche mit deinem Sitznachbarn oder deiner Sitznachbarin.

a) $A = 240\,\text{cm}^2$ b) $A = 1\,000\,\text{cm}^2$ c) $A = 75\,\text{dm}^2$ d) $A = 20\,\text{ha}$

18 Der Fußboden einer Küche mit einer Länge von 400 cm und einer Breite von 250 cm soll mit quadratischen Fliesen ausgelegt werden.
Wie viele Fliesen werden mindestens benötigt, wenn eine Fliese $625\,\text{cm}^2$ groß ist?

18 Frau Müller-Fieler streicht die Decke ihres Wohnzimmers, die 75 dm lang und 45 dm breit ist. Wie viele Dosen weißer Deckenfarbe braucht sie zum Streichen der Decke, wenn sie sparsam mit der Farbe umgeht?

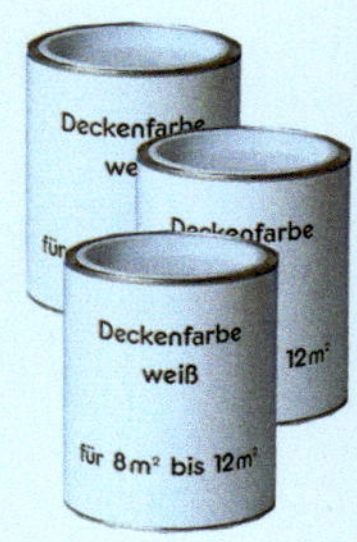

19 Wandle in die gleiche Einheit um und berechne den Flächeninhalt der Rechtecke.

a) $a = 6\,\text{cm}$; $b = 18\,\text{mm}$
b) $a = 45\,\text{mm}$; $b = 2\,\text{cm}$
c) $a = 750\,\text{m}$; $b = 2\,\text{km}$
d) $a = 6\,\text{dm}$; $b = 200\,\text{cm}$
e) $a = 2\,\text{m}\ 2\,\text{cm}$; $b = 20\,\text{cm}$

19 Berechne jeweils den Flächeninhalt der Rechtecke. Rechne die Probe.

a) $a = 3\,\text{m}$; $b = 27\,\text{cm}$
b) $a = 56\,\text{mm}$; $b = 8\,\text{dm}$
c) $a = 880\,\text{m}$; $b = 2\,\text{km}$
d) $a = 401\,\text{mm}$; $b = 25\,\text{dm}$
e) $a = 2\,030\,\text{cm}$; $b = 3{,}10\,\text{m}$

20 Berechne die fehlenden Größen.

	a)	b)	c)	d)	e)
a	3 m	10 m	15 mm	12 dm	14 cm
b	6 m		2 mm		
A		$170\,\text{m}^2$		$96\,\text{dm}^2$	$84\,\text{cm}^2$

20 Berechne die fehlenden Größen.

	a)	b)	c)	d)	e)
a	55 m	43 m	94 dm	25 m	5 cm
b	3 m		94 dm		
A		$2\,236\,\text{m}^2$		$4\,275\,\text{m}^2$	$760\,\text{cm}^2$

21 Ein Quadrat hat die folgende Seitenlänge. Wie groß ist der Flächeninhalt?
a) 8 cm b) 15 dm c) 14 m
d) 22 mm e) 16 km f) 130 m

21 Wie groß ist der Flächeninhalt des Quadrats mit der gegebenen Seitenlänge?
a) 13 cm b) 9 mm c) 145 dm
d) 236 cm e) 53 km f) 2 323 dm

22 Ordne die Seitenlängen der Quadrate im linken Kasten den entsprechenden Flächeninhalten im rechten Kasten zu. Ergänze anschließend fehlende Angaben.

7 cm, 18 cm, 3 cm, 25 cm, 8 cm, 12 cm, 19 cm, 6 cm, 13 cm

$144\,cm^2$, $169\,cm^2$, $324\,cm^2$, $49\,cm^2$, $9\,cm^2$, $36\,cm^2$, $625\,cm^2$, $121\,cm^2$

22 Gegeben sind die Seitenlängen eines Quadrats. Ordne jeder Seitenlänge jeweils den entsprechenden Flächeninhalt zu. Bestimme anschließend fehlende Angaben.
a) 9 cm b) 15 mm c) 5 dm
d) 2 m e) 12 mm f) 2 dm 2 cm

$400\,dm^2$, $1\,cm^2\,44\,mm^2$, $484\,cm^2$, $81\,cm^2$, $250\,000\,mm^2$, $2\,cm^2\,25\,mm^2$, $16\,cm^2$

23 Der quadratische Fußboden eines Raums soll mit Parkett ausgelegt werden.
a) Berechne den Flächeninhalt des Fußbodens, wenn seine Seitenlänge 6 m beträgt.
b) Wie viel muss man bezahlen, wenn $1\,m^2$ Parkett 24 € kostet?

23 Auf dem Fußboden einer Küche sollen Fliesen verlegt werden. Die Küche ist quadratisch mit einer Seitelänge von 55 dm.
a) Welchen Flächeninhalt hat der Fußboden?
b) Berechne die Kosten der Fliesen für einen Quadratmeterpreis von 20 €.

24 Ein Quadrat hat die folgende Seitenlänge. Berechne jeweils den Flächeninhalt.
a) 10 cm b) 16 mm
c) 45 m d) 31 dm
e) 3,5 cm f) 10,6 m
g) 26,5 cm h) 10,4 dm

24 Berechne den Flächeninhalt der Quadrate für die gegebenen Seitenlängen.
a) 12 cm b) 5 mm
c) 24,5 m d) 18,6 dm
e) 2,6 cm f) 14,2 m
g) 9,5 cm h) 150,1 dm

25 Welche Seitenlänge haben die Quadrate?
a) $A = 121\,m^2$ b) $A = 225\,cm^2$
c) $A = 400\,dm^2$ d) $A = 81\,cm^2$

25 Welche Seitenlänge haben die Quadrate?
a) $A = 196\,cm^2$ b) $A = 324\,mm^2$
c) $A = 625\,dm^2$ d) $A = 6\,400\,mm^2$

26 Sucht in eurem Klassenzimmer quadratische Flächen. Schätzt zunächst den Flächeninhalt in einer sinnvollen Einheit. Überprüft eure Schätzung, indem ihr nachmesst und berechnet.

27 Fülle die Tabelle mit den Maßen eines Quadrats im Heft aus.

Seitenlänge	4 cm		6 dm	
Flächeninhalt		$36\,m^2$		$49\,mm^2$

27 Fülle die folgende Tabelle mit den Maßen eines Quadrats in deinem Heft aus.

Seitenlänge	3,5 cm		1,4 dm	
Flächeninhalt		$16\,mm^2$		49 a

28 Der quadratische Fußboden eines Saals soll mit Auslegware ausgelegt werden. Berechne den Flächeninhalt des Fußbodens, wenn eine Seitenlänge 13 m beträgt.

28 Ein 3 m langer und 3 m breiter Raum soll mit rechteckigen Fliesen ausgelegt werden. Die Fliesen sind 10 cm lang und 15 cm breit. Ist das möglich? Begründe.

29 Arbeitet in zwei Gruppen und beantwortet folgende Frage: Reichen die Seiten eines einzelnen Mathematikbuchs aus, um damit die Wände eures Klassenzimmers zu tapezieren?

Gruppe ① Schätzt die Breite und Höhe der Wände eures Klassenraums. Überprüft eure Schätzung durch Messen.

Gruppe ② Schätzt den Flächeninhalt einer Seite eures Mathematikbuchs. Überprüft eure Schätzung durch Messen.

---

30 Die Begrenzungslinien eines Fußballfeldes sind 110 m lang und 80 m breit.

Welche Rasenfläche muss der Platzwart mähen? Gib den Flächeninhalt in m^2, a und ha an.

30 Ein großes Beet im Stadtpark wird mit Tulpen bepflanzt.

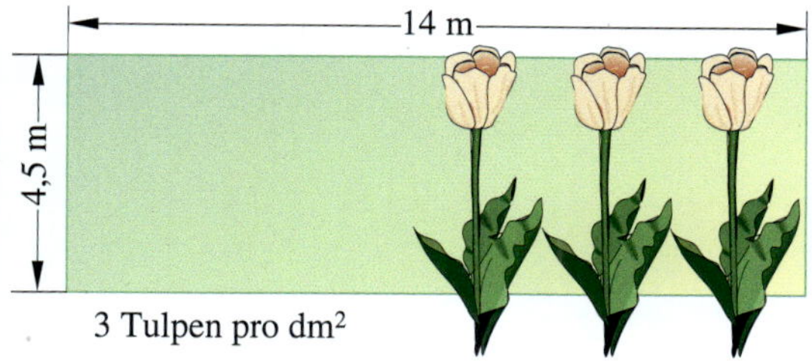

a) Wie groß ist das Beet?
b) Wie viele Tulpen werden benötigt?

---

31 Berechne den Flächeninhalt der Rasenfläche. Findest du einen weiteren Rechenweg?

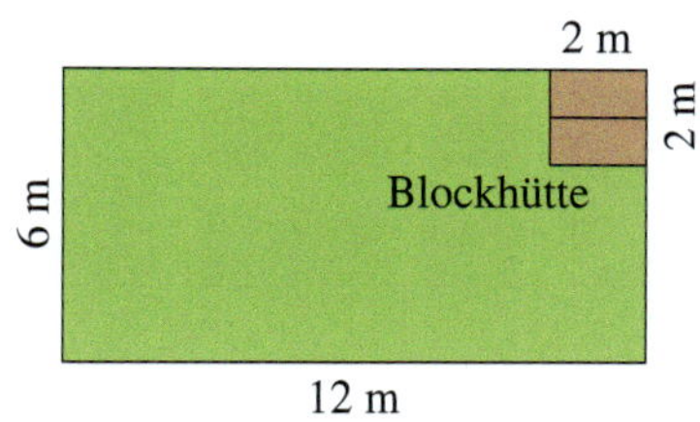

31 Miss die Längen der Figur. Berechne den Flächeninhalt auf möglichst vielen verschiedenen Wegen. Vergleiche deinen Lösungsweg mit deinem Sitznachbarn oder deiner Sitznachbarin.

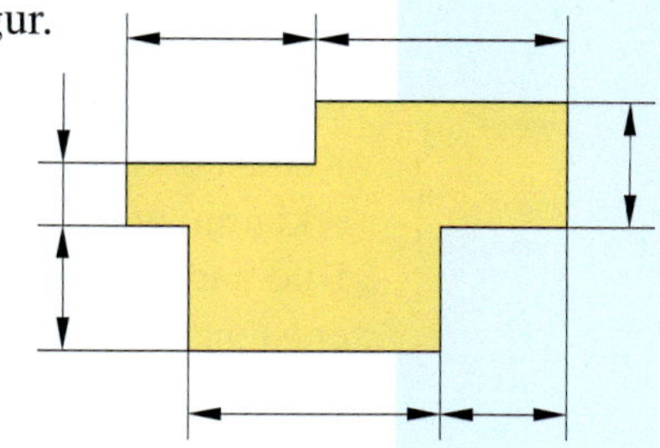

---

32 Berechne den Flächeninhalt der geometrischen Figur.

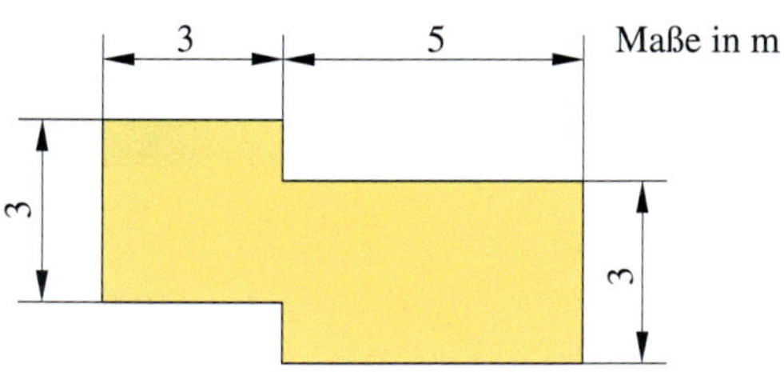

32 Arbeitet zu zweit.
Welchen Flächeninhalt hat der Bodensee? Beschreibt eure Lösungsschritte.

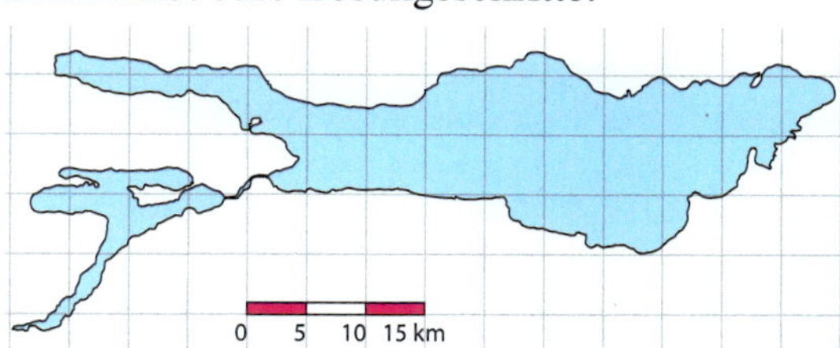

HINWEIS
Du kannst dein Ergebnis überprüfen, indem du z. B. im Lexikon nachschlägst.

---

33 Arbeitet zu zweit.
Sarah hat einige Behauptungen über den Flächeninhalt von Rechtecken aufgestellt. Überprüfe, ob sie recht hat. Falls nicht, begründe z. B mit einem Gegenbeispiel.

① Wenn man bei einem Rechteck die Breite verdoppelt und die Länge beibehält, dann verdoppelt sich auch der Flächeninhalt.

② Wenn man bei einem Rechteck die Breite verdreifacht und die Länge verdoppelt, dann verfünffacht sich der Flächeninhalt.

③ Wenn man bei einem Quadrat alle Seitenlängen verdoppelt, dann verdoppelt sich auch der Flächeninhalt.

Klar so weit?

→ Seite 154

Flächenformen erkennen und benennen

1 Welche der Figuren sind Rechtecke? Begründe.

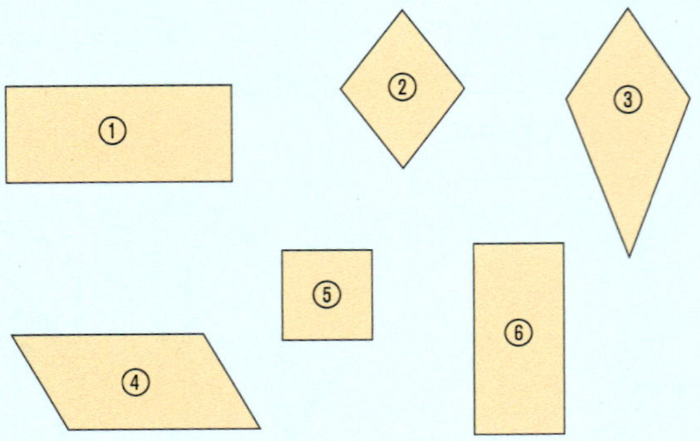

1 Diese Figuren sind keine Rechtecke. Welche Eigenschaft ist nicht erfüllt?

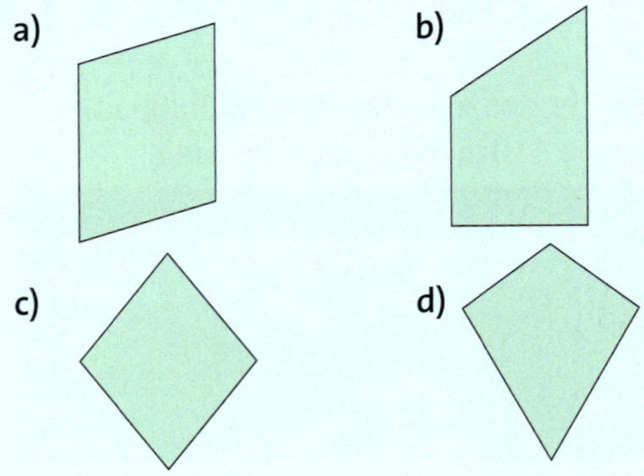

2 Der Künstler Max Bill verwendete in seinen Grafiken Vielecke. Beschreibe, welche Vielecke in dem Bild zu sehen sind. Kannst du auch erklären, wie das Bild nach und nach entsteht?

2 Zu welchen Staaten gehören die Flaggen? Welche Vielecke kannst du darin entdecken?

3 Zeichne folgende Rechtecke.

a) Länge $a = 4\,\text{cm}$; Breite $b = 3\,\text{cm}$
b) Länge $a = 5\,\text{cm}$; Breite $b = 5\,\text{cm}$
c) Länge $a = 5{,}2\,\text{cm}$; Breite $b = 7\,\text{cm}$

3 Zeichne schräg liegende Rechtecke.

a) $a = 6\,\text{cm}$, $b = 4\,\text{cm}$
b) $a = 4\,\text{cm}$, $b = 2\,\text{cm}$
c) $a = 5{,}5\,\text{cm}$, $b = 3{,}5\,\text{cm}$

→ Seite 160

Umfang von Vielecken

4 Ein Rechteck hat die Länge a und die Breite b. Berechne den Umfang.

a) $a = 4\,\text{cm}$, $b = 9\,\text{cm}$
b) $a = 22\,\text{m}$, $b = 41\,\text{m}$
c) $a = 13{,}0\,\text{cm}$, $b = 150\,\text{mm}$

4 Berechne den Umfang für ein …

a) Rechteck mit $a = 5{,}7\,\text{cm}$; $b = 23\,\text{mm}$.
b) Quadrat mit $a = 4{,}2\,\text{cm}$.
c) gleichseitiges Dreieck mit $a = 5{,}6\,\text{cm}$.

5 Berechne den Umfang der Figur.

a)

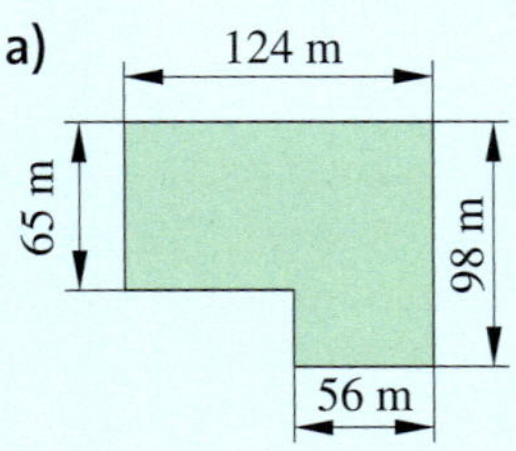

b)

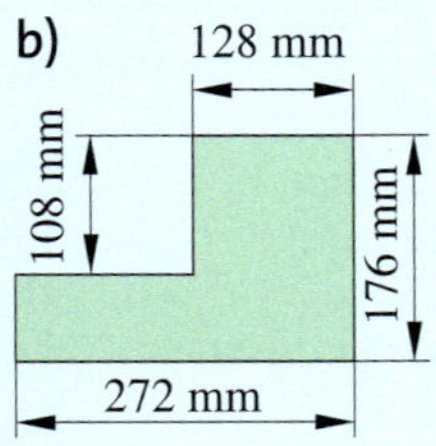

5 Berechne die Umfänge (Angaben in mm).

a)

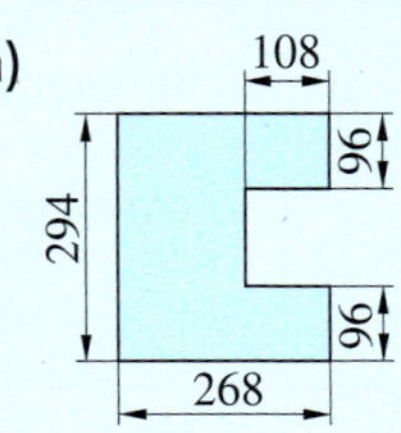

b)

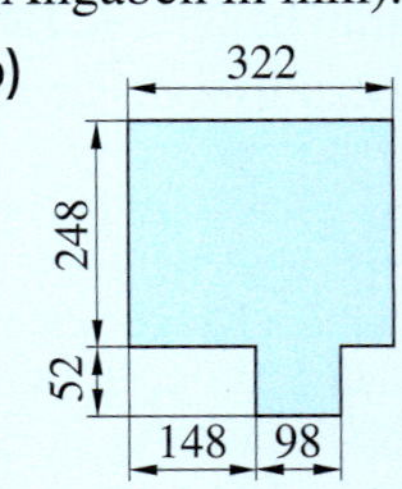

6 Welche Seitenlänge a hat das Viereck?
a) Quadrat mit $u = 64\,\text{cm}$
b) Rechteck mit $u = 136\,\text{m}$; $b = 17\,\text{m}$

7 Ein rechteckiger Garten hat eine Länge von 87 m und eine Breite von 54 m. Wie viel Meter Maschendraht werden zur Einzäunung des Gartens gebraucht, wenn man für den Eingang 2 m frei lässt?

6 Welche Seitenlänge a hat das Viereck?
a) Quadrat mit $u = 22{,}84\,\text{dm}$
b) Parallelogramm mit $u = 9\,\text{m}$; $b = 2{,}1\,\text{m}$

7 In einem Raum mit zwei Türen (jeweils 1 m 6 cm breit) sollen Fußleisten verlegt werden. Der Raum ist 4 m 82 cm lang und 3 m 90 cm breit.
Wie viel Meter Leisten werden benötigt?

Vergleichen und Messen von Flächen

→ Seite 164/165

8 Ordne die Flächen der Größe nach.

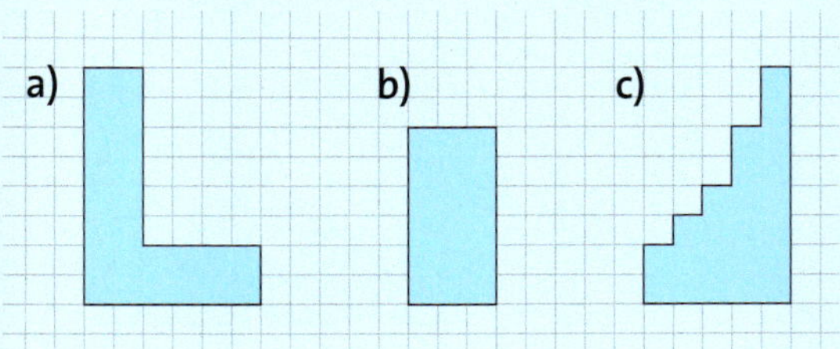

9 Berechne.
a) $10\,\text{m}^2 + 14\,\text{m}^2 + 7\,\text{m}^2$
b) $556\,\text{cm}^2 - 329\,\text{cm}^2 + 178\,\text{cm}^2$
c) $5\,\text{dm}^2 + 127\,\text{cm}^2 + 29\,\text{cm}^2$
d) $4\,\text{m}^2 + 210\,\text{dm}^2 - 57\,\text{dm}^2$

10 Schreibe in der nächstkleineren Einheit.
a) $10\,\text{dm}^2$; 115 a; $65\,\text{dm}^2$; $44\,\text{km}^2$
b) $8\,\text{km}^2$; $100\,\text{dm}^2$; $202\,\text{cm}^2$; $22\,\text{m}^2$
c) $15\,\text{cm}^2$; $37\,\text{m}^2$; $368\,\text{cm}^2$; $12\,\text{m}^2$

11 Berechne den Flächeninhalt des Rechtecks aus den gegebenen Seitenlängen.

Länge	4 cm	25 mm	12 m	40 dm
Breite	3 cm	6 mm	10 m	20 dm

12 Berechne den Flächeninhalt des Quadrats.
a) $a = 7\,\text{cm}$ b) $a = 35\,\text{m}$ c) $a = 90\,\text{km}$

13 Berechne die Breite des Rechtecks.
a) $A = 216\,\text{m}^2$; $a = 18\,\text{m}$
b) $A = 253\,\text{cm}^2$; $a = 23\,\text{cm}$
c) $A = 156\,\text{dm}^2$; $a = 12\,\text{dm}$
d) $A = 300\,\text{mm}^2$; $a = 25\,\text{mm}$

8 Ordne die Flächen der Größe nach.

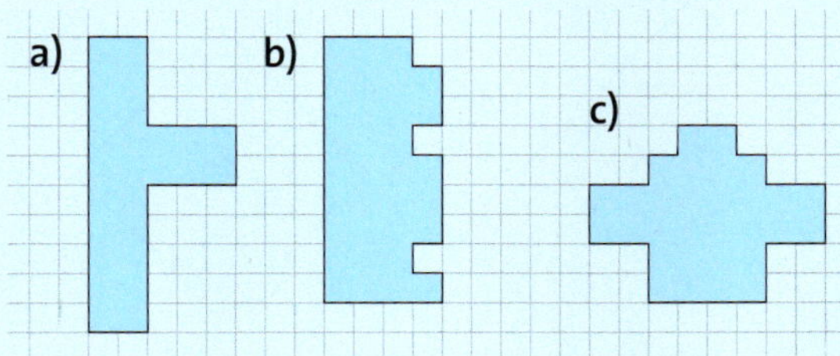

9 Berechne.
a) $4\,\text{dm}^2\,25\,\text{cm}^2 + 75\,\text{cm}^2 - 2\,\text{dm}^2$
b) $2\,\text{m}^2\,11\,\text{dm}^2 - 1\,\text{m}^2\,47\,\text{dm}^2$
c) $12\,\text{cm}^2\,50\,\text{mm}^2 - 3\,\text{cm}^2\,75\,\text{mm}^2 - 90\,\text{mm}^2$
d) $17\,\text{dm}^2\,1\,\text{cm}^2 + 3\,\text{dm}^2\,29\,\text{cm}^2 - 21\,\text{cm}^2$

10 Schreibe in der nächstkleineren Einheit.
a) $5\,338\,\text{dm}^2$; 85 a; 23 ha; $6\,544\,\text{km}^2$
b) $1\,\text{m}^2$; 10 102 ha; $298\,\text{cm}^2$; $785\,\text{m}^2$
c) $23\,\text{m}^2\,56\,\text{dm}^2$; $41\,\text{m}^2\,42\,\text{dm}^2$; 2 a $9\,\text{m}^2$

11 Berechne die Flächeninhalte der Rechtecke mit folgenden Angaben:

Länge	5 dm	14 mm	3 m 2 dm	5 cm 5 mm
Breite	15 cm	3 cm	19 dm	2 dm 4 cm

12 Berechne den Flächeninhalt des Quadrats.
a) $a = 6\,\text{km}\;100\,\text{m}$ b) $a = 82\,\text{m}\;40\,\text{cm}$

13 Berechne die Breite des Rechtecks.
a) $A = 256\,\text{mm}^2$; $a = 32\,\text{mm}$
b) $A = 1\,840\,\text{cm}^2$; $a = 4\,\text{dm}\;6\,\text{cm}$
c) $A = 363\,\text{km}^2$; $a = 110\,000\,\text{dm}$
d) $A = 42\,\text{a}$; $a = 60\,\text{m}$

Vermischte Übungen

1 Übertrage die Vierecke in dein Heft.
Was für Vierecke sind es? Begründe.

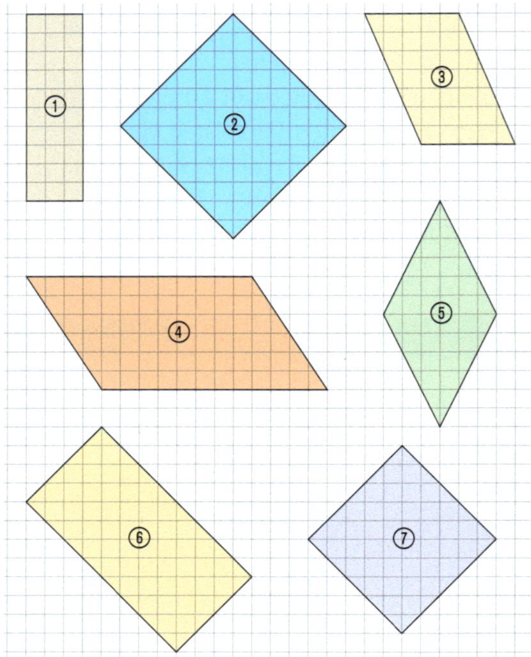

2 Betrachte das Bild von Max Olderock.

a) Welche Vielecke erkennst du?
b) Wie viele Rechtecke findest du?

1 Übertrage jedes Dreieck ins Heft.
Kannst du es zu einem Rechteck ergänzen?
Falls ja, zeichne das Rechteck.
Falls nein, begründe, warum nicht.

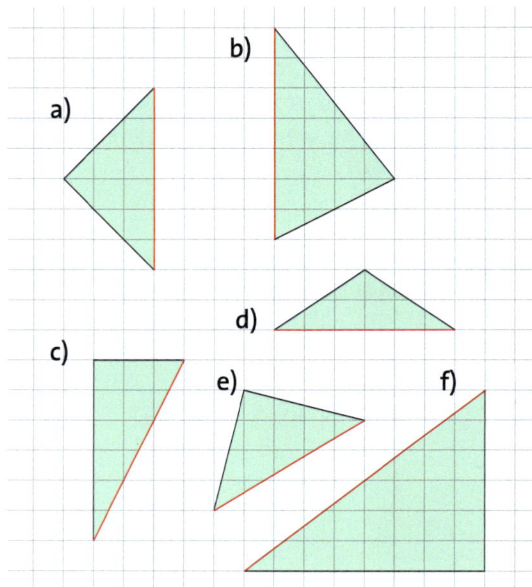

2 Betrachte das Fachwerkhaus.

a) Welche Vielecke erkennst du?
b) Wie viele Rechtecke findest du?

RÜCKBLICK
Eine alte Dampflokomotive verbrauchte 2,772 t Kohle in 99 Stunden. Wie viel Kilogramm Kohle verbrauchte die Lok in einer Stunde?

3 Finde die Seitenlängen.
a) Welches Quadrat kann man aus 64 cm Draht biegen?
b) Gib vier verschiedene Rechtecke an, die man aus 64 cm Draht biegen kann.

3 Ein Stück Pappe hat eine Länge von 40 cm und eine Breite von 90 cm.
a) Welche Seitenlänge hat ein Quadrat mit dem gleichen Flächeninhalt?
b) Ist der Umfang beider Figuren gleich?

4 Welche Breite hat eine rechteckige Fläche von 700 a mit einer Länge von 20 m?

4 Die Haustür rechts soll gestrichen werden. Berechne den Flächeninhalt.

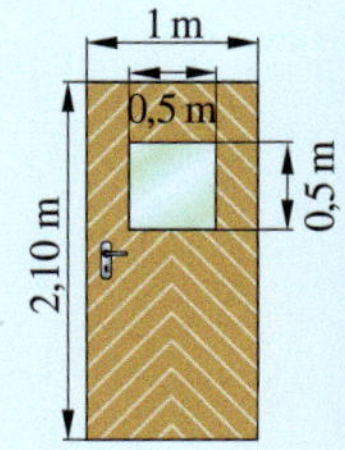

5 Bäuerin Weber hat 110 Hühner, für die sie einen Auslauf bauen möchte. Der Auslauf soll 5 m lang und 3 m 30 cm breit sein.
a) Zeichne den Auslauf im Maßstab 1 : 100.
b) Gib die Größe des Auslaufs in m^2 an. Wie viel Fläche steht jedem Huhn zur Verfügung?
c) Bei der Bodenhaltung sind nach den Richtlinien der Europäischen Union maximal 70 Hühner auf $10\,m^2$ erlaubt. Hält sich Bäuerin Weber an diese Richtlinie?
d) Wie viel Meter Maschendraht muss die Bäuerin kaufen, wenn sie den Auslauf freistehend im Garten bauen will?

6 Zeichne in dein Heft ein Rechteck mit den Seitenlängen 10 cm und 20 cm.
a) Wie viel dm^2 hat das Rechteck?
b) Teile das Rechteck in fünf gleich große Rechtecke. Wie groß ist ihr Flächeninhalt?

6 Berechne. Gib die Probe an.

a) $45\,m^2 \cdot 15$	b) $128\,mm^2 \cdot 23$
c) $456\,m^2 \cdot 102$	d) $1\,045\,dm^2 \cdot 13$
e) $1\,118\,m^2 : 43$	f) $6\,930\,dm^2 : 66$
g) $1\,692\,mm^2 : 47$	h) $1\,032\,cm^2 : 12$

7 Das Raumprogramm für Schulen schreibt für jede Schülerin und jeden Schüler $2\,m^2$ Platz im Klassenraum vor.

a) Der Klassenraum der 5 b hat die Maße 10 m 50 cm × 8 m 10 cm. Ist die Vorschrift bei 32 Kindern erfüllt?
b) Überprüft, ob euer Klassenraum die Vorgaben des Raumprogramms erfüllt.

7 Wohnung zu vermieten
a) Wo kannst du Wohnungsanzeigen finden?
b) Diskutiere, welches Angebot günstiger ist.

Ruhige Wohnung zu vermieten
3 Zi. + K, D, Bad insgesamt $96\,m^2$
Mietpreis kalt ohne Nebenkosten 528 €

Wohnung in ruhiger Lage

Wohnzimmer	$26{,}40\,m^2$
Elternschlafzimmer	$12{,}80\,m^2$
Kinderzimmer	$14{,}80\,m^2$
Kinderzimmer	$15{,}30\,m^2$
Küche	$12{,}50\,m^2$
Diele	$9{,}60\,m^2$
Bad	$7{,}90\,m^2$

5,40 € je m^2 kalt ohne Nebenkosten

8 Ein rechteckiger Garten ist 18 m lang und 13 m breit. Im Garten befindet sich ein rechteckiges Schwimmbecken mit einer Länge von 6 m 50 cm und einer Breite von 4 m 20 cm.
a) Berechne die Grundfläche und den Umfang des Schwimmbeckens.
b) Berechne die Größe der verbleibenden Gartenfläche.

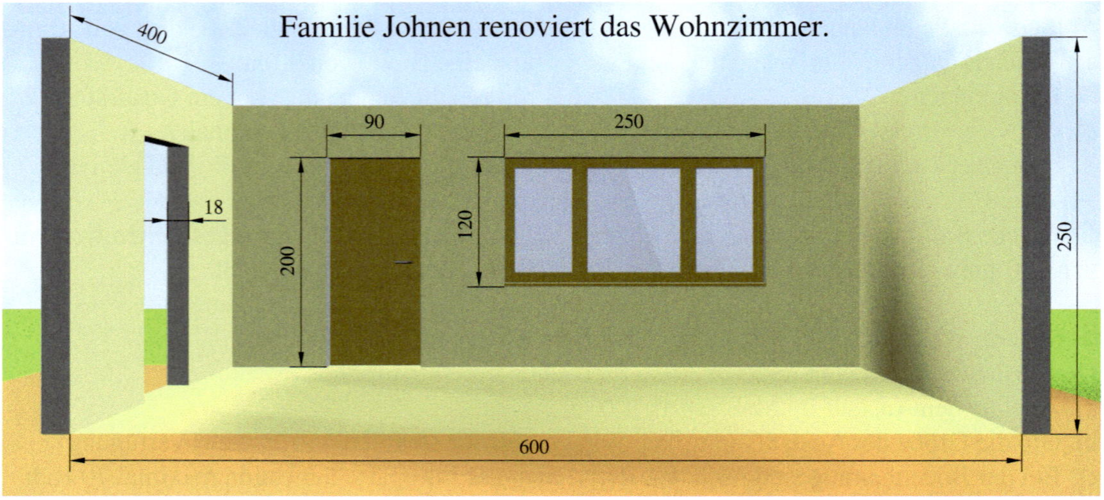

Die Maße für die folgenden Aufgaben kannst du aus der Zeichnung entnehmen.
Alle Maße sind in Zentimeter angegeben.

9 Herr Johnen möchte die Decke des Wohnzimmers streichen.
a) Gib alle Maße aus der Zeichnung an, die zur Flächenberechnung der Decke benötigt werden.
b) Berechne den Flächeninhalt der Decke.
c) Pro Quadratmeter werden 250 g Farbe verbraucht.
Reicht ein Eimer mit 10 kg Farbe für den Anstrich der Decke? Begründe.

10 Herr Johnen fährt in den Baumarkt und will Fußleisten für sein Wohnzimmer kaufen.
a) Wie viel Meter Fußleisten muss Herr Johnen mindestens kaufen? Begründe deine Antwort.
b) Die Fußleisten sind 2 m lang und kosten 13,60 Euro. Wie viel muss er bezahlen?

11 Die beiden Wände ohne Tür und Fenster sollen mit Textiltapete tapeziert werden.
a) Frau Johnen will die Bahnen zuschneiden. Jede Tapetenbahn ist 50 cm breit.
Wie viele Bahnen benötigt sie für die beiden Wände?
b) Wie viele Rollen Tapete muss sie kaufen, wenn auf jeder Rolle 10,85 m Tapete sind?

12 Zur Wärme- und Schallisolierung soll in das Fenster eine neue Scheibe aus Doppelglas eingesetzt werden. 1 m^2 Doppelglas kostet 55 €.
Wie teuer ist die Scheibe ungefähr?

13 Die Flächen der beiden Türrahmen sollen blau gestrichen werden. Herr Johnen hat dazu eine Dose mit 1 000 g Farbe gekauft. Sie reicht nach den Angaben des Herstellers für eine Fläche von ungefähr 12 m^2.
a) Wie groß ist die zu streichende Fläche? Gib den Flächeninhalt in cm^2 und in m^2 an.
b) Hat Herr Johnen vor dem Einkauf überlegt, wie viel Farbe er brauchen wird? Begründe.

14 Zum Auslegen des Fußbodens findet Frau Johnen im Baumarkt einen Teppichrest mit den Maßen 9 m × 3 m. Der Rest kostet 13,80 Euro je Quadratmeter.
a) Sie überlegt, ob mit dem Rest das Wohnzimmer so ausgelegt werden kann, dass höchstens eine Naht entsteht. Welche Maße müssten die beiden Stücke haben? Erstelle eine Skizze.
b) Wie teuer ist der Teppichrest? Wie teuer ist der Verschnitt?

Zusammenfassung

Flächenformen erkennen und benennen

→ Seite 154

Jede geometrische Figur, die nur von Strecken begrenzt wird, heißt **Vieleck**.
Die Anzahl der Eckpunkte bestimmt den Namen der Fläche.

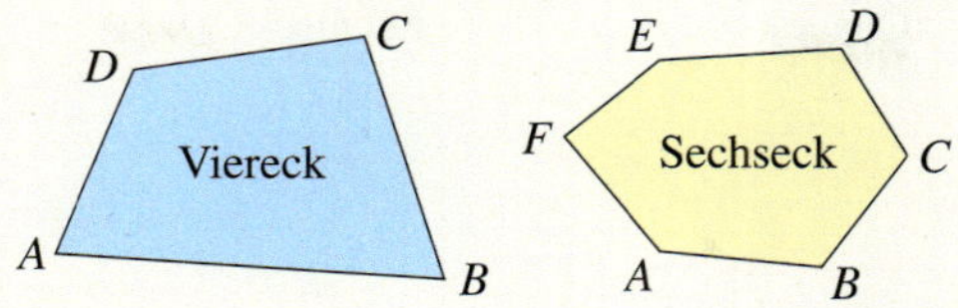

Vierecke mit besonderen Eigenschaften sind das Parallelogramm, die Raute, das Rechteck und das Quadrat.

Umfang von Vielecken

→ Seite 160

Man berechnet den **Umfang *u*** eines Vielecks, indem man alle Seitenlängen addiert.

Für Rechtecke gilt:

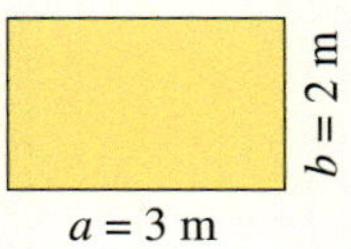

$\boldsymbol{u = 2 \cdot (a + b)}$
$u = 2 \cdot (3\,\text{m} + 2\,\text{m})$
$\;\;= 2 \cdot 5\,\text{m} = 10\,\text{m}$

Für Quadrate gilt:

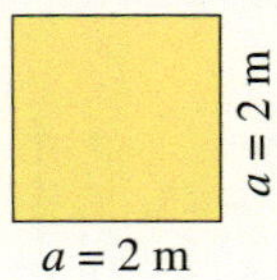

$\boldsymbol{u = 4 \cdot a}$
$u = 4 \cdot 2\,\text{m} = 8\,\text{m}$

Vergleichen und Messen von Flächen

→ Seite 164/165

Wenn man zwei Flächen mit der gleichen Anzahl gleicher Teilflächen auslegen kann, dann haben sie den gleichen **Flächeninhalt**.

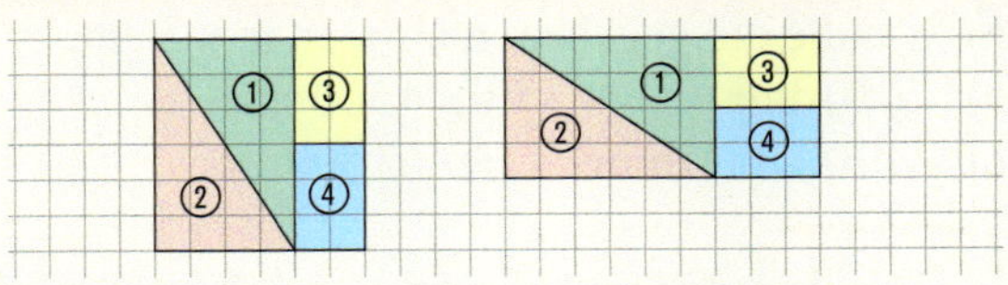

Zum Messen von Flächen vergleicht man mit Einheitsquadraten. Die Einheitsquadrate haben einen Flächeninhalt von $1\,\text{km}^2$, $1\,\text{ha}$, $1\,\text{a}$, $1\,\text{m}^2$, $1\,\text{dm}^2$, $1\,\text{cm}^2$, $1\,\text{mm}^2$.

$1\,\text{km}^2 = 100\,\text{ha}$
$1\,\text{ha} = 100\,\text{a}$
$1\,\text{a} = 100\,\text{m}^2$
$1\,\text{m}^2 = 100\,\text{dm}^2$
$1\,\text{dm}^2 = 100\,\text{cm}^2$
$1\,\text{cm}^2 = 100\,\text{mm}^2$

Wandelt man Flächenmaße in eine benachbarte Einheit um, so ist die **Umrechnungszahl 100**.

Man berechnet den **Flächeninhalt *A*** eines Rechtecks, indem man die Länge des Rechtecks mit seiner Breite multipliziert.

Für Rechtecke gilt:

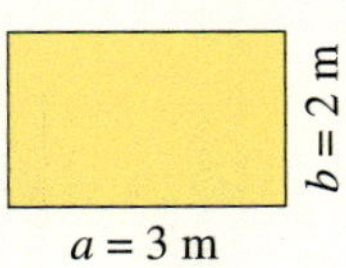

$\boldsymbol{A = a \cdot b}$
$A = 3\,\text{m} \cdot 2\,\text{m} = 6\,\text{m}^2$

Für Quadrate gilt:

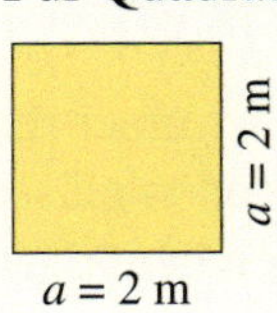

$\boldsymbol{A = a \cdot a = a^2}$
$A = 2\,\text{m} \cdot 2\,\text{m} = 4\,\text{m}^2$

Checkliste www 178-1

Teste dich!

4 Punkte

1 Ergänze die Figuren im Heft zum jeweils angegebenen Viereck.

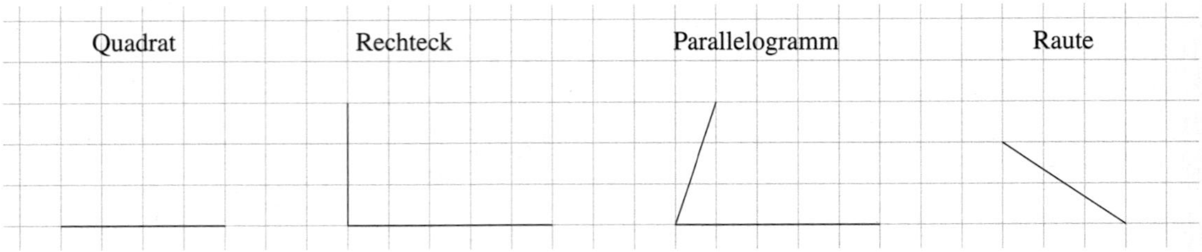

4 Punkte

2 Welche Aussagen sind richtig, welche sind falsch? Begründe.

a) Jedes Rechteck ist auch ein Quadrat.
b) In jedem Rechteck sind die Diagonalen gleich lang.
c) Jedes Quadrat ist eine Raute.
d) Jedes Viereck ist ein Parallelogramm.

2 Punkte

3 Überprüfe, welche der Figuren jeweils den gleichen Flächeninhalt haben.

a)

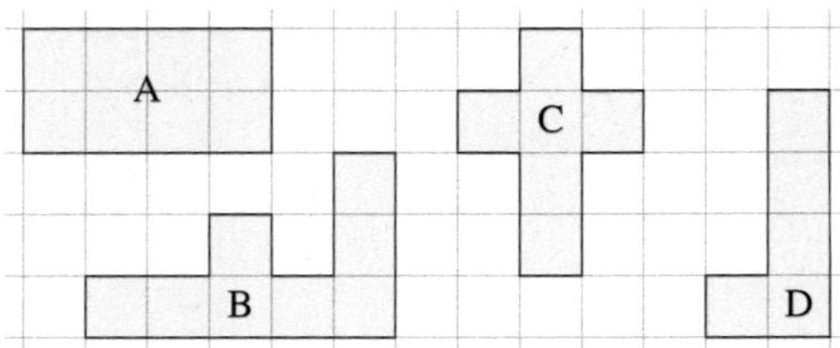

b)

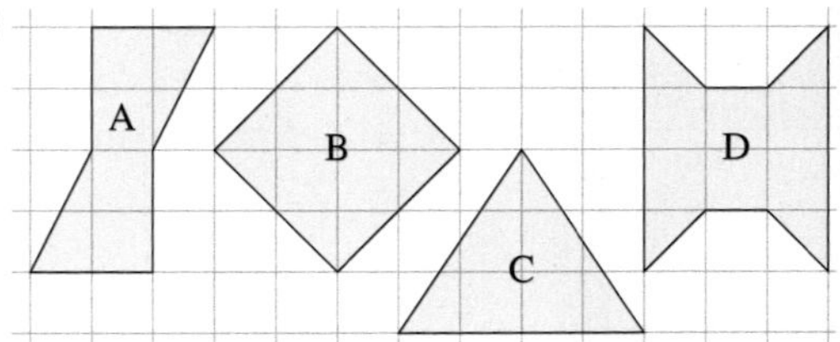

8 Punkte

4 Wandle die gegebenen Größen in m^2 um.

a) $1\,000\,dm^2$ b) $4\,500\,cm^2$ c) $41\,000\,mm^2$ d) $176\,km^2$
e) $440\,000\,000\,mm^2$ f) $63\,500\,dm^2$ g) 3 a h) 12 ha

8 Punkte

5 Wandle jede Größe in die angegebene Einheit um.

a) $28\,m^2$ (dm^2) b) 3 a (dm^2) c) $20\,000\,cm^2$ (dm^2) d) $8\,000\,000\,m^2$ (km^2)
e) $2\,850\,mm^2$ (cm^2) f) $1\,m^2\;35\,dm^2$ (cm^2) g) $200\,m^2$ (a) h) $33\,km^2$ (ha)

6 Punkte

6 Berechne und gib das Ergebnis jeweils in der kleinsten Einheit an.

a) $24\,m^2 + 96\,m^2 + 1\,700\,dm^2$ b) $100\,cm^2 + 3\,dm^2 - 17\,cm^2$
c) $2\,ha + 12\,a + 220\,m^2$ d) $1\,650\,m^2 + 27\,dm^2 + 230\,cm^2$
e) $3\,dm^2 + 45\,cm^2 - 2\,700\,mm^2$ f) $10\,km^2 + 220\,ha - 28\,000\,m^2$

2 Punkte

7 Der Landwirt Herr Emmerich soll eine neue Weide erhalten.
Herr Emmerich kann zwischen zwei rechteckigen Weideflächen auswählen.
Weide 1: 200 m lang, 60 m breit
Weide 2: 160 m lang, 80 m breit

a) Welche Weide hat den größeren Flächeninhalt?
b) Die Weideflächen sollen umzäunt werden. Wie viel Meter Zaun wird dazu jeweils benötigt?

2 Punkte

8 Familie Nowak möchte ihr Wohnzimmer renovieren.

a) Wie viel Quadratmeter Teppichboden müssen gekauft werden?
b) Wie viel Meter Fußleisten werden benötigt, wenn die Türen 80 cm breit sind?

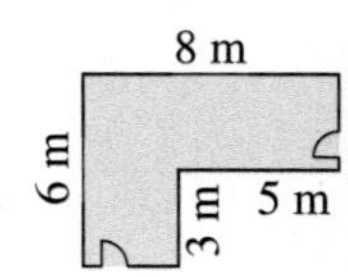

Bruchteile

Die Bespannung der Schirme wurde jeweils aus gleich großen Einzelteilen zusammengenäht. Beim Schirm des Mädchens sind es acht Teile, von denen vier die gleiche Farbe haben. Wie viele „Bruchteile“ sind es beim großen Schirm? Und welchen Anteil hat eine einzelne Farbe an der ganzen Bespannung?

Noch fit?

Einstieg

1 Im Kopf dividieren

a) 64 : 8 b) 15 : 15
c) 140 : 14 d) 143 : 13
e) 65 : 5 f) 180 : 6

2 Schriftlich dividieren

Überschlage zuerst, rechne dann schriftlich. Prüfe mit der Umkehraufgabe.

a) 984 : 8 b) 216 : 9
c) 342 : 6 d) 6825 : 7

3 Halbes im Alltag

a) Wie viele Stunden sind ein halber Tag?
b) Wie viele Monate hat ein halbes Jahr?
c) Eine Melone wiegt 3 kg. Wie schwer ist die Hälfte dieser Melone?

4 Gerecht teilen

a) Anna und Julian wollen sich die Tafel Schokolade gerecht teilen. Wie viele Stückchen bekommt jeder?
b) Wie viele Stückchen bekommt jeder, wenn sich drei Kinder die Schokolade gerecht teilen?

5 Größen umrechnen

Rechne in die in Klammern angegebene Einheit um.

a) 1 kg (g) b) 1 m (cm)
c) 1 l (ml) d) 1 h (min)
e) 2,35 € (ct) f) 5 cm (mm)
g) 3 h (min) h) 12 t (kg)

Aufstieg

1 Im Kopf dividieren

a) 42 : 3 b) 420 : 70
c) 180 : 15 d) 4900 : 7
e) 123 : 3 f) 56000 : 8000

2 Schriftlich dividieren

Überschlage zuerst, rechne dann schriftlich. Prüfe mit der Umkehraufgabe.

a) 4071 : 3 b) 24240 : 8
c) 122436 : 12 d) 81510 : 11

3 Bekannte Brüche

a) Wie viele Minuten hat eine Dreiviertelstunde?
b) Wie viele Zentimeter ergeben zusammen eineinhalb Meter?
c) Wie viele Tage sind zweieinhalb Monate?

4 Gerecht teilen

Till und Lea wollen sich eine Tafel Schokolade teilen. Till hat aber schon 8 Stück gegessen.

a) Wie viele Stücke darf er nur noch essen?
b) Wie viele Stücke darf Till noch essen, wenn sie sich zu dritt die Tafel teilen?

5 Größen umrechnen

Rechne in die in Klammern angegebene Einheit um.

a) 5 t (kg) b) 3 m (mm)
c) 8 l (ml) d) 300 min (h)
e) 3 d (h) f) 4,5 kg (g)
g) 18,50 € (ct) h) 1,5 l (ml)

6 Kurz und knapp

a) Vier Kinder sollen sich 5 € gerecht teilen. Wie viel Geld erhält jedes Kind?
b) Finde den Fehler! 14 + 21 : 7 = 35 : 7 = 5
c) Wie viele Monate (Tage, Stunden) bist du ungefähr alt?
d) Runde 34 507 auf Tausender, auf Hunderter und auf Zehner.

Lösungen ab Seite 197

Brüche als Teile von Ganzen

Entdecken

1 Yannik und Amin im Gespräch

a) Lies den Dialog zwischen den beiden Jungen aufmerksam durch.
b) Schreibe alle Brüche heraus, die im Gespräch genannt werden.
c) Nenne weitere Beispiele von Brüchen, die in deinem Alltag vorkommen.

2 Besorge dir ein Blatt DIN-A4-Papier.
a) Gib mindestens drei Möglichkeiten an, das Blatt durch einmaliges Falten in zwei gleich große Teile zu zerlegen.
Skizziere alle gefundenen Möglichkeiten wie im Beispiel am Rand in deinem Heft.
b) Wie oft musst du das Blatt falten, um vier gleich große Teile zu erhalten?
c) Wie viele Teile erhältst du, wenn du ein Blatt viermal faltest?

ZU AUFGABE 2

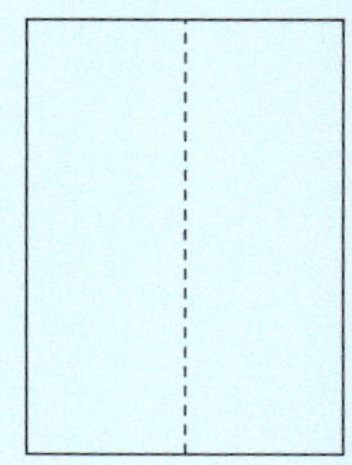

3 Drei Kinder wollen eine Pizza gerecht untereinander aufteilen.
Welche Aufteilungen sind fair? Diskutiere mit deiner Nachbarin oder deinem Nachbarn.

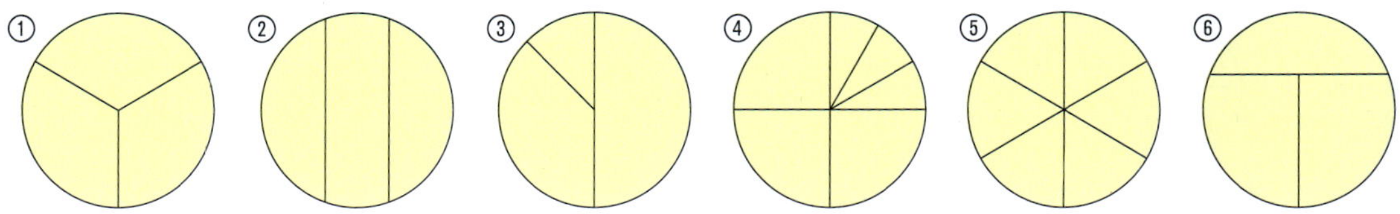

4 Moritz, Mika, Laurin und Lucia haben jeweils drei Viertel eines Quadrats rot ausgemalt.

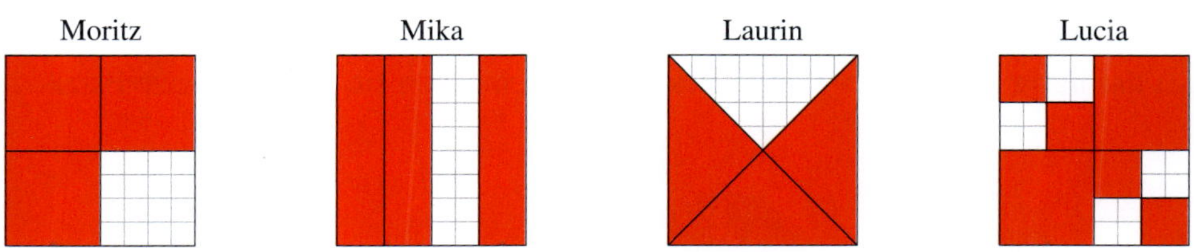

a) Beschreibe Gemeinsamkeiten und Unterschiede in der Vorgehensweise.
b) Zeichne ein Quadrat mit der Seitenlänge $a = 4\,\text{cm}$. Male fünf Achtel der Fläche rot aus.
Vergleicht untereinander eure Ergebnisse. Beschreibt, wie ihr vorgegangen seid.
c) Zeichne mehrfach ein Rechteck mit $a = 4\,\text{cm}$ und $b = 3\,\text{cm}$. Färbe jeweils einen Anteil und benenne ihn. Vergleiche mit deinen Nachbarn, findet möglichst viele verschiedene Bruchteile.

ZUM WEITERARBEITEN

181-1

Hast du schon einmal darüber nachgedacht, was es eigentlich heißt, gerecht zu teilen? Unter dem Webcode 181-1 findest du hierzu ein interaktives Projekt.

Verstehen

Herr Bruns hat für seine Tochter Lena eine Pizza gebacken.
Die fertige Pizza schneidet er in vier gleich große Stücke.
1 Stück ist dann 1 Viertel der Pizza.

Als Bruch geschrieben: $\frac{1}{4}$ (gesprochen: „1 Viertel“).

ZUR INFORMATION
Die angehängte Silbe „-tel“ kommt vom Wort „Teil“. Ein „Vier-tel“ heißt also: eines von vier gleichen Teilen.

Merke Wird ein Ganzes in **gleich große Teile** zerlegt, so erhält man **Bruchteile**.
Zerlegt man es in 2, 3, 4, 5, 6 gleich große Teile, so erhält man:

Halbe	Drittel	Viertel	Fünftel	Sechstel

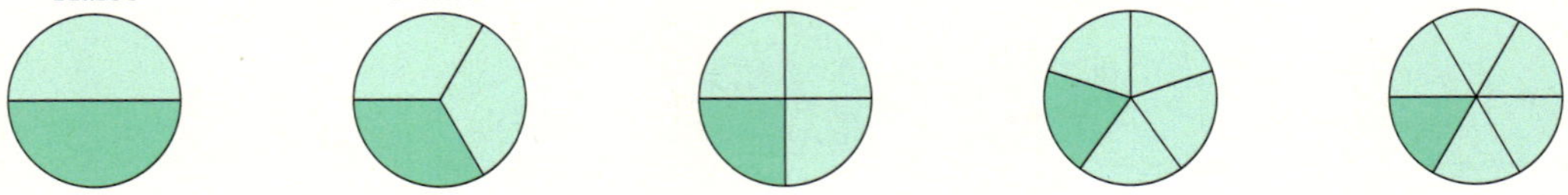

$\frac{1}{2}$	$\frac{1}{3}$	$\frac{1}{4}$	$\frac{1}{5}$	$\frac{1}{6}$

Lena nimmt sich drei der vier Pizzastücke.
Sie hat also 3 Viertel der Pizza.

Als Bruch geschrieben: $\frac{3}{4}$ (gesprochen: „3 Viertel“).

Merke Mehrere gleich große Bruchteile können zu einem Bruch zusammengefasst werden.

Der **Nenner** gibt an, in wie viele gleich große Teile das Ganze geteilt wird.

$$\frac{3}{4}$$

Der **Zähler** gibt an, wie viele dieser gleich großen Teile genommen werden.

Zähler und Nenner werden durch den waagerechten **Bruchstrich** getrennt.

Beispiele

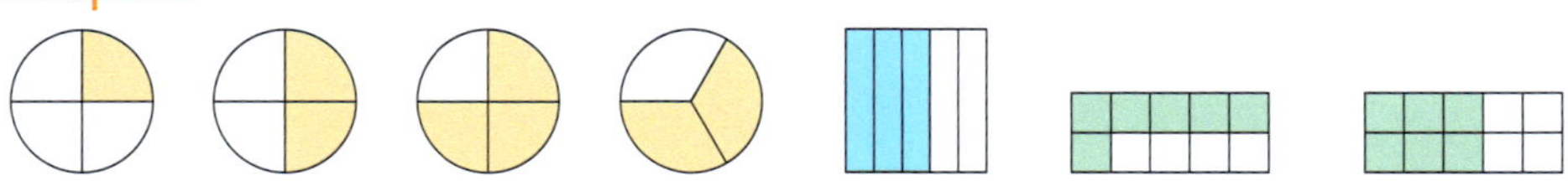

$\frac{1}{4}$ $\frac{2}{4}$ $\frac{3}{4}$ $\frac{2}{3}$ $\frac{3}{5}$ $\frac{6}{10}$ $\frac{6}{10}$

$\frac{5}{6}$ $\frac{6}{10}$

BEACHTE
$\frac{4}{4} = 1$
Sind Zähler und Nenner eines Bruches gleich groß, so erhält man 1 Ganzes.

Lenas Vater isst das übrig gebliebene Viertelstück, zusammen haben sie also die ganze Pizza aufgegessen.

$$\frac{3}{4} + \frac{1}{4} = \frac{4}{4} = 1$$

$\frac{3}{4}$ Pizza + $\frac{1}{4}$ Pizza = 1 ganze Pizza

Üben und anwenden

1 Bestimme den Teil der Fläche, der rot ist.

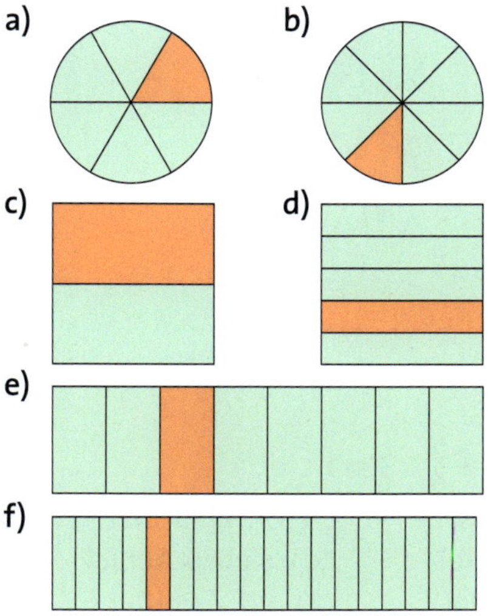

1 Welcher Teil der Fläche ist rot, welcher grün?

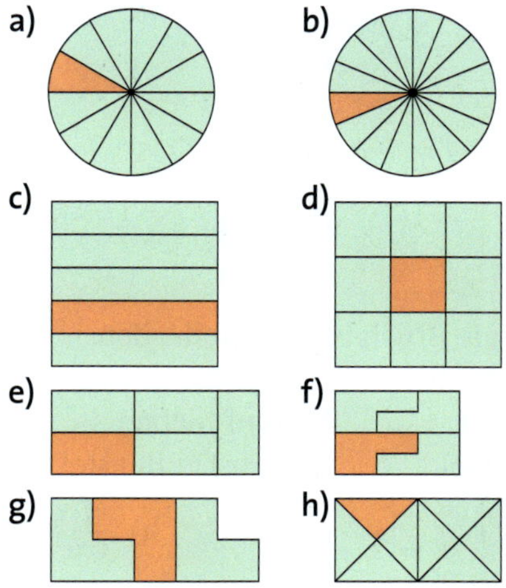

NACHGEDACHT
Welcher Anteil ist hier jeweils gefärbt?

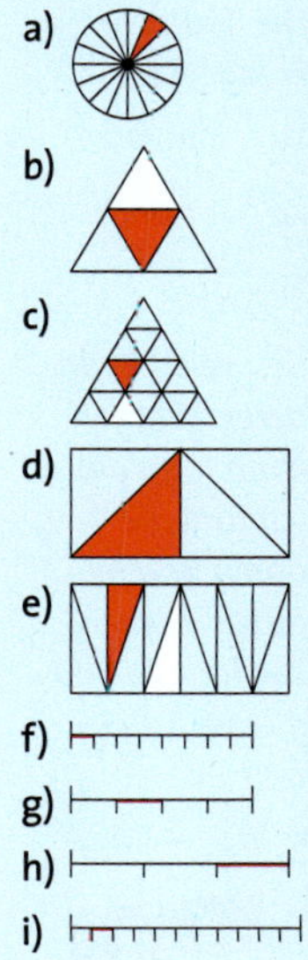

2 Falte wie im Bild einen Kreis so, dass du vier gleich große Teile erhältst.

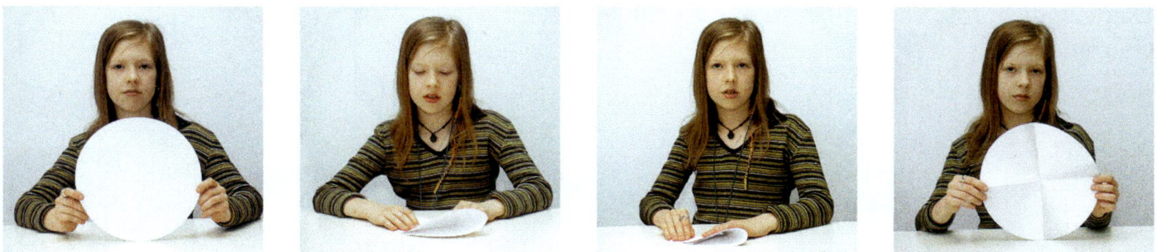

a) Färbe ein Viertel der Kreisfläche rot und eine Hälfte blau ein.
b) Falte den Kreis nun so, dass du acht gleich große Teile erhältst. Färbe auf der Rückseite ein Achtel der Kreisfläche grün ein und ein Viertel rot.

3 Sind die farbigen Teile als Bruch richtig geschrieben? Erkläre und korrigiere die Fehler.

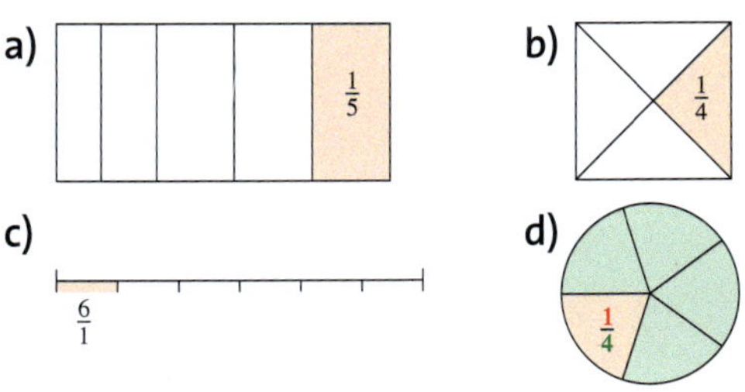

3 Ein Quadrat wurde in fünf Teile zerlegt. In welcher Abbildung ist $\frac{1}{5}$ rosa markiert? Begründe deine Antwort.

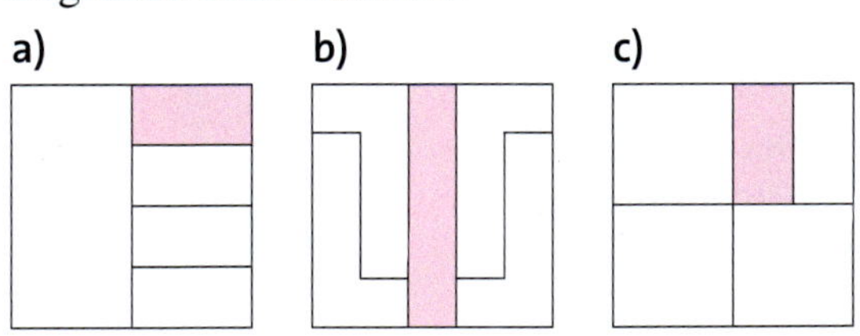

4 Zeichne mehrere 12 cm lange Strecken parallel untereinander.
Teile die Strecken in Halbe, Drittel, Viertel usw., so weit du kommst.
Beginne wie im Bild.

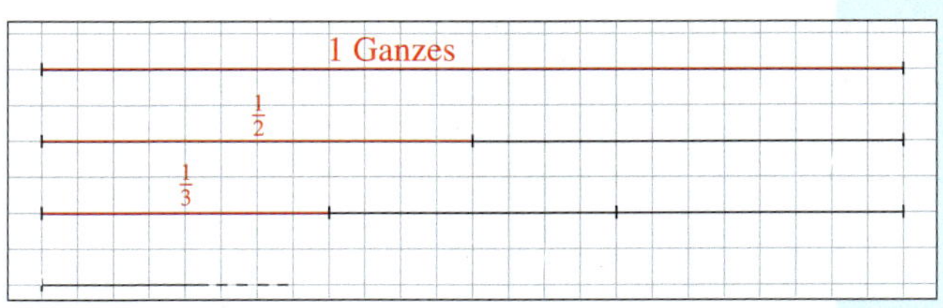

5 Ordne die Brüche den Kreisen passend zu.

a) $\frac{3}{4}$ b) $\frac{1}{2}$ c) $\frac{3}{10}$ d) $\frac{5}{8}$ e) $\frac{1}{8}$ f) $\frac{2}{6}$

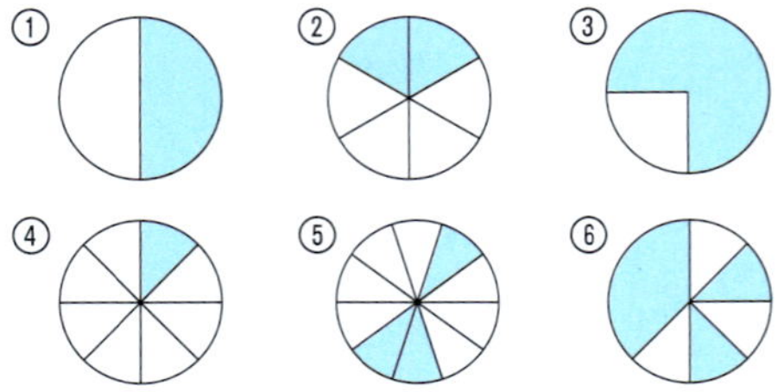

6 Schreibe als Bruch bzw. schreibe den Bruch in Worten.

a) drei Fünftel b) fünf Siebtel
c) neun Zehntel d) vier Dreißigstel
e) $\frac{2}{3}$ f) $\frac{5}{6}$ g) $\frac{1}{12}$ h) $\frac{7}{100}$

7 Schreibe den roten Anteil als Bruch. Dann ergänze rote und grüne Anteile zu einem Ganzen.

Beispiel $\frac{3}{5} + \frac{2}{5} = \frac{5}{5} = 1$

a) 
b) 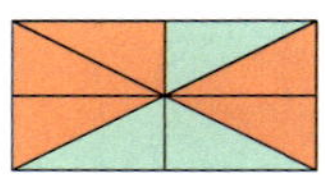
c) 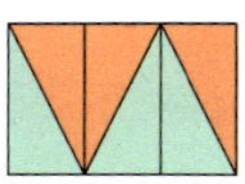
d) 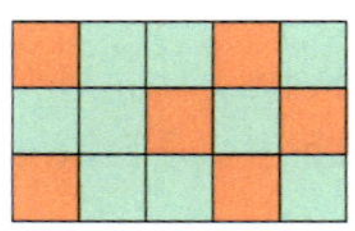

8 Zeichne fünf Rechtecke mit den Seitenlängen $a = 6\,\text{cm}$ und $b = 4\,\text{cm}$.
Färbe von jedem Rechteck einen Bruchteil.

a) $\frac{3}{4}$ b) $\frac{2}{3}$ c) $\frac{1}{12}$ d) $\frac{5}{6}$ e) $\frac{3}{8}$

9 Der Schirm ist in verschiedenfarbige Segmente aufgeteilt. Bestimme jeweils den Anteil am gesamten Schirm.

a) ein grünes Segment
b) ein rotes und ein blaues Segment
c) alle weißen Segmente
d) alle farbigen Segmente
e) alle Segmente, die nicht gelb sind
f) alle Segmente

5 Welcher Teil der Fläche ist rot eingefärbt?

a) 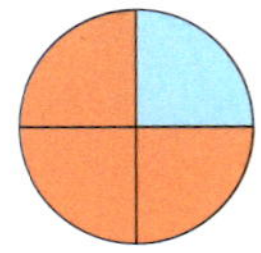
b) 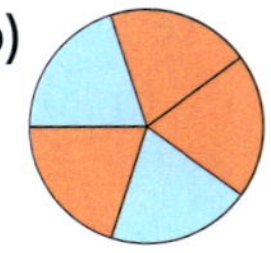
c) 
d) 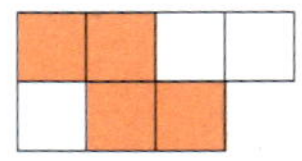
e) 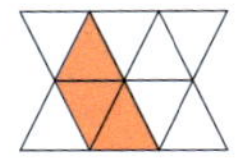

6 Schreibe als Bruch. Dann ergänze zu einem Ganzen.

Beispiel $\frac{4}{6} + \frac{2}{6} = \frac{6}{6} = 1$

a) ein Halbes b) zwei Drittel
c) vier Zehntel d) sieben Achtel
e) drei Fünftel f) elf Zwölftel

7 Welcher Anteil des Körpers ist blau?

a) 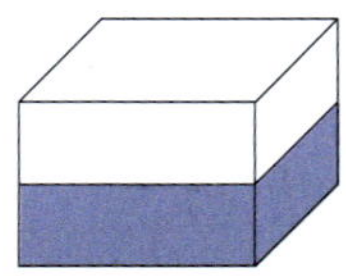
b) 
c) 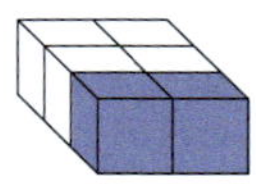
d) 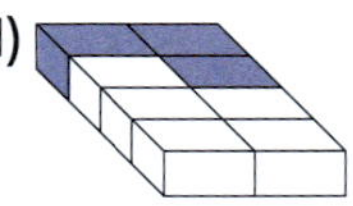
e) 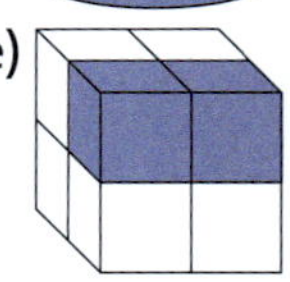

8 Zeichne fünf Kreise mit dem Radius 3 cm. Färbe von jedem Kreis einen Bruchteil.

a) $\frac{1}{2}$ b) $\frac{3}{4}$ c) $\frac{3}{8}$ d) $\frac{4}{8}$ e) $\frac{6}{8}$

Vergleiche die Flächen. Was fällt dir auf?

9 Bei den folgenden Figuren sollte jeweils ein Drittel der Fläche blau eingefärbt werden. Bei einigen Figuren wurden Fehler gemacht. Suche sie heraus und erkläre, was falsch ist.

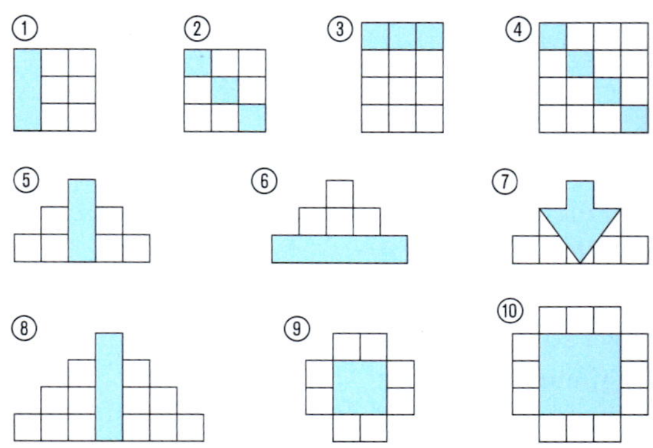

Deutschland

ZUM KNOBELN

Die deutsche Flagge ist zu $\frac{1}{3}$ schwarz, zu $\frac{1}{3}$ rot und zu $\frac{1}{3}$ gold.

Bei welchen anderen Flaggen kann man die Farbanteile durch Brüche ausdrücken? Zeichne sie und gib die Bruchteile an.

Polen

NACHGEDACHT

Was ist am größten: $\frac{3}{3}$, $\frac{4}{4}$ oder 1? Begründe.

HINWEIS

184-1

Unter dem Webcode findest du Arbeitsblätter, mit denen du das Färben von Anteilen üben kannst.

Bruchteile von Größen

Entdecken

1

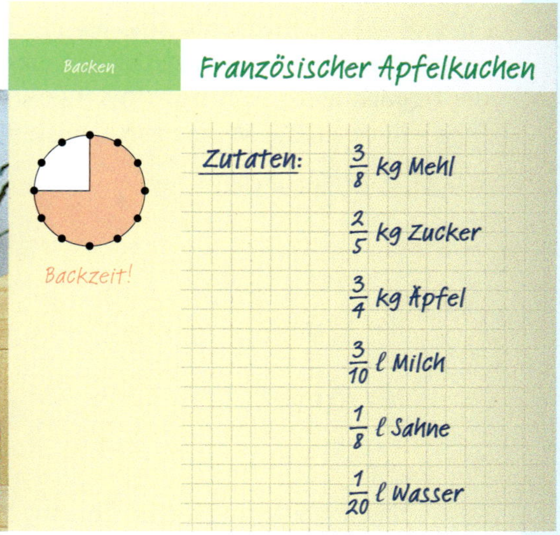

Sarah und Maik feiern ihre Geburtstage gemeinsam und backen dafür einen Kuchen. Sarah wiegt schon einmal die Zutaten ab.

Um $\frac{3}{8}$ kg Mehl abzuwiegen, rechnet Sarah so:

1 kg $\xrightarrow{:8}$ $\frac{1}{8}$ kg $\xrightarrow{\cdot 3}$ $\frac{3}{8}$ kg

1 000 g $\xrightarrow{:8}$ 125 g $\xrightarrow{\cdot 3}$ 375 g

$\frac{3}{8}$ kg Mehl sind ______ g.

ZUR INFORMATION
Liter (l) und Milliliter (ml)
1 l = 1000 ml

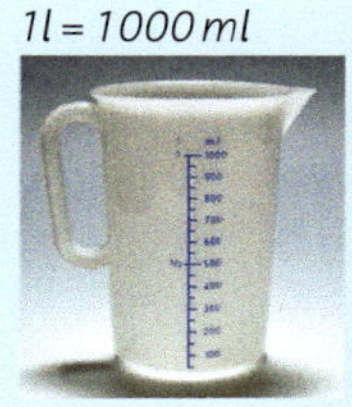

a) Erkläre, wie Sarah gerechnet hat.
b) Rechne aus, wie viel Gramm Zucker und Äpfel Sarah jeweils abwiegen muss.
c) Berechne die flüssigen Zutaten auf die gleiche Weise.

2 In Maiks Backbuch wird die Backzeit mit einem Bild angegeben.

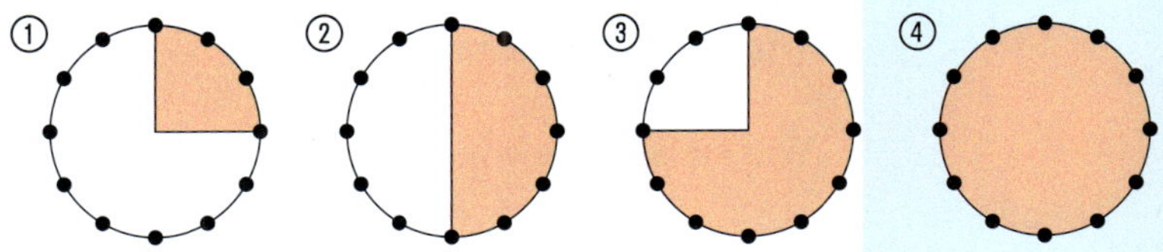

a) Welche Zeiten sind dargestellt? Gib die Zeiten jeweils als Bruchteil einer Stunde an und in Minuten.
b) Wie viel Minuten sind $1\frac{1}{4}$ Stunden, $2\frac{1}{2}$ Stunden, $\frac{1}{3}$ Stunde?

3 In der Klasse von Sarah und Maik sind 24 Kinder. Wie viele Kinder gehören zu den folgenden Gruppen?
Tipp: Nimm dir 24 Spielfiguren (oder Steine, Papierkügelchen …) und lege die Aufgaben wie rechts im Beispiel gezeigt. Teile die Klasse von Sarah und Maik jeweils in gleich große Gruppen.

a) Die Hälfte der Kinder sind Mädchen.
b) Sarah lädt zu ihrem Geburtstag ein Viertel der Kinder ein.
c) Fünf Sechstel der Kinder kommen mit dem Bus zur Schule.
d) Sieben Achtel der Kinder können schwimmen.
e) Fünf Zwölftel der Kinder nennen als Lieblingsfach „Sport“.
f) Ein Drittel der Kinder waren zusammen in derselben Grundschulklasse.

BEISPIEL
Drei Viertel der 24 Schüler treiben aktiv Sport. Das sind 18 Schüler.

Verstehen

ERINNERE DICH
Eine Größe besteht immer aus Maßzahl und Maßeinheit:

$\frac{1}{4}$ h

Maßzahl (→ $\frac{1}{4}$) *Maßeinheit* (→ h)

„In einer Dreiviertelstunde sind wir in der Jugendherberge", verkündet der Busfahrer bei der Klassenfahrt.
Inga will es auf die Minute genau wissen.

Wie viele Minuten sind $\frac{3}{4}$ h ?

$1\ \text{h} = 60\ \text{min}$
(:4) (:4)
$\frac{1}{4}\ \text{h} = 15\ \text{min}$
(·3) (·3)
$\frac{3}{4}\ \text{h} = 45\ \text{min}$

Merke So wandelt man Brüche bei Größen in natürliche Zahlen um:
1. in die nächstkleinere Maßeinheit umwandeln
2. durch den **Nenner** dividieren
3. das Zwischenergebnis mit dem **Zähler** multiplizieren

Beispiel 1

Ayla behauptet: „Mein Arm ist $\frac{2}{5}$ m lang."

$1\ \text{m} = 100\ \text{cm}$
(:5) (:5)
$\frac{1}{5}\ \text{m} = 20\ \text{cm}$
(·2) (·2)
$\frac{2}{5}\ \text{m} = 40\ \text{cm}$

Beispiel 2

Ben hat noch $\frac{3}{8}$ l Apfelsaft.

$1\ \text{l} = 1\,000\ \text{ml}$
(:8) (:8)
$\frac{1}{8}\ \text{l} = 125\ \text{ml}$
(·3) (·3)
$\frac{3}{8}\ \text{l} = 375\ \text{ml}$

In der Jugendherberge verkündet der Herbergsvater den 27 Kindern: „Zwei Drittel von euch schlafen in der 2. Etage, der Rest wohnt im Anbau."

Wieder muss Inga rechnen.

Wie viele sind $\frac{2}{3}$ von 27 Kindern?

die ganze Klasse = 27 Kinder
(:3) (:3)
$\frac{1}{3}$ der Klasse = 9 Kinder
(·2) (·2)
$\frac{2}{3}$ der Klasse = 18 Kinder

Merke Auch beim Berechnen von Bruchteilen großer Mengen geht man ähnlich vor wie oben:
1. man dividiert die Maßzahl durch den **Nenner**
2. man multipliziert das Zwischenergebnis mit dem **Zähler**

Beispiel 3

Ben berechnet $\frac{4}{5}$ von 350 g Käse.
Er schreibt kürzer:

$350\ \text{g} \xrightarrow{:5} 70\ \text{g} \xrightarrow{\cdot 4} 280\ \text{g}$

$\frac{4}{5}$ von 350 g sind 280 g.

Beispiel 4

$\frac{5}{7}$ von den 140 Jugendherbergsbetten sind belegt.

140 Betten $\xrightarrow{:7}$ 20 Betten $\xrightarrow{\cdot 5}$ 100 Betten

Es sind 100 Betten belegt.

Üben und anwenden

1 Rechne um.

a) ① $\frac{1}{2}$ m = $\square$ cm ② $\frac{3}{4}$ m = $\square$ cm ③ $\frac{2}{5}$ m = $\square$ cm ④ $\frac{7}{100}$ m = $\square$ cm

b) ① $\frac{1}{4}$ l = $\square$ ml ② $\frac{1}{8}$ l = $\square$ ml ③ $\frac{23}{100}$ l = $\square$ ml ④ $\frac{9}{20}$ l = $\square$ ml

c) ① $\frac{3}{4}$ h = $\square$ min ② $\frac{1}{6}$ h = $\square$ min ③ $\frac{3}{5}$ h = $\square$ min ④ $\frac{9}{10}$ h = $\square$ min

1 Rechne um.

a) Gib in Minuten an.
① $\frac{1}{2}$ h ② $\frac{3}{4}$ h ③ $\frac{1}{6}$ h ④ $\frac{11}{12}$ h ⑤ $\frac{2}{5}$ h ⑥ $\frac{8}{15}$ h

b) Gib in Monaten an.
① $\frac{1}{2}$ Jahr ② $\frac{1}{12}$ Jahr ③ $\frac{5}{12}$ Jahr ④ $\frac{3}{4}$ Jahr ⑤ $\frac{2}{3}$ Jahr ⑥ $\frac{5}{6}$ Jahr

c) Gib in Zentimeter an: $\frac{1}{2}$ m; $\frac{3}{4}$ m; $\frac{7}{10}$ m; $\frac{2}{5}$ m

d) Gib in Meter an: $\frac{1}{2}$ km; $\frac{3}{8}$ km; $\frac{1}{4}$ km; $\frac{7}{100}$ km

2 Gib die Größen zuerst mit einem Bruch und dann umgerechnet an.

Beispiel $\frac{1}{4}$ m = 25 cm

a)

b)
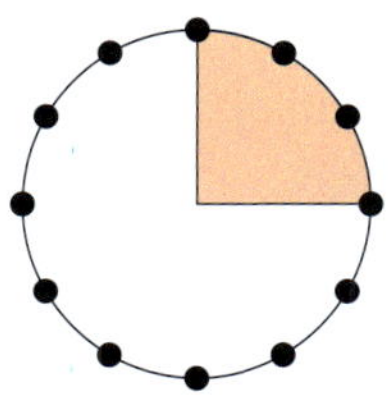

c)
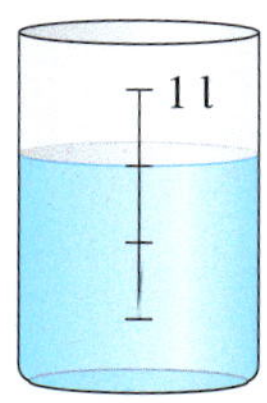

d)
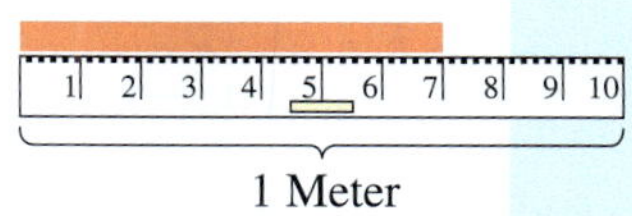

3 Rechne in die nächstkleinere Einheit um.

a) $\frac{1}{2}$ Tag = $\square$ h b) $\frac{1}{3}$ min = $\square$ s c) $\frac{1}{5}$ € = $\square$ ct d) $\frac{3}{4}$ cm^2 = $\square$ mm^2

3 Schreibe in der nächstkleineren Einheit.

a) $\frac{1}{4}$ kg b) $\frac{2}{8}$ kg c) $\frac{1}{2}$ cm d) $\frac{1}{5}$ cm^2 e) $\frac{1}{2}$ dm f) $\frac{4}{5}$ m g) $\frac{3}{8}$ t h) $\frac{3}{5}$ km

4 Kannst du auch in die Bruchschreibweise umwandeln?

a) $\frac{1}{\square}$ kg = 500 g b) $\frac{\square}{10}$ l = 700 ml c) $\frac{\square}{\square}$ km = 125 m d) $\frac{\square}{\square}$ h = 30 min

4 Bestimme die fehlenden Zahlen.

a) $\frac{\square}{4}$ cm^2 = 75 mm^2 b) $\frac{\square}{\square}$ kg = 125 g c) $\frac{\square}{\square}$ h = 20 min d) $\frac{\square}{\square}$ € = 50 Cent e) $\frac{\square}{20}$ km = 100 m f) $\frac{\square}{15}$ min = 8 s

5 Auch gemischte Zahlen kann man umrechnen.

Beispiele $1\frac{1}{2}$ h = 1 h + $\frac{1}{2}$ h = 60 min + 30 min = 90 min

$3\frac{1}{4}$ kg = 3 kg + $\frac{1}{4}$ kg = 3 000 g + 250 g = 3 250 g

a) Gib in Minuten an.
① $1\frac{1}{2}$ h ② $1\frac{3}{4}$ h ③ $1\frac{1}{4}$ h ④ $3\frac{1}{10}$ h ⑤ $4\frac{3}{10}$ h ⑥ $6\frac{4}{5}$ h

b) Gib in Monaten an.
① $2\frac{1}{2}$ Jahre ② $1\frac{1}{4}$ Jahre ③ $2\frac{3}{4}$ Jahre ④ $3\frac{1}{3}$ Jahre ⑤ $1\frac{1}{6}$ Jahre ⑥ $2\frac{5}{6}$ Jahre

c) Gib in der nächstkleineren Einheit an.
① $1\frac{1}{4}$ l ② $1\frac{2}{5}$ kg ③ $2\frac{3}{4}$ m ④ $5\frac{3}{4}$ min ⑤ $2\frac{3}{5}$ cm ⑥ $4\frac{2}{8}$ km

RÜCKBLICK
Rechne in die angegebene Einheit um.
a) in dm^2: 300 cm^2; 5 m^2; 7000 mm^2
b) in cm^2: 5430 mm^2; 7 dm^2; 3 m^2
c) in mm^2: 22 cm^2; 4,5 cm^2; 0,6 dm^2

HINWEIS
Zahlen wie $1\frac{1}{2}$ oder $3\frac{1}{4}$ heißen ***gemischte Zahlen****. Sie sind größer als 1 Ganzes.*

6 Bestimme den Anteil.
a) ein Fünftel von 35 Kindern
b) ein Sechstel von 48 Autos
c) drei Achtel von 24 Spielern
d) drei Zehntel von 50 Heften
e) zwei Drittel von 60 Büchern
f) fünf Achtel von 240 Äpfeln

7 Rechne im Kopf.
a) $\frac{1}{2}$ von 24 kg b) $\frac{1}{3}$ von 24 kg
c) $\frac{1}{4}$ von 24 kg d) $\frac{2}{3}$ von 24 kg
e) $\frac{2}{7}$ von 77 m f) $\frac{1}{3}$ von 99 t
g) $\frac{1}{4}$ von 84 l h) $\frac{1}{5}$ von 25 g

8 Berechne die Anteile.
a) $\frac{3}{4}$ von 424 kg b) $\frac{2}{5}$ von 245 g
c) $\frac{7}{10}$ von 240 t d) $\frac{2}{3}$ von 834 km
e) $\frac{2}{3}$ von 930 m f) $\frac{5}{6}$ von 72 €
g) $\frac{7}{20}$ von 20 l h) $\frac{3}{7}$ von 28 €

9 Ein Vollkornbrot wird aus mehreren Getreidesorten gemischt.
Wie viel von jedem Getreide ist in einem 1-kg-Brot enthalten? Gib in Gramm an.

Getreideart	Anteil
Weizen	$\frac{1}{2}$
Roggen	$\frac{1}{4}$
Gerste	$\frac{1}{10}$
Mais	$\frac{3}{20}$

10 Was ist mehr? Begründe, ohne zu rechnen.
a) $\frac{1}{5}$ von 10 Eiern oder $\frac{2}{5}$ von 10 Eiern
b) $\frac{1}{4}$ von 10 min oder $\frac{1}{5}$ von 10 min
c) Von 30 € erhält Saskia ein Fünftel, Lisa ein Sechstel.

6 Bestimme den Anteil.
a) ein Fünftel von 85 m Schnur
b) drei Zehntel von 50 kg Kartoffeln
c) fünf Zwölftel von 48 l Wasser
d) zwei Drittel von 27 Schülern
e) drei Viertel von 392 €
f) sieben Achtel von 120 g Mehl

7 Berechne die Anteile.
a) $\frac{3}{4}$ von 24 kg b) $\frac{5}{6}$ von 30 h
c) $\frac{3}{5}$ von 10 m d) $\frac{2}{3}$ von 30 min
e) $\frac{5}{12}$ von 168 g f) $\frac{4}{15}$ von 255 l
g) $\frac{7}{11}$ von 176 h h) $\frac{12}{13}$ von 234 €

8 Berechne nacheinander ein Zehntel, ein Viertel, drei Viertel und sieben Zehntel von den angegebenen Größen.
a) 60 kg b) 200 cm c) 1 000 g
d) 280 t e) 240 l f) 100 mm
g) 4 h h) 150 € i) 3 h

9 Wie viel Gramm Fett enthält 1 Kilogramm der verschiedenen Nahrungsmittel?

Nahrungsmittel	Fettanteil
Äpfel	$\frac{1}{250}$
Eis	$\frac{3}{25}$
Goudakäse	$\frac{3}{10}$
Haselnüsse	$\frac{3}{8}$
Möhren	$\frac{1}{500}$

10 Bestimme das Ganze.
a) $\frac{1}{2}$ sind 40 € b) $\frac{1}{4}$ sind 5 kg
c) $\frac{1}{6}$ sind 10 min d) $\frac{3}{4}$ sind 9 Monate
e) $\frac{2}{3}$ sind 18 m f) $\frac{4}{5}$ sind 12 g

11 Fritz erhält $\frac{2}{5}$ von 50 €. Jonas bekommt $\frac{1}{10}$ von dem Geld. Wie groß ist der Rest?

Thema: Kreisel basteln

Kreisel gibt es als Kinderspielzeug schon seit dem Altertum.
Solange ein Kreisel sich schnell dreht, hält er sich vollkommen gerade aufrecht und ist dabei sehr stabil.
Das heißt, dass er auch bei kleineren Stößen gegen die Drehachse nicht umfällt, sondern sich weiter dreht.
Probiere es einmal aus!

So wird's gemacht:

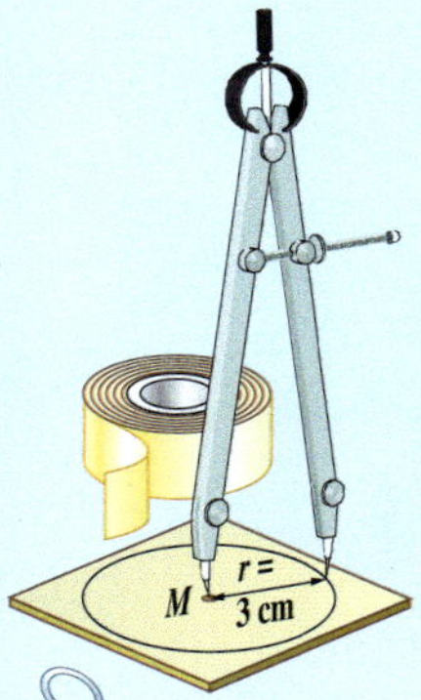

Material:
- ein kleines Stück Karton
- Doppelklebeband
- ein Streichholz
- weißes Papier
- Zirkel
- Schere und Buntstifte

Anleitung:

1. Fertige aus Karton eine Kreisscheibe, die den Radius $r = 3\,\text{cm}$ hat.

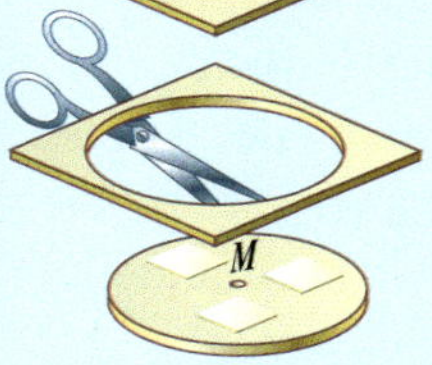

2. Hefte einige Stückchen Doppelklebeband auf die Kreisscheibe.
3. Stich ein kleines Loch in den Mittelpunkt M der Scheibe und schiebe das Streichholz durch M.

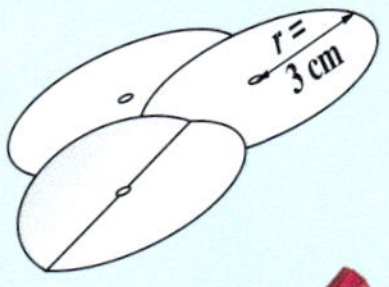

4. Stelle aus weißem Papier mehrere Kreise her, die ebenfalls den Radius $r = 3\,\text{cm}$ haben.

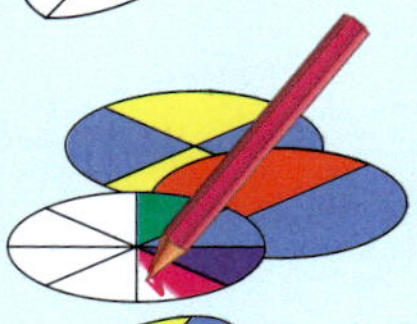

5. Falte die Papierkreise und färbe die Bruchteile der Kreise unterschiedlich ein.

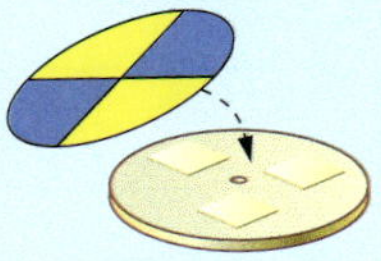

6. Mit jedem Papierkreis, den du auf die Papp-Kreisscheibe klebst, erhältst du einen neuen Farbkreisel.

7. Der Kreisel soll sich auf dem Streichholzkopf drehen.

1 Bastle nach der Anleitung einen Kreisel.

2 Drehe den Kreisel unterschiedlich schnell.
Wie verändert sich das Bild beim Drehen?

3 Stelle diese drei Papierkreise her.
Wie sieht das Bild beim Drehen des Kreisels jeweils aus?
Notiere deine Ergebnisse z. B. so:
$\frac{1}{2}$ rot + $\frac{1}{4}$ blau + $\frac{1}{4}$ grün ergibt die Farbe ■.

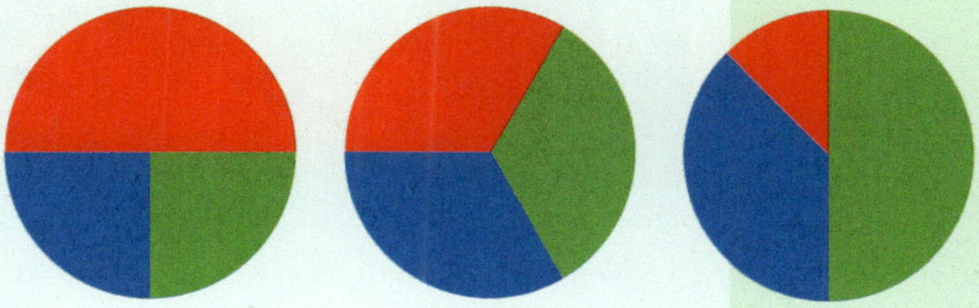

4 Untersuche auch andere Aufteilungen und Farbkombinationen.

Klar so weit?

→ Seite 182

Brüche als Teile von Ganzen

1 Welcher Bruchteil ist rot eingefärbt?
Welcher Bruchteil ist blau?

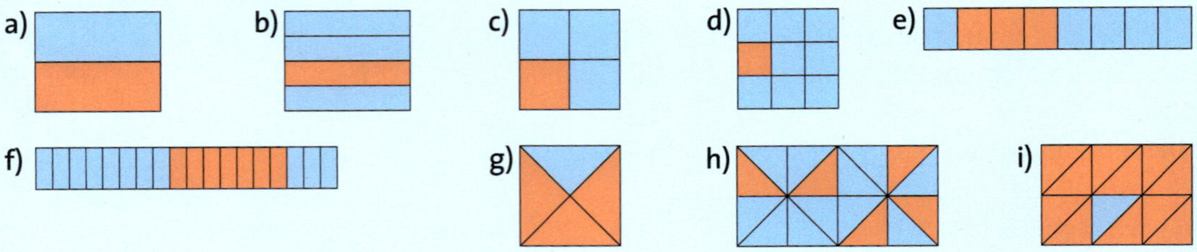

2 Sina hat sich das erste Stück aus der Pizza herausgeschnitten.
Welchen Bruchteil von der gesamten Pizza hat sie ungefähr gewählt?

2 Du siehst eine Schale mit 10 Kugeln, die orange, pink oder blau gefärbt sind.

a) Bestimme von jeder Kugelfarbe den Bruchteil an der Gesamtzahl der Kugeln.
b) Stell dir vor, es werden noch zwei blaue Kugeln hinzugelegt. Welche Bruchteile ergeben sich dann für die Farben?

3 Welcher Bruchteil des Körpers besteht aus farbigen Bauteilen?

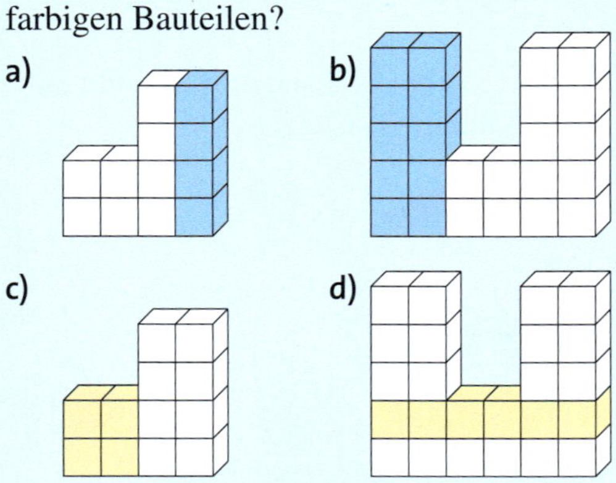

3 Welcher Bruchteil des Rechtecks fehlt hier?

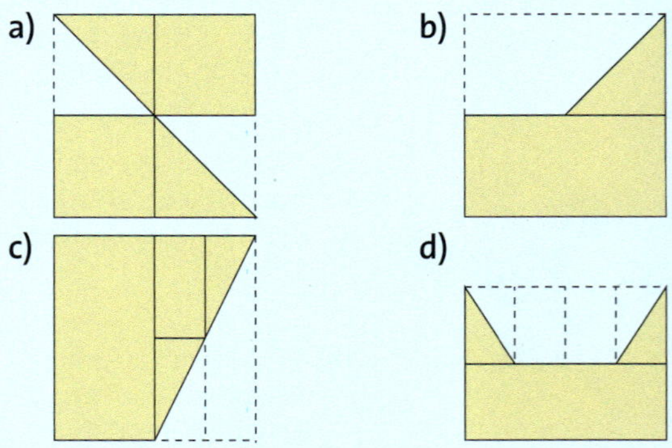

4 Zeichne je ein Quadrat aus 6×6 Rechenkästchen. Färbe die angegebenen Bruchteile.

a) $\frac{1}{4}$ b) $\frac{2}{3}$ c) $\frac{4}{4}$ d) $\frac{5}{6}$ e) $\frac{3}{12}$
f) $\frac{9}{9}$ g) $\frac{5}{36}$ h) $\frac{7}{9}$ i) $\frac{1}{2}$ j) $\frac{5}{18}$

4 Zeichne Rechtecke mit 30 Rechenkästchen und färbe:

a) $\frac{3}{5}$ b) $\frac{7}{10}$ c) $\frac{1}{3}$ d) $\frac{5}{6}$ e) $\frac{5}{5}$
f) $\frac{13}{15}$ g) $\frac{17}{30}$ h) $\frac{2}{3}$ i) $\frac{1}{2}$ j) $\frac{10}{10}$

Bruchteile von Größen

→ Seite 186

5 Berechne im Kopf.
a) 1 Sechstel von 42 Bonbons
b) 1 Fünftel von 45 Nüssen
c) 1 Achtel von 72 Erdbeeren
d) 1 Drittel von 15 Perlen

6 Gib in der Einheit an, die in Klammern steht.

a) $\frac{1}{4}$h (min) b) $\frac{2}{5}$kg (g)
c) $\frac{3}{4}$m (cm) d) $\frac{3}{4}$h (min)
e) $\frac{3}{5}$cm (mm) f) $\frac{7}{8}$km (m)
g) $\frac{8}{15}$min (s) h) $1\frac{3}{5}$kg (g)
i) $2\frac{2}{4}$kg (g) j) $1\frac{1}{2}$h (min)
k) $2\frac{3}{4}$h (min) l) $6\frac{4}{5}$km (m)

7 Berechne.

a) $\frac{3}{5}$ von 15 kg b) $\frac{4}{7}$ von 21 €
c) $\frac{2}{5}$ von 100 cm d) $\frac{3}{4}$ von 60 min
e) $\frac{7}{8}$ von 16 km f) $\frac{3}{50}$ von 100 €
g) $\frac{5}{12}$ von 240 g h) $\frac{3}{7}$ von 49 t
i) $\frac{4}{9}$ von 36 s j) $\frac{7}{100}$ von 1 000 €

8 Sachaufgaben
a) Zwei Drittel von ihrem Taschengeld gibt Andrea für einen Tischtennisschläger aus. Sie bekommt 24 € Taschengeld. Wie teuer ist der Tischtennisschläger?
b) Eine Halbzeit bei einem Fußballspiel dauert 45 Minuten. Wie lange dauert die gesamte Spielzeit?
c) Ein Drittel beim Eishockeyspiel dauert 20 Minuten. Gib die gesamte Spielzeit an.

9 Was ist mehr? Begründe, ohne zu rechnen.
a) $\frac{1}{3}$ von 21 kg oder $\frac{1}{3}$ von 30 kg
b) $\frac{3}{5}$ von 20 € oder $\frac{3}{10}$ von 20 €

5 Berechne im Kopf.
a) 3 Sechstel von 18 Bleistiften
b) 2 Fünftel von 10 Flugzeugen
c) 7 Achtel von 72 Erdbeeren
d) 3 Viertel von 32 Euro

6 Gib in der nächstkleineren Einheit an.

a) $\frac{1}{2}$m b) $\frac{1}{5}$t
c) $\frac{1}{4}$h d) $2\frac{1}{2}$g
e) $1\frac{1}{4}$kg f) $2\frac{4}{5}$m
g) $3\frac{3}{4}$min h) $2\frac{2}{5}$km
i) $3\frac{3}{5}$cm j) $1\frac{1}{2}$h
k) $2\frac{1}{4}$g l) $8\frac{3}{4}$km

7 Ergänze im Heft zu einem richtigen Satz.
a) ■ sind $\frac{1}{3}$ von 15 kg.
b) 4 kg sind ■ von 20 kg.
c) ■ sind $\frac{3}{4}$ von 20 m.
d) ■ sind $\frac{1}{8}$ von 32 cm.
e) 16 € sind ■ von 48 €.

8 Ein Passagierflugzeug braucht etwa sieben Stunden, um den Atlantik zu überqueren. Die Raumfähre Discovery benötigt $\frac{1}{42}$ dieser Zeit. Wie lange fliegt sie über den Atlantik?

9 Setze die richtigen Brüche ein.

a) $\frac{■}{8}$m = 375 mm b) $\frac{■}{■}$t = 500 kg
c) $\frac{■}{■}$h = 45 min d) $\frac{■}{■}$€ = 2 ct

Lösungen ab Seite 197

Vermischte Übungen

1 Welcher Teil der Gesamtfläche ist rot, welcher Teil ist gelb?

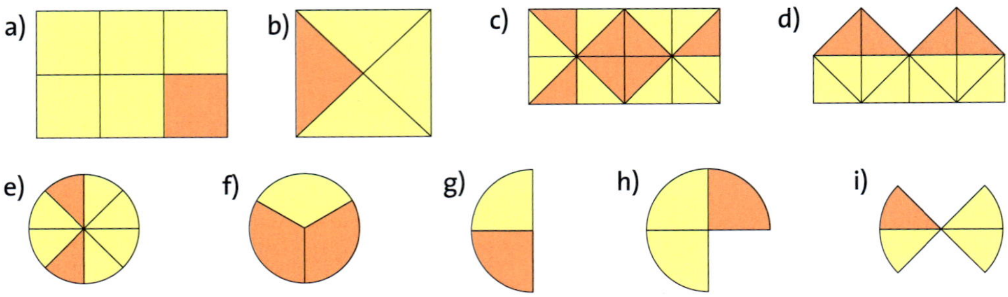

ZUM KNOBELN
Zeichne ein Quadrat mit 9 cm Seitenlänge und teile es so, dass du 8 gleich große Teile erhältst. Färbe $\frac{3}{8}$ der Quadratfläche.

2 Welcher Bruchteil der Strecke ist rot?

a)
b)

3 Hier siehst du verschiedene Flaggen:

a) Bestimme für jede Flagge den Bruchteil, den jede Farbe einnimmt.
b) Gestalte eine eigene Flagge, bei der $\frac{1}{4}$ grün und $\frac{1}{4}$ orange ist. Der restliche Teil der Flagge soll gelb werden.
Bestimme zunächst den Anteil der gelben Fläche.

ZUR INFORMATION
1 l = 1000 ml

4 Wie viel Wasser ist in den Behältern? Schreibe es als Bruchteil eines Liters und in Milliliter.

a) b) c)

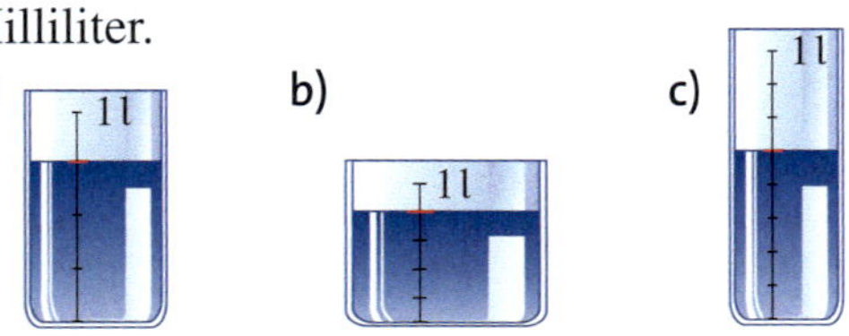

5 Rechne in die in Klammern angegebene Einheit um.

a) $\frac{1}{2}$ m (cm) b) $\frac{2}{3}$ h (min) c) $\frac{3}{4}$ km (m)
d) $1\frac{1}{2}$ min (s) e) $2\frac{3}{4}$ kg (g) f) $5\frac{1}{5}$ t (kg)
g) $\frac{3}{4}$ h (min) h) $\frac{1}{2}$ kg (g) i) $\frac{1}{100}$ m (cm)

2 Zeichne für jede Teilaufgabe eine Strecke mit 8 cm Länge.
Markiere den angegebenen Streckenteil.

a) $\frac{1}{2}$ b) $\frac{1}{4}$ c) $\frac{5}{8}$ d) $\frac{7}{16}$

3 Bei einer vollen Umdrehung überstreicht der Sekundenzeiger einer Stoppuhr 60 Sekunden. Das ist eine Minute.
Welche Bruchteile einer Minute sind hier gestoppt? Wie viele Sekunden sind das?

a) b) c) d)

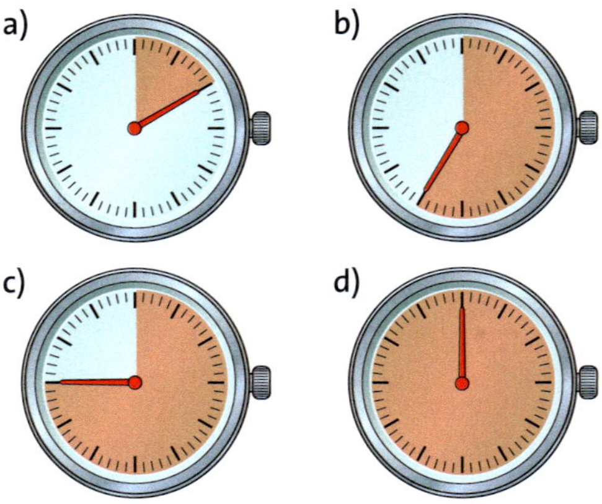

4 Rechne in die nächstkleinere Einheit um.

a) $\frac{1}{2}$ min b) $\frac{3}{4}$ km c) $\frac{5}{8}$ t
d) $2\frac{1}{8}$ kg e) $5\frac{3}{4}$ h f) $3\frac{2}{3}$ h

5 Gib in Brüchen an. Ergänze im Heft.

a) 500 g = □ kg b) 750 m = □ km
c) 20 min = □ h d) 3 mm = □ cm
e) 250 kg = □ t f) 125 m = □ km
g) 50 min = □ h h) 4 cm = □ dm
i) 6 mm = □ m j) 50 ct = □ €

6 Ein Bruch besteht aus *Zähler* und *Nenner*. Erkläre diese Begriffe mit eigenen Worten. Wie merkst du dir, welche Größe über und welche unter dem Bruchstrich steht? Finde eine Eselsbrücke und tausche dich darüber mit deinen Sitznachbarn aus.

7 Berechne die Bruchteile.

a) $\frac{2}{9}$ von 360 € b) $\frac{2}{5}$ von 80 m
c) $\frac{3}{4}$ von 100 kg d) $\frac{5}{6}$ von 132 h
e) $\frac{3}{10}$ von 420 cm f) $\frac{5}{8}$ von 256 t
g) $\frac{7}{30}$ von 150 € h) $\frac{1}{60}$ von 1 h

7 Berechne.

a) $\frac{3}{4}$ von 424 kg b) $\frac{2}{5}$ von 245 g
c) $\frac{7}{10}$ von 3 240 kg d) $\frac{2}{3}$ von 834 km
e) $\frac{5}{9}$ von 180 mg f) $\frac{4}{15}$ von 90 €
g) $\frac{1}{120}$ von 2 min h) $\frac{4}{13}$ von 143 m

8 Betrachte die Kärtchen in der Randspalte. Was ergibt zusammen 1 kg?

Beispiel 200 g = $\frac{1}{5}$ kg; $\frac{4}{5}$ kg + $\frac{1}{5}$ kg = $\frac{5}{5}$ kg = 1 kg

Achtung: 2 Kärtchen bleiben übrig.

200 g | $\frac{4}{5}$ kg

ZU AUFGABE 8

$\frac{1}{4}$ kg | 600 g | 750 g | $\frac{3}{8}$ kg | $\frac{2}{5}$ kg | 300 g | $\frac{1}{2}$ kg | 500 g | 400 g | $\frac{3}{5}$ kg | $\frac{3}{10}$ kg | 700 g | 625 g | $\frac{3}{4}$ kg

9 Übertrage den gezeichneten Bruchteil in dein Heft und ergänze ihn zu einem Ganzen. Zeichne, wenn möglich, mehrere Lösungen.

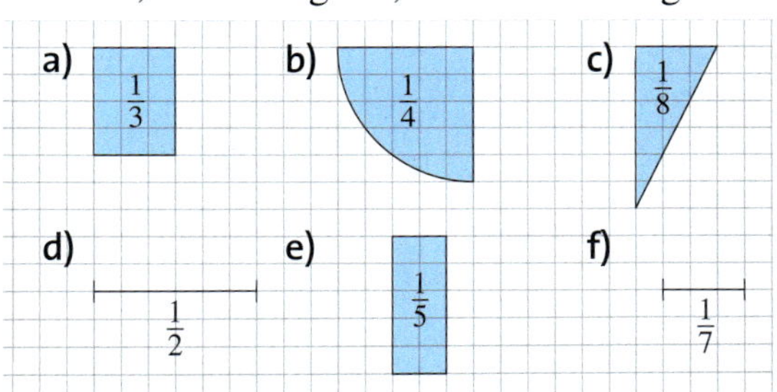

10 Das Kreisdiagramm zeigt, was mit dem Wasser geschieht, das in Deutschland als Regen oder Schnee herunterkommt.

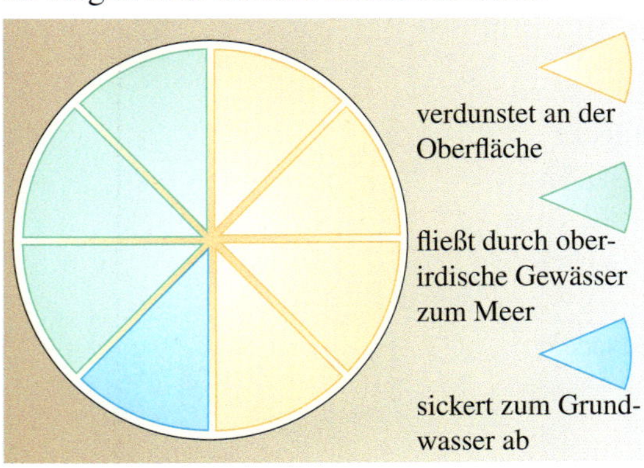

Notiere den Anteil, der
a) verdunstet,
b) oberirdisch zum Meer fließt,
c) versickert,
d) oberirdisch zum Meer fließt *oder* versickert.

9 Die Abbildung zeigt die Ausgaben der Familie Berns.

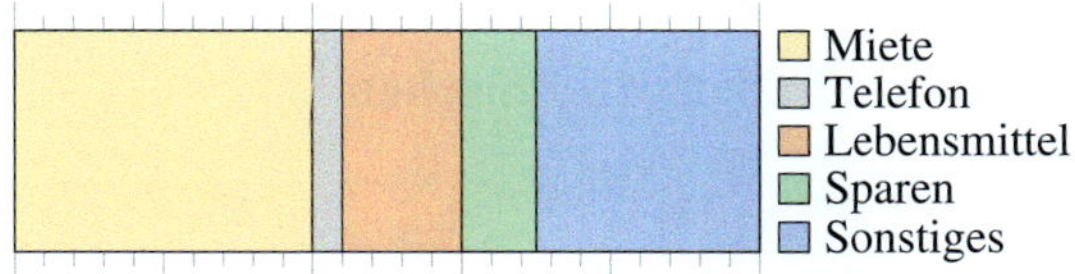

a) Bestimme jeweils den Bruchteil, den Familie Berns für Miete, Telefon und Lebensmittel ausgibt.
b) Die Ausgaben von Familie Berns betragen monatlich 1 500 €. Wie viel Euro werden für Miete, für Telefon und für Lebensmittel im Monat ausgegeben?

10 Im Biologieunterricht wird eine Umfrage zu den Haustieren der Schülerinnen und Schüler gemacht.

In der Klasse 5 b sind 30 Kinder.
Davon haben $\frac{2}{5}$ ein Meerschweinchen, $\frac{3}{10}$ einen Hund, $\frac{4}{15}$ eine Katze, $\frac{1}{5}$ hat je zwei Vögel und $\frac{1}{30}$ hat eine Schlange zu Hause.

a) Wie viele Haustiere sind das?
b) Sieben Jungen und drei Mädchen aus der 5 b haben kein Haustier. Welcher Bruchteil der Kinder ist das?
c) Führe selbst in deiner Klasse eine Umfrage durch und bestimme daraus Bruchteile.

11 Cocktail „Sweet dream"

Sweet Dream 1

Zutaten
3–4 Eiswürfel
20 ml Bananensirup
20 ml flüssige Sahne
40 ml Grapefruitsaft
Menge: 80 ml
Zubereitung
Die Zutaten in einen Shaker geben und gut schütteln.

Sweet Dream 2

Ein Teil Bananensirup, ein Teil flüssige Sahne und zwei Teile Grapefruitsaft zusammen mit einigen Eiswürfeln in einen Shaker geben und gut schütteln.
Shakerinhalt in ein Glas schütten.

Sweet Dream 3

Fülle ein Glas zu einem Viertel mit Bananensirup, zu einem weiteren Viertel mit flüssiger Sahne und zur Hälfte mit Grapefruitsaft.

a) Vergleiche die Rezepte für den Cocktail „Sweet Dream".
Nenne Gemeinsamkeiten und Unterschiede.
b) Welches Rezept würdest du nehmen, wenn du für deine Geburtstagsparty zwei Liter „Sweet Dream" mixen möchtest? Erkläre, wie du vorgehst.
c) Welches Rezept würdest du nehmen, wenn du ein Glas (200 ml) „Sweet Dream" herstellen möchtest?
Beschreibe und begründe, wie du vorgehst.

12 Frucht-Cocktails mischen

Roadrunner
Energiespender

Zutaten
4 Teile Kirschnektar
3 Teile Grapefruitsaft
1 Teil flüssige Sahne
1 Teil Zuckersirup

Rabbit
Karottentrunk

Zutaten
3 Teile Karottensaft
1 Teil Ananassaft
1 Teil Limettensirup

Tutti-Frutti
pfiffiger Frucht-Mix

Zutaten
je 1 Teil Maracujasaft, Pfirsichnektar, Ananassaft, Kirschnektar und flüssige Sahne

Amazonas
Tropen-Cocktail

Zutaten
2 Teile Zitronensaft
2 Teile Maracujasirup
2 Teile Ananassaft
3 Teile Orangensaft

a) Gib für jeden Cocktail die Bruchteile der einzelnen Zutaten an.
b) Bestimme die Menge der Zutaten, wenn 450 ml von jedem Cocktail hergestellt werden sollen.

13 Kaffee-Mix

Frau Völler ist leidenschaftliche Kaffeetrinkerin.
Sie hat in einer Zeitschrift die folgende Tabelle entdeckt.

Cappuccino	ein Teil Espresso, ein Teil Milch und ein Teil aufgeschäumte Milch.
Latte	ein Teil Espresso, drei Teile heiße Milch und ein Teil aufgeschäumte Milch
Mocha	ein Teil Espresso, zwei Teile heiße Schokolade und ein Teil aufgeschäumte Milch
Café au lait	Filterkaffee und heiße Milch je zur Hälfte

a) Bestimme für jede Kaffeespezialität den Bruchteil der benötigten Zutaten.
b) Fertige wie im Bild rechts zu jeder Kaffeespezialität eine Zeichnung an, aus der die Anteile der jeweiligen Zutaten hervorgehen.
c) Berechne die Menge der Zutaten, die zur Herstellung von je 300 ml einer Kaffeespezialität benötigt werden.

RÜCKBLICK

*Anna hat 15 €.
Für Cocktails kauft sie ein:*

– *2 Flaschen Bananensirup*
Flasche 2,25 €

– *3 Flaschen Grapefruitsaft*
Flasche 1,85 €

– *4 Päckchen Flüssigsahne*
Päckch. 80 ct

– *1 Packung Trinkhalme*
Packung 1 €

Wie viele Cocktailschirme kann Anna noch kaufen?

Cocktailschirmchen 5 ct

Zusammenfassung

Brüche als Teile von Ganzen

→ Seite 182

Wird ein Ganzes in 2, 3, 4, 5, 6, … gleich große Teile zerlegt, so erhält man Halbe, Drittel, Viertel, Fünftel, Sechstel, … .

Dafür schreibt man $\frac{1}{2}, \frac{1}{3}, \frac{1}{4}, \frac{1}{5}, \frac{1}{6}, \ldots$

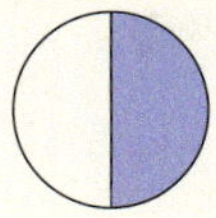

$\frac{1}{2}$

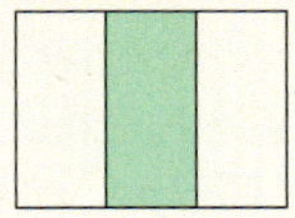

$\frac{1}{3}$

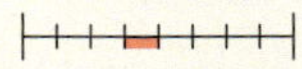

$\frac{1}{8}$

Gleiche Bruchteile können zu einem Bruch zusammengefasst werden.
Der **Nenner** gibt an, in wie viele gleich große Teile das Ganze unterteilt wurde.
Der **Zähler** gibt an, wie viele dieser Teile genommen wurden.

$\frac{3}{4}$ — 3: Zähler, —: Bruchstrich, 4: Nenner

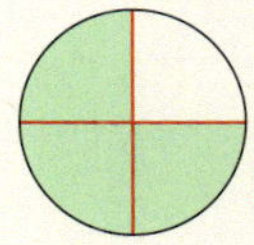

$\frac{3}{4}$

Bruchteile mit gleichem Nenner kann man zu einem Ganzen zusammenfügen.

$\frac{2}{5} + \frac{3}{5} = \frac{5}{5} = 1$

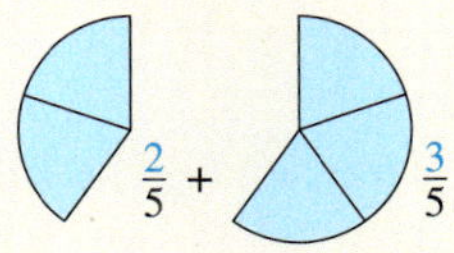

Bruchteile von Größen

→ Seite 186, 187

Brüche werden häufig genutzt, um **Anteile von Größen** anzugeben.

Möchte man wissen, wie groß der Anteil ist, geht man in drei Schritten vor:

1. die Ausgangsgröße in die nächstkleinere Maßeinheit umwandeln
2. durch den **Nenner** des Bruches dividieren
3. das Zwischenergebnis mit dem **Zähler** multiplizieren

Wie viele Milliliter sind $\frac{3}{8}$ Liter Milch?

1 Liter = 1 000 Milliliter
(:8) ↓
$\frac{1}{8}$ Liter = 125 Milliliter
(·3) ↓
$\frac{3}{8}$ Liter = 375 Milliliter

Beim Berechnen von Bruchteilen größerer Mengen geht man ähnlich vor:

1. man dividiert die Maßzahl durch den **Nenner**
2. man multpliziert das Zwischenergebnis mit dem **Zähler**

Wie viel sind $\frac{3}{4}$ von 60 €?

der ganze Geldbetrag = 60 €
(:4) ↓
$\frac{1}{4}$ des Geldbetrages = 15 €
(·3) ↓
$\frac{3}{4}$ des Geldbetrages = 45 €

Brüche, die größer sind als ein Ganzes, werden häufig als **gemischte Zahlen** geschrieben.
Eine gemischte Zahl besteht aus einer natürlichen Zahl und einem Bruch.

Wie viele Minuten sind $1\frac{1}{4}$ Stunden?

$1\,\text{h} = 60\,\text{min}$ und $\frac{1}{4}\,\text{h} = 15\,\text{min}$

$1\frac{1}{4}\,\text{h} = 60\,\text{min} + 15\,\text{min} = 75\,\text{min}$

Checkliste www 196-1

Teste dich!

2 Punkte **1** Die abgebildete Flagge ist die Flagge Kolumbiens.

a) Bestimme den Bruchteil der gelben, der blauen und der roten Fläche.
b) Erfinde eine neue Flagge, in der die Bruchteile der Farben unverändert bleiben.

4 Punkte **2** Welcher Bruchteil der Gesamtfläche ist eingefärbt, welcher Bruchteil ist weiß?

a) 
b) 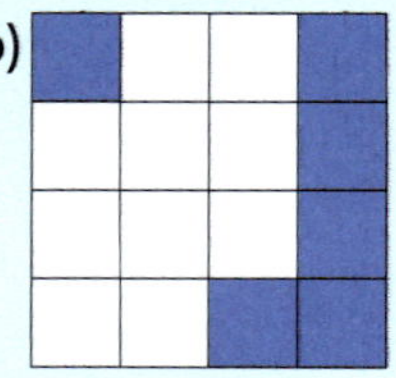
c) 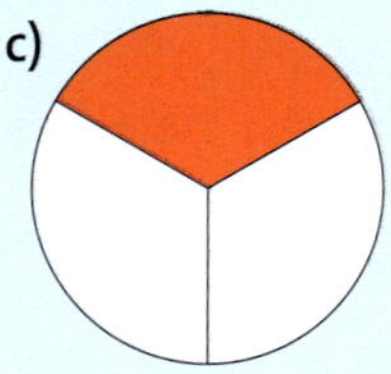
d) 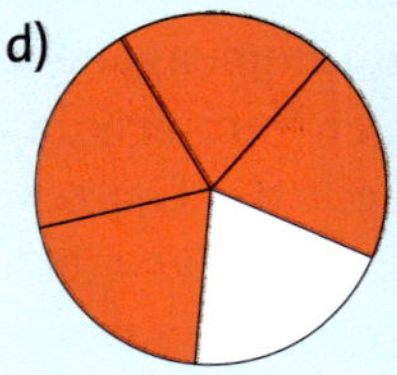

5 Punkte **3** Veranschauliche folgende Brüche an Rechtecken.

a) $\frac{1}{2}$ b) $\frac{7}{10}$ c) $\frac{3}{5}$ d) $\frac{1}{3}$ e) $\frac{75}{100}$

3 Punkte **4** Der abgebildete Würfel besteht aus 27 kleinen, gleich großen Würfeln.
Die sichtbaren Seitenflächen des großen Würfels sind mit I, II und III nummeriert.

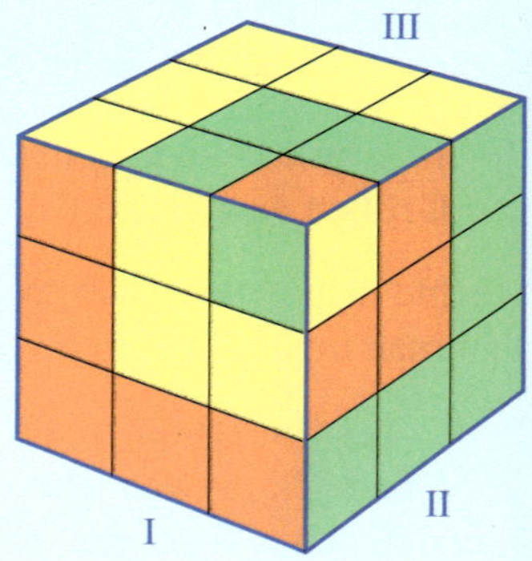

a) Welcher Bruchteil der Seitenfläche I ist gelb?
b) Welcher Bruchteil der Seitenflächen II und III zusammen ist rot?
c) Welcher Bruchteil der Seitenflächen I, II und III zusammen ist grün?

8 Punkte **5** Setze die richtigen Zahlen ein.

a) $\frac{1}{2}\text{kg} = \blacksquare\,\text{g}$ b) $\frac{1}{5}\text{t} = \blacksquare\,\text{kg}$ c) $\frac{3}{4}\text{h} = \blacksquare\,\text{min}$ d) $\frac{3}{10}€ = \blacksquare\,\text{ct}$

e) $1\frac{1}{2}\text{min} = \blacksquare\,\text{s}$ f) $5\frac{3}{4}\text{km} = \blacksquare\,\text{m}$ g) $60\,\text{cm} = \frac{\blacksquare}{\blacksquare}\text{m}$ h) $20\,\text{min} = \frac{\blacksquare}{\blacksquare}\text{h}$

8 Punkte **6** Berechne den jeweils angegebenen Bruchteil.

a) $\frac{2}{7}$ von 77 Gläsern b) $\frac{1}{4}$ von 108 kg c) $\frac{1}{3}$ von 930 m d) $\frac{5}{6}$ von 72 €

e) $\frac{1}{3}$ von 99 t f) $\frac{4}{5}$ von 95 Tagen g) $\frac{3}{7}$ von 28 € h) $\frac{5}{12}$ von 24 Monaten

5 Punkte **7** Formuliere zu den folgenden Situationen passende Fragen und beantworte sie.

a) Die Klasse 5 a hat 24 Schüler. Zwei Drittel sind Jungen.
b) Die Klasse 5 b hat 20 Schüler. Der Anteil der Mädchen beträgt $\frac{1}{5}$.
c) Drei Viertel von 600 Schülern kommen mit dem Fahrrad zur Schule.
d) Von 250 untersuchten Fahrrädern waren $\frac{3}{10}$ nicht verkehrssicher.
e) Bastians Oma Doris gewinnt 3 000 €. Ihrem Enkelkind gibt sie davon $\frac{7}{100}$.

Gold: 33–35 Punkte, Silber: 27–32 Punkte, Bronze: 21–26 Punkte

Lösungen ab Seite 197

Anhang

Daten

Seite 6

Noch fit?

1

die Hälfte	**220**	**1 500**	**540**	**705**
Zahl	440	3 000	1 080	1 410
das Doppelte	**880**	**6 000**	**2 160**	**2 820**

2 5 < 13 < 87 < 97 < 627 < 628 < 637
oder: 637 > 628 > 627 > 97 > 87 > 13 > 5

3 a) 23 b) Die USA hatten die meisten Silbermedaillen.

4 a) Kevin läuft 10 Minuten zur Schule.
b) Zwei Kinder laufen fünf Minuten bis zur Schule: Christina und David.
c) Dorothee, Maria und Hasan laufen drei Minuten zur Schule.
d) Max läuft am längsten zur Schule.
e) Luise und Mark laufen weniger lange zur Schule als Hasan.

5 a) 25 b) 120 c) 15
d) 110 e) 6 f) 7

1

die Hälfte	**75**	2 222	1 700	**1 900**
Zahl	**150**	**4 444**	**3 400**	**3 800**
das Doppelte	300	**8 888**	**6 800**	7 600

2 376 < 673 < 763 < 3 607 < 3 706 < 7 063 < 7 603
oder: 7 603 > 7 063 > 3 706 > 3 607 > 763 > 673 > 376

3 c) Die USA hatten die meisten Medaillen (110).

4 a) Es laufen drei Kinder mehr als fünf Minuten zur Schule: Jonas, Kevin und Max.
b) Dorothee, Maria, Hasan, Luise und Mark benötigen weniger Zeit für den Schulweg als Christian.
c) Jonas braucht nicht am längsten für den Schulweg.
d) Der Schulweg von Max dauert nicht dreimal so lang wie der von Maria.

5 a) 72 b) 125 c) 381
d) 398 e) 30 f) 11

Seite 22/23

Klar so weit?

1 a) Jennifer: 3; Marcel: 10; Dilek: 8; Christine: 2; Mesut: 4
b) Marcel wurde Klassensprecher, Dilek erhielt die zweitmeisten Stimmen.
c) Es sind 29 Kinder in der Klasse.

2

Automarke	Strichliste	Häufigkeit
Opel	卌卌||	12
VW	卌卌卌卌||	22
Mercedes	卌||	7
Ford	卌卌卌	15
Renault	卌卌卌||||	19
Mazda	卌||||	9

(Angabe der Häufigkeiten in der Aufgabenstellung nicht verlangt.)

3 a) Minimum: 3; Maximum: 19; Spannweite: 16
b) Min.: 12 kg; Max.: 52 kg; Spannweite: 40 kg
c) Min.: 8 min; Max.: 1 h 28 min; Spannweite: 80 min

1 a) Zoo: 5; Erlebnispark: 9; Schwimmbad: 11; Ausstellung: 1; Eisbahn: 2
b) Der Ausflug wird ins Schwimmbad gehen.
c) Ja, es hätte ein anderes Ziel herauskommen können. Hätten die fehlenden Schüler für den Erlebnispark gestimmt, gäbe es einen Gleichstand und eine Stichwahl zwischen Erlebnispark und Schwimmbad.

2 a) individuelle Lösungen, z. B.

Besitzt du ein Haustier ja ☐ nein ☐

Welches Haustier/welche Haustiere besitzt du? ________

Wie viel Zeit verbringst du am Tag mit deinem Haustier? ____ min

Falls du kein Haustier hast: Hättest du gerne eins?
ja ☐ nein ☐

b)

Haustier	Strichliste	Häufigkeit
Hund	卌	5
Katze	卌||	7
Vögel	卌	5
Hamster	卌|||	8
Fische	卌卌||	12
Sonstige	|||	3

3 a) Minimum: 8; Maximum: 542; Spannweite: 534
b) Min.: 3 €; Max.: 73,50 €; Spannweite: 70,50 €
c) Min.: 3 cm; Max.: 1 m; Spannweite: 97 cm

4 a)

Stadt	Oslo	Hamburg	London	Berlin	Paris	München	Wien	Madrid	Palma	Rom
Temperatur	12 °C	6 °C	8 °C	2 °C	7 °C	8 °C	6 °C	16 °C	18 °C	17 °C

b) Das Maximum ist 18 °C. Es wurde in Palma gemessen.
d) Die Spannweite der Temperaturen beträgt 16 °C.

c) Das Minimum ist 2 °C, es wurde in Berlin gemessen.
e) In Lissabon war es 19 °C warm. (Probe: 19 °C – 2 °C = 17 °C)

5 Das Diagramm zeigt die Notenverteilung einer Klassenarbeit Folgende Noten wurden vergeben:
3-mal die *Note 1*; 5-mal die *Note 2*; 9-mal die *Note 3*;
7-mal die *Note 4*; 3-mal die *Note 5*; 1-mal die *Note 6*.

5 Das Diagramm zeigt die Sitzverteilung der einzelnen Parteien im Landtag nach der Landtagswahl in NRW im Jahr 2010.
SPD: 67 Sitze CDU: 67 Sitze Grüne: 23 Sitze
FDP: 13 Sitze Linke: 11 Sitze

6 individuelle Lösung, z. B.

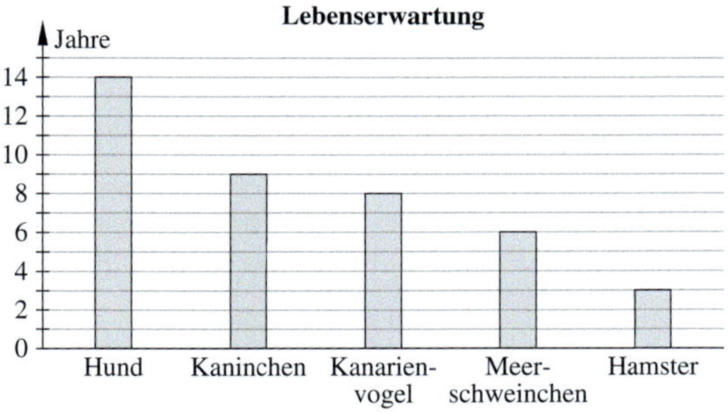

6 individuelle Lösung, z. B.

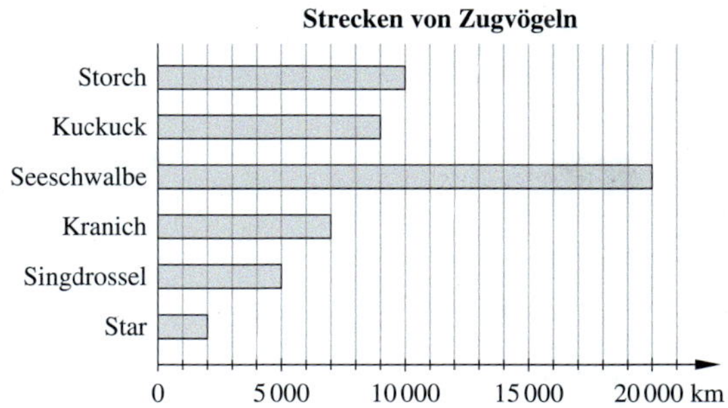

Teste dich!

1 Individuelle Lösung, z. B.

Wie viele Stunden schauen Sie am Tag Fernsehen?
- ☐ *weniger als 1 Stunde*
- ☐ *zwischen einer und zwei Stunden*
- ☐ *mehr als zwei Stunden*

Was ist Ihre Lieblingsserie? ____________________

Schauen Sie jeden Tag die Nachrichten?
☐ *ja* ☐ *nein*

2

Buchstabe	Strichliste	Häufigkeit
a	||||	4
e	𝍸𝍸𝍸	15
f	||	2
n	||||	4
z	||	2

3 **a)** Montags werden 20 Mohnbrötchen bestellt.
b) Montags werden insgesamt 150 Brötchen bestellt.
c) Es werden 110 Körnerbrötchen pro Woche bestellt.
d) Am besten verkaufen sich die Schokobrötchen.
e) Die Mohnbrötchen verkaufen sich am schlechtesten.
f) Maximum: 60; Minimum: 15; Spannweite: 45

4 Säulendiagramm, Balkendiagramm, Figurendiagramm (andere mögliche Antworten: Liniendiagramm, Kreisdiagramm)

5 **a)** Fußball: 140 Mitglieder; Handball: 120 Mitglieder; Turnen: 80 Mitglieder
b) Der Verein hat insgesamt 340 Mitglieder.

6
a)

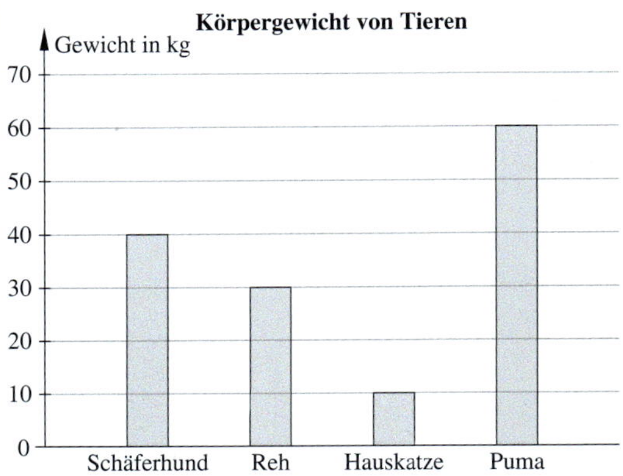

b) Das Gewicht z. B. eines Blauwals oder einer Spinne kann man bei dieser Einteilung der Werteachse nicht darstellen: Die Säule für den Wal wäre viel zu hoch; die Säule für eine Spinne wäre viel zu klein, um ihr Gewicht ablesen zu können.

Die natürlichen Zahlen

Seite 32

Noch fit?

1 a) 753 b) 1 100

1 a) 37 614 b) 49 100

2 a) 7 500, 7 600, 7 700, 7 800, 7 900, 8 000, 8 100, 8 200, 8 300, 8 400, 8 500, 8 600, 8 700, 8 800, 8 900, 9 000, 9 100, 9 200, 9 300, 9 400, 9 500
b) 7 500, 8 500, 9 500, 10 500, 11 500, 12 500, 13 500, 14 500, 15 500, 16 500, 17 500, 18 500, 19 500, 20 500
c) 7 500, 7 550, 7 800, 7 850, 7 900, 7 950, 8 000, 8 050, 8 100, 8 150, 8 200
d) 7 500, 8 000, 8 500, 9 000, 9 500, 10 000, 10 500, 11 000, 11 500, 12 000, 12 500, 13 000, 13 500, 14 000, 14 500, 15 000, 15 500, 16 000, 16 500, 17 000, 17 500, 18 000, 18 500, 19 000, 19 500, 20 000, 20 500, 21 000, 21 500, 22 000, 22 500, 23 000, 23 500, 24 000, 24 500

2 a) 97 500, 97 600, 97 700, 97 800, 97 900, 98 000, 98 100, 98 200, 98 300, 98 400, 98 500, 98 600, 98 700, 98 800, 98 900, 99 000, 99 100, 99 200, 99 300, 99 400, 99 500, 99 600, 99 700, 99 800, 99 900, 100 000
b) 97 500, 98 500, 99 500, 100 500, 101 500, 102 500, 103 500, 104 500, 105 500, 106 500
c) 97 500, 97 550, 97 600, 97 650, 97 700, 97 750, 97 800, 97 850, 97 900, 97 950, 98 000, 98 050, 98 100, 98 150, 98 200, 98 250, 98 300, 98 350, 98 400, 98 450, 98 500, 98 550, 98 600, 98 650, 98 700, 98 750, 98 800, 98 850, 98 900, 98 950, 99 000
d) 97 500, 98 000, 98 500, 99 000, 99 500, 100 000, 100 500, 101 000, 101 500, 102 000

3 a) 30, 60, 120, 240, 480, 960, 1 920
c) 70, 140, 280, 560, 1 120

b) 55, 110, 220, 440, 880, 1 760
d) 2, 4, 8, 16, 32, 64, 128, 256, 512, 1 024

4 a) 1, 2, 3, 4, 5, 6, **7**, 8, 9, 10
b) 35, 36, 37, **38**, 39
c) 100, 101, **102**, 103, 104, 105, **106**, **107**, **108**, 109, 110
d) 2, 4, 6, **8**, **10**, 12

4 a) 111, 113, **115**, **117**, **119**, **121**, **123**, **125**, 127, 129
b) 34, 36, **38**, **40**, **42**, **44**, **46**, **48**, **50**, 52
c) 3 254, **3 255**, **3 256**, 3 257, **3 258**, **3 259**, **3 260**, 3 261, 3 262
d) 520, 530, **540**, **550**, **560**, **570**, **580**, **590**, 600

5 1, 4, 8, 12

5 1, 5, 8, 14, 18, 22

6 a) 12 < 44 < 78 < 99 < 102 < 199 < 201 < 300

b) 333 < 378 < 387 < 456 < 465 < 3 333

7

dreihundertachtzig	2 000 000
siebenhunderttausend	50 000
zwei Millionen	380
sechstausendfünfhundert	700 000
fünfzigtausend	6 500

dreitausendachthundert	4 080 000
fünfhundertzwanzigtausend	23 000
vier Millionen achtzigtausend	3 800
sechzigtausendachthundert	520 000
dreiundzwanzigtausend	60 800

8 a) z. B.: 5 bis 14 b) z. B.: 60 bis 100

8 a) z. B.: 250–300 b) z. B.: ca. 500

Seite 48/49

Klar so weit?

1 a) 20, 22, 24, 26, 28, 30, 32, 34, 36
b) 204, 206, 208, 210, 212, 214, 216, 218, 220, 222, 224, 226
c) 2 005, 2 007, 2 009, 2 011, 2 013, 2 015, 2 017, 2 019
d) 992, 994, 996, 998, 1 000, 1 002, 1 004, 1 006, 1 008, 1 010, 1 012, 1 014, 1 016, 1 018

1 a) 20, 27, 34, 41, 48, 55
b) 203, 210, 217, 224, 231, 238, 245
c) 1 970, 1 977, 1 984, 1 991, 1 998, 2 005, 2 012, 2 019, 2 026
d) 992, 999, 1 006, 1 013, 1 020, 1 027

2 a) 6 b) 19 c) 35
d) 43 e) 56 f) 61

2 a) 8 000 b) 14 500 c) 22 500
d) 26 500 e) 33 000 f) 35 500

3 a)
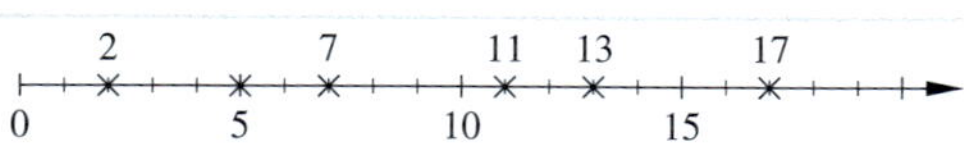

b)
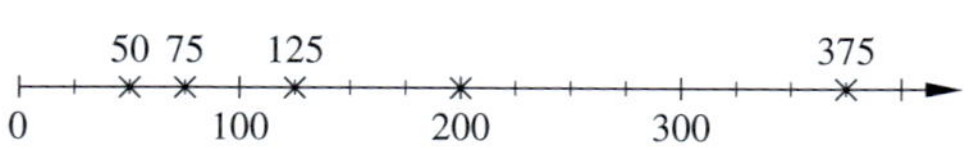

c)
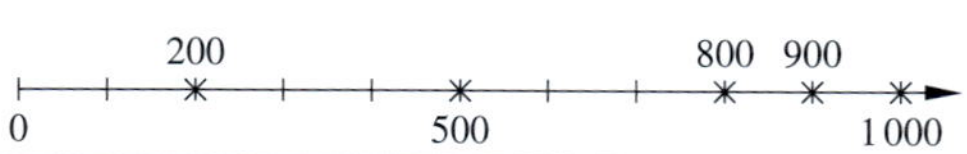

3 a)

b)

c)
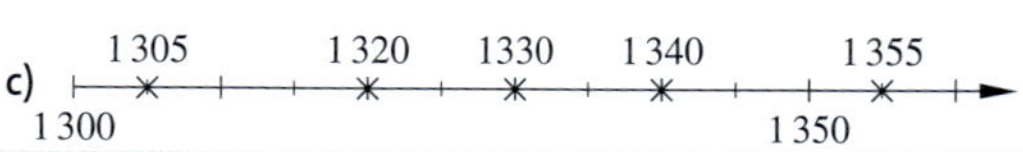

4 a) > b) = c) > d) <

4 a) < b) < c) > d) <

5 a) 345
b) 345 < 453 < 454 < 543 < 544
c) 344, <u>345</u>, 346 452, <u>453</u>, 454 453, <u>454</u>, 455
542, <u>543</u>, 544 543, <u>544</u>, 545

5 a) 3 240 < 3 241 < 3 402 < 3 412 < 3 420 < 3 421
b) 3 239, <u>3 240</u>, 3 241, 3 242 3 240, <u>3 241</u>, 3 242, 3 243
3 401, <u>3 402</u>, 3 403, 3 404 3 411, <u>3 412</u>, 3 413, 3 414
3 419, <u>3 420</u>, 3 421, 3 422 3 420, <u>3 421</u>, 3 422, 3 423

Seite 48/49

6 a) 30 000 b) 55 500 c) 10 000 000
d) 105 500 e) 402 000

6 a) 11 550 305 b) 22 404 505 000 c) 8 011 014

7 a) siebenundzwanzig
b) dreihunderteinundvierzig
c) achthundertneuntausenddreihundertachtundsiebzig

7 a) eintausendfünfundfünzig
b) zweihundertneunundsechzigtausenddreihundert-dreiundreißig
c) siebenhundertneunundachtzig Millionen sechshundertachtundzwanzigtausendeins

8 10 580 = 10 T + 580 E
616 033 = 616 T + 33 E
70 960 100 = 70 Mio. + 960 T +100 E
2 500 450 991 = 2 Mrd. + 500 Mio. + 450 T + 991 E

8 77 320 = 77 T + 320 E
3 431 002 = 3 Mio. + 431 T + 2 E
701 440 080 = 701 Mio. + 440 T + 80 E
999 000 666 009 = 999 Mrd. + 666 T + 9 E

9

	HMio.	ZMio.	Mio.	HT	ZT	T	H	Z	E
a)							3	0	0
b)						1	0	0	0
c)					2	0	0	0	0
d)			5	0	0	0	0	0	0

9

	Mrd.	HMio.	ZMio.	Mio.	HT	ZT	T	H	Z	E
a)					2	0	6	0	4	0
b)	5	0	0	0	0	5	1	0	0	0

10 a)

	T	H	Z	E
Belchen	1	4	1	4
Schauinsland	1	2	8	4
Kandel	1	2	4	1
Feldberg	1	4	9	3
Schliffkopf	1	0	5	5

b) 1 410; 1 280; 1 240; 1 490; 1 060
c) 1 400; 1 300; 1 200; 1 500; 1 100

10 a)

	T	H	Z	E
Moskau	2	0	2	2
Athen	1	8	0	8
Rio	9	5	6	4
Kairo	2	9	1	9

	ZT	T	H	Z	E
Tel Aviv		2	9	5	3
Las Palmas		3	1	8	1
New York		6	1	8	8
Tokio	1	3	0	9	5

b) 2 020; 1 810; 9 560; 2 920; 2 950; 3 180; 6 190; 13 100
c) 2 000; 1 800; 9 600; 2 900; 3 000; 3 200; 6 200; 13 100

11 a) in 24 Felder b) pro Feld ca. 20 Schokolinsen, also insgesamt 24 · 20 = 480 Schokolinsen

12 a) 60 Jahre b) 1 100 kg c) 300 m

12 a) 610 km b) 2 000 km

Teste dich!

Seite 54

1 40 000, 170 000, 350 000, 640 000, 990 000, 1 040 000

2 a)
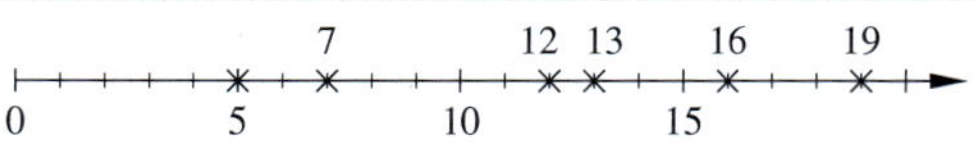

b)
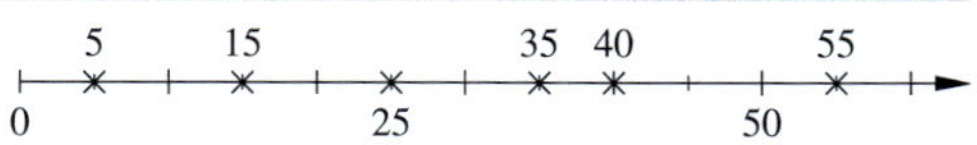

c)
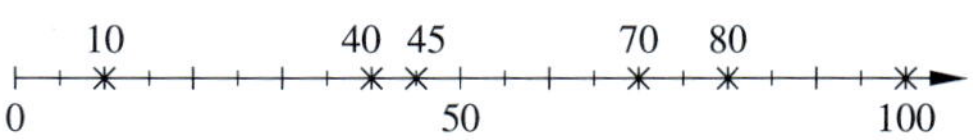

d)

e)
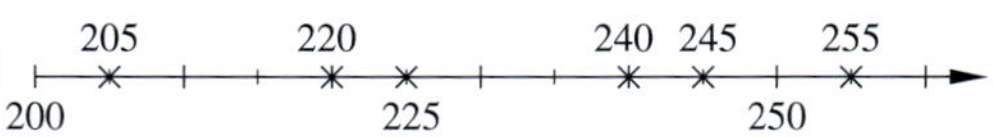

f)
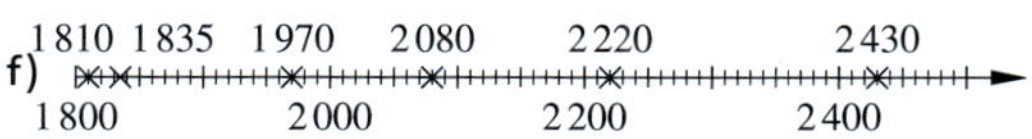

3 a) 9 200 b) 312 000 000 c) 275 502 d) 28 322 000 e) 20 000 600 000 f) 5 000 320 000 000 g) 123 465

4 dreitausendsechshunderteins
fünfundfünfzig Billionen einhundertdreiundfünfzig Milliarden zwölf
zwei Milliarden neun Millionen achtzigtausend

5

	HBio.	ZBio.	Bio.	HMrd.	ZMrd.	Mrd.	HMio.	ZMio.	Mio.	HT	ZT	T	H	Z	E
a)											1	3	0	6	7
b)									2	6	2	0	0	0	0
c)						1	0	0	1	1	0	0	0	0	0
d)							1	2	7	0	0	0	3	4	5
e)		6	0	0	6	0	0	6	0	0	0	0	0	6	0
f)			5	0	0	0	0	0	0	5	0	0	0	0	1

6 a) 5 ZT b) 4 T c) 1 Mio.

Seite 54

7

		gerundet auf	
	Zehner	**Tausender**	**Hunderttausender**
a) 123 456	123 460	123 000	100 000
b) 3 000 999	3 001 000	3 001 000	3 000 000
c) 111 999 111	111 999 110	111 999 000	112 000 000

8

	Vorgänger	Zahl	Nachfolger
a)	666 998	666 999	667 000
b)	101 009	101 010	101 011
c)	9 999	10 000	10 001
d)	5 Bio. 5 Mrd. 998 = 5 005 000 000 998	5 Bio. 5 Mrd. 999 = 5 005 000 000 999	5 Bio. 5 Mrd. 1 000 = 5 005 000 001 000
e)	99 998 999 999	99 999 000 000	99 999 000 001
f)	0 hat keine natürliche Zahl als Vorgänger.	0	1

9 a) 101 101 b) 2 463 577 899 c) 2 463 577 d) 32 325 467 865 e) 123 789 760 000 f) 178 157 789 999

Grundbegriffe der Geometrie

Seite 56

Noch fit?

1 a) 1 cm b) 4 cm c) 9,5 cm d) 2,2 cm

1 a) 0,5 cm b) 1,2 cm c) 8 cm d) 8,5 cm

2 a) b)

2 a) b)

3 ② und ⑦: senkrechte und parallele Teilstücke ③, ④ und ⑤: senkrechte Linien ① und ⑥: gerade Linien

4 a) b) c)

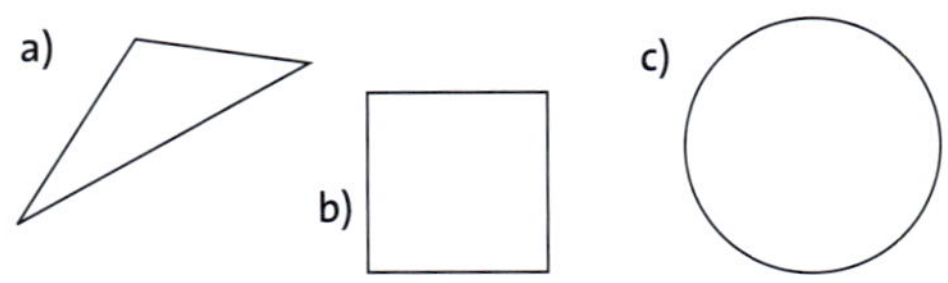

4 a) b) c)

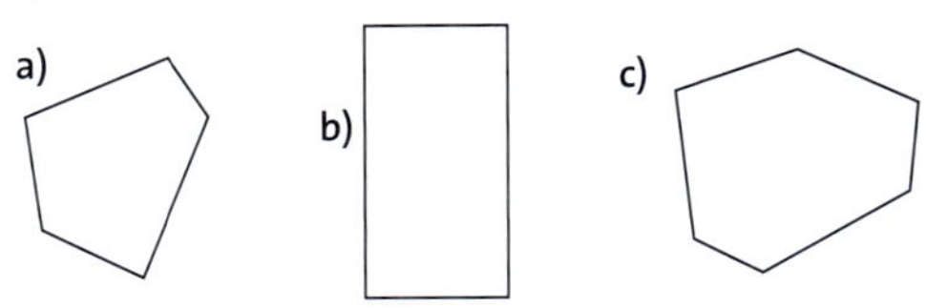

5 Zeichenübung

5 Zeichenübung

Seite 72/73

Klar so weit?

1 $A(\mathbf{0}|7)$; $B(2|\mathbf{3})$; $C(\mathbf{7}|6)$; $D(\mathbf{9}|11)$; $E(19|11)$; $F(\mathbf{11}|9)$; $G(17|\mathbf{0})$; $H(\mathbf{13}|4)$; $I(\mathbf{22}|4)$; $J(20|\mathbf{7})$; $K(0|\mathbf{10})$

1 $A(3|2)$; $B(4|5)$; $C(2|10)$; $D(6|7)$; $E(10|9)$; $F(9|12)$; $G(13|10)$; $H(18|9)$; $I(22|6)$; $J(17|6)$; $K(21|5)$; $L(18|4)$; $M(14|4)$; $N(12|2)$; $O(12|4)$; $P(6|5)$

2 a) vom Nullpunkt aus 1 Schritt nach rechts und 1 Schritt nach oben

b)

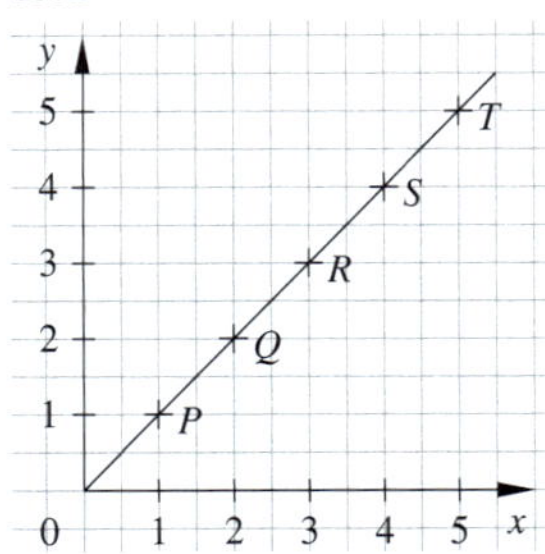

Wenn man die Punkte P, Q, R, S und T verbindet, liegen alle auf einer geraden Linie.

2

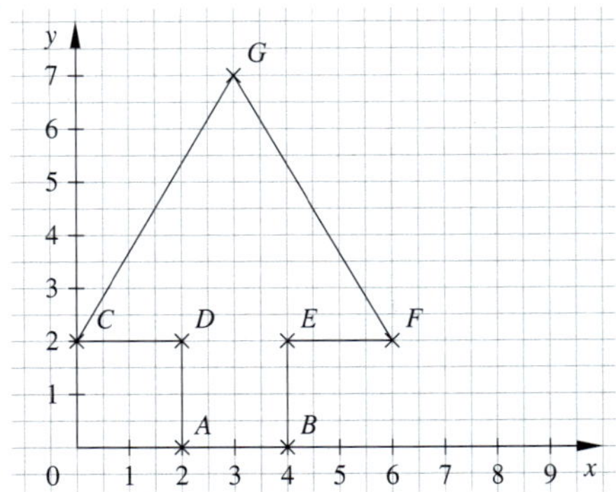

3 Man erhält jeweils dieselbe Figur.

a)

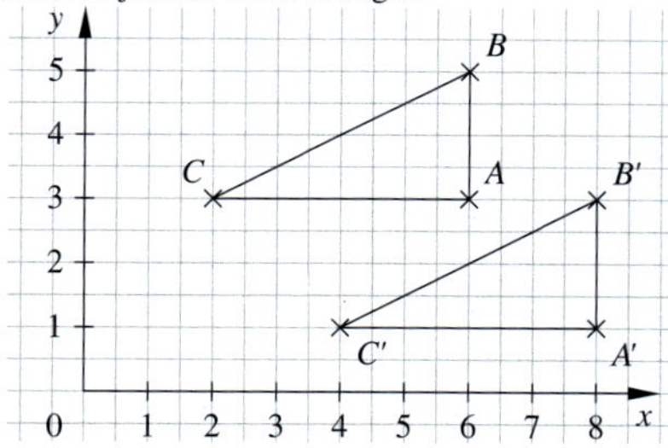

b)

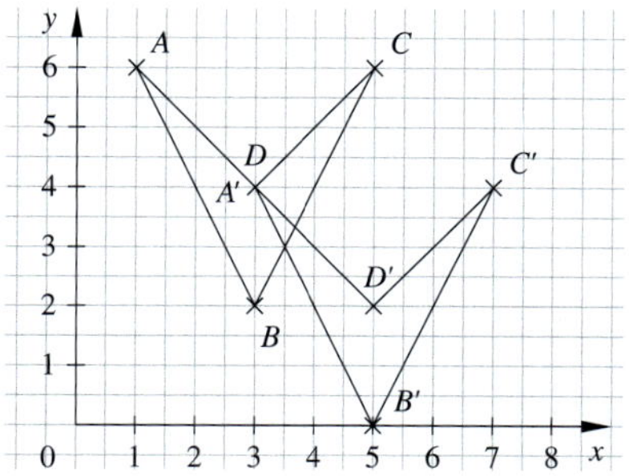

3 Man erhält dieselbe Figur.

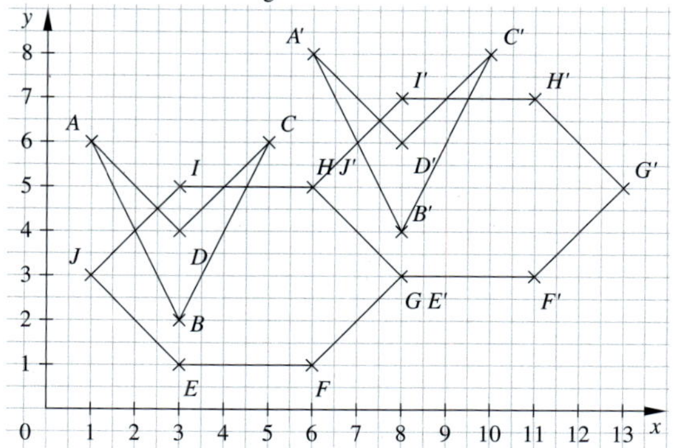

4

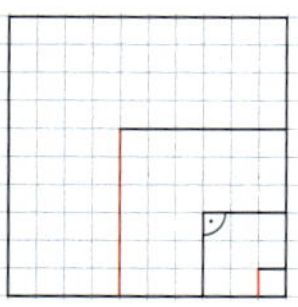

4

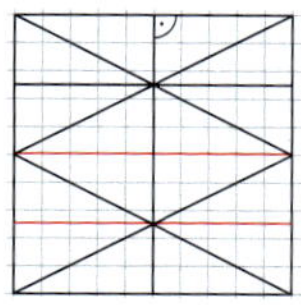

5 a) 1,8 cm b) 1,3 cm c) 2 cm d) 2,3 cm

6

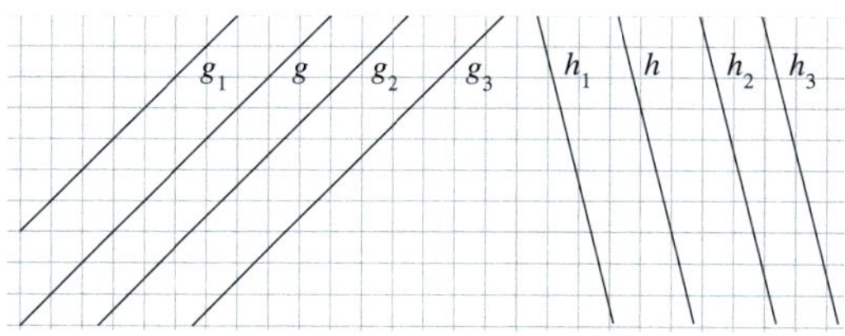

6

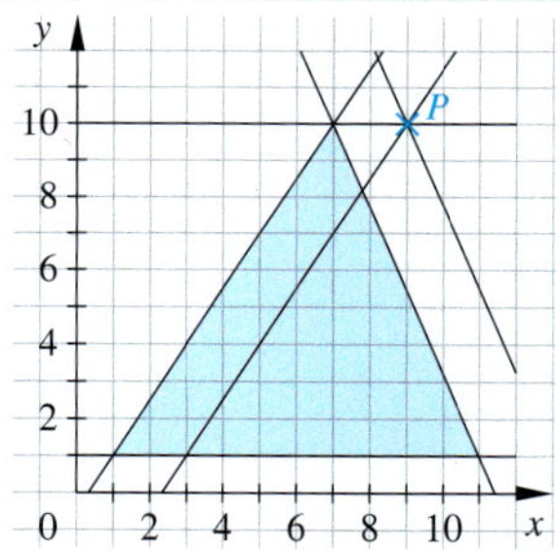

7

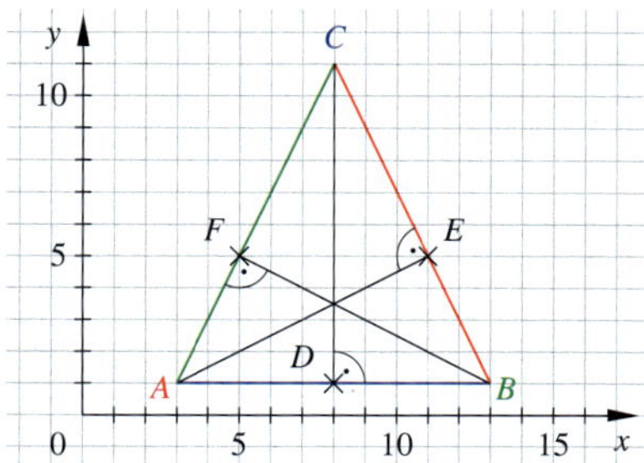

$\overline{AE} = \overline{BF} = 4{,}5\,\text{cm}$, $\overline{CD} = 5\,\text{cm}$

7

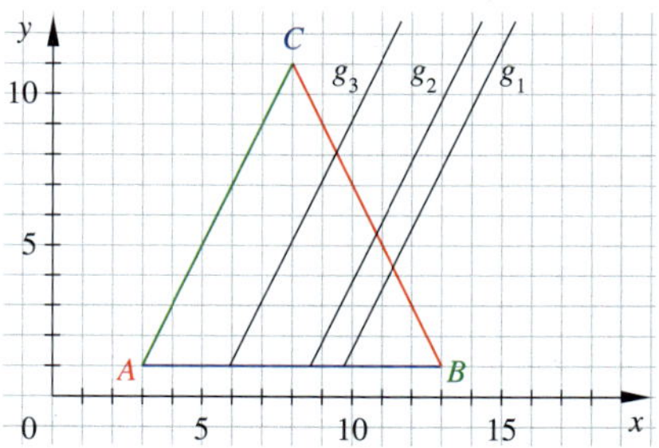

Seite 72/73

8

a)

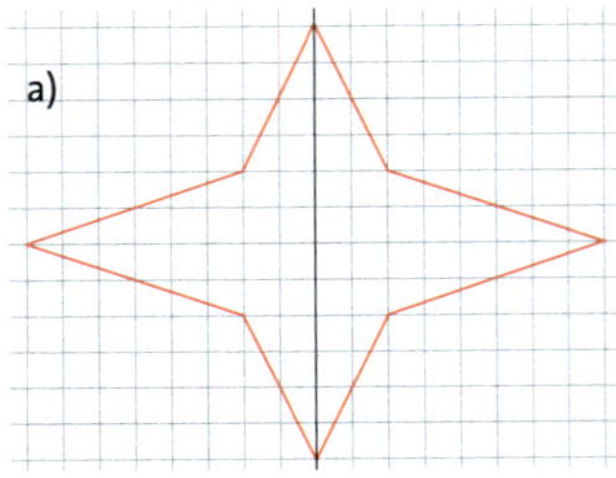

b)

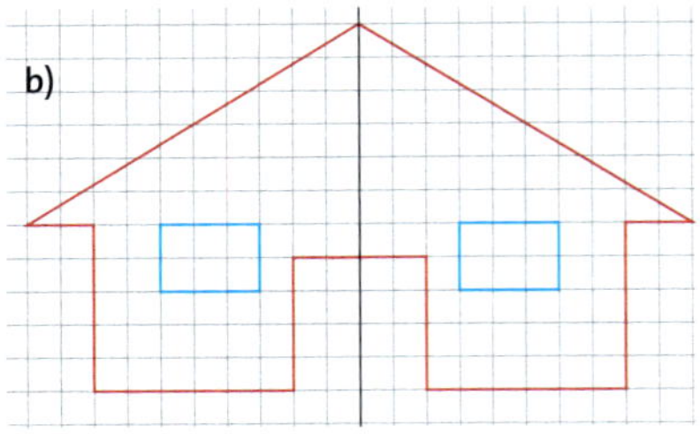

8

a)

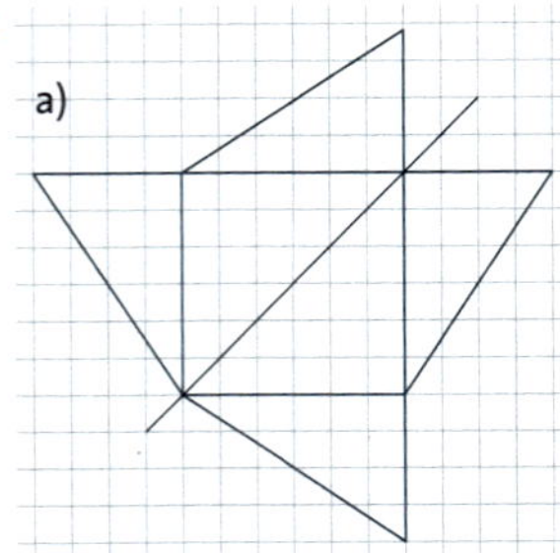

b)

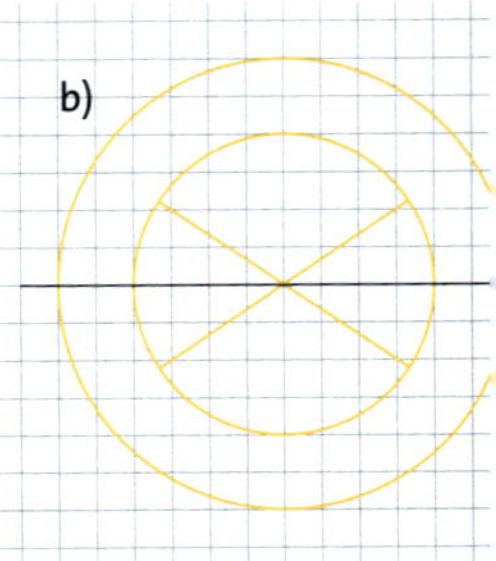

9 a) 8 Eckpunkte

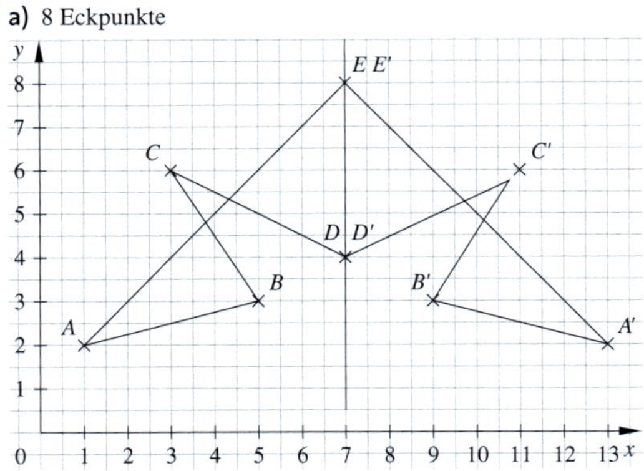

b) 8 Eckpunkte

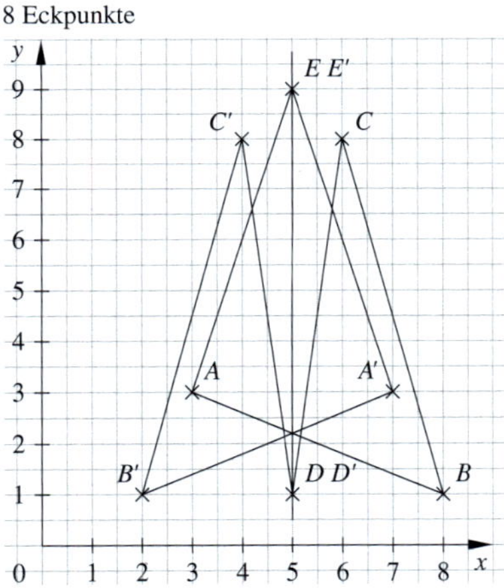

9 a)

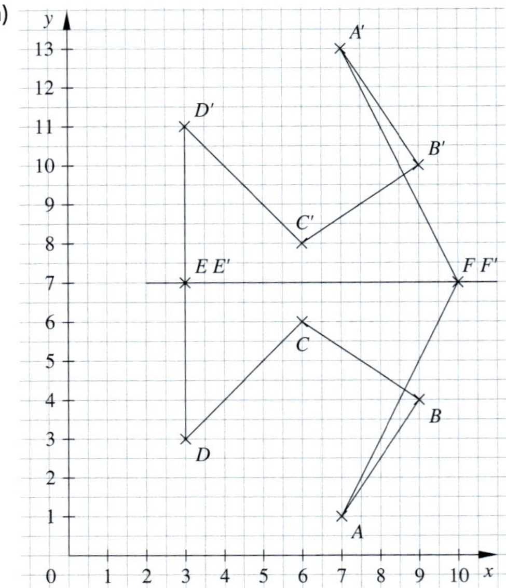

b)

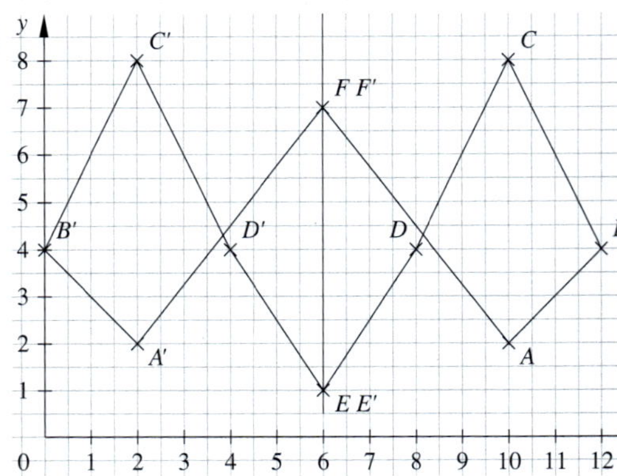

10

a)

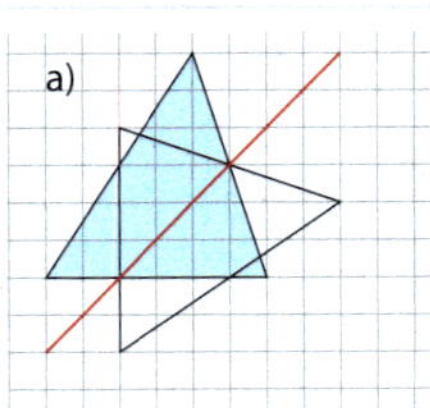

b)

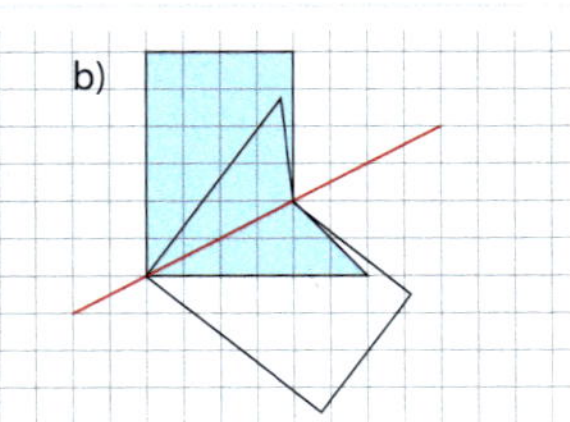

10

a)

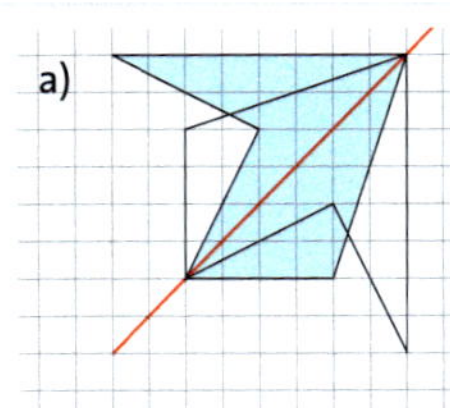

b)

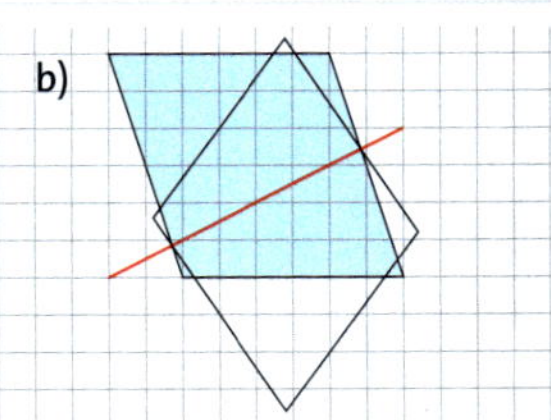

Teste dich!

Seite 78

1 a) $A(1|3)$; $B(4|3)$; $C(3|2)$; $D(2|4)$; $E(7|2)$; $F(9|3)$

b) $A(1|1)$; $B(0|3)$; $C(2|0)$; $D(3|3)$; $E(5|2)$; $F(7|1)$

2 Es entsteht ein Herz.

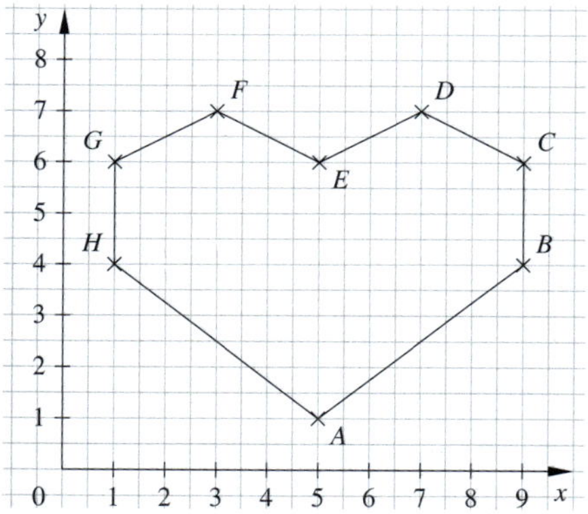

3 a) $\overline{AB} = 3{,}6\,cm$ $\overline{BC} = 2\,cm$
$\overline{CD} = 4{,}5\,cm$ $\overline{AC} = 5\,cm$
$\overline{BD} = 4\,cm$ $\overline{AD} = 2{,}2\,cm$

b)

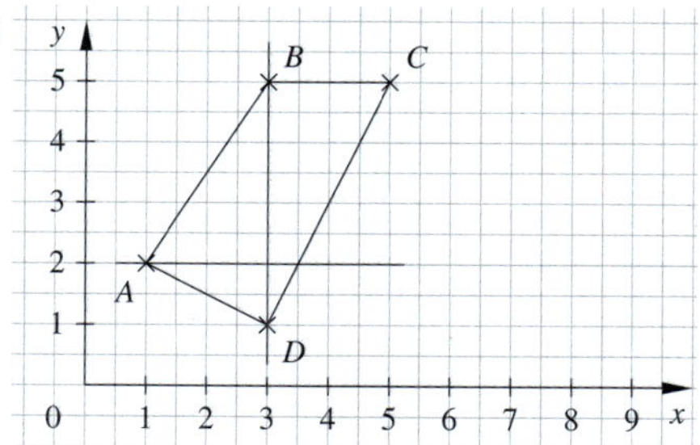

4

Punkt	A	B	C	D	E
Abstand von *g* in mm	20	0	32	7	7

5

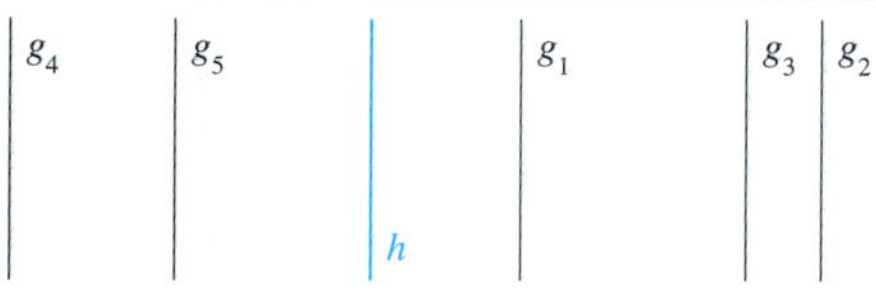

6 Die Kreise konnten aus Platzgründen nicht dargestellt werden.
In der Randspalte sind die Radien zum Vergleich abgebildet.

zu 6

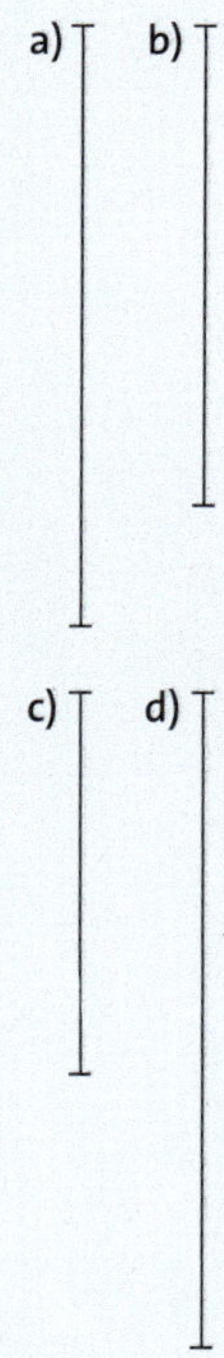

7 a)

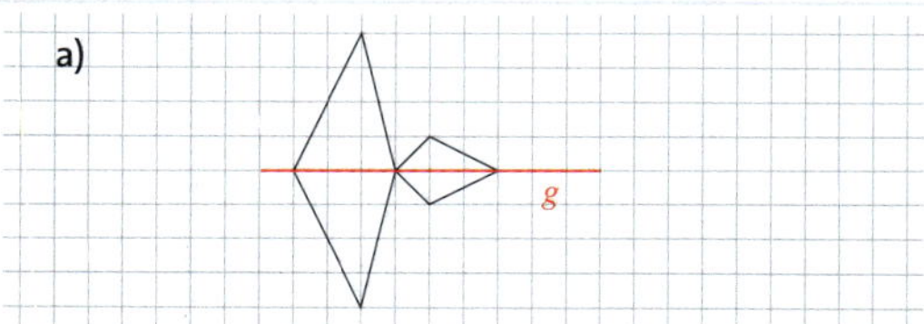

b)

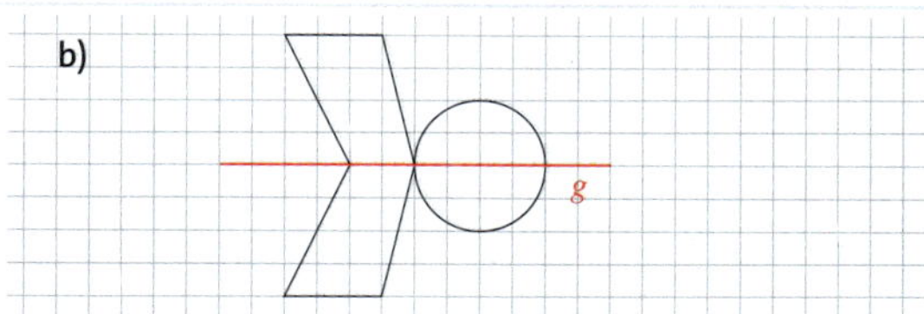

8 a)

1 Symmetrieachse

b)

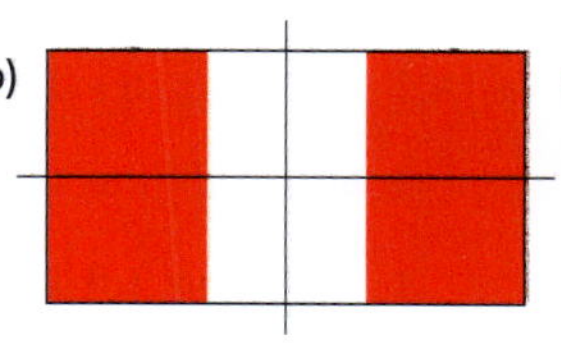

2 Symmetrieachsen

c)

1 Symmetrieachse

Natürliche Zahlen addieren und subtrahieren

Noch fit?

Seite 80

1 a) 19 b) 42 c) 340 d) 43 e) 76 f) 250

2 Runden auf Zehner ist sinnvoll.

Eifelturm Paris	320 m
Antennentürme Nauen	270 m
Fernsehturm Stuttgart	220 m
Kölner Dom	160 m
Cheopspyramide	140 m

1 a) 453 b) 289 c) 210 d) 153 e) 103 f) 388

2 Runden auf Hunderter ist sinnvoll.

Mädelgabel	2 600 m
Nebelhorn	2 200 m
Fellhorn	2 000 m
Rubihorn	2 000 m
Grünten	1 500 m

Seite 80

3

	HMrd.	ZMrd.	Mrd.	HMio.	ZMio.	Mio.	HT	ZT	T	H	Z	E
a)						3	4	6	9	2	6	4
b)								4	5	8	9	0
c)		2	3	7	1	8	0	4	9	2	1	9
a)						5	3	2	0	0	4	6
b)			4	0	1	0	0	1	0	0	1	5

4 40, 404, 440, 444, 4 000, 4 004

5 **a)** ① 1 000, 2 000, 4 000, 8 000, 16 000, 32 000, 64 000, 128 000
② 2 000, 4 000,8 000,16 000,32 000, 64 000,128 000
③ 4 500, 9 000, 18 000, 36 000, 72 000, 144 000
b) ① 176, 88, 44, 22
② 400, 200, 100, 50
③ 1 000 000, 500 000, 250 000, 125 000

4 57 000, 55 789, 55 698, 54 798, 5 589

5 **a)** ① 1 000, 2 000, 4 000, 8 000, 16 000, 32 000, 64 000, 128 000, 256 000, 512 000, 1 024 000
② 2 000, 4 000, 8 000, 16 000, 32 000, 64 000, 128 000, 256 000, 512 000, 1 024 000
③ 4 500, 9 000, 18 000, 36 000, 72 000, 144 000, 288 000, 576 000, 1 152 000
b) ① 8 888, 4 444, 2 222, 1 111
② 50 010, 25 005
③ 1 000 000, 500 000, 250 000, 125 000, 62 500, 31 250, 15 625

6 **a)** 50 b) landesbezogene Lösung c) individuelle Lösung

Seite 94/95

Klar so weit?

1 795
268
3 682
4 199
11 000

2 127
677
652
5 536
913

3 **a)** 981 b) 1 813 c) 1 538 d) 1 617
e) 538 f) 1 150 g) 188 h) 486

4 **a)** (28 + 22) + 36 = 86 b) 382 + (125 + 275) = 782
c) (225 + 125) + 116 = 466 d) (367 + 23) + 98 = 488
e) (368 + 32) + 79 = 479 f) (134 + 166) + 120 = 420
g) (423 + 27) + 99 = 549 h) (186 + 14) + 41 = 241

5 **a)** 95 b) 2 c) 122 d) 13

6

① 100 / 50, 50 / 25, 25, 25

② 440 / 220, 220 / 110, 110, 110

③ 224 / 112, 112 / 56, 56, 56

④ 988 / 494, 494 / 247, 247, 247

a) 4-mal
b) Beim Addieren in der untersten Reihe verdoppelt sich die Zahlen jeweils, die dann noch einmal addiert werden.

7 **a)** 741 b) 7 748 c) 3 074 d) 7 873
e) 6 160 f) 2 412 g) 9 868 h) 1 894

8 **a)** 2 038 952 b) 41 771
c) 2 111 111 d) 1 411 310

9 **a)** 27 km; 13 km; 19 km; 36 km; 56 km; 241 km
b) 392 km

1 **a)** Summe erhöht sich um 5 b) Summe erhöht sich um 20
c) Summe verdoppelt sich d) Summe bleibt gleich

2 **a)** 284 – 115 = 169 b) 559 – 318 = 241
c) 238 – 199 = 39 d) 120 – 38 = 82
e) 1 191 – 869 = 322 f) 1 244 – 538 = 706

3 individuelle Lösung, z. B.
a) Subtrahiere von 67 die Zahl 42.
b) Subtrahiere von der Summe der Zahlen 121 und 45 die Zahl 64.
c) Subtrahiere von der Summe der Zahlen 80 und 56 die Summe der Zahlen 20 und 15.
d) Subtrahiere von 51 die Summe der Zahlen 26 und 15.
e) Addiere zur Differenz der Zahlen 455 und 235 die Differenz der Zahlen 250 und 125.

4 **a)** (731 + 69) + (67 + 13) = 880
b) (451 + 109) + (127 + 203) + 10 = 900
c) (111 + 89) + (222 + 188) = 610
d) (208 + 202) + (215 + 225) = 850

5 **a)** 63 b) 83 c) 31 d) 67

6 ① – richtig, z. B. 20 – 10 = 10 oder 44 – 12 = 32
– falsch, z. B. 20 – 15 = 5 oder 44 – 11 = 33
② – richtig, z. B. 21 – 10 = 11 oder 45 – 30 = 15
– falsch, z. B. 21 – 15 = 6 oder 45 – 11 = 34

7 **a)** 77 911 b) 154 042 c) 144 690
d) 80 389 e) 471 319

8 **a)** 124 515 b) 51 671 c) 159 194 d) 19 383

9 individuelle Lösungen, z. B.:
a) Wie viele Männer leben in Nordrhein-Westfalen?
In Nordrhein-Westfalen leben 8 711 846 Männer.
b) Wie viele Männer leben in Düsseldorf?
In Düsseldorf leben 278 302 Männer.
c) Wie viele Frauen leben in Köln?
In Köln leben 516 238 Frauen.
d) Wie viele Einwohner hat Dortmund?
Dortmund hat 584 412 Einwohner.
e) Wie viele Männer leben in der Region Aachen?
In der Region Aachen leben 150 482 Männer.

Teste dich!

Seite 100

1 **a)** 158 **b)** 313 **c)** 1305 **d)** 3889 **e)** 37914 **f)** 7791

2
a) 89 – 19 = 70 **b)** 2401 + 5428 = 7829 **c)** 45 + 136 = 181
d) 47 – 36 = 11 **e)** 368 + 378 = 746 **f)** 48 + 60 = 108

3 **a)** 13723 **b)** 12539536 **c)** 845020 **d)** 8404 **e)** 4687 **f)** 54444

4 **a)** Er hat noch 29 Brötchen übrig. **b)** Es bleiben noch 12791 Liter im Tank.

5 Ende 2010 hat der Verein noch 5916 Mitglieder.

6 **a)**

14676				
13880	**796**			
13339	**541**	**255**		
12912	**427**	**114**	**141**	
12584	328	99	15	126

b)

197367				
77371	**119996**			
38411	**38960**	**81036**		
25459	**12952**	**26008**	**55028**	
20003	5456	**7496**	**18512**	**36516**

7
a) (35 + 75) + (61 + 19) = 110 + 80 = 190
b) (74 + 26) + (88 + 12) = 100 + 100 = 200
c) (778 + 122) + (11 + 99) = 900 + 110 = 1010
d) (68 + 2) + (27 + 13) = 79 + 40 = 110
e) (1234 + 566) + 667 = 1800 + 667 = 2467
f) (37 + 13) + (58 + 12) + (19 + 11) = 50 + 70 + 30 = 150

8
Überschlag: 4,80 €+ 2,40 € + 3,00 € + 1,60 € + 3,70 € = 15,50 €
Die Gesamtkosten betragen 15,41 €, also reichen 15 € nicht für den Einkauf.

Größen

Noch fit?

Seite 102

1 33 mm; 34 cm; 41 cm; 43 cm

1 **a)** 360 s; **b)** 75 min **c)** 140 min **d)** 2 h 21 min

2 **a)** 35 **kg** **b)** 157 **cm** **c)** 29,90 **€** **d)** 5 **min** **e)** 40 **ct** **f)** 50 **m**

2 **a)** 500 **g**; $\frac{1}{2}$ **l** **b)** 2 **h** **c)** 29,90 **€**; 1 **ct**

3 **a)** 10 **b)** 100 **c)** 1 **d)** 30

3 **a)** 30 **b)** 800 **c)** 2 **d)** 770

4 Ameise, Maus, Inline-Skates, Katze, Fahrrad, Pferd, Elefant, LKW, Flugzeug

5 **a)** 5 Euro **b)** 2 Kilogramm **c)** 3 Meter **d)** 25 Stunden

Klar so weit?

Seite 120/121

1 Zeit: 5 Sekunden; 17 Jahre; 15 Stunden; 45 min
Gewicht: 35 Gramm
Geld: 3,70 €; 2 Cent
Länge: 300 m; 5 Kilometer; 1,5 cm

2 **a)** cm (Zollstock, Maßband) **b)** €, ct (auszählen) **c)** h, min (Uhr) **d)** kg (Personenwaage)

2 **a)** m (Maßband) **b)** a (Jahre) (Kalender) **c)** kg, g (z. B. Personenwaage) **d)** km/h (Tachometer)

3 3 €; 6,50 €; 14,10 €; 12,70 €

3 64,70 €; 56,57 €; 50 €; 75,46 €

4 **a)** Zeitspanne **b)** Zeitpunkt **c)** Zeitspanne **d)** Zeitpunkt

4 **a)** Zeitpunkt **b)** Zeitpunkt **c)** Zeitspanne **d)** Zeitpunkt

5 **a)** 4:00 Uhr **b)** 3:10 Uhr **c)** 3:30 Uhr **d)** 3:00 Uhr

5 **a)** 16:55 Uhr **b)** 13:40 Uhr **c)** 14:35 Uhr **d)** 1:25 Uhr

6 **a)** 2 h **b)** 180 min **c)** 240 s **d)** 72 h **e)** 49 d

6 **a)** 132 h **b)** 10800 s **c)** 840 s **d)** 1440 min **e)** 336 h

7 Elefant: 7 t; Tiger: 200 kg; Schäferhund: 35 kg; Pferd: 1 t; Marienkäfer: 1 g; Blauwal: 150 t;
Hamster: 120 g; Frosch: 100 g; Katze: 5 kg; Floh: 2 mg

8 **a)** 6000 g **b)** 50000 g **c)** 2 g **d)** 200 g **e)** 400 g **f)** 2700 g **g)** 0,3 g **h)** 5,1 g

8 **a)** 310000 kg **b)** 2310 kg **c)** 0,75 kg **d)** 12,034 kg **e)** 12030 kg **f)** 5000,3 kg **g)** 0,0007 kg **h)** 0,000034 kg

Seite 120/121

9 7,807 kg (oder 7 807 g)

9 Das höchstmögliche Gewicht in der Plastiktüte ist 3 977 g. Paula erreicht es mit der halben Melone, der Schokocreme, der Butter und den Äpfeln.

10 a) cm (z. B. mit Geodreieck) b) m (z. B. mit Schnur bzw. Maßband, deren/dessen eines Ende durch ein Gewicht beschwert ist)
c) mm (z. B. Geodreieck) d) km oder m (z. B. mit dem Kilometerzähler eines Fahrradtachos; mit Schrittlängen)

11 Die wirkliche Entfernung beträgt 1 500 m.

11 a) 12 m b) 2,40 m

12 a) 600 cm b) 1 000 cm c) 4 cm d) 200 000 cm e) 900 000 cm f) 120 cm
g) 7 cm h) 30 cm i) 95 cm

13 a) 2 000 m b) 3 m c) 4 m d) 1 500 m e) 5,5 m f) 3 m
g) 8,9 m h) 850 m i) 50 m

Seite 128

Teste dich!

1 a) Geld, Zeit, Länge, Gewicht (Masse)
b) Geld: €, ct; Zeit: s, min (oder: h, d, a); Länge: mm, cm (oder: dm, m, km); Gewicht: mg, g (oder: kg, t)

2 1C; 2E; 3D; 4F; 5A; 6B

3 a) 15,50 €; 2,20 € b) 26,50 €; 100,00 €

4 a) 3 h 14 min b) 49 min c) 1 h 37 min d) 15 h 59 min e) 2 h 11 min f) 9 h 46 min

5 a) 4 000 m b) 34,50 € c) 360 ct d) 34 mm
e) 3 500 mg f) 72 h g) 16 000 dm h) 5 m

6 a) Spielmannsau 983 m; Riffenkopf 1 749 m; Kegelkopf 1 960 m; Höpats 2 258 m; Strahlkopf 2 351 m; Kreuzeck 2 375 m; Kratzer 2 424 m; Öfnerspitze 2 578 m; Großer Krottenkopf 2 657 m
b) Der Höhenunterschied beträgt 1 674 m.

7 Das Gesamtgewicht beträgt 333 t. Der Airbus darf starten.

Natürliche Zahlen multiplizieren und dividieren

Seite 130

Noch fit?

1 a) 30 b) 5

1 a) 1 800 km b) 18 000 km c) 108 000 km

2 a) 24 b) 36 c) 25
d) 7 e) 6 f) 20

2 a) 400 b) 540 c) 550
d) 25 e) 11 f) 22

3 im 1 × 1 der …
a) 3 b) 2 c) 5 d) 7

3 im 1 × 1 der …
a) 2 und 4 b) 5 c) 7 d) 7

4 $3 \cdot 5 = 5 \cdot 3 = 15$ $8 \cdot 10 = 10 \cdot 8 = 80$
$2 + 10 = 10 + 2 = 12$
$20 + 6 = 26$ $20 - 6 = 14$

4 $8 \cdot 100 = 100 \cdot 8 = 800$ $9 \cdot 13 = 13 \cdot 9 = 117$
$15 + 80 = 80 + 15 = 95$ $35 - 7 = 28$ $35 + 7 = 42$
$15 \cdot 3 = 45$ $15 : 3 = 5$

5 a) 8, 10, 12 b) 20, 25, 30 c) 40, 50, 60
d) 12, 8, 4 e) 70, 60, 50 f) 12, 15, 18

5 a) 80, 160, 320 b) 81, 64, 49
c) 24, 12, 6

6 a) $3 \cdot 6$ und 7 Nullen anhängen, also 180 000 000 b) 44 499, 33 500
c) z. B.: Telefonnummer, Postleitzahl, Hausnummer d) falsch, z. B. 21 + 23 = 44; richtig; richtig

Seite 144/145

Klar so weit?

1 a) 24 b) 52 c) 84
d) 84 e) 120 f) 152
g) 224 h) 354 i) 1 827

1 a) 75 b) 150 c) 300
d) 272 e) 153 f) 327
g) 434 h) 216 i) 2 870

2 a) 14 (7) b) 40 (20) c) 16 (8)
d) 48 (24) e) 32 (16) f) 8 (4)
g) 36 (18) h) 106 (53) i) 50 (25)
j) 64 (32)

2 a) 50; 25; 20; 10; 5; 4
b) 48; 36; 24; 18; 16; 12

Seite 144/145

3 a) 24 b) 8 c) 40
d) 80 e) 10 f) 120

4 a) 56 b) 54 c) 48
d) 50 e) 40 f) 120
g) 75 h) 180 i) 118

5 a) 7 b) 9 c) 12
d) 9 e) 6 f) 4

6 a) 160 b) 26 c) 68 d) 132

7 a) 1243 b) 2373 c) 2599
d) 3503 e) 3616 f) 3729
g) 4473 h) 4686 i) 4899
j) 6603 k) 6816 l) 7029
m) 5126 n) 7689 o) 10252

8 a) ≈ 850; 862 b) ≈ 800; 797 Rest 1
c) ≈ 1100; 1119 d) ≈ 300: 327
e) ≈ 1400; 1379 Rest 1 f) ≈ 900; 912 Rest 1
g) ≈ 300; 279 Rest 1 h) ≈ 600; 577 Rest 5
i) ≈ 400; 412

9 a) 13932 b) 12152 c) 17004
d) 25564 e) 171925 f) 274659
g) 138592 h) 94772 i) 518504

10 a) ≈ 3200; 3245 b) ≈ 2500; 2456 c) ≈ 1300; 1313
d) ≈ 1200; 1221 e) ≈ 1100; 1122 f) ≈ 2500; 2545
g) ≈ 1200; 1240 h) ≈ 1100; 1104 i) ≈ 1000; 1024

11 Es wurden 8492 € eingenommen.

12 a) 54 und 29 b) 92 und 48 c) 23 und 22

13 a) 314 b) 110 c) 50
d) 179 e) 1000 f) 108

14 20 = 315 : 5 − 215 : 5 = 140 : (2 + 5) = 100 : 5 = 140 : 7
98 = 2 · 7 · 7 = (575 − 85) : 5 = 140 : 2 + 140 : 5
160 = 13 · 8 + 7 · 8 = 4 · 8 · 5 = 20 · 8

15 16800 g = 16,8 kg

3 a) 7 b) 30 c) 12
d) 30 e) 7 f) 5

4 a) 48 b) 90 c) 200
d) 63 e) 300 f) 250
g) 108 h) 180 i) 144

5 a) 15 b) 12 c) 100
d) 13 e) 21 f) 33

6 a) 255 b) 135 c) 297 d) 8

7 a) ≈ 20000; 24752 b) ≈ 20000; 28413
c) ≈ 20000; 27641 d) ≈ 40000; 48841
e) ≈ 60000; 73926 f) ≈ 30000; 38376
g) ≈ 60000; 66356 h) ≈ 90000; 97344
i) ≈ 60000; 68373 j) ≈ 140000; 118096
k) ≈ 210000; 203391 l) ≈ 200000; 175104
m) ≈ 200000; 236530 n) ≈ 40000; 51072
o) ≈ 200000; 227292

8 a) 7884 Rest 2; 6307 Rest 3; 5256 Rest 2; 1261 Rest 13
b) 21130; 16904; 14086 Rest 4; 3380 Rest 20
c) 4235; 3388; 2823 Rest 2; 677 Rest 15
d) 19107 Rest 3; 15286 Rest 1; 12738 Rest 3; 3057 Rest 6
e) 150851 Rest 1; 120681; 100567 Rest 3; 24136 Rest 5
f) 81501; 65200 Rest 4; 54334; 13040 Rest 4
g) 20052 Rest 3; 16042 Rest 1; 13368 Rest 3; 3208 Rest 11
h) 163552 Rest 1; 130841 Rest 4; 109034 Rest 5; 26168 Rest 9
i) 208166; 166532 Rest 4; 138777 Rest 2; 33306 Rest 14

9 a) 304880 b) 155328 c) 64668
d) 102960 e) 178849 f) 193200
g) 61103 h) 1191001 i) 508776

10 a) ≈ 10; 12 b) ≈ 20; 20 c) ≈ 30; 28
d) ≈ 200; 201 e) ≈ 80; 88 f) ≈ 32; 33
g) ≈ 14; 14 h) ≈ 10; 10 i) ≈ 23; 22

11 Sechs Eintrittskarten kosten 19,50 €.

12 a) 101 b) 44 c) 170 d) 115 e) 8 f) 61

13 a) 200 b) 127 c) 3
d) 275 e) 80 f) 267

15 a) Pro Tag werden benötigt: 572,932 kg Obst; 377,682 kg Gemüse; 130,122 kg Fleisch, 83,243 kg Fisch
insgesamt: 1163,979 kg
b) Pro Person werden benötigt: 100,945 kg Obst; 66,544 kg Gemüse; 22,926 kg Fleisch; 14,667 kg Fisch
insgesamt: 205,082 kg

Teste dich!

Seite 150

1 a) 90 b) 0 c) 12 d) 1 e) 3 f) 280 g) 68 h) 306 i) 300

2 a) ≈ 15000; 15786 b) ≈ 90000; 92318 c) ≈ 9000000; 8626380 d) 250000; 256360

3 a) 5249 b) 3426 c) 110 Rest 16 d) 30 Rest 17

Seite 150

4

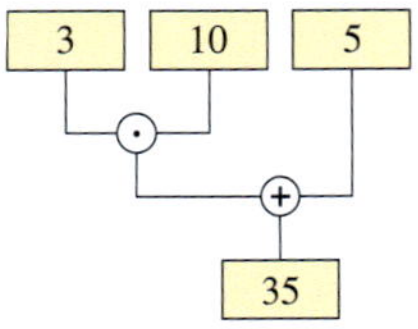

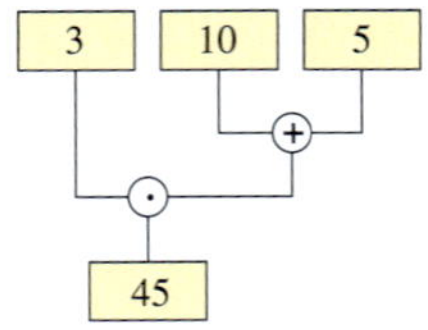

Z. B.: Drei Kisten mit je 10 Flaschen Saft und drei Kisten mit je 5 Flaschen Mineralwasser können zu 45 Flaschen Schorle gemischt werden.

5 a) $(32 + 76) : 18 = 6$ b) $(14 + 39) \cdot 11 = 583$ c) $(225 - 50) : 35 = 5$
d) $(165 - 82) \cdot 8 = 664$ e) $(519 - 279) : 40 = 6$

6 a) 193€ b) 8 Stunden

7

①4	⑤1	4		⑧2
②7	3		⑦4	9
	③3	⑥8	9	4
④1	5	5	6	

8 a) richtig b) falsch, z. B. $3 \cdot 5 = 15$ c) falsch, z. B. $20 : 5 = 4$

Flächen

Seite 152

Noch fit?

1 a) $b \parallel c$; $d \parallel e$ b) $a \perp f$; $b \perp d$; $b \perp e$; $c \perp d$; $c \perp e$
c) Es gibt keine Geraden, die gleichzeitig senkrecht und parallel zueinander sind.
d) a, d, e, f e) a, d, e, f f) a, f

2 a) $\overline{AB} \parallel \overline{FM} \parallel \overline{FC} \parallel \overline{MC} \parallel \overline{ED}$; $\overline{BC} \parallel \overline{EF}$;
$\overline{CD} \parallel \overline{EM} \parallel \overline{MB} \parallel \overline{EB} \parallel \overline{AF}$; $\overline{BF} \parallel \overline{CE}$
b) $\overline{BC} \perp \overline{BF}$; $\overline{BC} \perp \overline{CE}$; $\overline{EF} \perp \overline{BF}$; $\overline{EF} \perp \overline{CE}$
c) $\overline{AB} = \overline{AF} = \overline{CD} = DE$; $\overline{BC} = \overline{EF}$; $\overline{BE} = \overline{CF}$; $\overline{BF} = \overline{CE}$;
$\overline{BM} = \overline{CM} = \overline{EM} = \overline{FM}$
d) B zu $\overline{CF} = 2{,}4\,\text{cm}$; B zu $\overline{EF} = 4\,\text{cm}$

2 a)–d)

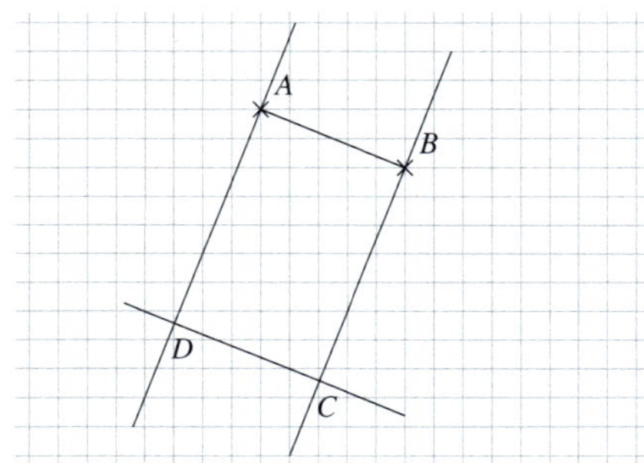

e) Es entsteht ein Rechteck (Viereck).
f) individuell

3 a) 7000 m b) 80 dm c) 110 mm d) 130 dm
e) 240 cm f) 40 mm g) 2500 mm h) 3120 cm

3 a) Insgesamt wurden 5 m 30 cm Teppichboden verkauft.
b) Auf der Rolle sind noch 34 m 70 cm Teppichboden.

4 $\overline{AB} = 3\,\text{cm}$; $\overline{CD} = 3{,}3\,\text{cm}$; $\overline{EF} = 2{,}7\,\text{cm}$; $\overline{GH} = 1{,}5\,\text{cm}$; $\overline{IJ} = 2{,}3\,\text{cm}$; $\overline{KL} = 1{,}1\,\text{cm}$

Seite 172/173

Klar so weit?

1 Die Figuren ①, ⑤ und ⑥ sind Rechtecke, da benachbarte Seiten jeweils senkrecht aufeinanderstehen.

2 Von unten nach oben werden folgende Vielecke übereinandergelegt: Achteck, Siebeneck, Sechseck, Fünfeck, Viereck, Dreieck. Die Vielecke haben dieselbe Seitenlänge.

1 a) Benachbarte Seiten stehen nicht senkrecht aufeinander.
b) Nicht alle gegenüberliegenden Seiten sind parallel und gleich lang. Nicht alle benachbarten Seiten stehen senkrecht aufeinander.
c) Benachbarte Seiten stehen nicht senkrecht aufeinander.
d) Gegenüberliegende Seiten sind nicht parallel und nicht gleich lang. Benachbarte Seiten stehen nicht senkrecht aufeinander.

Seite 172/173

3

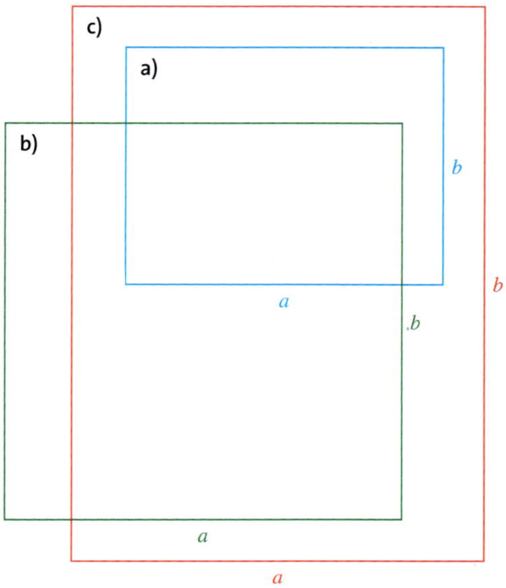

4 a) 26 cm b) 126 cm c) 56 cm = 560 mm

5 a) 444 m b) 896 mm

6 a) 16 cm b) 51 m

7 Es werden 280 m Maschendrahtzaun benötigt.

8 a) > c) > b)

9 a) 31 m^2 b) 405 cm^2
c) 656 cm^2 d) 553 dm^2

10 a) 1 000 cm^2; 11 500 m^2; 6 500 cm^2; 4 400 ha
b) 800 ha; 10 000 cm^2; 20 200 mm^2; 2 200 dm^2
c) 1 500 mm^2; 3 700 dm^2; 36 800 mm^2; 1 200 dm^2

11 12 cm^2; 150 mm^2; 120 m^2; 800 dm^2

12 a) 49 cm^2 b) 1 225 m^2 c) 8 100 km^2

13 a) b = 12 m b) b = 11 cm
c) b = 13 dm d) b = 12 mm

2 Griechenland (oben links): acht Rechtecke, zwei Sechsecke, ein Sechszehneck
Tschechien (oben Mitte): ein Dreieck und zwei Vierecke
Bosnien-Herzegowina (oben rechts): ein Dreieck, ein Rechteck, sieben Zehnecke (Sterne), ein Fünfeck, ein Siebeneck
Großbritannien (unten links): acht Dreiecke, vier Vierecke, ein Zwölfeck (weiße Flächen nicht benannt)
Schweden: vier Rechtecke, ein Zwölfeck
Portugal: zwei Rechtecke, Kreis

3

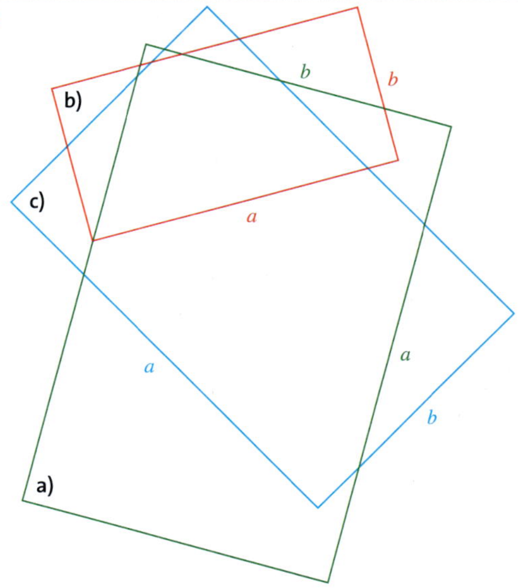

4 a) 16 cm = 160 mm b) 16,8 cm = 168 mm
c) 16,8 cm = 168 mm

5 a) 1 340 mm b) 1 244 mm

6 a) 571 mm = 5,71 dm b) 24 dm = 2,4 m

7 Es werden 1 532 cm = 15,32 m Fußleisten benötigt.

8 b) > c) > a)

9 a) 3 dm^2 b) 64 dm^2 c) 785 mm^2 d) 2009 mm^2

10 a) 533 800 cm^2; 8 500 m^2; 2 300 a; 654 400 ha
b) 100 dm^2; 1 010 200 a; 29 800 mm^2; 78 500 dm^2
c) 235 600 cm^2; 414 200 cm^2; 29 000 dm^2

11 750 cm^2; 420 mm^2; 608 dm^2; 13 200 mm^2

12 a) 37 210 000 m^2 b) 678 976 dm^2

13 a) b = 8 mm b) b = 40 cm
c) b = 33 km d) b = 70 m

Teste dich!

Seite 178

1

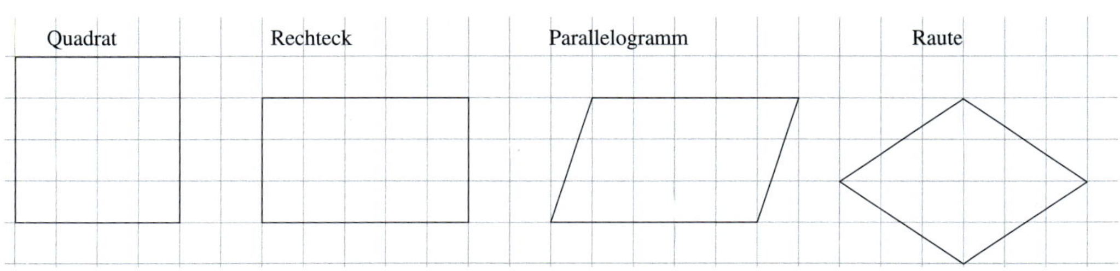

Seite 178

2 a) falsch b) richtig c) richtig d) falsch

3 a) Die Figuren A und B haben den selben Flächeninhalt. b) Die Figuren A und C sowie B und D haben jeweils den gleichen Flächeninhalt.

4 a) $10\,m^2$ b) $0{,}45\,m^2$ c) $0{,}041\,m^2$ d) $176\,000\,000\,m^2$
e) $440\,m^2$ f) $635\,m^2$ g) $300\,m^2$ h) $120\,000\,m^2$

5 a) $2\,800\,dm^2$ b) $30\,000\,dm^2$ c) $200\,dm^2$ d) $8\,km^2$
e) $28{,}5\,cm^2$ f) $13\,500\,cm^2$ g) 2 a h) 3 300 ha

6 a) $13\,700\,dm^2$ b) $383\,cm^2$ c) $21\,420\,m^2$ d) $16\,502\,930\,cm^2$ e) $31\,800\,mm^2$ f) $12\,172\,000\,m^2$

7 a) Weide 2 hat den größeren Flächeninhalt (Weide 1: $12\,000\,m^2$, Weide 2: $12\,800\,m^2$).
b) Für Weide 1 werden 520 m Zaun benötigt, für Weide 2 werden 480 m Zaun benötigt.

8 a) Familie Nowak muss $33\,m^2$ Teppichboden kaufen.
b) Es müssen 26,4 m Fußleisten gekauft werden.

Bruchteile

Seite 180

Noch fit?

1 a) 8 b) 1 c) 10 d) 11 e) 13 f) 30

2 (ohne Überschlag)
a) 123 b) 24 c) 57 d) 975

3 a) 12 h b) 6 Monate c) 1 500 g

4 a) Jeder bekommt 6 Stücke.
b) Jeder bekommt 4 Stücke.

5 a) 1 000 g b) 100 cm c) 1 000 ml d) 60 min
e) 235 ct f) 50 mm g) 180 min h) 12 000 kg

1 a) 14 b) 6 c) 12 d) 700 e) 41 f) 7

2 (ohne Überschlag)
a) 1 357 b) 3 030 c) 10 203 d) 7 410

3 a) 45 min b) 150 cm c) 75 d

4 a) Er darf noch 4 Stücke essen.
b) Er darf keines mehr essen.

5 a) 5 000 kg b) 3 000 mm c) 8 000 ml d) 5 h
e) 72 h f) 4 500 g g) 1 850 ct h) 1 500 ml

6 a) Jedes Kind erhält 1,25 €.
b) Es gilt „Punkt vor Strich". $14 + 21 : 7 = 14 + 3 = 17$
c) individuelle Antwort
d) auf Tausender 35 000; auf Hunderter 34 500; auf Zehner 34 510

Seite 190/191

Klar so weit?

1 (rot/blau) a) $\frac{1}{2}$ | $\frac{1}{2}$ b) $\frac{1}{4}$ | $\frac{3}{4}$ c) $\frac{1}{4}$ | $\frac{3}{4}$ d) $\frac{1}{9}$ | $\frac{8}{9}$ e) $\frac{3}{8}$ | $\frac{5}{8}$
f) $\frac{7}{18}$ | $\frac{11}{18}$ g) $\frac{3}{4}$ | $\frac{1}{4}$ h) $\frac{5}{16}$ | $\frac{11}{16}$ i) $\frac{11}{12}$ | $\frac{1}{12}$

2 ungefähr $\frac{1}{12}$

3 a) $\frac{4}{12}$ (oder $\frac{1}{3}$) b) $\frac{10}{24}$ (oder $\frac{5}{12}$)
c) $\frac{4}{12}$ (oder $\frac{1}{3}$) d) $\frac{6}{24}$ (oder $\frac{1}{4}$)

4 Anzahl gefärbter Kästchen:
a) 9 b) 24 c) 36 d) 30
e) 9 f) 36 g) 5 h) 28
i) 18 j) 10

5 a) 7 Bonbons b) 9 Nüsse
c) 9 Erdbeeren d) 5 Perlen

6 a) 15 min b) 400 g c) 75 cm d) 45 min
e) 6 mm f) 875 m g) 32 s h) 1 600 g
i) 2 500 g j) 90 min k) 165 min l) 6 800 m

2 a) blau $\frac{5}{10}$, pink $\frac{3}{10}$, orange $\frac{2}{10}$
b) blau $\frac{7}{12}$, pink $\frac{3}{12}$, orange $\frac{2}{12}$

3 a) $\frac{2}{8}$ (oder $\frac{1}{4}$) b) $\frac{3}{8}$ c) $\frac{1}{4}$ d) $\frac{3}{8}$

4 Anzahl gefärbter Kästchen:
a) 18 b) 21 c) 10 d) 25
e) 30 f) 26 g) 17 h) 20
i) 15 j) 30

5 a) 9 Bleistifte b) 4 Flugzeuge
c) 63 Erdbeeren d) 24 €

6 a) 5 dm b) 200 kg c) 15 min d) 2 500 mg
e) 1 250 g f) 28 dm g) 225 s h) 2 400 m
i) 36 mm j) 90 min k) 2 250 mg l) 8 750 m

Seite 190/191

7 a) 9 kg b) 12 € c) 40 cm d) 45 min
e) 14 km f) 6 € g) 100 g h) 21 t
i) 16 s j) 70 €

8 a) Der Tischtennisschläger kostet 16 €.
b) Ein Fußballspiel dauert 90 Minuten.
c) Ein Eishockeyspiel dauert 60 Minuten.

9 a) $\frac{1}{3}$ von 30 kg ist mehr. Begründung:
Bei gleichem Bruchteil erhält man von der größeren Menge mehr als von der kleineren Menge.

b) $\frac{3}{5}$ von 20 € ist mehr. Begründung:
Bei gleicher Menge ist $\frac{3}{5}$ ein größerer Anteil als $\frac{3}{10}$.

7 a) 5 kg b) $\frac{1}{5}$ c) 15 m
d) 4 cm e) $\frac{1}{3}$

8 Sie braucht nur 10 Minuten für die Atlantiküberquerung.

9 a) $\frac{3}{8}$ m b) $\frac{1}{2}$ t c) $\frac{3}{4}$ h d) $\frac{2}{100}$ €

Teste dich!

Seite 196

1 gelb: $\frac{1}{2}$; blau: $\frac{1}{4}$; rot: $\frac{1}{4}$

2 (farbig/weiß) a) $\frac{2}{7}$ | $\frac{5}{7}$ b) $\frac{6}{16}$ | $\frac{10}{16}$ c) $\frac{1}{3}$ | $\frac{2}{3}$ d) $\frac{4}{5}$ | $\frac{1}{5}$

3 individuelle Lösungen

4 a) $\frac{3}{9}$ $\left(\text{oder } \frac{1}{3}\right)$ b) $\frac{4}{18}$ c) $\frac{9}{27}$ $\left(\text{oder } \frac{1}{3}\right)$

5 a) 500 g b) 200 kg c) 45 min d) 30 ct e) 90 s
f) 5 750 m g) $\frac{3}{5}$ m $\left(\text{oder } \frac{6}{10}\text{ m bzw. } \frac{60}{100}\text{ m}\right)$ h) $\frac{1}{3}$ h

6 a) 22 Gläser b) 27 kg c) 310 m d) 60 € e) 33 t
f) 76 d g) 12 € h) 10 Monate

7 a) Wie viele Jungen (Mädchen) sind in der Klasse? 16 Jungen (8 Mädchen)
b) Wie viele Mädchen (Jungen) sind in der Klasse? 4 Mädchen (16 Jungen)
c) Wie viele Schüler kommen mit (ohne) Fahrrad zur Schule? 450 Schüler (150 Schüler)
d) Wie viele Fahrräder waren nicht verkehrssicher (verkehrssicher)? 75 Fahrräder (175 Fahrräder)
e) Wie viel Geld erhält Bastian von seiner Oma Doris? Bastian erhält 210 €.

Stichwortverzeichnis

Bildverzeichnis

Titel D-Luftbild/Horst W. Bühne, Essen; **5** Peter Wirtz, Dormagen; **6** J. Hollatz, Heidelberg; **9** Wikipedia/GNU/Maximaximax; **10** Peter Wirtz, Dormagen; **11** Cornelsen Verlag/Red. Geografie; **12** Cornelsen Verlag/Red. Geografie; **13/1** Cornelsen Verlag/Red. Geografie; **13/2** Antje Buhtz, Heidelberg; **14/1** ©WDR mediagroup licensing GmbH/Postbank-Corporate Brand and Marketing Communications; **14/2** Wikimedia/GNU/Morio; **14/3** Wikimedia/GNU/Morio; **14/4** Wikimedia/GNU/Morio; **14/5** Wikimedia/GNU/CC 2.0/Generic/Marc McAdle; **14/6** Wikimedia/GNU/CC 2.0/Generic/Marc McAdle; **14/7** Wikimedia/GNU/Morio; **20/1** Cornelsen Verlagsarchiv; **20/2** Kammermeyer, Nürnberg; **22/1** Fotolia.com/Dinostock; **22/2** Fotolia.com/Michael Pettigrew; **23/1** EU/Pressebild; **23/2–6** Fotolia.com; **24** Fotolia.com/blacksock; **30** Cornelsen Verlagsarchiv; **32** NASA JPL Gov.; **36** Matthias Hamel, Berlin; **37** CARLSEN VERLAG/Coverdownload; **39/1** TERZ!, Stefan Husch; **43/1** Corbis/Paul A. Souders; **43/2** ullstein bild/Boness-IPON; **43/3** artur/Jochen Helle; **44** Jens Schacht, Düsseldorf; **45/1** BildArt Volker Döring, Hohen Neuendorf; **45/2** Cornelsen Verlagsarchiv; **45/3** Wikipedia/GNU/Lienhard Schulz; **45/4** www.blickwinkel.de/A. Hartl ; **45/5** BildArt Volker Döring; **47/1** Fotolia.com/by-studio; **47/2** Cornelsen Verlagsarchiv; **47/3** Torsten Feltes, Berlin; **47/4** Agentur Voller Ernst/F. Stoppelmann; **47/5** Cornelsen Verlagsarchiv; **49/1** Lufthansa AG; **49/2** BildArt Volker Döring; **50/1** Your Photo Today/Superbild/Sayama; **50/2** Bildagentur Huber/Berger, Garmisch-Partenkirchen; **51/1** Jona Diedler/design-media, Kiel; **51/2** EZB/Pressebild; **52/1** ullstein bild/Meißner; **52/2** GNU Wikipedia; **52/3** NASA JPL Gov.; **53** Your Photo Today/Superbild; **55** picture-alliance/dpa; **57** Torsten Feltes; **61/1** Wikimedia/CC/Mesto Praha; **61/2** Matthias Hamel; **67/1** Karlheinz Martin, Berlin; **67/2** mauritius – images/Kord ; **67/3** Da-Costa; **67/4** Ekkehard Nitschke, Berlin; **67/5** Skip G. Langkafel, Berlin; **68** Kerstin Nolte, Berlin; **69** Mathias Hamel; **70** Jens Schacht, Düsseldorf; **71** Matthias Felsch, Berlin; **76** Carin Eichholz, Krefeld; **79** Deutsche Bahn AG/Bahn im Bild; **80** Fotolia.com/André Bonn; **85** Cornelsen Verlagsarchiv; **91** vario images/Jaques Alexandre; **92** Jens Schacht; **93** AKG-images; **96** Airport Köln/Bonn/Pressebild; **98/1** vario images/Norbert Schäfer; **98/2** Cornelsen Verlagsarchiv; **101** Digistock; **102/1** Ludwig Heyder, Berlin; **102/2** Cornelsen Verlagsarchiv; **102/3** Airbus Industries/Press Images; **102/4** Juniors Tierbildarchiv, Ruhpolding; **102/5** Silvestris, Kastl; **102/6** BildArt Volker Döring; **102/7** Hudora GmbH, Radevormwald; **102/8** picture-alliance/dpa/Göttert; **102/9** Daimler Chrysler AG; **103/1** picture-alliance/dpa; **103/2** Jens Schacht; **103/3** BildArt Volker Döring; **103/4** Cornelsen Verlagsarchiv; **103/5–6** 1. FC Köln; **104/1** Digistock; **104/2** EZB/Pressebild; **104/3** www.kemer-tr.info/Ina Jonas-Nolte; **104/4** EZB/Pressebild; **105/1** picture-alliance/dpa-Sportreport/Gutberlet; **105/2** BildArt Volker Döring; **105/3** B. Foerster, Rüdersdorf; **105/4–5** Volker Döring, Hohen Neuendorf; **105/6** marktecke.com/Media; **107** alimdi.net/Ulrich Niehoff; **108** DB AG; **110** www.vrr.de; **111/1** Arnulf Betzold GmbH, Lehrmittelverlag, Schulversand, Ellwangen-Neustadt; **111/2** H. Krumbholz, Berlin; **111/3** Fotocommunity/T-I-E-R-E-sehen-dich-an; **113/1** Jens Schacht, Düsseldorf; **113/2** Fotolia.com/MAK; **113/3–5** Jens Schacht, Düsseldorf; **113/6** Waagen Wulff GmbH, Flensburg; **114/1** Jürgen Storm, Freienohl; **114/2** Fotolia.com/Blend Images; **115/1–4** Jens Schacht; **115/5** Fotolia.com; **117/1** Wikipedia/GNU/Reytan; **117/2** Wikipedia/CC/Makro Freak;**117/3** Wikipedia/GNU/Sarefo; **117/4** Wikipedia/Bergsten; **117/5, 7** Wikipedia/GNU/Soebe; **117/6** Fotolia.com/EuToch; **117/8** Wikipedia/gemeinfrei; **119/1** Cornelsen Verlagsarchiv/Kartografie; **119/2** BMW/Pressefoto; **121** Fotolia.com/Orlando Bellini; **122/1** picture-alliance/dpa; **122/2** Fotolia.com/Tony Campbell; **124** Wikipedia/GNU/A.Savin; **125/1** Cornelsen Verlagsarchiv/Kartografie; f. d. Verwendungsgen. d. Logos danken wir d. Fußballvereinen; **125/2** adidas/Pressefoto; **125/3** picture-alliance/dpa/De Fodi; **128** Deutsche Lufthansa AG; **129** Peter Duddek/VISUM; **131** Cornelsen Verlagsarchiv; **133** Volker Döring, Hohen Neuendorf; **142/1–2** Udo Wennekers, Goch; **145** Transocean Tours; **148/1–2** STAGE HOLDING GmbH, Hamburg; **151** Artothek, Weilheim; **153/1** Victor Vasarely/©VG Bild-Kunst, Bonn 2011; **153/2** Paul Klee, Burg und Sonne, 1928, 201 Ölfarbe auf Leinwand, 50 × 59 cm, Privatbesitz; **153/3** Jens Schacht, Düsseldorf; **155/1** Cornelsen Verlagsarchiv; **155/2** Gerald Zörner, Berlin; **156** Ekkehard Nitschke, Berlin; **159/1** Kurt Kalvelage, Erftstadt-Ahrem; **159/2** Ilona Gabriel, Dinslaken; **159/3** Jens Schacht, Düsseldorf; **160** Margarethenhof Jülich/Angi Wittfeld/Foto: Roland Gehrmann; **163** Ilona Gabriel, Dinslaken; **163/2** Cornelsen Verlagsarchiv; **164/1** Cornelsen Verlagsarchiv; **164/2** artur/Jochen Helle; **164/3** Cornelsen Verlagsarchiv; **164/4** Mathias Wosczyna, Rheinbreitbach; **164/5** Ritter GmbH Co. KG; **164/6** Mathias Wosczyna; **167** Gerald Zörner, Berlin; **169/1** BMF/Deutsche Post AG/Philateliedienst; **169/2** Jens Schacht, Düsseldorf; **171** Jens Schacht Düsseldorf; **172** ©VG Bild-Kunst, Bonn 2011; **172/2** www.flaggenserver.de; **174/1** Max Olderock/Galerie Gmurzynska; **175** Riviera Pool, Geeste-Dalum; **176** Mathias Wosczyna; **179** Fotolia.com; **181** Matthias Hamel, Berlin; **182** Jens Schacht; **183/1–4** BildArt Volker Döring; **184** Matthias Hamel; **185/1** Matthias Hamel; **185/2** Cornelsen Verlagsarchiv; **185/3** Udo Wennekers, Goch;**188** Fotolia.com/Smileus; **190/1** Wolfgang Stockfood, Usbeck; **190/2** Jens Schacht; **191** picture-alliance/dpa;**194/1** JURA, Elektroapparate AG, Niederbuchsiten (CH); **194/2** Fotolia.com/haveseen

Die Screenshots auf der Seite 21 wurden mit Microsoft® Excel® erstellt. Microsoft® Excel® ist ein eingetragenes Warenzeichen der Microsoft Corporation.

Größen und Einheiten

Zeit

Einheiten	Zeichen	Umrechnung
Tag	d	1 d = 24 h
Stunde	h	1 h = 60 min
Minute	min	1 min = 60 s
Sekunde	s	

Gewicht

Einheiten	Zeichen	Umrechnung
Tonne	t	1 t = 1 000 kg
Kilogramm	kg	1 kg = 1 000 g
Gramm	g	1 g = 1 000 mg
Milligramm	mg	
alte Einheiten		
Zentner	Ztr	1 Ztr = 50 kg = 100 ℔
Pfund	℔	1 ℔ = 500 g = 0,5 kg

Geld

Einheiten	Zeichen	Umrechnung
Euro	€	1 € = 100 ct
Cent	ct	

Länge

Einheiten	Zeichen	Umrechnung
Kilometer	km	1 km = 1 000 m
Meter	m	1 m = 10 dm = 100 cm = 1 000 mm
Dezimeter	dm	1 dm = 10 cm = 100 mm
Zentimeter	cm	1 cm = 10 mm
Millimeter	mm	

Die Symbole in den oberen Ecken stehen für bestimmte Bereiche in der Mathematik:

Zahlen und Variablen

Geometrie

Funktionen

Daten und Zufall

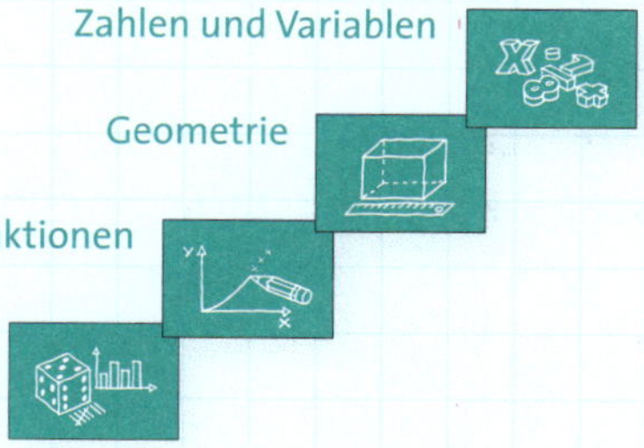

Teste dich!

Überprüfe zur Vorbereitung auf die Klassenarbeit dein Können. Die Lösungen zum Abschlusstest findest du im Anhang.

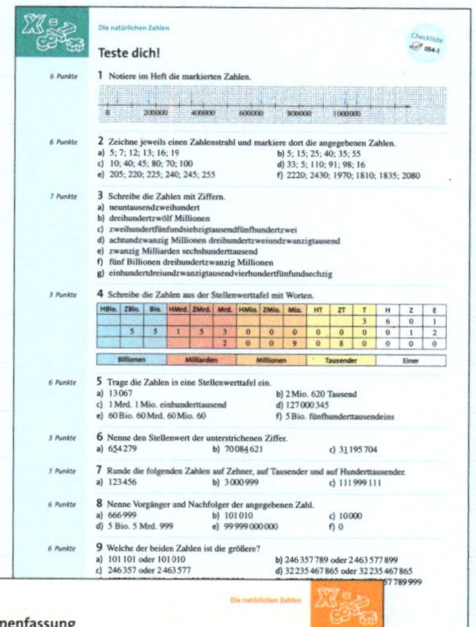

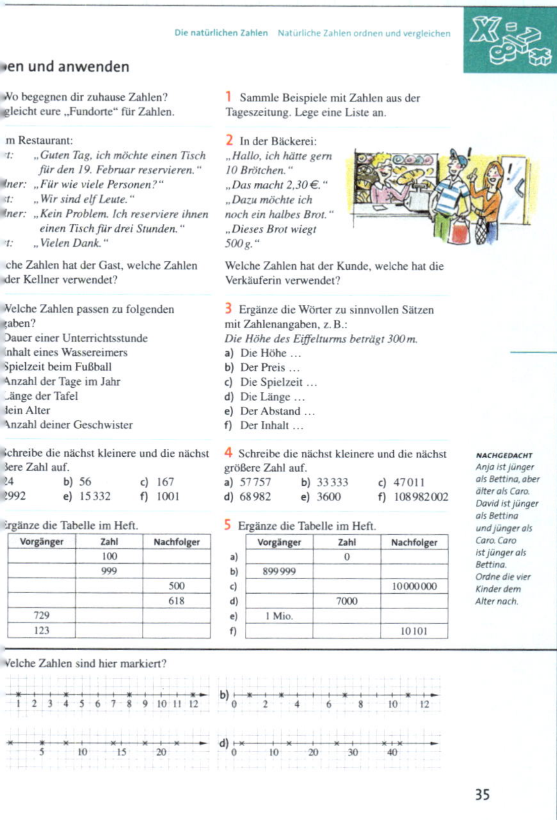

Üben und anwenden

Die Aufgaben trainieren den neu gelernten Unterrichtsstoff.

In der Randspalte stehen zusätzliche Informationen, Aufgaben, Lösungshinweise und Webcodes.

Mittelschwere Aufgaben haben eine schwarze Aufgabennummer.

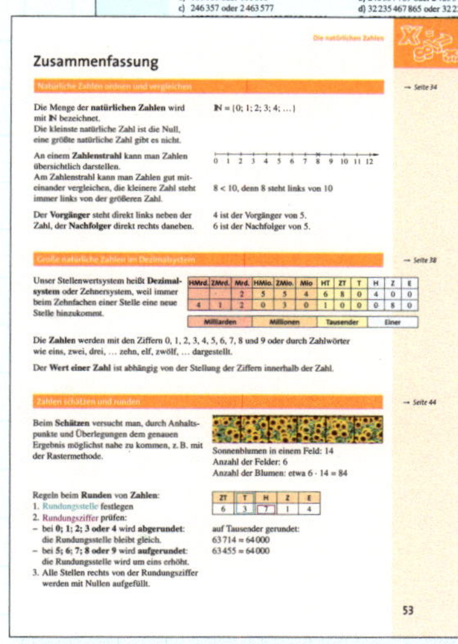

...e linke Spalte ...thält leichtere ...fgaben.

Die rechte Spalte enthält schwierigere Aufgaben.

Zusammenfassung

Die Zusammenfassung am Ende eines Kapitels enthält die wichtigsten Merksätze zum Nachschlagen.

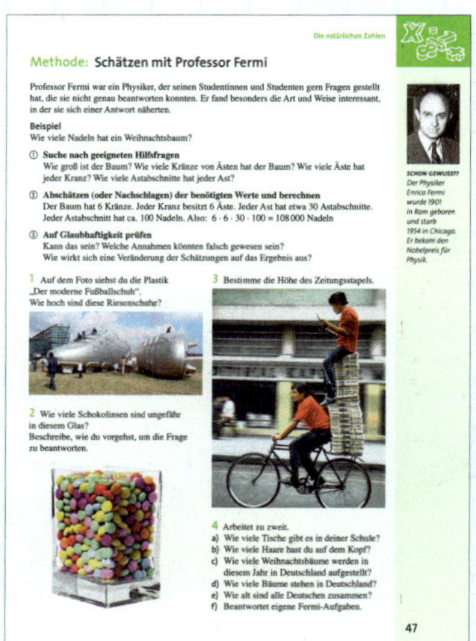

Methode und Thema

Auf den Methodenseiten werden die wichtigsten mathematischen Methoden vorgestellt und geübt. Die Themenseiten zeigen mathematische Inhalte aus verschiedenen Lebensbereichen.

www 045-1

Die **Webcodes** in der Randspalte verweisen auf zusätzliche Materialien im Internet.

1. Webseite aufrufen: **www.cornelsen.de/mathematik-real**
2. Buchkennung eingeben: **MRA006658**
3. Mediencode eingeben: z. B. **045-1**